Paris

1855-1859

Humboldt, Alexandre de.

[Co]smos. Essai d'une description physique du monde

Tome 2

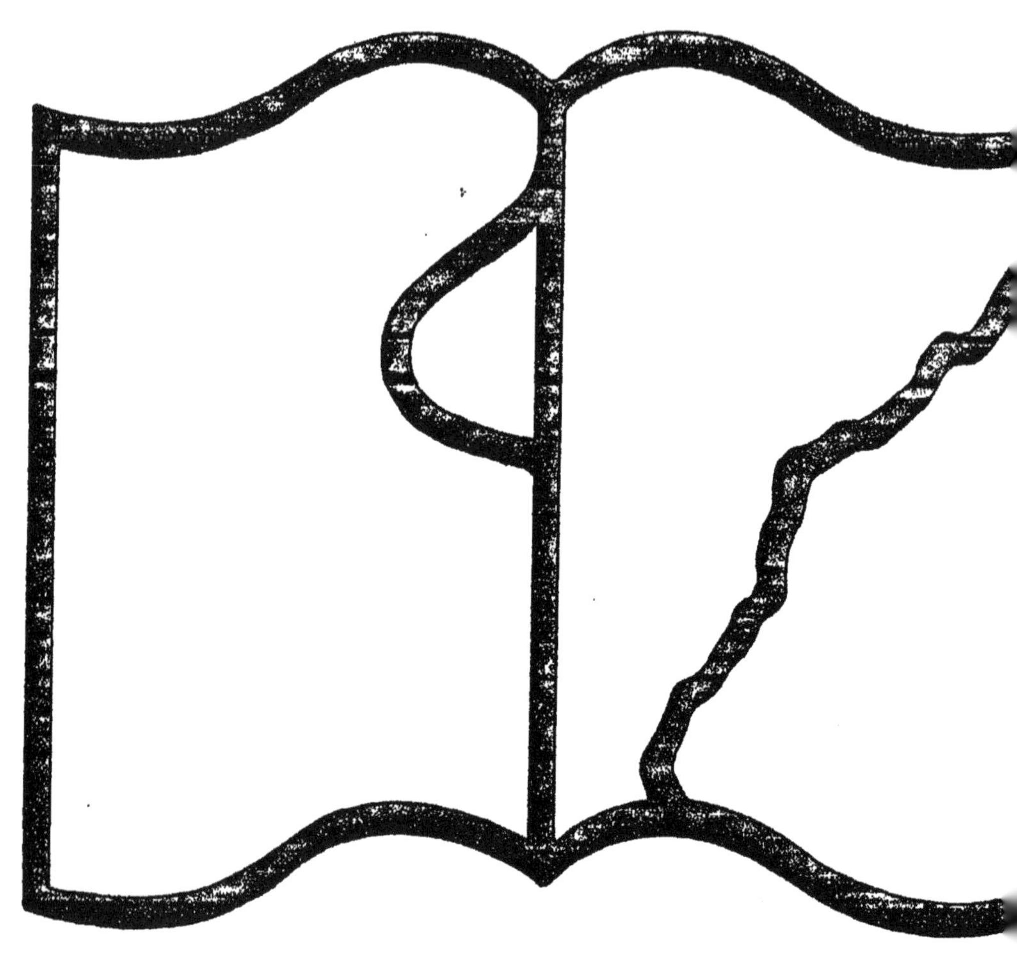

Symbole applicable
pour tout, ou partie
des documents microfilmés

Texte détérioré — reliure défectueuse

NF Z 43-120-11

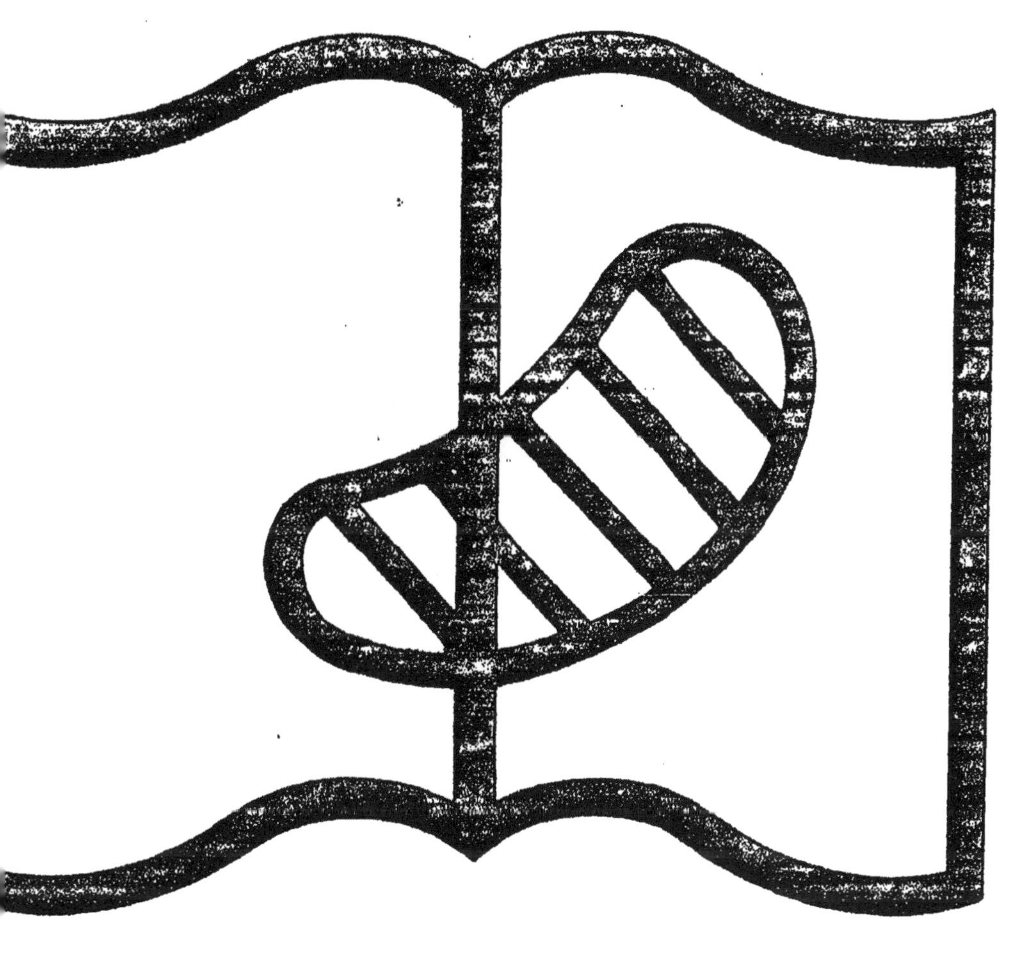

Symbole applicable
pour tout, ou partie
des documents microfilmés

Original illisible

NF Z 43-120-10

COSMOS

ESSAI D'UNE

DESCRIPTION PHYSIQUE DU MONDE

PARIS. — IMPRIMERIE DE J. CLAYE
RUE SAINT-BENOIT, 7

COSMOS

ESSAI D'UNE

DESCRIPTION PHYSIQUE DU MONDE

PAR

ALEXANDRE DE HUMBOLDT

TRADUIT

PAR CH. GALUSKY

« Naturæ vero rerum vis atque majestas in omnibus momentis fide caret, si quis modo partes ejus ac non totam complectatur animo. »

PLINE, lib. VII, c. 1.

TOME DEUXIÈME

PARIS

GIDE ET J. BAUDRY, ÉDITEURS

RUE BONAPARTE, 5

1855

TABLE DES CHAPITRES

PREMIÈRE PARTIE.

REFLET DU MONDE EXTÉRIEUR DANS L'IMAGINATION DE L'HOMME.

INTRODUCTION.

CHAPITRE I.

CHAPITRE II.

CHAPITRE III.

DEUXIÈME PARTIE.

ESSAI HISTORIQUE SUR LE DÉVELOPPEMENT PROGRESSIF DE L'IDÉE DE L'UNIVERS

CHAPITRE VI.

CHAPITRE VII.

CHAPITRE VIII.

PRÉFACE

DU TRADUCTEUR

L'auteur du *Cosmos*, ainsi qu'il en avait annoncé le dessein, a traité dans ce volume toutes les questions littéraires ou historiques qui se rattachent à son sujet. Le volume déjà publié comprenait l'étude de la nature en elle-même; dans celui-ci, M. A. de Humboldt introduit sur la scène un personnage qui en renouvelle l'intérêt. Spectateur ému du magnifique tableau qui se déroule à ses regards, l'homme en reflète les beautés dans son imagination, et leur donne une seconde existence, en fixant par la plume ou par le pinceau les grands traits qui l'ont frappé. Mais la nature n'est pas seulement pour l'homme une source de jouissances esthétiques ou morales; elle est aussi un problème dont son intelligence pénètre peu à peu les mystères. L'auteur a conservé cette distinction de la poésie, de l'art et de la science. Il a voulu revoir encore la nature à travers les émotions qu'elle a causées aux âmes tendres de tous les pays et de tous les temps. Il a cherché la trace du sentiment de la nature chez les poëtes, chez les peintres et chez les voyageurs, qui ont été au loin contempler les constellations australes et la végétation des tropiques, ou même chez les observateurs moins heureux, qui doivent se borner aux collections de plantes entretenues artificiellement dans les serres. Puis après avoir appliqué à la contemplation du monde des procédés pour ainsi dire psychologiques, M. de Humboldt a fait l'histoire de la connaissance humaine. Il a raconté et apprécié avec l'autorité de son expérience les efforts tentés par les anciens et par les modernes pour s'élever à l'idée du Cosmos; il a passé en revue tous les événements qui ont pu avoir des conséquences pour le progrès des sciences physiques ou pour l'étude plus générale de la nature. Ainsi une part est faite à chacune de nos facultés, et nous pouvons suivre l'éducation du genre humain, en voyant, à côté des images gracieuses ou sublimes de la poésie de la nature, les traits mieux arrêtés de la science se graver dans la raison de l'homme.

Quelques mois plus tôt, le succès de ce livre n'eût été douteux pour personne. Triomphera-t-il aujourd'hui des préoccupations qui assiégent tous les esprits? Si dans ce grand naufrage qui, il y a peu de jours encore, menaçait de tout engloutir, c'est un devoir pour chaque homme, en droit de compter sur l'efficacité de ses efforts, de se vouer sans réserve à la chose publique, jamais aussi le grand nombre de ceux dont tout le rôle se borne à gémir, n'ont dû sentir plus vivement le besoin de fortifier leur âme par la contemplation des grandes choses, et de se réfugier dans ces *temples sereins*, bâtis à l'abri des orages, suivant la magnifique expression de Lucrèce :

> Edita doctrina sapientûm templa serena,
> Despicere unde queas alios.....

De ces refuges, le mieux assuré peut-être est l'observation de la nature dont l'ordre inaltérable fait honte à nos éternels déchirements, ou, pour ceux qui ne peuvent interroger la nature elle-même, l'étude des livres où elle est le mieux représentée dans son ensemble majestueux. La littérature frivole, qui n'a d'autre but qu'elle-même et a longtemps rempli nos loisirs, tend chaque jour à se discréditer davantage. Il semble que la poésie, pour satisfaire aux besoins des intelligences, doive subir une transformation nouvelle, qu'en se gardant soigneusement de la sécheresse didactique, elle doive, comme au temps des antiques cosmogonies, pénétrer de plus en plus la philosophie et la science, à mesure que la science elle-même s'élève à la hauteur de la poésie, et, par la grandeur de ses découvertes, nous révèle des sources d'inspiration ignorées. S'il en est ainsi, avec quelle reconnaissance n'accueillerons-nous pas l'œuvre d'un homme dans lequel se fondent harmonieusement ces deux éléments divers, d'un vieillard dont le temps semble avoir conservé la jeunesse, qui sait si bien faire parler à la science, sans lui rien enlever de sa dignité ni de sa certitude, le langage de l'imagination.

M. Faye a jugé que le sujet de ce volume s'écarte trop de ses études habituelles, pour entreprendre de le traduire. Il a résisté aux prières de M. de Humboldt, en réservant son zèle pour la dernière partie, qui doit être purement scientifique, et en m'offrant d'ailleurs ses conseils avec une grande bienveillance. Je m'applaudis d'avoir été chargé de le remplacer. Ma tâche a été rendue plus facile par les secours que j'ai trouvés auprès de M. Letronne et de M. Guigniaut. L'intérêt actif que M. Guigniaut avait pris à la traduction du premier volume était un engagement auquel il est resté fidèle. Il a bien voulu accepter, de concert avec

M. Letronne, la haute direction de ce travail. C'est de la part de tous deux une marque de dévouement pour l'auteur, un témoignage de l'admiration que son ouvrage et toute sa vie leur inspirent; en reconnaissant ce que je leur dois, j'ose à peine les en remercier pour moi-même. Il m'est doux d'autre part de pouvoir rapporter à un sentiment personnel d'amitié les avis qu'a bien voulu me donner M. E. Egger et qui m'ont souvent profité.

Juillet 1848.

C. G.

PREMIÈRE PARTIE

REFLET

DU MONDE EXTÉRIEUR

DANS L'IMAGINATION DE L'HOMME.

MOYENS PROPRES A RÉPANDRE L'ÉTUDE DE LA NATURE.

Nous passons de la sphère des objets extérieurs à la sphère des sentiments. Dans le premier volume, nous avons exposé, sous la forme d'un vaste tableau de la nature, ce que la science, fondée sur des observations rigoureuses et dégagée de fausses apparences, nous a appris à connaître des phénomènes et des lois de l'univers. Mais ce spectacle de la nature ne serait pas complet, si nous ne considérions comment il se reflète dans la pensée et dans l'imagination disposée aux impressions poétiques. Un monde intérieur se révèle à nous. Nous ne l'explorerons pas, comme le fait la philosophie de l'art, pour distinguer ce qui, dans nos émotions, appartient à l'action des objets extérieurs sur les sens, et ce qui émane des facultés de l'âme ou tient aux dispositions natives des peuples divers. C'est assez d'indiquer la source de cette contemplation intelligente qui nous élève au pur sentiment de la nature, de rechercher les causes qui, surtout dans les temps modernes, ont contribué si puissamment à propager l'étude des sciences naturelles et le goût des voyages lointains, par l'éveil qu'elles ont donné à l'imagination.

Les moyens propres à répandre l'étude de la nature consistent, comme nous l'avons dit déjà (1), dans trois formes particulières sous lesquelles se manifestent la pensée et l'imagination créatrice de l'homme : 1° la description animée des scènes et des productions de la nature ; 2° la peinture de paysage, du moment où elle a commencé à saisir la physionomie des végétaux, leur sauvage abondance, et le caractère individuel du sol qui les produit ; 3° la culture plus répandue des plantes tropicales et les collections d'espèces exotiques dans les jardins et dans les serres. Chacun de ces procédés pourrait être l'objet de longs développements, si l'on voulait en faire l'histoire ; mais il convient mieux, d'après l'esprit et le plan de cet ouvrage, de nous attacher à quelques idées essentielles, et d'étudier en général comment la nature a diversement agi sur la pensée et l'imagination des hommes, suivant les époques et les races, jusqu'à ce que, par le progrès des esprits, la science et la poésie s'unissent et se pénétrassent de plus en plus. Pour embrasser l'ensemble de la nature, il ne faut pas s'en tenir aux phénomènes du dehors ; il faut faire entrevoir du moins quelques-unes de ces analogies mystérieuses et de ces harmonies morales qui rattachent l'homme au monde extérieur; montrer comment la nature, en se reflétant dans l'homme, a été tantôt enveloppée d'un voile symbolique qui laissait entrevoir de gracieuses images, tantôt a fait éclore en lui le noble germe des arts.

En énumérant les causes qui peuvent nous porter vers l'étude scientifique de la nature, nous devons rappeler aussi que des impressions fortuites et en apparence passagères ont souvent, dans la jeunesse, décidé de toute l'existence. Le plaisir naïf que fait éprouver la forme articulée de certains continents ou des mers intérieures sur les cartes géographiques (2), l'espoir de contempler ces belles constellations australes que n'offre jamais à nos yeux la voûte de notre ciel (3), les images des palmiers de la Palestine ou des cèdres du Liban que renferment les livres saints, peuvent faire germer au fond d'une âme d'enfant l'amour des expéditions lointaines. S'il m'était permis d'interroger ici mes plus anciens souvenirs de jeunesse, de signaler l'attrait qui m'inspira de bonne heure l'invincible désir de visiter les régions tropicales, je citerais : les descriptions pittoresques des îles de la mer du Sud, par George Forster; les tableaux de Hodges représentant les rives du Gange, dans la maison de Warren Hastings, à Londres; un dragonnier colossal, dans une vieille tour du Jardin botanique à Berlin. Ces exemples se rattachent aux trois classes signalées plus haut, au genre descriptif inspiré par une contemplation intelligente de la nature, à la peinture de paysage, enfin à l'observation directe des grandes formes du règne végétal. Il ne faut pas oublier que l'efficacité de ces moyens dépend en grande partie de l'état de la culture chez les modernes, et des dispositions de l'âme plus ou moins sensible, selon les races et les temps, aux impressions de la nature.

I

LITTÉRATURE DESCRIPTIVE.

DU SENTIMENT DE LA NATURE SUIVANT LA DIFFÉRENCE DES RACES ET DES TEMPS.

On a souvent avancé que le sentiment de la nature, sans être étranger aux peuples anciens, a cependant été plus rarement et plus faiblement exprimé dans l'antiquité que dans les temps modernes. « Si l'on se rappelle, dit Schiller dans ses réflexions *sur la poésie naïve et sentimentale* (4), la belle nature qui entourait les Grecs, si l'on songe dans quelle libre intimité ils vivaient avec elle sous leur ciel si pur, comme chez ce peuple l'art, les sentiments, les mœurs étaient plus naïfs, et combien leur poésie était une expression fidèle de leurs sentiments, on doit s'étonner de rencontrer chez eux si peu de cet intérêt du cœur avec lequel nous autres modernes, nous restons suspendus aux scènes de la nature. Les Grecs ont porté au plus haut degré la fidélité et l'exactitude dans la peinture des paysages; ils sont entrés dans des détails minutieux, mais sans que leur âme y eût plus de part qu'à la discription d'un vêtement, d'une arme ou d'un bouclier. La nature paraît avoir intéressé leur intelligence plus que leur sentiment moral. Jamais ils ne s'attachèrent à elle avec la sympathie et la douce mélancolie des modernes. »

Si vrai que soit ce jugement par quelque côté, il ne saurait être étendu à l'antiquité tout entière. Aussi bien est-ce se faire une idée incomplète des choses que de comprendre uniquement sous le nom d'antiquité, par opposition avec les temps modernes, le monde grec et le monde romain. Un profond sentiment de la nature se révèle dans les plus anciennes poésies des Hébreux et des Hindous, c'est-à-dire chez des races bien différentes, les races sémitiques et les races indo-germaniques.

Nous ne pouvons juger de la sensibilité des anciens peuples pour la nature que d'après les passages de leur littérature où est exprimé ce sentiment. Ces témoignages doivent être recueillis et appréciés avec d'autant plus de scrupule qu'ils se détachent plus rarement sous les grandes formes de la poésie épique ou lyrique. Sans doute dans l'antiquité grecque, à la fleur de l'âge de l'humanité, on rencontre un tendre et profond sentiment de la nature, uni à la peinture des passions et aux légendes fabuleuses ; mais le genre proprement descriptif n'est jamais chez les Grecs qu'un accessoire. Le paysage n'apparaît que comme le fond d'un tableau, au devant duquel se meuvent des formes humaines. La raison en est que tout en Grèce s'agite dans le cercle de l'humanité. Le développement des passions absorbait presque tout l'intérêt ; les agitations de la vie publique troublaient vite les rêveries silencieuses où nous jette la contemplation de la nature. On cherchait jusque dans les phénomènes physiques quelques relations avec la nature de l'homme (5); tous devaient fournir des points de ressemblance avec sa forme extérieure ou son activité morale. Ce fut presque toujours grâce à ces rapports, et sous la forme de comparaisons, que le genre descriptif put entrer dans le domaine de la poésie et y introduire quelques tableaux bornés, mais pleins de vie.

On chantait à Delphes des hymnes au printemps (6), afin sans doute d'exprimer la joie de l'homme échappé aux rigueurs de l'hiver. Les *Œuvres et Jours* d'Hésiode contiennent aussi une description de l'hiver (7), introduite peut-être plus tard par quelque rhapsode ionien. Ce poëme donne des préceptes sur l'agriculture et sur d'autres professions; il indique les devoirs d'une vie honnête, tout cela sur le ton d'une noble simplicité, mais avec la sécheresse didactique. Hésiode ne s'élève à une inspiration plus haute que pour envelopper les misères de l'humanité, sous le voile de l'anthropomorphisme, dans le beau mythe allégorique d'Épiméthée et de Pandore. De même dans la *Théogonie*, composée d'éléments divers mais très-anciens, les phénomènes de la mer sont souvent personnifiés sous des noms caractéristiques, comme, par exemple, dans l'énumération des Néréides (8). Cette tendance à revêtir de la forme humaine les phénomènes de la nature fut commune à l'école des *aèdes* de la Béotie et à toute la poésie antique.

Ce n'est qu'à une époque très-rapprochée de nous que les ressources si variées du genre descriptif, c'est-à-dire de la poésie de la nature, ont formé un genre de littérature distinct, soit que l'on s'attache à dépeindre le luxe de la végétation tropicale, soit que l'on retrace sous une forme animée les mœurs des animaux. Il n'en faut pas conclure que là où respire tant de sensualité, la sensibilité pour les beautés de la nature ait fait complétement défaut (9), qu'en admirant tant de chefs-d'œuvre inimitables créés par l'imagination des Grecs, nous ne puissions trouver chez eux quelques traces de poésie contemplative. Si ces traces sont trop rares au gré des modernes, cela tient moins à l'absence de sensibilité qu'à ce que les anciens n'éprouvèrent pas le besoin d'exprimer par des paroles le sentiment de la nature. Moins portés vers la nature inanimée que vers la vie agissante et le travail intérieur de la pensée, ils adoptèrent d'abord et conservèrent l'épopée et l'ode comme les formes les plus élevées du génie poétique. Or les descriptions de la nature ne pouvaient se mêler qu'accidentellement à ces poëmes. Il ne paraît pas que l'imagination s'y soit jamais arrêtée comme sur un objet à part. Dans la suite, à mesure que la tradition de l'ancien monde s'effaça, à mesure que ses fleurs se flétrirent, la rhétorique envahit le domaine de la poésie didactique. Cette poésie était sévère, noble et sans ornements sous la vieille forme philosophique et presque sacerdotale qui fut celle du livre d'Empédocle sur la Nature; par le mélange de la rhétorique, elle perdit peu à peu sa simplicité et sa dignité primitives.

Qu'il nous soit permis de citer quelques exemples, afin d'éclaircir les généralités qui précèdent. Ainsi que le veut l'épopée, les scènes de la nature ne sont jamais qu'un accessoire dans les poëmes homériques : « Le berger se réjouit du calme de la nuit, de la pureté de l'air, de l'éclat des étoiles qui brillent sous la voûte du ciel. Il entend de loin le bruit du torrent gonflé qui tombe, entraînant dans son noir limon les chênes déracinés (10). » Les forêts solitaires du Parnasse, ses vallées sombres et touffues contrastent avec le bois de peupliers arrosé par une source, dans la peinture gracieuse que fait Homère de l'île des Phéaciens (Scheria), et surtout avec le pays des Cyclopes, « dans lequel de vertes prairies agitées par le vent entourent des coteaux, où la vigne croît sans culture (11). » Pindare, dans un hymne au printemps composé pour les grandes Dionysiaques, célèbre la terre couverte de fleurs nouvelles, « alors que dans la ville argienne de Némée, le palmier entr'ouvrant ses premiers bourgeons annonce au devin l'approche du printemps embaumé. » Ailleurs il chante l'Etna, « la colonne du ciel, qui nourrit une neige éternelle. » Mais il se détourne vite de la nature morte et de ses sombres aspects, pour célébrer Hiéron de Syracuse et les victoires des Grecs sur les Perses.

Il ne faut pas oublier que le paysage grec offre l'attrait particulier d'une harmonie intime entre la terre ferme et l'élément liquide, entre les rivages colorés par le soleil, bordés de plantes et de végétaux pittoresques, et la mer agitée, retentissante et brillante de reflets divers. Si d'autres peuples ont dû regarder la terre et la mer, la vie terrestre et la vie maritime, comme deux mondes séparés, les Grecs, je ne dis pas seulement les insulaires, mais aussi les tribus du continent méridional, pouvaient, presque de chaque point de vue, embrasser tous les phénomènes produits par le contact ou l'action réciproque des éléments, et qui donnent aux scènes de la nature tant de richesse et de grandeur. Comment des peuples si heureusement doués seraient-ils restés indifférents devant ces chaînes de rochers couronnés de forêts, qui suivaient les replis profonds de la mer Méditerranée? Comment, dans un âge où le génie poétique était la plus élevée de toutes les vocations, en observant la distribution des formes végétales, en voyant l'échange régulier qui s'opérait, suivant les saisons de l'année et les heures du jour, entre la surface du sol et les couches inférieures de l'air, cette émotion venue des sens ne se serait-elle pas changée en une contemplation idéale? Les Grecs croyaient à des rapports secrets entre le monde des plantes et les héros ou les dieux. C'étaient les dieux qui vengeaient les outrages faits aux arbres ou aux plantes consacrées; l'imagination animait pour ainsi dire les végétaux. Mais les formes poétiques auxquelles dut se borner l'antiquité grecque, par la nature même de son génie, ne laissaient à la description de la nature qu'un développement incomplet.

Quelquefois cependant, même chez les poëtes tragiques, l'expression de la douleur ou le développement des passions sont interrompus par des descriptions où respire l'enthousiasme, et qui révèlent un profond sentiment de la nature. Lorsque Œdipe s'approche du bois des Euménides, le chœur chante « le tranquille et délicieux séjour de Colone; les verts buissons que le rossignol aime à visiter et qui retentissent de sa voix claire et mélodieuse; l'obscurité que répand le feuillage enlacé du lierre, les narcisses humides de la rosée céleste, le safran doré et l'olivier impérissable, qui renaît sans cesse de lui-même (12). » En même temps qu'il immortalise ce bourg de Colone qui fut son berceau, Sophocle place à dessein la grande figure du roi errant et poursuivi par le sort près des eaux rapides du Céphise, et l'entoure d'images sereines. Le repos de la nature ajoute encore à la douleur que cause l'aspect auguste de ce vieillard aveugle. Euripide se plaît aussi à décrire d'une façon pittoresque « les pâturages de la Messénie et de la Laconie, qui, sous un ciel éternellement pur, sont traversés par les belles eaux du Pamisus, et dont mille sources nourrissent la fertilité (13). »

La poésie bucolique, sorte de drame populaire et champêtre qui prit naissance dans les plaines de la Sicile, est à bon droit réputée une forme intermédiaire. C'est plutôt encore l'homme de la nature que le paysage, qui est représenté dans cette petite épopée pastorale; tel est du moins son caractère chez le poëte qui lui a donné la forme la plus achevée,

Théocrite. L'élément élégiaque occupe aussi une place dans l'idylle ; il semble qu'elle doive son origine au regret d'un idéal perdu, et que dans le cœur de l'homme un fond de tristesse soit toujours mêlé au sentiment intime de la nature.

Lorsque la vraie poésie s'éteignit en Grèce avec la vie publique, la poésie didactique et descriptive se voua à la transmission de la science. L'astronomie, la géographie, la chasse et la pêche devinrent les sujets favoris de versificateurs qui déployèrent souvent une flexibilité merveilleuse. Les formes et les mœurs des animaux sont retracées avec grâce et avec une exactitude telle que la science moderne peut y retrouver ses classifications en genres et même en espèces ; mais il manque à tous ces poëmes la vie intérieure, l'art de passionner la nature, et cette émotion à l'aide de laquelle le monde physique s'impose à l'imagination du poëte, sans même qu'il en ait clairement conscience. On trouve cette surabondance de l'élément descriptif, unie à une grande industrie poétique, dans les quarante-huit chants des *Dionysiaques* de l'Égyptien Nonnus. L'auteur aime à retracer les grandes catastrophes de la nature; il décrit un incendie allumé par le feu du ciel dans une forêt qui longe les bords de l'Hydaspe, et fait cuire les poissons au fond du fleuve. Ailleurs il entreprend d'expliquer météorologiquement comment des vapeurs qui s'élèvent dans l'air se forment les tempêtes et les pluies d'orage. Rien n'est plus inégal que cette œuvre de Nonnus; à un élan d'inspiration succède une stérile abondance de mots qui bientôt amène l'ennui.

Il y a un sentiment plus vif et plus délicat de la nature dans quelques pièces de l'*Anthologie*, restes précieux d'époques diverses. Fr. Jacobs, dans sa belle édition, a réuni, sous un titre à part, toutes les épigrammes relatives aux animaux et aux plantes. Ce sont de petits tableaux qui le plus souvent n'ont trait qu'à des objets individuels. Le platane, « qui nourrit de son vert feuillage les grains gonflés du raisin, » revient peut-être un peu souvent. On sait qu'originaire de l'Asie Mineure, le platane pénétra d'abord dans l'île de Diomède, et ne fut transplanté en Sicile, sur les rives de l'Anapus, qu'au temps de Denys l'Ancien. En général, cependant, les poëtes de l'Anthologie paraissent s'être adressés plus volontiers aux animaux qu'aux plantes. L'Idylle du printemps, par Méléagre de Gadara, est une belle composition, et qui dépasse les proportions ordinaires (14).

Nous devons à la vieille réputation de la vallée de Tempé de mentionner le tableau qu'en a tracé Élien, sans doute d'après Dicéarque (15). C'est la plus complète de toutes les descriptions que nous aient transmises les prosateurs grecs. Tout en s'attachant à l'exactitude topographique, l'auteur n'a pas négligé les détails pittoresques. Il a animé la fraîche vallée par la présence d'une *théorie* qui cueille les branches du laurier sacré. Plus tard, à partir de la fin du IVe siècle, les tableaux champêtres se multiplient dans les romans des prosateurs byzantins. C'est là un des attraits du roman pastoral de Longus (16); encore les peintures de l'amour naissant laissent-elles peu de place au sentiment même de la nature.

Je me propose simplement, dans ces pages, d'éclaircir par quelques exemples empruntés à la littérature descriptive, des considérations générales sur la contemplation poétique du monde. Aussi aurais-je déjà quitté le champ fleuri de l'antiquité grecque, si je croyais pouvoir, dans un livre que j'ai osé intituler *Cosmos*, passer sous silence le début du traité *sur le Monde*, faussement attribué à Aristote. L'auteur représente le globe « paré de sa végétation luxuriante, fertilisé par de nombreuses irrigations, et, ce qui lui paraît le plus merveilleux, peuplé d'êtres pensants (17). » Cet abus de la rhétorique si étranger au mode d'exposition concise et purement scientifique du philosophe de Stagire, est un des nombreux arguments que l'on a fait valoir contre l'authenticité de cet ouvrage, qu'on peut rapporter à Chrysippe (18), à Apulée (19) ou à tel autre que l'on voudra. S'il n'est pas permis de considérer cette description comme émanant d'Aristote, Cicéron en revanche nous a conservé un fragment authentique, traduit littéralement d'un écrit perdu de ce philosophe (20) : « S'il y avait des êtres qui eussent toujours vécu au milieu des profondeurs de la terre, dans des demeures ornées de tableaux, de statues et de tout ce que possèdent en abondance les heureux du monde ; si ces êtres avaient vaguement entendu parler de l'existence des dieux tout-puissants, et que la terre s'entr'ouvrant, ils pussent s'élever du fond de leurs retraites souterraines aux lieux que nous habitons; à la vue de la terre, de la mer et de la voûte du ciel, quand ils reconnaîtraient l'étendue des nuages et la force des vents, quand ils admireraient la beauté du soleil, sa grandeur et ses torrents de lumière, quand enfin ils considéreraient, aussitôt que la nuit venue aurait enveloppé la terre de ténèbres, le ciel étoilé, les variations de la lune, le lever et le coucher des astres accomplissant leur course immuable de toute éternité, sans doute ils s'écrieraient: « Oui, il y a des dieux, et ces grandes choses sont leur ouvrage ! » On a dit avec raison que l'on sent planer dans ces paroles le génie enthousiaste de Platon, et qu'elles suffiraient seules à confirmer le jugement de Cicéron sur « les flots d'or du langage aristotélique (21). » Un tel argument en faveur de l'existence des puissances célestes, puisé dans la beauté et dans l'infinie grandeur des œuvres de la création, est un fait très-rare chez les anciens.

Cette émotion pour les beautés de la nature que les Grecs sentaient au fond du cœur, mais qu'ils ne cherchèrent pas à produire sous une forme littéraire, se rencontre plus rarement encore chez les Romains. Il semble qu'on devait attendre autre chose d'une nation qui, fidèle aux anciennes traditions des Sicules, s'adonna surtout à l'agriculture et à la vie de la campagne. Mais à côté de cette activité, il y avait chez les Romains une gravité sévère, une raison sobre et mesurée qui les disposait peu aux impressions des sens, et les portait plutôt vers les réalités de chaque jour que vers une contemplation poétique et idéale de la nature. Ces oppositions entre la vie intérieure des Romains et celle des tribus grecques se reflètent dans la littérature, expression intelligente et fidèle du caractère des peuples. En dépit de la communauté d'origine, la structure intérieure des deux idiomes formait encore une différence de plus. On s'accorde à reconnaître que la langue de l'antique Latium est moins riche en images, moins variée dans ses tours, qu'elle est propre à saisir la vérité des choses plus qu'à se plier aux fantaisies de l'imagination. En outre, au siècle d'Auguste, l'imitation des modèles grecs put dépayser les esprits et gêner les libres épanchements. Toutefois quelques génies puissants, soutenus par l'amour de la patrie, surent rompre ces entraves, grâce à une originalité féconde et à l'élévation des idées traduites dans un admirable langage.

La poésie a déployé toutes ses richesses dans le poëme de Lucrèce *sur la Nature*. L'auteur embrasse le monde entier; disciple d'Empédocle et de Parménide, il relève encore la majesté de son exposition par les formes archaïques de son style. La poésie et la philosophie ont confondu leurs forces dans le livre de Lucrèce, sans que jamais de leur mélange résulte cette froideur que blâmait déjà sévèrement le rhéteur Ménandre, en la comparant à l'aspect brillant sous lequel Platon se représentait la nature (22). Mon frère a analysé, avec une grande sagacité, les effets analogues ou dissemblables, produits par l'union de la poésie et des abstractions philosophiques, dans les anciens poëmes didactiques de la Grèce, dans le poëme de Lucrèce et dans l'épisode du *Bhagavad-Gîta* (23). Si l'on considère le grand tableau de la nature tracé par le poëte romain, on est frappé du contraste que forment l'aridité du système atomistique et ses étranges visions sur la formation de la terre, avec cette vivante description de la race humaine sortant du fond des forêts pour labourer les champs, vaincre les forces de la nature, cultiver son esprit, perfectionner son langage et fonder la vie civile (24).

Si au milieu d'une vie agitée, un homme d'État conserve dans son cœur, en proie aux passions politiques, un goût vif pour la nature et l'amour de la solitude, il faut chercher la source de ces sentiments dans les profondeurs d'un grand et noble caractère. Les écrits de Cicéron prouvent la vérité de cette remarque. On sait, il est vrai, qu'il a fait dans le traité des *Lois* et dans celui de l'*Orateur*, de nombreux emprunts au *Phèdre* de Platon (25) ; mais l'imitation n'a rien enlevé de son individualité propre à la peinture du sol italique. Platon dépeint en quelques traits généraux « l'ombrage épais du haut platane, les parfums qui s'exhalent de l'Agnus-castus en fleur, la brise qui sent l'été, et dont le murmure accompagne les chœurs des cigales. » Pour la description de Cicéron, elle est tellement fidèle, comme l'a remarqué récemment un observateur ingénieux (26), qu'aujourd'hui encore on en peut retrouver sur les lieux mêmes tous les traits. Le Liris est encore entouré de hauts peupliers ; et si l'on descend, en se dirigeant vers la gauche, de la hauteur qui domine les ruines d'Arpinum, on reconnaît le bouquet de chênes au bord du Fibrène, aussi bien que l'île nommée aujourd'hui Isola di Carnello, formée par la division du ruisseau, et dans laquelle Cicéron se retirait, comme il le dit lui-même, pour méditer, pour lire et pour écrire. C'est à Arpinum, au pied des montagnes des Volsques, qu'était né Cicéron, et l'admirable paysage qui l'entourait dut influer, dès son jeune âge, sur les goûts qu'il conserva toute sa vie. Souvent en effet, à l'insu même de l'homme, le reflet de la nature environnante, pénétrant au plus profond de son être, s'associe à ses dispositions natives et au libre développement de ses forces intellectuelles et morales.

A travers les terribles orages de l'année 708, Cicéron trouva quelques adoucissements dans ses maisons de campagne, se rendant tour à tour de Tusculum à Arpinum, des environs d'Antium à ceux de Cumes. « Rien de plus agréable, écrit-il à Atticus (27), que cette solitude, rien de plus gracieux que cette villa, le rivage qui est auprès et la vue de la mer. » Il écrit encore de l'île d'Astura, à l'embouchure du fleuve du même nom, sur la côte de la mer Tyrrhénienne. «Personne ici ne m'importune, et quand je vais dès le matin me cacher dans un bois épais et sauvage, je n'en sors plus avant le soir. Après mon bien-aimé Atticus, rien ne m'est plus cher que la solitude; là je n'ai de commerce qu'avec les lettres, et pourtant mes études sont souvent interrompues par mes larmes. Je combats contre la douleur autant que je le puis, mais la lutte est encore au-dessus de mes forces. » Plusieurs critiques ont cru retrouver par avance dans ces lettres, ainsi que dans celles de Pline, l'accent de la sentimentalité moderne ; je n'y vois, pour moi, que l'expression d'une sensibilité profonde, qui dans tous les temps et chez tous les peuples, s'échappe des cœurs douloureusement émus.

La connaissance des œuvres de Virgile et d'Horace est si généralement répandue parmi toutes les personnes un peu initiées à la littérature latine, qu'il serait superflu d'en extraire des passages pour rappeler le vif et tendre sentiment de la nature qui anime quelques-unes de leurs compositions. Dans l'épopée nationale de Virgile, la description du paysage, d'après la nature même de ce genre de poëme, devait être un simple accessoire, et ne pouvait occuper que peu de place. Nulle part on ne remarque que l'auteur se soit attaché à décrire des lieux déterminés (28); mais les couleurs harmonieuses de ses tableaux révèlent une profonde intelligence de la nature. Où le calme de la mer et le repos de la nuit ont-ils été plus heureusement retracés? Quel contraste entre ces images sereines et les énergiques peintures de l'orage, dans le premier livre des Géorgiques, de la tempête qui assaille les Troyens au milieu des Strophades, de l'écroulement des rochers, et de l'éruption de l'Etna, dans l'Énéide (29) ! De la part d'Ovide, on eût pu attendre, comme fruit de son long séjour à Tomes, dans les plaines de la Mœsie inférieure, une description poétique de ces déserts sur lesquels l'antiquité est restée muette. L'exilé ne vit pas, il est vrai, cette partie des steppes qui, recouvertes dans l'été de plantes vigoureuses hautes de quatre à six pieds, offre, à chaque souffle du vent, la gracieuse image d'une mer de fleurs agitée. Le lieu où fut relégué Ovide était une lande marécageuse. Accablé par une disgrâce au-dessus de ses forces, il était plus disposé à se reporter en souvenir aux jouissances du monde et aux événements politiques de Rome, qu'à contempler les vastes déserts qui l'entouraient. Comme compensation, et sans compter les descriptions peut-être même un peu trop fréquentes, de grottes, de sources et de clairs de lune, ce poëte, qui possédait à un si haut degré le talent de peindre, nous a laissé un récit singulièrement exact et intéressant, même pour les géologues, d'une éruption volcanique près de Méthone, entre Épidaure et Trézène. Dans ce tableau que nous avons eu déjà l'occasion de signaler ailleurs (30), Ovide montre le sol se soulevant en forme de colline par la force des vapeurs intérieurement comprimées, comme une vessie gonflée, ou comme une outre formée de la peau d'un chevreau.

Il y a lieu surtout de regretter que Tibulle ne nous ait point laissé quelque grande composition descriptive, faite d'après nature. Parmi les poëtes qui illustrèrent le règne d'Auguste, il est du petit nombre de ceux qui heureusement étrangers à l'érudition alexandrine, et amoureux de la vie de la campagne, sensibles et simples par conséquent, puisèrent leurs inspirations en eux-mêmes. Ses élégies doivent être considérées à la vérité comme des tableaux de mœurs, dans lesquels le paysage est rejeté sur le dernier plan, mais la *consécration des champs* et la sixième pièce du premier livre montrent ce qu'on eût pu attendre de l'ami d'Horace et de Messala (31).

Petit-fils du rhéteur M. Annæus Sénèque, Lucain ne se rattache que trop bien à lui par la parure oratoire de son style. Il a peint cependant en traits admirables et d'une vérité frappante la destruction de la forêt des Druides, sur le rivage aujourd'hui dépouillé de Marseille (32). Les chênes en tombant s'appuient l'un sur l'autre et se tiennent en équilibre; dégarnis de leurs feuilles, ils laissent pour la première fois pénétrer un rayon de soleil dans cette sombre et sainte obscurité. Quiconque a vécu longtemps dans les forêts du Nouveau-Monde, sent avec quel bonheur le poëte a dépeint en peu de mots le luxe de cette végétation puissante, dont de gigantesques débris sont encore enfouis dans quelques tourbières de la France (33). Un ami de Sénèque le philosophe, Lucilius Junior, a représenté aussi avec vérité l'éruption d'un volcan, dans son poëme didactique de l'*Etna*; mais il n'y a pas fait entrer ces détails précis, qui seuls donnent de l'originalité à une pareille description. Son poëme, sous ce rapport, est fort inférieur au dialogue sur l'Etna, dû à la jeunesse de Bembo, et que nous avons déjà signalé (34).

Lorsque enfin l'inspiration épuisée ne peut plus soutenir les grandes et nobles formes de la poésie, à partir de la seconde moitié du IVe siècle, l'art des vers, dépouillé du charme de l'imagination, ne s'attache plus qu'à décrire minutieusement les réalités arides de la science. L'élégance factice du langage ne pouvait pas suppléer au sentiment de la nature et à l'enthousiasme évanoui. Comme production de ces temps stériles, pendant lesquels la forme poétique n'est qu'un ornement d'emprunt jeté par hasard sur la pensée, nous devons citer le poëme de *la Moselle* d'Ausone. Né en Aquitaine, Ausone avait suivi Valentinien dans son expédition contre les Alemanni. Le poëme de la Moselle, composé dans l'antique ville de Trèves, célèbre en plusieurs endroits, et non sans grâce, les vignobles qui s'élèvent en coteaux sur les rives de l'un des plus beaux fleuves du sol germanique (35). Malheureusement la topographie de la contrée, les ruisseaux qui se jettent dans la Moselle, les diverses espèces de poissons qui la peuplent, avec l'indication de leur forme, de leurs couleurs et de leurs mœurs, tels sont les principaux objets de ce poëme trop exclusivement didactique.

Les descriptions de la nature ne sont pas moins rares chez les prosateurs romains que chez les prosateurs grecs. Nous avons cité plus haut quelques passages remarquables de Cicéron. Les grands historiens, Jules César, Tite-Live et Tacite, ne font guère autre chose que retracer par occasion un champ de bataille, le passage d'un fleuve, ou des défilés impraticables dans les montagnes. Ils ne se reportent vers la nature que lorsqu'ils sentent le besoin de représenter l'homme luttant contre les obstacles qu'elle lui oppose. Dans les annales de Tacite, je ne puis lire sans une sorte de ravissement la traversée de Germanicus sur l'Ems (Amisia), et la grande description géographique des chaînes de montagnes qui longent la Syrie et la Palestine (36). Quinte-Curce aussi a très-heureusement dépeint la solitude des forêts que dut traverser l'armée macédonienne, à l'ouest d'Hécatompylos, dans la province marécageuse de Mazendéran (37). J'y insisterais davantage, si l'on pouvait distinguer sûrement ce que cet écrivain, auquel on n'ose assigner une époque précise, a tiré de sa vive imagination ou puisé aux sources historiques.

Je me bornerai à signaler ici, en me réservant d'y revenir plus tard, dans l'Essai historique sur le développement de l'idée de l'univers, le grand ouvrage encyclopédique de Pline l'Ancien, auquel nul autre ouvrage dans l'antiquité ne peut être comparé pour la richesse des matériaux. Son livre, ainsi que l'a dit son neveu Pline le Jeune, est aussi varié que la nature. On y sent un esprit tourmenté de l'irrésistible désir d'embrasser la nature entière, et qui procède souvent avec trop de précipitation. Inégal dans son style, tantôt il se borne à un simple récit, tantôt il abonde en pensées, s'anime et ne se fait pas faute de recourir aux ornements de la rhétorique. L'Histoire Naturelle de Pline, d'après le plan même qu'il s'était formé, ne pouvait contenir beaucoup de descriptions individuelles et portant sur des objets précis; mais toutes les fois que l'attention de l'auteur est dirigée sur l'ensemble des forces de la nature, ou sur l'ordre majestueux qui préside à l'univers (naturæ majestas), on ne peut méconnaître dans ses paroles un enthousiasme véritable. Le livre de Pline a exercé une grande influence dans toute la durée du moyen âge.

Nous aurions plaisir à citer, comme témoignage du sentiment de la nature chez les Romains, les villas gracieusement situées sur les hauteurs du Pincius, à Tusculum et à Tibur, près du cap Misène, à Pouzzoles et à Baïa, si toutes n'étaient, comme celles de Scaurus et de Mécène, de Lucullus et d'Adrien, encombrées de bâtiments somptueux. Les temples, les théâtres et les hippodromes alternaient avec les volières et les autres constructions destinées à entretenir des escargots et des loirs. La maison de campagne de Scipion à Litermum, bien que plus simple sans doute, était garnie de tours comme une forteresse. Le nom d'un ami d'Auguste, de Matius, nous a été signalé parce que, fort curieux précisément de tout ce qui était artificiel et contraire à la nature, il introduisit le premier l'usage de tailler avec symétrie les arbres d'après des formes empruntées à l'architecture ou aux arts plastiques. Pline le Jeune, possesseur de nombreuses villas, a décrit en termes charmants celles de Laurente et de Toscane (38). Si dans toutes deux les bâtiments et les ornements bizarres, formés de buis découpé, sont répandus avec une profusion que répudierait notre goût moderne, cependant les descriptions qu'en a données Pline, et aussi le soin que prit

Adrien de faire reproduire artificiellement l'image de la vallée de Tempé dans sa maison de plaisance de Tibur, témoignent que les Romains, même les habitants des villes, sentaient le charme du paysage. On voit que malgré leur goût un peu exclusif pour les arts, et le prix qu'ils attachaient aux commodités de la vie, bien qu'ils calculassent avec beaucoup de sollicitude l'exposition de leurs maisons de campagne par rapport au soleil et aux vents, ils n'étaient pas indifférents à la libre jouissance de la nature. Nous sommes heureux de pouvoir ajouter que cette jouissance, dans les domaines de Pline, n'était pas troublée par l'aspect affligeant de la misère des esclaves. C'est que le riche propriétaire n'était pas seulement un des plus savants hommes de son temps; il avait des sentiments d'humanité dont on rencontre rarement l'expression, du moins chez les anciens, et éprouvait une compassion profonde pour les classes du peuple asservies par la pauvreté. Il n'y avait pas, à vrai dire, d'esclavage dans les maisons de campagne de Pline; l'esclave qui labourait la terre transmettait librement ce qu'il avait acquis (39).

Les anciens ne nous ont laissé aucune description des neiges éternelles qui couronnent les Alpes, et se colorent d'un reflet rouge au lever et au coucher du soleil; ils n'ont pas été frappés de l'état des glaciers bleus ni de la nature imposante du paysage suisse. Cependant l'Helvétie était continuellement traversée par des hommes d'État ou des chefs d'armée qui se rendaient en Gaule, et emmenaient des gens de lettres dans leur escorte. Tous ces voyageurs ne savent que se plaindre du mauvais état des chemins, sans jamais se laisser distraire par l'aspect romantique des scènes de la nature. On sait que Jules César, lorsqu'il retourna en Gaule auprès de ses légions, mit le temps à profit en composant, pendant le passage des Alpes, un traité de grammaire, *de Analogiâ* (40). Silius Italicus, qui mourut sous Trajan, à une époque où déjà la Suisse était dans un état de culture florissant (41), célèbre avec amour tous les ravins de l'Italie et les rives ombragées du Liris, aujourd'hui le Garigliano; mais il représente la région des Alpes comme un horrible désert dépourvu de végétation (42). Il n'est pas moins surprenant que le merveilleux aspect des rochers de basalte découpés en colonnes naturelles, tels qu'on les rencontre au centre de la France, sur les bords du Rhin et dans la Lombardie, n'ait pas engagé les Romains à les décrire ni même à les mentionner.

Tandis que s'épuisaient les sentiments qui avaient inspiré l'antiquité classique, et en détournant les esprits de l'état passif du monde inanimé, les avaient portés vers l'action et la manifestation des forces humaines, un esprit nouveau se faisait jour : le christianisme se répandait peu à peu, et tout se ressentait de sa bienfaisante influence. Occupé, alors même qu'il prévalait comme religion d'État, à l'affranchissement civil de la race humaine et à la réhabilitation des classes inférieures, il affranchissait aussi la nature en élargissant ses horizons. Les yeux n'étaient plus constamment fixés sur les formes des divinités païennes. Le Créateur (ainsi nous l'enseignent les Pères dans leur langage élégant et souvent même brillant d'images et de poésie) se montre aussi grand dans la nature morte que dans la nature vivante, dans la lutte désordonnée des éléments que dans le cours paisible d'un développement organique. Malheureusement la dissolution successive de la puissance romaine entraîna aussi la corruption du langage; l'imagination perdit sa puissance créatrice, la simplicité et la pureté de la diction s'altérèrent d'abord dans les pays latins, et plus tard dans l'empire grec. Le goût de la solitude, l'habitude des sombres méditations, le recueillement intérieur, ont laissé dans tous les écrits de ce temps des traces manifestes. La langue et le ton général du style en ont également souffert.

Lorsque des sentiments nouveaux viennent à se développer dans le monde, il est presque toujours possible d'en retrouver çà et là quelques germes précoces et profondément enfouis. On a souvent expliqué la molle langueur qui respire dans Mimnerme par une disposition sentimentale de l'âme (43). Le monde nouveau n'a pas rompu brusquement avec l'ancien; mais les changements accomplis dans les aspirations religieuses de l'humanité, dans les sentiments moraux les plus tendres, et même dans la vie extérieure des hommes qui agissent sur l'esprit de la foule, ont fait éclater tout à coup ce qui jusqu'alors avait échappé à l'attention. Le christianisme disposa les esprits à chercher dans l'ordre du monde et dans la beauté de la nature le témoignage de la grandeur et de l'excellence du Créateur. Cette tendance à glorifier la Divinité dans ses œuvres dut amener le goût des descriptions. Les plus anciennes et les plus complètes se trouvent chez un avocat de Rome, qui vivait en même temps que Tertullien et Philostrate, c'est-à-dire au commencement du IIIe siècle, chez Minucius Félix, auteur d'un dialogue religieux intitulé *Octavius*. On prend plaisir à le suivre au point du jour sur le rivage d'Ostie, auquel il prête, il est vrai, un aspect pittoresque et des effets salutaires que nous ne retrouvons plus aujourd'hui. Dans ce dialogue, Minucius Félix défend vivement les croyances nouvelles contre les attaques d'un de ses amis resté fidèle au paganisme (44).

C'est ici le lieu de citer partiellement quelques descriptions de la nature empruntées aux Pères de l'Église grecque, et moins connues sans doute de nos lecteurs que les passages dans lesquels les anciens habitants de l'Italie ont exprimé leur goût pour la vie champêtre. Je commencerai par une lettre de saint Basile pour lequel j'ai depuis longtemps une prédilection singulière. Né à Césarée, en Cappadoce, Basile, à peine âgé de trente ans, avait renoncé à la vie calme qu'il menait à Athènes, et visité les thébaïdes chrétiennes de la Cœlé-Syrie et de l'Égypte méridionale. Lui-même, à l'exemple des Esséniens et des Thérapeutes, ces précurseurs du christianisme, se retira dans un désert sur les bords de l'Iris en Arménie. Son second frère, Naucratius, s'était noyé dans ce fleuve en pêchant, après avoir mené cinq ans la dure vie des Anachorètes (45). « Je crois enfin, écrit Basile à Grégoire de Nazianze, avoir trouvé le terme de mes courses errantes. Renonçant avec peine à l'espérance de nous voir réunis tous deux, il serait plus vrai de dire à mes songes, car j'approuve celui qui appelle l'espérance le songe d'un homme éveillé, je suis parti pour le Pont à la recherche de la vie qui me convient. Dieu m'a fait rencontrer ici un lieu d'accord avec mes goûts. Ce que, dans nos jeux et dans nos moments de repos, nous nous représentions en imagination, je puis le voir en réalité. Une haute montagne, environnée d'une épaisse forêt, est arrosée du côté du nord par des eaux fraîches et limpides. A ses pieds s'étend une plaine inclinée, rendue féconde par les vapeurs humides qui s'exhalent des hauteurs. La forêt qui entoure la montagne, et où se pressent des arbres de formes et d'espèces différentes, semble établir autour d'elle un mur de défense... Ma solitude est bornée par deux ravins profonds. D'un côté, le fleuve qui s'élance du faîte oppose une barrière continue et difficile à franchir ; de l'autre, une large croupe de montagne en ferme l'entrée. L'habitation est située sur la crête d'un autre sommet, de manière à embrasser toute l'étendue de la plaine, et à contempler d'en haut la chute et le cours de l'Iris, pour moi plus agréable à voir que le Strymon pour les habitants d'Amphipolis. Ce fleuve, le plus rapide que je connaisse, se brise contre une roche voisine et se jette en tourbillonnant dans un abîme.

Il m'offre, ainsi qu'à tous les voyageurs, un aspect plein de charme, et de plus il est pour les habitants de la contrée une utile ressource, par le nombre infini de poissons qu'il nourrit dans ses flots écumants. Dois-je te décrire les vapeurs exhalées de la terre, ou les brises qui montent de la surface des eaux? Qu'un autre admire l'abondance des fleurs et le chant des oiseaux; je n'ai pas le loisir d'appliquer mon esprit à de tels objets. Ce qui me charme plus que tout le reste, c'est le calme de la contrée; elle n'est visitée que par quelques chasseurs, car mon désert nourrit des cerfs et des troupeaux de chèvres sauvages, mais non vos ours et vos lions. Comment pourrais-je changer ce lieu pour un autre? Alcméon, quand il eut trouvé les Échinades, ne voulut pas aller plus loin (46). » Malgré l'indifférence que veut opposer saint Basile à quelques-uns des agréments de sa retraite, on sent dans cette simple peinture du paysage et de la vie des bois des sentiments mieux en harmonie avec les sentiments modernes que tout ce qui nous reste de l'antiquité grecque et latine. Du haut de la cabane solitaire où le saint anachorète s'est réfugié, le regard s'abaisse sur la voûte humide de la forêt. Basile a trouvé enfin le lieu de repos après lequel lui et son ami Grégoire de Nazianze ont soupiré si longtemps (47). L'allusion mythologique qui termine la lettre résonne comme une voix partie de l'ancien monde, qui trouve un écho dans le monde chrétien.

Les Homélies de saint Basile sur l'Hexaemeron

témoignent aussi du sentiment de la nature qui était en lui. Il dépeint les douceurs des nuits éternellement sereines de l'Asie Mineure, où, selon son expression, les astres, fleurs immortelles du ciel, élèvent l'esprit de l'homme du visible à l'invisible (48). Si, dans le récit de la création du monde, il veut célébrer les beautés de la mer et décrire les aspects variés et changeants de cette plaine sans limites, il montre comment, doucement agitée « par le souffle des vents, elle réfléchit une lumière tantôt blanche, tantôt bleue, tantôt rouge ; comment, dans ses jeux paisibles, elle caresse le rivage. » On trouve chez le frère de saint Basile, chez Grégoire de Nysse, le même accord mélancolique avec la nature. « Si je vois, s'écrie-t-il, chaque crête de rocher, chaque vallon, chaque plaine, couverts d'une herbe naissante ; si je vois la riche parure des arbres, et à mes pieds les lis auxquels la nature a donné à la fois le parfum et l'éclat des couleurs ; si dans le lointain j'aperçois la mer vers laquelle la nuée qui passe conduit mes regards, mon âme est saisie d'une tristesse qui n'est pas sans douceur. Avec l'automne les fruits disparaissent, les feuilles tombent, les branches des arbres se roidissent, et nous-mêmes, accablés d'une mélancolie profonde en voyant ces éternelles et régulières transformations, nous sommes à l'unisson des forces mystérieuses de la nature. Quiconque contemple ce spectacle avec les yeux de l'âme sent la petitesse de l'homme comparé à la grandeur de l'univers (49). »

Non-seulement cette glorification de la Divinité

par la contemplation enthousiaste de la nature amena chez les chrétiens le goût des descriptions poétiques; on peut même dire que, dans la première ferveur de la foi nouvelle, leur admiration fut toujours mêlée de mépris pour les œuvres humaines. Chrysostôme répète en mille endroits: « Vois-tu un magnifique monument, te sens-tu charmer par la vue d'une longue colonnade, reporte vite tes regards sur la voûte du ciel et les libres champs où les troupeaux paissent auprès des bords de la mer. Qui ne mépriserait toutes les œuvres de l'art, lorsque, dans le calme de son cœur, il admire le lever du soleil versant sur la terre une lumière dorée, lorsque, au bord d'une source, couché sur des herbes épaisses ou à l'ombre d'arbres touffus, il repaît ses yeux d'un vague lointain qui se perd dans l'obscurité (50)? » La ville d'Antioche était à cette époque entourée d'ermitages, et dans l'un d'eux vivait Chrysostôme. Il semblait que l'éloquence, retrempée à la source de la nature, eût retrouvé son élément, la liberté, dans les contrées boisées et montagneuses de la Syrie et de l'Asie Mineure.

Lorsque plus tard, dans des temps ennemis de toute civilisation, le christianisme se répandit parmi les races germaniques et celtiques, qui ne connaissaient jusque-là que la religion de la nature, et honoraient sous de grossiers symboles les forces conservatrices ou destructrices de l'univers, un commerce intime avec la nature et l'étude de ses forces mystérieuses devinrent facilement suspects de sorcellerie. La connaissance du monde extérieur parut alors aussi dangereuse que l'avait été aux yeux de Tertullien, de Clément d'Alexandrie et de presque tous les anciens Pères, la culture des arts plastiques. Au XIIe et au XIIIe siècle, les conciles de Tours (1169) et de Paris (1209) interdirent aux moines la coupable lecture des ouvrages de physique (51). Ce furent Albert le Grand et Roger Bacon qui les premiers rompirent courageusement les entraves de l'esprit humain, firent absoudre la nature, et la rétablirent dans ses anciens droits.

Nous avons signalé jusqu'ici les oppositions qui, dans les littératures grecque et latine, si intimement liées l'une à l'autre, se sont manifestées suivant la différence des temps. Mais les contrastes qui se produisent dans la manière de sentir ne sont pas seulement l'effet du temps ou des révolutions par lesquelles sont transformés invinciblement les gouvernements, les mœurs et les religions; plus frappants encore sont ceux que causent la variété des races et leur génie originaire. Quelle opposition ne remarque-t-on pas dans le sentiment de la nature et dans la couleur poétique des descriptions, chez les Grecs, chez les Germains du nord, dans les races sémitiques, chez les Persans et chez les Hindous! On a souvent exprimé cette opinion, que l'amour des peuples du nord pour la nature, le charme puissant qui les attire vers les délicieuses campagnes de la Grèce ou de l'Italie et vers les merveilleuses richesses de la végétation tropicale, doivent être principalement attribués à la privation où ils sont pendant la durée d'un long hiver, de toutes les jouissances de la nature. Nous ne nions pas que cette sorte de convoitise qui porte les peuples du nord vers le climat des palmiers ne s'affaiblisse, à mesure que l'on s'approche du midi de la France ou de la péninsule Ibérique; mais la dénomination, si souvent employée et confirmée par la science, de race indo-germanique, doit suffire à elle seule pour nous tenir en garde contre les effets trop généraux qu'on serait tenté d'attribuer à l'influence de l'hiver dans les régions septentrionales. Les innombrables productions de la poésie indienne nous apprennent que, dans l'espace compris entre les tropiques et dans les contrées avoisinantes, au sud de la chaîne de l'Himalaya, les forêts, toujours vertes et toujours en fleurs, ont vivement sollicité l'imagination des peuples de l'Aria orientale, et qu'ils se sont senti plus de vocation encore pour la poésie descriptive que les races purement germaniques répandues dans les pays inhospitaliers du nord et jusque dans l'Islande. Ce n'est pas que même dans les climats plus fortunés de l'Asie méridionale, les jouissances de la nature ne soient quelquefois suspendues. L'opposition des saisons y est extrêmement marquée; on passe brusquement des pluies qui fécondent la terre à une sécheresse dévorante. En Perse, sur le plateau de l'Aria occidentale, on trouve souvent des déserts sans végétation et de forme irrégulière, qui s'avancent comme des golfes dans les contrées les plus fertiles; souvent les forêts renferment des steppes immenses, qui semblent une mer intérieure entourée de ses rivages. Grâce à ces accidents, la surface horizontale du sol offre aux habitants de ces chauds climats les mêmes alternatives de terres fertiles et de plaines désertes que présentent en hauteur les chaînes de montagnes couronnées de neige de l'Inde et de l'Afghanistan. Or ces contrastes frappants produits par les différentes saisons de l'année, par la fécondité et l'élévation du sol, sont, chez des peuples que l'ensemble de leur civilisation et leurs croyances religieuses disposent déjà à la contemplation de la nature, les causes les plus capables d'échauffer l'imagination poétique.

L'amour de la nature, particulier aux races contemplatives de la Germanie, se manifeste à un haut degré dans les plus anciens poëmes du moyen âge. La poésie chevaleresque des Minnesinger, sous le règne des Hohenstauffen, en fournit des preuves nombreuses. Quelles que soient les relations historiques qui rattachent cette poésie à la poésie romane des Provençaux, on n'y peut méconnaître le pur élément germanique. Les mœurs des nations germaines, les habitudes de leur vie, leur amour de l'indépendance, tout révèle le sentiment de la nature dont elles étaient intimement pénétrées (52). Les Minnesinger errants, bien que quelques-uns fussent nés sur le trône, et que tous fussent mêlés à la vie des cours, restaient toujours en commerce assidu avec la nature. Ils entretenaient dans toute sa fraîcheur la disposition naturelle qui les portait à l'idylle et souvent même à l'élégie. Afin de mieux apprécier les effets d'une semblable disposition, je m'en réfère aux deux plus profonds connaisseurs du moyen âge allemand, à mes nobles amis MM. Jacob et Guillaume Grimm. « Les poëtes allemands de cette époque, dit le dernier, ne se sont jamais attachés à décrire la nature d'une manière abstraite, c'est-à-dire sans avoir d'autre but que de peindre sous de vives couleurs l'impression du paysage. Ce n'est pas assurément que le sentiment de la nature manquât aux anciens *maîtres* allemands, mais toujours ils l'ont rattaché aux événements qu'ils racontaient ou aux émotions plus vives qui débordaient dans leurs chants lyriques. Pour commencer par l'épopée nationale, par les plus anciens et les plus précieux monuments de la muse allemande, on ne trouve ni dans les *Niebelungen* ni dans le poëme de *Gudrun* aucune description de la nature, là même où l'occasion s'en présentait naturellement (53). Le récit, très-circonstancié d'ailleurs, de la chasse où Sigfried est tué, contient seulement la mention d'une bruyère en fleurs et d'une source fraîche à l'ombre d'un tilleul. Dans le poëme de Gudrun, qui suppose des mœurs un peu plus polies, le sentiment de la nature se laisse mieux entrevoir. Lorsque la fille du roi et ses compagnes, réduites à la condition d'esclaves, vont porter sur le bord de la mer les vêtements de leur maître, le poëte indique le moment de l'année où l'hiver touche à sa fin et où recommencent les concerts des rossignols. La neige tombe encore, et la chevelure des jeunes filles est fouettée par le vent de mars. Lorsque Gudrun, espérant voir venir ses libérateurs, sort du camp, les flots de la mer brillent des premiers feux du matin, et elle distingue les casques sombres et les boucliers de ses amis. Ce ne sont que quelques mots, mais ils suffisent à donner des choses une image distincte et à augmenter ainsi l'attente du grand événement qui se prépare. Homère ne fait pas autrement, quand il décrit l'île des Cyclopes et les jardins si bien ordonnés d'Alcinoüs; il se propose seulement de mettre sous les yeux la fécondité luxuriante de la solitude dans laquelle vivent ces géants monstrueux, et le magnifique séjour d'un roi puissant. Des deux poëtes, l'un pas plus que l'autre n'a songé à décrire la nature pour la nature même. »

« A l'épopée naïve on peut opposer les longs et curieux récits des poëtes du XIIIe siècle. Ceux-là exerçaient un art qui avait conscience de lui-même. Dans le nombre, Hartmann d'Aue, Wolfram d'Eschenbach et Gottfried de Strasbourg (54), se distinguent si bien des autres, qu'ils peuvent être appelés les maîtres et les auteurs classiques de la poésie chevaleresque. On ne serait pas embarrassé de recueillir dans le vaste ensemble de leurs œuvres des témoignages de l'émotion que leur causait la nature. Ce sentiment, toutefois, ne se trahit que par le choix des comparaisons; la pensée ne leur est pas venue encore de retracer les tableaux qu'ils ont sous les yeux indépendamment du récit; ils ne suspendent pas le cours des événements pour se reposer dans la contemplation de la nature et de sa vie paisible. Combien sont différentes les compositions poétiques des modernes! Bernardin de Saint-Pierre ne se sert au contraire des événements que comme d'un cadre pour ses tableaux. A la vérité, les poëtes lyriques du XIIIe siècle, quand ils chantent l'amour (die Minne), ce que d'ailleurs ils ne font pas constamment, parlent volontiers du doux mois de mai, du chant du rossignol, de la rosée qui brille sur les fleurs de la bruyère; mais ce n'est jamais qu'à l'occasion des sentiments qui semblent se refléter dans ces images. S'il veut retracer des impressions mélancoliques, le poëte nous fait penser aux feuilles qui jaunissent, aux oiseaux qui se taisent, aux semences enfouies sous la neige. Les mêmes souvenirs reviennent incessamment, exprimés, il faut le reconnaître, avec charme et sous des formes très-variées. Walther de Vogelweide ainsi que Wolfram d'Eschenbach, dont nous ne possédons malheureusement que très-peu de poésies lyriques, sont dignes tous deux, l'un avec plus de sensibilité, l'autre avec plus de profondeur, d'être cités comme des exemples brillants de la poésie chevaleresque. »

« La question de savoir si le contact avec l'Italie méridionale ou, par les croisades, avec l'Asie Mineure, la Syrie et la Palestine, a enrichi la muse allemande de peintures nouvelles, doit être en général résolue négativement. On ne voit pas que la connaissance faite avec l'Orient ait donné une autre direction à la poésie des Minnesinger. Les croisés ne se rapprochèrent jamais beaucoup des Sarrasins, et il n'y eut pas de relations bien actives, même entre les peuples qui combattaient pour la même cause. Un des plus anciens poëtes lyriques fut Frédéric d'Hausen, qui mourut dans l'armée de Barberousse. Ses chants rappellent souvent les croisades; ils n'expriment cependant que des pensées religieuses et le regret d'être séparé de sa bien-aimée. Pour la nature qui l'entoure, il ne trouve pas l'occasion d'en dire un mot, non plus que tous ceux qui prirent part à la croisade, tels que Reinmar l'ancien, Rubin, Reidhart et Ulrich de Lichtenstein. Reinmar fit, à ce qu'il paraît, le pèlerinage de Syrie, à la suite du duc d'Autriche Léopold VI. Il se plaint que le souvenir de sa patrie ne lui laisse pas de relâche et le détourne de la pensée de Dieu. Quelquefois seulement il est question de dattiers, et toujours à propos des branches de palmier que les pèlerins portaient sur l'épaule. Je ne me souviens pas non plus que l'admirable nature de l'Italie ait excité la fantaisie des Minnesinger qui traversaient les Alpes. Walter de Vogelweide, qui avait beaucoup voyagé, ne s'avança pas en Italie au delà des bords du Pô; mais Freïdank alla jusqu'à Rome et ne remarqua rien, si ce n'est que l'herbe croissait dans les palais des anciens maîtres de ces lieux (55). »

L'épopée Ésopique, qui choisit des bêtes pour ses héros, ne doit pas être confondue avec l'apologue oriental; elle est née d'un rapprochement habituel avec le monde des animaux, sans dessein arrêté de peindre exactement leurs physionomies. Ce genre de fable, que M. Jacob Grimm a apprécié d'une manière supérieure dans la préface de son édition de *Reinhart Fuchs*, témoigne du plaisir que l'on prenait alors à la nature. Les bêtes non plus enchaînées au sol, mais douées de la parole et accessibles à toutes nos passions, contrastent avec la vie tranquille et silencieuse des plantes : elles forment un élément toujours actif destiné à animer le paysage. « La vieille poésie, dit M. Jacob Grimm, considère la vie de la nature sous un point de vue tout humain ; guidée par les caprices de son imagination naïve, elle prête aux animaux, et quelquefois même aux plantes, le sentiment et les émotions des hommes, en donnant un sens ingénieux à toutes les particularités de leur forme ou de leur instinct. Les plantes et les fleurs ont emprunté leurs noms aux dieux ou aux héros qui les ont cueillies et aimées. On sent comme un parfum des bois qui s'exhale des vieux apologues de l'Allemagne (56). »

A ces monuments de la poésie descriptive chez les Germains on serait tenté de joindre les restes de la poésie celtique et erse, qui durant un demi-siècle ont passé, sous le nom d'Ossian, d'un peuple à un autre, comme des nuages qui errent dans le ciel. Mais le charme est rompu depuis que l'on a reconnu, à n'en pas douter, la fraude de Macpherson, par la publication du texte gaëlique, évidemment supposé et refait après coup sur l'ouvrage anglais. Il existe bien en vieille langue erse des chants à l'honneur de Fingal connus sous le nom de *chants de Finnian*, qui furent recueillis et écrits depuis l'introduction du christianisme et ne remontent peut-être pas au VIIIe siècle de notre ère; mais ces poésies populaires contiennent fort peu de descriptions sentimentales dans le genre de celles qui donnent un charme singulier au livre de Macpherson (57).

Nous avons déjà remarqué que, si les dispositons à la contemplation et à la rêverie ne sont pas inconnues des races indo-germaniques de l'Europe septentrionale, si elles sont même un de leurs traits distinctifs, il ne faut pas les attribuer à l'influence du climat, c'est-à-dire à un désir ardent des jouissances de la nature, accru par la privation. Nous avons rappelé comment les littératures indienne et persane, qui se sont développées sous les feux du soleil du midi, offrent de délicieuses descriptions de la nature organique aussi bien que de la nature morte. Tels sont le passage de la sécheresse aux pluies tropicales, et l'apparition du premier nuage qui vient troubler l'azur profond d'un ciel pur, lorsque, après une longue attente, les vents étésiens commencent à bruire dans les longues feuilles qui couronnent la tête empennée des palmiers.

C'est ici le lieu de pénétrer un peu plus avant dans la littérature descriptive de l'Inde. « Représentons-nous, dit M. Lassen (58), une partie de la race arienne quittant sa première patrie, les contrées du nord-ouest, et émigrant vers l'Inde. Elle dut admirer les richesses de cette nature inconnue. La douceur du climat, la fertilité du sol, sa libéralité à répandre des dons magnifiques, durent jeter des couleurs plus brillantes sur la vie nouvelle de ces peuples. Outre les qualités précieuses, particulières aux Ariens, à part le rare développement de leur esprit, qui permet de retrouver en germe chez eux tout ce que, depuis, les Hindous ont accompli de grand et d'élevé, la vue du monde extérieur les amena de bonne heure à réfléchir profondément sur les lois de la nature, et leurs méditations déterminèrent en eux la tendance contemplative qui fait le fond de la plus ancienne poésie des Hindous. Cette impression dominante, exercée par la nature sur la conscience de tout un peuple, se manifeste surtout dans les sentiments religieux et dans l'hommage rendu au principe divin de la nature. L'indifférence pour toutes les choses de la vie vint aussi en aide à ces dispositions rêveuses. Qui était mieux à l'abri de toutes les distractions, qui pouvait mieux s'isoler dans une contemplation profonde, et réfléchir sur la vie de l'homme en ce monde, sur sa condition après la mort, sur l'essence de la Divinité, que ces pénitents, ces brahmanes vivant dans la solitude des bois, dont les antiques écoles sont un des phénomènes les plus caractéristiques de la vie indienne et ont exercé une influence considérable sur le développement intellectuel de la nation tout entière (59)? »

S'il m'est permis, ainsi que je l'ai tenté déjà dans mes leçons publiques, avec les conseils de mon frère et d'autres indianistes, de faire comprendre à l'aide de quelques exemples le vif sentiment de la nature qui éclate souvent dans la poésie descriptive des Hindous, je commencerai par les *Védas*, le plus ancien et le plus sacré de tous les monuments qui nous attestent la culture des peuples de l'Aria orientale. L'objet principal de ce livre est la glorification de la nature. Les hymnes du *Rigvéda* contiennent de belles descriptions des premières lueurs du jour et du soleil « aux mains d'or ». Toutefois les auteurs des *Védas* ont rarement pris soin de retracer l'aspect des lieux qui faisaient tomber les sages en extase. Dans les poëmes épiques du *Ramayana* et du *Mahabharata*, plus jeunes que les *Védas* et plus vieux que les *Pouranas*, les tableaux de la nature sont liés encore avec le récit, comme il convient à ce genre de composition; mais du moins ils retracent des lieux déterminés et sont le fruit d'impressions personnelles. De là le mouvement qui les anime. Le voyage de Rama, qui part d'Ayodhya pour se rendre à la résidence de Dschanaka, sa vie au milieu des forêts vierges, l'existence solitaire des Pandouides, sont des morceaux du genre descriptif où brille un vif coloris.

Le nom de Kalidasa est devenu célèbre de bonne heure chez les peuples occidentaux. Ce grand poëte florissait à la cour brillante de Vikramaditya et était par conséquent contemporain de Virgile et d'Horace. Les traductions française, anglaise et allemande de la *Sakountala* ont justifié l'admiration si vive dont Kalidasa a été l'objet (60). La tendresse des sentiments et la puissance de l'invention lui assurent un rang élevé parmi les poëtes de tous les pays. On peut juger de l'attrait de ses descriptions par le charmant drame de *Vikrama et Ourvasi*, dans lequel le roi parcourt tous les détours des forêts à la recherche de la nymphe Ourvasi, par le poëme des *Saisons* et par le *Nuage messager* (Meghadouta). Kalidasa a dépeint dans cette pièce, avec la vérité même de la nature, les transports par lesquels est salué, après une longue sécheresse, le premier nuage qui apparaît au ciel comme l'annonce de la saison des pluies. Ces mots « la vérité de la nature » dont je viens de me servir, seront ma justification, si j'ose, à côté du *Nuage messager*, rappeler une description du même phénomène que j'ai faite moi-même dans l'Amérique du Sud, avant que le *Meghadouta* de Kalidasa pût m'être connu par la traduction de M. Chézy (61). Les symptômes mystérieux qui se produisent dans l'atmosphère, l'exhalaison des vapeurs, la forme des nuages, les lueurs électriques dont l'air est sillonné, tous ces présages sont les mêmes dans les zones tropicales des deux continents. L'art, dont la mission est de fondre les réalités dans une image harmonieuse, ne perd rien de ses attraits parce que l'esprit observateur et analytique des siècles suivants a eu l'heureuse fortune de confirmer le témoignage d'un ancien poëte qui ne pouvait que se laisser aller à la contemplation de la nature.

Des Ariens orientaux, c'est-à-dire de la famille indo-brahmanique, merveilleusement disposée par son organisation à goûter les beautés pittoresques de la nature (62), nous passons aux Ariens de l'Occident, aux Perses, qui réunis jadis aux peuples de la même race dans la contrée située au nord de la Perse et de l'Inde, s'en étaient séparés et, adorateurs spiritualistes de la nature, avaient concilié ce culte avec la conception manichéenne d'Ahriman et d'Ormuzd. Ce que nous nommons la littérature persane ne remonte pas au delà de l'époque des Sassanides. Les plus anciens monuments de la poésie des Perses ont péri. Ce fut seulement après la conquête des Arabes, quand la face du pays fut renouvelée, que refleurit une littérature nationale, sous les dynasties des Samanides, des Gaznévides et des Seldjoucides. L'épanouissement de la poésie depuis Firdousi jusqu'à Hafiz et Dschami dura à peine quatre ou cinq cents ans, et ne se prolongea guère que jusqu'à l'expédition de Vasco de Gama. En cherchant la trace du sentiment de la nature chez les Hindous et chez les Persans, il ne faut pas oublier que les civilisations respectives de ces deux peuples ont été doublement séparées par l'espace et par le temps. La littérature persane appartient au moyen âge; la grande littérature indienne appartient proprement à l'antiquité. La nature, sur le plateau de l'Iran, n'offre pas ces arbres vigoureux ni cette variété de formes et de couleurs que présente aux yeux charmés le sol de l'Hindoustan. La chaîne du Vindhya, qui a marqué longtemps la limite de l'Aria orientale, est comprise encore dans la zone des tropiques, tandis que toute la Perse est située au delà du tropique du Cancer. Une partie même de la poésie persane est née dans la région septentrionale de Balkh et de Fergana. Les quatre Paradis (63) célébrés par les poëtes persans étaient la vallée de Sogd, près de

Samarcande; celle de Maschanoud, près d'Hamadan; de Scha'abi-Bowan, près de Kal'eh-Sofid, dans la province de Fars, et la plaine de Damas, nommée Ghoute. Les royaumes d'Iran et de Touran sont tous deux dépourvus de forêts; il n'y a pas place par conséquent pour cette vie solitaire des bois qui avait si vivement agi sur l'imagination des poëtes indiens. Des jardins arrosés par des eaux jaillissantes, remplis de buissons de roses et d'arbres fruitiers, ne peuvent remplacer la nature imposante et sauvage de l'Hindoustan. Il ne faut pas s'étonner, d'après cela, que la poésie descriptive des Persans n'ait pas la même séve, qu'elle soit souvent froide et artificielle. Si, au jugement des indigènes, les qualités les plus précieuses sont ce que nous appelons l'esprit et la finesse, on comprend qu'il ne faut pas chercher autre chose à admirer chez les poëtes de ce pays que le mérite d'une invention facile et l'infinie variété des formes sous lesquelles ils excellent à reproduire la même pensée (64); les sentiments intimes et profonds leur sont chose tout à fait étrangère.

La description du paysage interrompt rarement le récit dans l'épopée nationale ou *Livre des Héros*, de Firdousi. L'éloge des côtes du Mazenderan, mis dans la bouche d'un poëte voyageur, me paraît être particulièrement gracieux et représenter avec vérité la douceur du climat et la force de la végétation. Cet éloge entraîne le roi Kei-Kawous à une expédition vers la mer Caspienne et à une conquête nouvelle (65). Les poésies sur le printemps d'Enweri, de Dschelaleddin, qui passe pour le plus grand poëte mystique de l'Orient, d'Adhad et de Feisi, à demi Persan, à demi Indien, ont toutes une vive fraîcheur, bien que souvent le plaisir qu'elles causent soit troublé par la recherche puérile de comparaisons trop ingénieuses (66). Sadi, dans son roman de *Bostan et Goulistan* (le Jardin des Fruits et des Roses), et Hafiz, dont la philosophie pratique a été comparée à celle d'Horace, marquent, pour nous servir des expressions de Joseph de Hammer, le premier, l'âge de l'enseignement moral, le second, l'essor le plus élevé de la poésie lyrique. Malheureusement l'enflure et la recherche déparent souvent chez ces écrivains les descriptions de la nature (67). L'objet favori de la poésie persane, l'amour du rossignol et de la rose, revient toujours d'une manière fatigante, et le sentiment intime de la nature expire en Orient dans les raffinements conventionnels du *langage des fleurs*.

Si descendant du plateau de l'Iran, nous nous dirigeons vers le nord à travers le royaume de Touran (dans la langue Zende, *Tûirja*) (68), jusqu'à la chaîne de l'Oural qui sépare l'Europe de l'Asie, nous arrivons aux lieux qui furent le berceau de la race finnoise; car les Finnois sont sortis jadis de la région des monts Ourals, comme les peuplades turques sont sorties de l'Altaï. Parmi ces races finnoises établies au loin vers l'occident, dans les basses plaines du continent européen, existaient des chants dont le docteur Elias Lœnnrot a recueilli un grand nombre de la bouche même des Caréliens et des paysans d'Olonetz. « Il y règne, dit M. Jacob Grimm (69), un pur sentiment de la nature qui ne se rencontre guère que dans les poëmes indiens. » Une ancienne épopée, composée de près de douze mille vers, roule sur la lutte des Finnois et des Lapons, et sur les aventures d'un héros divin nommé Vaïno; elle contient des descriptions extrêmement gracieuses de la vie rustique dans la Finlande, surtout à l'endroit où la femme du forgeron Ilmarinen envoie ses troupeaux dans les bois et dit des paroles pour les protéger contre les attaques des bêtes féroces. Il existe peu de races dont les subdivisions offrent, malgré la communauté du langage, des oppositions plus marquées, sous le rapport de la culture intellectuelle et de la direction donnée aux sentiments. Ces oppositions tiennent, d'une part, aux tristes effets du servage; d'une autre, à la barbarie de la vie guerrière; d'une autre encore, à des efforts persévérants faits pour conquérir la liberté politique. Tels ont été, en effet, les divers modes d'existence des paysans, si pacifiques aujourd'hui, chez lesquels a été recueilli le *Kalewala;* des Huns, qui ont bouleversé le monde et ont été longtemps confondus avec les Mongols; enfin d'un grand et noble peuple, les Magyares.

Pour achever de considérer ce qui, dans le sentiment de la nature et dans la manifestation de ce sentiment, peut tenir à la différence des races, à la conformation du sol, à la constitution politique et aux croyances religieuses, il nous reste à jeter un regard sur les peuples de l'Asie qui contrastent le plus avec les races ariennes et indo-germaniques des Hindous et des Persans. Les nations sémitiques ou araméennes offrent dans les plus anciens et les plus respectables monuments de leur poésie, avec une inspiration puissante et une brillante imagination, le témoignage d'un profond sentiment de la nature. Ce sentiment est exprimé avec éclat et grandeur dans les légendes pastorales, dans les hymnes sacrés, et dans ces chants lyriques que fait retentir, au temps de David, l'école des voyants et des prophètes, dont l'inspiration sublime, presque étrangère au temps passé, se tourne pleine de pressentiments vers l'avenir.

La poésie hébraïque, à part son élévation et sa profondeur, offre aux nations de l'occident cet attrait singulier, qu'elle est intimement liée à des souvenirs consacrés dans trois grandes religions : la religion mosaïque, la religion chrétienne, la religion mahométane. Les peuples de l'Europe ne sont pas les seuls dont l'imagination soit attirée par les souvenirs des lieux saints. Les missions, favorisées par l'esprit commercial et conquérant des peuples navigateurs, ont fait pénétrer les noms géographiques et les descriptions de l'orient, tels que nous les a conservés l'Ancien Testament, jusqu'au fond des forêts du nouveau monde et dans les îles de la mer du Sud.

Un des caractères qui distinguent la poésie de la nature chez les Hébreux, c'est que, reflet du monothéisme, elle embrasse toujours le monde dans une imposante unité, comprenant à la fois le globe terrestre et les espaces lumineux du ciel. Elle s'arrête rarement aux phénomènes isolés, et se plaît à contempler les masses. La nature n'y est pas représentée comme ayant une existence à part et pouvant prétendre aux hommages en vertu de sa beauté propre; elle apparaît toujours aux poëtes hébreux dans sa relation avec la puissance spirituelle qui la gouverne d'en haut. La nature est pour eux une œuvre créée et ordonnée, l'expression vivante d'un Dieu partout présent dans les merveilles du monde sensible. Aussi à en juger seulement par son objet, la poésie lyrique des Hébreux devait-elle être imposante et majestueuse. Elle est sombre et mélancolique lorsqu'elle touche à la condition terrestre de l'humanité. Il est remarquable aussi que cette poésie, malgré sa grandeur, et au milieu même de l'enivrement causé par la musique, ne tombe jamais dans les proportions démesurées de la poésie indienne. Vouée à la pure contemplation de la divinité, figurée dans son langage, mais claire et simple dans ses pensées, elle se plaît à ramener les mêmes comparaisons avec une régularité presque rhythmique.

Les livres de l'Ancien Testament, en tant qu'ils rentrent dans la littérature descriptive, réfléchissent fidèlement la nature du pays où vivaient les Hébreux. Ils représentent ces alternatives de déserts, de plaines fertiles et de sombres forêts qu'offre le sol de la Palestine. On y trouve indiqués tous les changements de température dans l'ordre où ils s'accomplissent, les mœurs des peuples pasteurs et leur éloignement héréditaire pour l'agriculture. Les récits épiques ou historiques y sont d'une simplicité extrême et peut-être plus dénués encore de parure que chez Hérodote. Grâce à l'uniformité qui s'est conservée dans les mœurs et dans les habitudes de la vie nomade, les voyageurs modernes ont pu confirmer la vérité de ces tableaux. La poésie lyrique est plus ornée et déploie la vie de la nature dans toute sa plénitude. On peut dire que le 103e psaume est à lui seul une esquisse du monde. « Le Seigneur, revêtu de lumière, a étendu le ciel comme un tapis. Il a fondé la terre sur sa propre solidité, en sorte qu'elle ne vacillât pas dans toute la durée des siècles. Les eaux coulent du haut des montagnes dans les vallons, aux lieux qui leur ont été assignés afin que jamais elles ne passent les bornes prescrites, mais qu'elles abreuvent tous les animaux des champs. Les oiseaux du ciel chantent sous le feuillage. Les arbres de l'Éternel, les cèdres que Dieu lui-même a plantés, se dressent pleins de séve. Les oiseaux y font leur nid, et l'autour bâtit son habitation sur les sapins. » Dans le même psaume est décrite la mer « où s'agite la vie d'êtres sans nombre. Là passent les vaisseaux et se meuvent les monstres que tu as créés, ô Dieu, pour qu'ils s'y jouent librement. » L'ensemencement des champs, la culture de la vigne qui réjouit le cœur de l'homme, celle de l'olivier, y ont aussi trouvé place. Les corps célestes complètent ce tableau de la nature. « Le Seigneur a créé la lune pour mesurer le temps, et le soleil connaît le terme de sa course. Il fait nuit, les animaux se répandent sur la terre, les lionceaux rugissent après leur proie et demandent leur nourriture à Dieu. Le soleil paraît, ils se rassemblent et se réfugient dans leurs cavernes, tandis que l'homme se rend à son travail et fait sa journée jusqu'au soir. » On est surpris, dans un poëme lyrique aussi court, de voir le monde entier, la terre et le ciel, peints en si grands traits. A la vie confuse des éléments est opposée l'existence calme et laborieuse de l'homme, depuis le lever du soleil jusqu'au moment où le soir met fin à ses travaux. Ce contraste, ces vues générales sur l'action réciproque des phénomènes, ce retour à la puissance invisible et présente qui peut rajeunir la terre ou la réduire en poudre, tout est empreint d'un caractère sublime, plus propre, il faut le dire, à étonner qu'à émouvoir.

De semblables aperçus sur le monde sont souvent exposés dans les psaumes (70), mais nulle part d'une manière plus complète que dans le trente-septième chapitre du livre de Job, assurément fort ancien, bien qu'il ne remonte pas au delà de Moïse. On sent que les accidents météorologiques qui se produisent dans la région des nuages, les vapeurs qui se condensent ou se dissipent, suivant la direction des vents, les jeux bizarres de la lumière, la formation de la grêle et du tonnerre, avaient été observés avant d'être décrits. Plusieurs questions aussi sont posées, que la physique moderne peut ramener sans doute à des formules plus scientifiques, mais pour lesquelles elle n'a pas trouvé encore de solution satisfaisante. On tient généralement le livre de Job pour l'œuvre la plus achevée de la poésie hébraïque. Il y a autant de charme pittoresque dans la peinture de chaque phénomène que d'art dans la composition didactique de l'ensemble. Chez tous les peuples qui possèdent une traduction du livre de Job, ces tableaux de la nature orientale ont produit une impression profonde. « Le Seigneur marche sur les sommets de la mer, sur le dos des vagues soulevées par la tempête. — L'aurore embrasse les contours de la terre et façonne diversement les nuages, comme la main de l'homme pétrit l'argile docile. » On trouve aussi décrites dans le livre de Job les mœurs des animaux, de l'âne sauvage et du cheval, du buffle, de l'hippopotame et du crocodile, de l'aigle et de l'autruche. Nous y voyons « l'air pur, quand viennent à souffler les vents dévorants du Sud, étendu comme un métal en fusion sur les déserts altérés (71). » Là où la nature est plus avare de ses dons, elle aiguise les sens de l'homme, afin qu'attentif à tous les symptômes qui se manifestent dans l'atmosphère et dans la région des nuages, il puisse, au milieu de la solitude des déserts ou sur l'immensité de l'Océan, prévoir toutes les révolutions qui se préparent. C'est surtout dans la partie aride et montagneuse de la Palestine que le climat est de nature à provoquer ces observations. La variété ne manque pas non plus à la poésie des Hébreux. Tandis que, depuis Josué jusqu'à Samuel, elle respire l'ardeur des combats, le petit livre de Ruth la glaneuse offre un tableau de la simplicité la plus naïve et d'un charme inexprimable. Gœthe, à l'époque de son enthousiasme pour l'orient, l'appelait le poëme le plus délicieux que nous eût transmis la muse de l'épopée et de l'idylle (72).

Dans des temps plus rapprochés de nous, les premiers monuments de la littérature des Arabes conservent encore un reflet affaibli de cette grande manière de contempler la nature qui fut, à une époque si reculée, un trait distinctif de la race sémitique. Je rappellerai à ce sujet la description pittoresque de la vie des Bédouins au désert par le grammairien Asmai, qui a rattaché ce tableau au nom célèbre d'Antar, et l'a réuni dans un grand ouvrage avec d'autres légendes chevaleresques, antérieures au mahométisme. Le héros de cette nouvelle romantique est le même Antar, de la tribu d'Abs, fils du chef Scheddad et d'une esclave noire, dont les vers (*Moallakât*) sont au nombre des poëmes couronnés, suspendus dans la Kaaba. Le savant traducteur anglais, M. Terrick Hamilton, a déjà appelé l'attention sur les accents bibliques qui résonnent comme un écho dans les vers d'Antar (73). Asmai fait voyager le fils du désert à Constantinople; c'est pour lui une occasion d'opposer d'une manière pittoresque la civilisation grecque et la rudesse de la vie nomade. Que d'ailleurs la description du sol ait tenu peu de place dans les plus anciennes poésies des Arabes, il n'y a pas là de quoi s'étonner, si l'on songe, ainsi que l'a remarqué un orientaliste très-versé dans cette littérature, M. Freitag, de Bonn, que l'objet principal des poëtes arabes est le récit des faits d'armes, l'éloge de l'hospitalité et de la fidélité dans l'amour, et qu'en outre presque aucun d'eux n'était originaire de l'Arabie Heureuse. Il fallait des dispositions de l'âme bien particulières et bien rares, pour que le sentiment de la nature pût être inspiré par cette triste uniformité de pâturages et de déserts sablonneux.

Dans les contrées auxquelles manque l'ornement des forêts, les phénomènes de l'atmosphère, l'orage, la tempête, la pluie après une longue sécheresse, s'emparent d'autant plus fortement de l'imagination. En cherchant chez les poëtes arabes des descriptions animées de ces scènes de la nature, je dois surtout rappeler les plaines fécondées par la pluie et envahies par des nuées d'insectes bourdonnants, dans le *Moallakât* d'Antar (74), le fidèle et magnifique tableau de l'orage, par Amru'l Kais, et un autre dans le septième livre du recueil désigné sous le nom d'*Hamasa* (75); enfin, dans le *Nabegha Dhobyani* (76), le gonflement de l'Euphrate entraînant des flots de roseaux et des arbres déracinés. Le huitième livre de l'*Hamasa*, intitulé *Voyage et Somnolence*, devait naturellement piquer ma curiosité de voyageur. Je reconnus bientôt que la somnolence ne se prolonge pas au delà du premier fragment, et est d'autant plus excusable que l'auteur l'explique par un trajet fait sur le dos d'un chameau pendant la nuit (77).

J'ai essayé jusqu'ici d'exposer en partie du moins comment le monde extérieur, c'est-à-dire l'aspect de la nature animée et inanimée, a pu agir diversement sur la pensée et l'imagination, à différentes époques et chez des races différentes. J'ai extrait de l'histoire littéraire les exemples dans lesquels le sentiment de la nature se manifeste de la manière la plus saisissante. Il ne pouvait être question ici, non plus que dans tout mon ouvrage sur le Cosmos, de faire un relevé complet, mais seulement de présenter des vues générales et de choisir les traits les plus propres à peindre le caractère particulier des peuples et des siècles. J'ai conduit les Grecs et les Romains jusqu'au moment où meurent d'épuisement les sentiments qui ont jeté un éclat ineffaçable sur les œuvres dont se compose l'antiquité classique chez les nations occidentales. J'ai cherché dans les écrits des Pères de l'Église chrétienne l'expression touchante de cet amour pour la nature, que fit éclore la vie contemplative des anachorètes dans le repos de la solitude. En considérant les peuples indo-germaniques (je donne ici à cette dénomination son sens le moins général), je suis remonté des poésies allemandes du moyen âge à celles des anciens habitants de l'Aria orientale, les Hindous, et des habitants moins favorisés de l'Aria occidentale qui peuplaient jadis l'Iran. Après un coup d'œil jeté sur les chants celtiques ou gaëliques et sur une épopée finnoise nouvellement découverte, j'ai passé à une branche de la race sémitique ou araméenne, et j'ai montré la nature déployant ses richesses dans les chants sublimes des Hébreux et dans les poésies des Arabes. Ainsi l'on a pu voir le reflet du monde extérieur sur l'imagination des peuples répandus dans le nord et dans le sud-est de l'Europe, dans l'Asie Mineure, sur les plateaux de la Perse et dans les contrées tropicales de l'Inde. Pour embrasser la nature entière, il m'a paru qu'il fallait la contempler sous deux aspects, et après avoir observé les phénomènes dans leur réalité objective, les montrer se reflétant dans les sentiments de l'humanité.

Après qu'eurent disparu les dominations araméenne, grecque et romaine, je pourrais dire après qu'eut expiré l'ancien monde, le créateur sublime d'un monde nouveau, Dante Alighieri, montre de temps à autre une intelligence profonde de la vie de la terre. Il s'arrache alors à ses passions et aux ressentiments mystiques qui peuplent de fantômes le vaste cercle de ses idées. L'époque de sa vie suit immédiatement celle où cesse de se faire entendre la voix des Minnesinger de la Souabe. Dante peint d'une manière inimitable, dans le premier livre du Purgatoire, les vapeurs du matin et la lumière tremblante de la mer qui apparaît au loin doucement agitée (il tremolar de la marina) (78). Au cinquième chant, il montre les nuages qui crèvent et les fleuves qui se gonflent au moment où l'Arno entraîne, après la bataille de Campaldino, le cadavre de Buonconte de Montefeltro (79). En entrant dans les bois épais du paradis terrestre, le poëte se rappelle la forêt de pins près de Ravenne (la pineta in sul lito di Chiassi), où retentit dans les cimes des arbres le chant matinal des oiseaux (80). Cette image naturelle contraste avec le fleuve de lumière qui coule dans le paradis terrestre, « ce fleuve d'où jaillissent des étincelles qui se reposent sur les fleurs du rivage, et bientôt, comme enivrées de parfums, se replongent dans l'abîme, tandis que s'élancent d'autres étincelles (81). » On pourrait croire que cette fiction est un souvenir du rare et singulier spectacle qu'offre la phosphorescence de l'océan, lorsque du choc des nuages se dégagent des points lumineux qui s'élèvent au-dessus de la surface des eaux, et font de toute la plaine liquide une mer d'étoiles en mouvement. L'extrême concision du style augmente encore, dans la *Divine comédie*, la profondeur et la gravité de l'impression.

Afin de demeurer un peu plus longtemps sur le sol de l'Italie, tout en laissant de côté les froides pastorales, on peut passer des poëmes de Dante aux sonnets élégiaques dans lesquels Pétrarque décrit l'effet que produit sur lui, depuis la mort de Laure, la gracieuse vallée de Vaucluse, aux poésies plus courtes de Bojardo, l'ami d'Hercule d'Este, et aux stances que composa plus tard Vittoria Colonna (82).

A la renaissance de la littérature classique, lorsqu'elle refleurit chez tous les peuples, grâce aux relations nouvelles qui s'établirent avec la Grèce, malgré son abaissement politique, le cardinal Bembo, protecteur éclairé des arts, ami et conseiller de Raphaël, est le premier, parmi les prosateurs, qui ait laissé des descriptions attrayantes de la nature. Son dialogue de l'Etna offre un tableau animé de la distribution géographique des plantes sur la pente de la montagne, depuis les plaines fertiles de la Sicile jusqu'aux neiges qui couronnent les bords du cratère.

Dans les *Historiæ Venetæ*, œuvre achevée d'un âge plus mûr, le climat et la végétation du nouveau continent sont caractérisés d'une manière encore plus pittoresque.

Au moment où le monde se trouvait subitement agrandi, tout se réunissait pour remplir l'esprit de magnifiques images, et lui donner une plus haute conscience des forces humaines. Lors de l'expédition d'Alexandre, les Macédoniens avaient rapporté des sombres vallées de l'Hindoustan et des monts Paropamisus des impressions qui se retrouvent encore vivantes, plusieurs siècles après, dans les ouvrages des grands écrivains. La découverte de l'Amérique renouvela l'effet produit par la conquête macédonienne; elle exerça même plus d'influence que les croisades sur les peuples occidentaux. Pour la première fois, le monde tropical offrait réunis aux regards des Européens la magnificence de ses plaines fécondes, toutes les variétés de la vie organique échelonnées sur le penchant des Cordillères, et les aspects des climats du nord qui semblent se refléter sur les plateaux du Mexique, de la Nouvelle-Grenade et de Quito. Le prestige de l'imagination, sans laquelle il ne peut y avoir d'œuvre humaine véritablement grande, donne un attrait singulier aux descriptions de Colomb et de Vespucci. Vespucci fait preuve, en dépeignant les côtes du Brésil, d'une connaissance exacte des poëtes anciens et modernes. Les descriptions de Colomb, quand il retrace le doux ciel de Paria et le vaste fleuve de l'Orénoque qui doit prendre sa source, à ce qu'il s'imagine, dans le Paradis, sans qu'il change pour cela la place de ce séjour, sont empreintes d'un sentiment grave et religieux. A mesure qu'il avança en âge, et qu'il eut à lutter contre d'injustes persécutions, cette disposition dégénéra chez lui en mélancolie et en exaltation chimérique.

Aux époques héroïques de leur histoire, les Portugais et les Castillans ne furent pas seulement guidés par la soif de l'or, comme on l'a supposé, faute de comprendre l'esprit de ces temps. Tout le monde se sentait entraîné vers les hasards des expéditions lointaines. Les noms d'Haïti, de Cubagua, de Darien avaient séduit les imaginations au commencement du XVIe siècle, comme depuis les voyages d'Anson et de Cook, les noms de Tinian et d'Otahïti. Le désir de visiter des pays éloignés suffit pour entraîner la jeunesse de la Péninsule espagnole, des Flandres, de Milan, du sud de l'Allemagne, vers la chaîne des Andes et les plaines brûlantes d'Uraba et de Coro, sous la bannière victorieuse de Charles-Quint. Plus tard, quand les mœurs s'adoucirent et que toutes les parties du monde s'ouvrirent à la fois, cette curiosité inquiète fut entretenue par d'autres causes et prit une direction nouvelle. Les esprits s'enflammèrent d'un amour passionné pour la nature, dont les peuples du nord donnaient l'exemple. Les vues s'élevèrent en même temps que s'agrandissait le cercle de l'observation scientifique. La tendance sentimentale et poétique, qui se trouvait déjà au fond des cœurs, prit une forme plus arrêtée, avec la fin du xvᵉ siècle, et donna naissance à des œuvres littéraires inconnues des temps antérieurs.

Si nous reportons encore nos regards vers l'époque des grandes découvertes qui ont préparé le travail nouveau des esprits, les descriptions de la nature que Colomb lui-même nous a laissées se présentent naturellement à nous les premières. Depuis peu de temps seulement, nous connaissons son Journal maritime, ses lettres au trésorier Sanchez, à la nourrice de l'infant Don Juan, Jeanne de la Torre, et à la reine Isabelle. J'ai déjà ailleurs, dans l'ouvrage intitulé : *Examen critique de l'histoire de la géographie au* xvᵉ *et au* xviᵉ *siècle* (83), essayé de montrer quel profond sentiment de la nature animait le grand navigateur, avec quelle noblesse et quelle simplicité d'expression il a décrit la vie de la terre, et le ciel, inconnu jusque-là, qui se découvrait à ses regards (viage nuevo al nuevo cielo i mundo que fasta entonces estaba en occulto) ; ceux-là seuls peuvent apprécier de telles peintures qui comprennent toute l'énergie de cette vieille langue espagnole.

La physionomie caractéristique des plantes, l'épaisseur impénétrable des forêts « dans lesquelles on peut à peine démêler quelles sont les fleurs et les feuilles qui appartiennent à chaque tronc, » la sauvage abondance des plantes qui couvrent les rives marécageuses, les rouges Flamants, qui, occupés à pêcher dès le matin, animent l'embouchure des fleuves, attirent tour à tour l'attention du vieux marin, tandis qu'il longe les côtes de Cuba, entre les petites îles

Lucayes et les Jardinillos que j'ai moi-même visités. Chaque pays nouveau qu'il découvre lui semble plus beau que celui qu'il a précédemment décrit. Il se plaint de ne pas trouver de mots pour rendre les douces sensations qu'il éprouve. Complétement étranger à la botanique, bien que déjà une connaissance superficielle des végétaux se fût répandue en Europe, grâce à l'influence des médecins arabes et juifs, le simple sentiment de la nature le conduit à observer attentivement tout ce qui offre un aspect étranger. A Cuba, il distingue sept ou huit espèces de palmiers plus belles et plus hautes que celle qui produit les dattes (variedades de palmas superiores a las nuestras en su belleza y altura). Il mande à son spirituel ami Anghiera, qu'il a été émerveillé de voir dans la même plaine des palmiers et des pins (palmeta et pineta) groupés ensemble et entremêlés les uns aux autres. Il examine les végétaux avec des regards si pénétrants, qu'il remarque tout d'abord sur les montagnes de Cibao des pins qui, au lieu des fruits ordinaires, produisent des baies semblables aux olives de l'*Awarafe* de Séville. Ainsi, Colomb, comme je l'ai déjà dit plus haut (84), a distingué à la première vue le genre *Podocarpus* dans la famille des Abiétinées.

« L'attrait de ce nouveau pays, dit le grand navigateur, dépasse de beaucoup celui de la campagne de Cordoue. Les arbres brillent d'un feuillage toujours vert et sont éternellement chargés de fruits; des herbes hautes et fleuries couvrent la surface du sol; l'air est tiède comme en Castille au mois d'avril; le rossignol chante avec une douceur qu'on ne saurait dire; dans la nuit, d'autres oiseaux plus petits chantent à leur tour; j'entends aussi le bruit de nos grillons et celui des grenouilles. Un jour j'arrivai dans une baie profonde et fermée de toute part, et là, je vis ce que jamais homme n'avait vu. Du haut d'une montagne s'élançait une cascade charmante; la montagne était couverte de pins et d'autres arbres aux formes diverses, tous ornés de belles fleurs. En remontant le fleuve qui venait se jeter dans la baie, je ne pus me lasser d'admirer la fraîcheur des ombrages, la limpidité des eaux et le nombre des oiseaux qui chantaient. Il me semblait que je ne pourrais jamais quitter un tel lieu, que cent langues ne suffiraient pas à redire un pareil spectacle, que ma main enchantée se refuserait à le décrire (para hacer relacion a los Reyes de las cosas que vian no bastáran mil lenguas a referillo, ni la mano para lo escribir, que le parecia questaba encantado) (85). »

Nous apprenons ici, par le Journal d'un homme dépourvu de toute culture littéraire, quelle puissance peuvent exercer sur une âme sensible les beautés caractéristiques de la nature. L'émotion ennoblit le langage. Les écrits de l'amiral, surtout lorsque, âgé déjà de soixante-sept ans, il accomplit son quatrième voyage et raconte sa vision merveilleuse sur la côte de Veragua (86), sont, non pas assurément plus châtiés, mais plus entraînants que le roman pastoral de Boccace, les deux *Arcadies* de Sannasar et de Sidney, le *Salicio y Nemoroso* de Garcilasso ou la

Diane de Jorge de Montemayor. Le genre élégiaque et bucolique ne régna, hélas! que trop longtemps dans les littératures italienne et espagnole. Il fallut l'intérêt saisissant que sut répandre Cervantes sur les aventures du héros de la Manche pour faire oublier sa *Galatée*. Le roman pastoral a beau être relevé par la perfection du langage et la délicatesse des sentiments, il est condamné, par sa nature même, à être froid et languissant, comme les subtilités allégoriques en honneur chez les poëtes du moyen âge. Il faut, pour qu'une description respire la vérité, qu'elle porte sur des objets précis : aussi a-t-on cru reconnaître dans les plus belles stances descriptives de la *Jérusalem délivrée*, les traces de l'impression produite sur le poëte par la nature pittoresque qui l'entourait, et un souvenir de la gracieuse vallée de Sorrente (87).

Ce caractère de vérité qui naît d'une observation immédiate et personnelle brille au plus haut degré dans la grande épopée nationale des Portugais. On sent flotter comme un parfum des fleurs de l'Inde à travers ce poëme écrit sous le ciel des tropiques, dans la grotte de Macao et dans les îles des Moluques. Sans m'arrêter à discuter une opinion hasardée de Fr. Schlegel, d'après laquelle les *Lusiades* de Camoens surpasseraient de beaucoup le poëme de l'Arioste pour l'éclat et la richesse de l'imagination (88), je puis affirmer du moins, comme observateur de la nature, que, dans les parties descriptives des *Lusiades*, jamais l'enthousiasme du poëte, le charme de ses vers et les doux accents de sa mélancolie n'ont altéré en rien la vérité des phénomènes. L'art, en rendant les impressions plus vives, a plutôt ajouté à la grandeur et à la fidélité des images, comme cela arrive toutes les fois qu'il est puisé à une source pure. Camoens est inimitable, quand il dépeint l'échange perpétuel qui s'opère entre l'air et la mer, les harmonies qui règnent entre la forme des nuages, leurs transformations successives et les divers états par lesquels passe la surface de l'Océan. D'abord il montre cette surface ridée par un léger souffle du vent; les vagues à peine soulevées étincellent, en se jouant avec le rayon de lumière qui s'y reflète; ailleurs, les vaisseaux de Coelho et de Paul de Gama, assaillis par une épouvantable tempête, luttent contre tous les éléments déchaînés (89). Camoens est, dans le sens propre du mot, un grand peintre maritime. Il avait fait la guerre au pied de l'Atlas, dans l'empire de Maroc; il avait combattu sur la mer Rouge et dans le golfe Persique; deux fois il avait doublé le Cap, et pendant seize ans, pénétré d'un profond sentiment de la nature, il avait prêté l'oreille, sur les rivages de l'Inde et de la Chine, à tous les phénomènes de l'Océan. Il décrit le feu électrique de Saint-Elme, que les anciens personnifiaient sous les noms de Castor et de Pollux. Il l'appelle « la lumière vivante, sacrée pour les navigateurs (90); » il dépeint la formation successive des trombes menaçantes, et montre « comment des nuages légers se condensent en une vapeur épaisse qui se roule en spirale, et d'où descend une colonne qui pompe avidement les eaux de la mer; comment ce nuage sombre, lorsqu'il est saturé, retire à soi le pied de l'entonnoir, et, fuyant vers le ciel, laisse retomber en eau douce dans les flots de la mer ce que la trombe mugissante leur avait enlevé (91). » Quant à expliquer ces mystères merveilleux de la nature, cela appartient, dit le poëte, dont les paroles semblent être encore la critique du temps présent, aux écrivains de profession qui, fiers de leur esprit et de leur science, témoignent tant de dédain pour les récits recueillis de la bouche des navigateurs sans autre guide que l'expérience.

Camoens ne se montre pas seulement un grand peintre dans la description des phénomènes isolés, il excelle aussi à embrasser les grandes masses d'un seul coup d'œil. Le troisième chant de son poëme reproduit en quelques traits la configuration de l'Europe, depuis les plus froides contrées du nord jusqu'au royaume de Lusitanie et au détroit où Hercule accomplit son dernier travail (92). Partout il est fait allusion aux mœurs et à la civilisation des peuples qui habitent cette partie du monde si richement articulée. De la Prusse, de la Moscovie et des pays « que lavent les eaux froides du Rhin » (que o Rheno frio lava), il passe rapidement aux plaines délicieuses de la Grèce « qui crée les cœurs éloquents et les nobles jeux de l'imagination » (que creastes os peitos eloquentes, e os juizos de alta phantasia). Dans le dixième chant, l'horizon s'agrandit encore; Téthys conduit Gama sur une haute montagne, pour lui dévoiler les secrets de la structure du monde (machina do mundo) et le cours des planètes d'après le système de Ptolémée (93). C'est une vision racontée dans le style de Dante; et, comme la terre est le centre de tout ce qui se meut avec elle, le poëte prend occasion de là pour exposer ce que l'on savait des pays récemment reconnus et de leurs diverses productions (94). Il ne se borne plus, ainsi qu'il l'a fait au troisième chant, à représenter l'Europe; toutes les parties de la terre sont passées en revue, même le pays de la Sainte-Croix (le Brésil), et les côtes découvertes par Magellan, « ce fils infidèle de la Lusitanie, qui renia sa mère. »

En louant surtout dans Camoens le peintre maritime, j'ai voulu dire que les scènes de la nature terrestre l'avaient moins vivement attiré. Déjà Sismondi a remarqué que rien dans son poëme ne témoigne qu'il se soit arrêté jamais à contempler la végétation tropicale et ses formes caractéristiques. Il ne nomme que les aromates et les productions dont le commerce tirait parti. L'épisode de l'île enchantée offre, il est vrai, le plus gracieux de tous les paysages (95); mais la décoration ne se compose, comme il convient à une *île de Vénus*, que de myrtes, de citronniers, de grenadiers et de limoniers odoriférants, tous arbustes propres au climat de l'Europe méridionale. Christophe Colomb, le plus grand des navigateurs de son temps, sait mieux jouir des forêts qui bordent les côtes, il donne plus d'attention à la physionomie des plantes. Mais Colomb écrit un journal de voyage et y trace les vives impressions de chaque jour, tandis que l'épopée de Camoens célèbre les exploits des Portugais. Le poëte, habitué aux sons harmonieux, n'était pas très-tenté d'emprunter à la langue des indigènes des noms barbares, pour faire entrer les plantes exotiques dans la description d'un paysage, qui n'était après tout que le fond du tableau au devant duquel s'agitaient ses personnages.

On a souvent rapproché de la figure chevaleresque de Camoens, la figure non moins romantique d'un guerrier espagnol, Alonso de Ercilla, qui servit sous le règne de Charles-Quint, dans le Pérou et dans le Chili, et, sous ces latitudes lointaines, chanta les actions auxquelles il avait pris une part glorieuse. Mais rien ne fait supposer dans toute l'épopée de l'*Araucana,* que le poëte ait observé de près la nature. Les volcans couverts d'une neige éternelle, les vallées brûlantes malgré l'ombrage des forêts, les bras de mer qui s'avancent au loin dans les terres ne lui ont presque rien inspiré qui fasse image. L'éloge excessif que Cervantes décerne à Ercilla, quand il passe plaisamment en revue la bibliothèque de Don Quichotte, ne peut guère s'expliquer que par l'ardente rivalité qui existait alors entre la poésie espagnole et la poésie italienne ; et peut-être bien est-ce ce jugement qui a trompé Voltaire ainsi que plusieurs critiques modernes. L'Araucana est sans doute un livre où respire un noble sentiment national. Les mœurs d'une peuplade sauvage qui combat pour la liberté y sont décrites d'une manière chaleureuse ; mais la diction d'Ercilla est traînante, surchargée de noms propres et sans aucune trace d'enthousiasme poétique (96).

Cet enthousiasme éclate en revanche dans plusieurs strophes du *Romancero caballeresco* (97), dans les poésies religieuses et mélancoliques de Fray Luis de Léon, en particulier dans la pièce qui a pour titre *Nuit sereine*, lorsqu'il chante les splendeurs éternelles du ciel étoilé (resplandores eternales) (98), enfin dans les grandes créations de Caldéron. « A l'époque la plus florissante de la comédie espagnole, dit un critique profond, très-versé dans la connaissance générale de la littérature dramatique, mon noble ami M. Louis Tieck, on rencontre fréquemment chez Caldéron et chez ses contemporains des descriptions éblouissantes de la mer, des montagnes, des jardins et des vallons couverts de forêts, composées dans le mètre des romances et des *canzone;* mais presque toujours ces tableaux sont semés de traits allégoriques et chargés de couleurs artificielles, qui nous empêchent de respirer l'air libre, de voir les montagnes, de sentir la fraîcheur des vallées. Leurs vers harmonieux et sonores nous mettent toujours sous les yeux une description ingénieuse qui revient uniformément, à quelques nuances près, et non la nature elle-même. Dans la comédie de Caldéron intitulée *la Vie est un Songe*, le prince Sigismond déplore sa captivité et l'oppose, par de gracieux contrastes, à la liberté dont jouit toute la nature organique. Il dépeint les mœurs des oiseaux « qui dirigent leur vol rapide à travers les vastes espaces du ciel; » les poissons « qui, à peine sortis du frai et dégagés de la vase, cherchent déjà la mer, dont l'immensité semble ne pouvoir suffire à leurs courses aventureuses. Il n'est pas jusqu'au ruisseau dont les détours sinueux serpentent à travers les fleurs, devant lequel les plaines n'ouvrent un libre chemin ; et moi, s'écrie Sigismond désolé, moi chez qui la vie est plus active et l'esprit plus libre, je ne puis avoir la même liberté. » C'est de cette manière, et souvent même en appelant à son aide les antithèses, les comparaisons subtiles et tous les raffinements de l'école de Gongora, que Don Fernand s'adresse au roi de Fez, dans la comédie du *Prince constant* (99). Nous citons ces exemples parce qu'ils montrent comment, dans la littérature dramatique qui a surtout à s'occuper des événements, des passions et des caractères, les descriptions de la nature ne sont jamais qu'un reflet extérieur des sentiments et de la disposition des personnages. Shakspeare, emporté par le mouvement de l'action, n'a jamais le loisir de s'arrêter à retracer la nature ; mais par un incident, par un signe, à travers l'émotion de ses héros, il la peint si bien, que nous croyons l'avoir sous les yeux et vivre au milieu d'elle. Ainsi nous nous sentons respirer au milieu des bois, en lisant le *Rêve d'une nuit d'été.* Dans les dernières scènes du *Marchand de Venise,* nous voyons le clair de lune qui illumine une nuit tiède, sans qu'il soit fait mention ni de clair de lune ni de forêt. Il y a pourtant dans le *Roi Lear* une véritable description de la montagne de Douvres, lorsque Edgar contrefaisant l'insensé et conduisant son père aveugle, le comte de Glocester, à travers la plaine, lui fait croire qu'ils gravissent la montagne. Le coup d'œil par lequel il mesure d'en haut la profondeur de l'abîme est à donner le vertige (100). »

Si dans Shakspeare la force intérieure des sentiments et la noble simplicité du langage jettent un intérêt si saisissant sur les quelques traits par lesquels il représente la nature sans la décrire, chez Milton, les scènes descriptives ont plus de pompe que de réalité, et il devait en être ainsi dans un poëme tel que *le Paradis perdu*. Toutes les richesses de l'imagination et de la poésie ont été prodiguées pour figurer la nature enchantée du paradis terrestre; mais, ainsi que dans le charmant poëme de Thomson sur les *Saisons*, la végétation n'y pouvait être dépeinte que sous ses traits généraux et avec des contours indécis. Au jugement des meilleurs connaisseurs de la poésie indienne, Kalidasa, dans un poëme sur le même sujet, intitulé *Ritousanhara* et antérieur de plus de quinze siècles à celui de Thomson, a fait une description pleine de vie de la puissante nature des tropiques; en revanche il n'y faut pas chercher cette grâce qui naît, chez Thomson, de la variété et du contraste des saisons, toujours plus marqué dans les régions septentrionales. Le poëte anglais, en effet, a heureusement tiré parti du passage de l'automne féconde à l'hiver, et de l'hiver au printemps qui régénère la nature. Il a retracé aussi avec un grand intérêt les diverses occupations de l'homme, plus calmes ou plus actives aux différentes époques de l'année.

En nous approchant du temps présent, nous remarquons que, depuis la seconde moitié du XVIIIe siècle, la prose descriptive surtout a acquis une force et une précision nouvelles. Bien que l'étude de la nature, s'agrandissant de toute part, ait mis en circulation une masse énorme de connaissances, la contemplation intelligente des phénomènes n'a pas été étouffée chez le petit nombre d'hommes susceptibles d'enthousiasme, sous le poids matériel de la science. Cette intuition spirituelle, œuvre de la spontanéité poétique, a plutôt grandi elle-même, à mesure que l'objet de l'observation gagnait en élévation et en étendue, c'est-à-dire depuis que le regard a pénétré plus profondément dans la structure des montagnes, ces tombeaux historiques des organisations évanouies, qu'il a embrassé la distribution géographique des animaux et des plantes, et la parenté des races humaines. Les premiers qui, par l'appât offert à l'imagination, ont donné une impulsion puissante au sentiment de la nature, qui ont mis l'homme en contact avec la nature et, comme conséquence inévitable, l'ont poussé aux voyages lointains, sont : en France, J.-J. Rousseau, Buffon, Bernardin de Saint-Pierre, et, pour nommer ici par exception un écrivain encore vivant, mon vieil ami M. de Chateaubriand; dans les îles Britanniques, le spirituel Playfair; enfin, en Allemagne, le compagnon de Cook, dans son second voyage de circumnavigation, Forster, écrivain éloquent et doué de toutes les facultés qui rendent apte à populariser la science.

Il serait hors de propos de rechercher ici quels sont les caractères distinctifs de ces grands esprits, ce qui, dans leurs œuvres partout répandues, donne tant de grâce et d'attrait à la peinture du paysage, et aussi ce qui trouble l'impression qu'ils auraient voulu produire. Mais l'on permettra à un voyageur, qui doit la plus grande partie de son savoir à la contemplation immédiate du monde, de rassembler quelques considérations éparses sur une branche de la littérature bien jeune encore et en général peu cultivée. Buffon, écrivain grave et élevé, embrassant à la fois le monde planétaire et l'organisme animal, les phénomènes de la lumière et ceux du magnétisme, a été, dans ses expériences physiques, plus au fond des choses que ne le soupçonnaient ses contemporains. Mais lorsque des mœurs des animaux il passe à la description du paysage, ses périodes habilement balancées ont plus de pompe oratoire que de vérité pittoresque, et sont mieux faites pour disposer au sentiment du sublime, que pour saisir l'âme par l'image de la nature vivante et par le reflet fidèle de la réalité. On sent, quelque admiration que causent d'ailleurs ses efforts, qu'il n'a jamais quitté le centre de l'Europe, et qu'il lui a manqué de voir par ses yeux ce monde des tropiques qu'il croit dépeindre. Ce que nous regrettons surtout de ne pas trouver dans les ouvrages de Buffon, c'est un accord harmonieux entre les scènes de la nature et le sentiment qu'elles doivent faire naître. Cette analogie mystérieuse qui rattache les émotions de l'âme aux phénomènes du monde sensible fut presque entièrement perdue pour lui.

Une plus grande profondeur de sentiments, une plus grande fraîcheur d'impressions respire dans les ouvrages de J.-J. Rousseau, de Bernardin de Saint-Pierre et de Chateaubriand. Si je rappelle ici l'éloquence entraînante de Rousseau, les descriptions pittoresques de Clarens et de la Meilleraie sur les bords du lac de Genève, c'est que dans les principaux écrits de cet herborisateur, plus zélé, à vrai dire, qu'instruit, écrits qui ont devancé de vingt années les *Époques de la nature* de Buffon (1), l'enthousiasme déborde, aussi bien que dans les immortelles poésies de Klopstock, de Schiller, de Gœthe, de Byron, et se manifeste surtout par la précision et l'originalité du langage. Un écrivain peut, sans avoir eu en vue les résultats directs de la science, inspirer un goût vif pour l'étude de la nature par l'attrait de ses descriptions poétiques, alors même qu'elles portent sur des lieux très-circonscrits et bien connus.

Puisque nous sommes revenu aux prosateurs, nous nous arrêterons avec plaisir sur la création qui a valu à Bernardin de Saint-Pierre la meilleure partie de sa gloire. Le livre de *Paul et Virginie*, dont on aurait peine à trouver le pendant dans une autre littérature, est simplement le tableau d'une île située dans la mer des tropiques où, tantôt à couvert sous un ciel clément, tantôt menacées par la lutte des éléments en fureur, deux figures gracieuses se détachent du milieu des plantes qui couvrent le sol de la forêt, comme d'un riche tapis de fleurs. Dans ce livre, ainsi que dans la *Chaumière indienne*, et même dans les *Études de la nature*, déparées malheureusement par des théories aventureuses et par de graves erreurs de physique, l'aspect de la mer, les nuages qui s'amoncellent, le vent qui murmure à travers les buissons de bambous, les hauts palmiers qui courbent leurs têtes, sont décrits avec une vérité inimitable. *Paul et Virginie* m'a accompagné dans les contrées dont s'inspira Bernardin de Saint-Pierre ; je l'ai relu pendant bien des années avec mon compagnon et mon ami M. Bonpland. Que l'on veuille bien me pardonner ce ressouvenir d'impressions toutes personnelles. Là, tandis que le ciel du midi brillait de son pur éclat, ou que par un temps de pluie, sur les rives de l'Orénoque, la foudre en grondant illuminait la forêt, nous avons été pénétrés tous deux de l'admirable vérité avec laquelle se trouve représentée, en si peu de pages, la puissante nature des tropiques, dans tous ses traits originaux. Le même soin des détails, sans que l'impression de l'ensemble en soit jamais troublée, sans que jamais la libre imagination du poëte se lasse d'animer la matière qu'il met en œuvre, caractérise l'auteur d'*Atala*, de *René*, des *Martyrs* et des Voyages en Grèce et en Palestine. Dans ces créations, sont rassemblés et reproduits avec d'admirables couleurs tous les contrastes que le paysage peut offrir sous les latitudes les plus opposées. Il fallait l'intérêt sérieux qui s'attache aux souvenirs historiques, pour donner à la fois tant de profondeur et de calme aux impressions que laissaient à l'auteur ses courses rapides à travers des contrées si diverses.

En Allemagne, comme en Espagne et en Italie, le sentiment de la nature ne s'est trop longtemps manifesté que sous la forme artificielle de l'idylle, du roman pastoral et de la poésie didactique. Cette voie est celle qu'ont longtemps explorée Paul Flemming dans son voyage en Perse, Brockes, le tendre Ewald de Kleist, Hagedorn, Salomon Gessner, et l'un des plus grands naturalistes de tous les temps, Haller, chez lequel les descriptions de lieux ont du moins des contours plus arrêtés et des couleurs plus saisissantes. Le faux goût de l'idylle et de l'élégie régnait alors et répandait sur la poésie une mélancolie monotone. Dans toutes ces productions, l'heureuse perfection du langage ne pouvait dissimuler l'insuffisance du sujet, pas même chez Voss, doué pourtant d'un haut sentiment et d'une connaissance exacte de l'antiquité. Ce fut seulement plus tard, lorsque l'étude du globe eut gagné en variété et en profondeur, quand les sciences naturelles ne se bornèrent plus à enregistrer les productions curieuses, mais s'élevèrent à des vues plus hautes et à des comparaisons générales entre les diverses contrées, que l'on put mettre à profit les ressources de la langue pour reproduire dans toute sa fraîcheur l'aspect animé des zones lointaines.

En remontant vers le moyen âge, les anciens voyageurs, tels que Jean Mandeville (1353), Hans Schiltberger de Munich (1425), et Bernard de Breytenbach (1486), nous charment encore aujourd'hui par leur naïveté aimable, par la liberté de leur langage, par l'assurance avec laquelle ils se présentent devant un public fort peu préparé à leurs récits, mais qui les écoute avec d'autant plus de curiosité et de confiance qu'il n'a pas encore appris à rougir de son admiration et de son étonnement. L'intérêt qui s'attachait alors aux relations de voyages était presque tout dramatique. Le mélange facile et nécessaire du merveilleux leur donnait presque une couleur épique. Les mœurs des peuples dans ces récits ne sont pas exposées sous forme de description; elles sont mises en relief par le contact des voyageurs avec les indigènes. Les végétaux n'ont pas encore de noms et passent inaperçus, si ce n'est que, de temps à autre, on signale un fruit d'une saveur agréable ou d'une forme étrange, ou bien un arbre qui frappe les regards par les dimensions extraordinaires de son tronc et de ses feuilles. Parmi les animaux, on dépeint de préférence ceux qui se rapprochent le plus de la forme humaine, ceux qui sont le plus attrayants ou le plus dangereux. Les contemporains croyaient encore à tous les périls dont on les effrayait et que peu d'entre eux avaient été affronter. La longueur des traversées faisait paraître les pays de l'Inde (on nommait ainsi toute la zone des tropiques) comme reculés dans un lointain incalculable. Colomb n'était pas encore en droit d'écrire à la reine Isabelle : « La terre n'est pas immense; elle est beaucoup moins grande que le vulgaire ne se l'imagine (2). »

Sous le rapport de la composition, ces relations,

oubliées aujourd'hui, avaient plusieurs avantages sur la plupart des relations modernes; elles avaient l'unité nécessaire à toute œuvre d'art; tout se rattachait à une action, tout était subordonné aux événements du voyage. L'intérêt naissait du récit simple et animé des difficultés vaincues, que d'ordinaire l'on acceptait sans défiance. Les voyageurs chrétiens, ignorant tout ce qu'avaient fait avant eux les Arabes, les juifs de l'Espagne et les missionnaires bouddhistes, se vantaient d'avoir tout vu et tout décrit les premiers. A part l'obscurité qui voilait l'orient et le centre de l'Asie, toutes les formes, par l'effet même de l'éloignement, prenaient des proportions exagérées. Cette unité de composition manque surtout aux relations des voyages modernes, entrepris dans des vues scientifiques. L'intérêt des événements disparaît sous la multiplicité des observations. Des ascensions sur les montagnes, qui ne dédommagent pas toujours de la peine qu'elles causent, des traversées périlleuses, des voyages de découverte à travers des mers peu explorées, un séjour au milieu des glaces et des déserts du pôle, peuvent seuls offrir encore quelque émotion dramatique et fournir matière à des descriptions pittoresques. La solitude absolue qui entoure le navigateur, l'éloignement où il est de tout secours humain, isolent le tableau, et par là même font sur l'imagination une impression plus profonde.

On ne peut nier, d'après les considérations qui précèdent, que, dans les récits des voyageurs modernes, l'élément dramatique ne soit relégué sur le second plan; que, pour le plus grand nombre, ce ne soit qu'un moyen de rattacher les unes aux autres, à mesure qu'elles se présentent, des observations sur la nature des pays et sur les mœurs des habitants. Mais il est juste d'ajouter que cette infériorité est bien rachetée par l'abondance de ces observations, par la grandeur des aperçus généraux sur le monde, par de louables efforts tentés pour relever la vérité des descriptions, en empruntant les termes propres à l'idiome du pays que le voyageur explore. Au progrès du temps nous devons l'agrandissement indéfini de l'horizon, l'abondance toujours croissante des émotions et des idées, et l'influence efficace qu'elles exercent réciproquement les unes sur les autres. Ceux même qui ne veulent pas quitter le sol de la patrie ne se contentent plus aujourd'hui de savoir comment est conformée l'écorce de la terre dans les zones les plus lointaines, quelle est la figure des plantes ou des animaux qui les peuplent; il faut que l'on nous en crée une image vivante, que l'on nous rende une partie au moins des impressions que l'homme, dans chaque contrée, reçoit du monde extérieur. C'est à satisfaire cette exigence, à fournir à notre esprit une jouissance inconnue de l'antiquité, que travaille le temps présent. Le travail avance, parce qu'il est l'œuvre commune de toutes les nations civilisées, parce que le perfectionnement des moyens de transport, sur terre et sur mer, rend le monde plus accessible, et facilite la comparaison des différentes parties qui le composent, en dépit des distances qui les séparent.

J'ai essayé de faire comprendre dans ces pages comment le talent de l'observateur, la vie qu'il communique au monde sensible, la diversité des vues qui se sont successivement produites sur l'immense théâtre où se déploient les formes créatrices et destructives de l'univers, ont pu contribuer à répandre le goût de la nature et à élargir les sciences dont elle est l'objet. L'écrivain qui, en Allemagne, a frayé cette voie avec le plus de puissance et de bonheur, est, à mon sens, mon illustre maître et ami George Forster. C'est de lui que date l'ère nouvelle des voyages scientifiques; le premier il se proposa pour but l'étude comparée des peuples et des pays. Doué d'un sentiment exquis pour les beautés de la nature, il conservait toujours fraîches en lui les images qui, à Tahiti et dans d'autres îles, plus heureuses alors, de la mer du Sud, s'étaient emparées de sa pensée, comme tout récemment elles ont séduit Charles Darwin (3). George Forster décrivit le premier avec charme la gradation des végétaux, suivant la latitude ou l'élévation du sol qui les produit, la variété des climats et les effets de l'alimentation sur les mœurs des différents peuples, en tenant compte de leur patrie originaire. Tout ce qui peut rendre le tableau d'une nature étrangère plus vrai, plus individuel, plus saisissant, se trouve réuni dans ses ouvrages. Ce n'est pas seulement dans sa relation pittoresque du second voyage de Cook, mais plus encore peut-être dans ses Œuvres diverses que l'on trouve le germe de grandes qualités que le temps a mûries plus tard (4). Mais cette vie si noble, si riche d'émotions, toujours ouverte à l'espérance, ne devait pas être heureuse.

Si l'on a souvent appliqué en mauvaise part le terme de « poésie descriptive » aux reproductions de la nature en faveur chez les modernes, particulièrement chez les Allemands, les Français, les Anglais et les Américains du Nord, ce blâme ne peut porter que sur l'abus qu'on a fait du genre, en croyant de bonne foi agrandir le domaine de l'art. Malgré le mérite de la versification et du style, les descriptions des produits de la nature auxquelles Delille consacra la fin de sa longue carrière, et qui furent si applaudies, ne peuvent être confondues avec la poésie de la nature, pour peu que l'on prenne ces mots dans un sens élevé. Elles sont étrangères à toute inspiration, et par conséquent à toute poésie. Elles sont sèches et froides, comme tout ce qui brille d'un éclat emprunté. Que l'on blâme donc, si l'on veut, cette poésie descriptive qui tendrait à s'isoler et à devenir un genre à part; mais que l'on ne confonde pas avec elle l'effort sérieux qu'ont tenté de nos jours les observateurs de la nature, pour rendre saisissables par le langage, c'est-à-dire par la force inhérente au mot pittoresque, les résultats de leur contemplation féconde. Fallait-il négliger un moyen qui met sous nos yeux l'image animée des contrées lointaines explorées par d'autres, et nous fait éprouver une part de la jouissance que cause aux voyageurs la vue immédiate de la nature? Il y a un grand sens dans ce mot figuré des Arabes : « la meilleure description est celle qui fait de l'oreille un œil (5). » C'est une des maladies de notre époque que des voyageurs et des historiens de la nature, fort recommandables d'ailleurs, se soient laissé prendre en même temps, dans différents pays, au goût malencontreux d'une prose poétique sans consistance et de vaines déclamations. Ces écarts sont plus regrettables encore lorsque, faute de culture littéraire et surtout faute d'émotion véritable, le narrateur est réduit à l'emphase oratoire et à une vague sentimentalité.

On peut donner aux descriptions de la nature, je le répète ici à dessein, des contours arrêtés et toute la rigueur de la science, sans les dépouiller du souffle vivifiant de l'imagination. Que l'observateur devine le lien qui rattache le monde intellectuel et le monde sensible, qu'il embrasse la vie universelle de la nature et sa vaste unité par delà les objets qui se bornent l'un l'autre; telle est la source de la poésie. Plus le sujet est élevé, plus l'on doit s'interdire avec soin la parure extérieure du langage. L'effet que produisent les tableaux de la nature tient aux éléments qui les composent; tout effort, toute application de la part de celui qui les trace ne peut qu'en troubler l'impression. Mais si le peintre est familier avec les grandes œuvres de l'antiquité, si, en possession assurée des ressources de sa langue, il sait rendre avec vérité et simplicité ce qu'il a éprouvé lui-même en face des scènes de la nature, l'effet alors ne fera pas défaut.

On est plus sûr encore du succès, si l'on n'analyse pas ses propres dispositions, au lieu de décrire la nature extérieure, et si on laisse les autres à toute la liberté de leurs sentiments.

Les pays fortunés de la zone équinoxiale, dans lesquels l'intensité de la lumière et la chaleur humide de l'air développent tous les germes organiques avec tant de rapidité et de puissance, ne sont pas les seuls dont les descriptions animées aient jeté, de nos jours, sur l'étude de la nature un irrésistible attrait. Le charme qui pénètre et anime ceux dont le regard plonge profondément dans la vie organique n'est pas borné aux régions tropicales. Chaque contrée de la terre offre le spectacle merveilleux d'organisations qui se développent d'après des types uniformes ou séparés par des nuances légères. Partout s'étend le redoutable empire des puissances de la nature qui ont apaisé l'antique discorde des éléments, et les forcent à s'unir dans les régions orageuses du ciel, comme ils s'unissent pour former le tissu délicat de la substance animée. Aussi sur tous les points perdus dans le cercle immense de la création, depuis l'équateur jusqu'à la zone glaciale, partout où le printemps fait éclore un bourgeon, la nature peut se glorifier d'exercer sur nos âmes une puissance enivrante. C'est surtout pour le sol de l'Allemagne que cette confiance est légitime. Où est le peuple méridional qui ne doive lui envier le grand maître de la poésie dont toutes les œuvres respirent un sentiment si profond de la nature, les *Souffrances du jeune Werther*, aussi bien que les *Sou-*

venirs d'Italie, la *Métamorphose des plantes* et les *Poésies mêlées?* Qui a plus éloquemment invité ses concitoyens « à résoudre l'énigme sacrée de l'univers, » à renouveler l'alliance qui, dans l'enfance de l'humanité, unissait, en vue d'une œuvre commune, la philosophie, la physique et la poésie? qui a attiré plus puissamment les imaginations vers cette contrée, sa patrie intellectuelle où « le souffle léger du vent s'agite sous le ciel bleu, où le myrte demeure tranquille, où se dressent les hautes tiges du laurier? »

II

INFLUENCE

DE LA PEINTURE DE PAYSAGE

SUR L'ÉTUDE DE LA NATURE.

DE L'ART DU DESSIN APPLIQUÉ A LA PHYSIONOMIE DES PLANTES. — FORMES VARIÉES DES VÉGÉTAUX SOUS LES DIFFÉRENTES LATITUDES.

La peinture de paysage est, non moins qu'une description fraîche et animée, propre à répandre l'étude de la nature. Elle montre aussi le monde extérieur dans la riche variété de ses formes, et peut, suivant qu'elle embrasse avec plus ou moins de bonheur l'objet qu'elle reproduit, rattacher le monde visible au monde invisible. Cette union est le dernier effort et le but le plus élevé des arts d'imitation; mais je dois, pour conserver à ce livre son caractère scientifique, me borner à un autre point de vue. S'il peut être question ici de la peinture de paysage, c'est seulement en ce sens qu'elle nous met à même de contempler la physionomie des plantes dans les différents espaces de la terre, qu'elle favorise le goût des voyages lointains, et nous invite, d'une manière aussi instructive qu'agréable, à entrer en commerce avec la libre nature.

Dans l'antiquité que l'on nomme par excellence l'antiquité classique, les dispositions d'esprits particulières aux Grecs et aux Romains ne permettaient pas que la peinture de paysage fût pour l'art un objet distinct, non plus que la poésie descriptive. Toutes deux ne furent traitées que comme des accessoires. Subordonnée à d'autres buts, la peinture de paysage n'a été longtemps qu'un fond sur lequel se détachaient des compositions historiques, ou un ornement accidentel dans les peintures murales. C'est de la même manière que le poëte épique rendait visible par une description pittoresque la scène où s'accomplissaient les événements, je pourrais dire encore le fond au-devant duquel se mouvaient ses personnages. L'histoire de l'art nous apprend par quel progrès l'accessoire est devenu peu à peu l'objet principal de la représentation; comment la peinture de paysage dégagée de l'élément historique a pris rang et est devenue un genre à part; comment les figures humaines n'ont plus servi qu'à animer une contrée couverte de montagnes ou de forêts, les allées d'un jardin ou le bord de la mer. Ainsi s'est préparée peu à peu la séparation des tableaux d'histoire et de paysage, séparation qui a favorisé le progrès général de l'art aux différentes époques de son développement. Pour les anciens, on a remarqué avec raison que ce qui leur manqua le plus, dans l'infériorité où la peinture demeura en comparaison de l'art plastique, fut le sentiment du charme particulier qui s'attache à la reproduction par le pinceau des scènes de la nature. Cette jouissance était réservée aux modernes.

Sans doute il dut y avoir, dans les plus anciennes peintures des Grecs, quelques traits destinés à caractériser les lieux, s'il est vrai que Mandroclès de Samos, ainsi que le rapporte Hérodote, fit représenter pour le grand roi le passage des Perses à travers le Bosphore (6), et que Polygnote peignit la ruine de Troie sur les murs de la Lesché des Delphes (7). Philostrate l'ancien, parmi les tableaux qu'il décrit, cite un paysage où l'on voyait la fumée s'échapper du faîte d'un volcan, et des torrents de lave qui allaient se jeter près de là dans la mer. Suivant les conjectures des plus récents commentateurs, une autre composition très-compliquée, dans laquelle on embrassait sept îles, aurait été réellement peinte d'après nature et aurait représenté le groupe volcanique des îles Éoliennes ou Lipari, au nord de la Sicile (8). Les décorations scéniques destinées à relever encore par un nouveau prestige les chefs-d'œuvre d'Eschyle et de Sophocle durent contribuer à reculer peu à peu les limites de l'art (9). Elles firent sentir plus vivement le besoin d'imiter, en ayant égard à la perspective et de manière à produire l'illusion, un palais, une forêt, des rochers et des objets de même nature.

Ainsi perfectionnée, grâce aux exigences de l'art dramatique, la peinture du paysage passa du théâtre dans les habitations des particuliers, et plus tard les Romains empruntèrent ce luxe aux Grecs. Les peintures se partageaient avec les colonnes la décoration des portiques. De larges pans de murs étaient couverts de paysages dont l'horizon, borné d'abord, s'élargit rapidement (10), au point que l'on put suivre les bords de la mer, embrasser des villes entières ou de vastes plaines, dans lesquelles paissaient des troupeaux de brebis (11). Ce fut un peintre du temps d'Auguste, Ludius, qui, je ne dirai pas inventa, mais mit à la mode ces peintures murales (12), et leur donna un intérêt nouveau, en y introduisant des figures (13). Presque au même temps, et peut-être même un demi siècle plus tôt, à l'époque brillante où florissait Vikramaditya, un poëte indien fait allusion à la peinture de paysage comme à un art très-cultivé. Dans le beau drame de la *Sakountala*, on montre au roi Douschmanta le portrait de sa bien-aimée; il n'en est pas satisfait, et veut que le peintre retrace les lieux particulièrement chers à son amie : la rivière Malini avec un banc de sable où vont se poser les flamants pourprés, une suite de collines qui se rattachent à l'Himalaya, et sur cette colline des gazelles. C'était demander beaucoup, et de telles exigences témoignent une grande confiance dans les moyens dont l'art pouvait dès lors disposer.

A partir de César, la peinture de paysage devint à Rome un art distinct; mais, d'après tous les échantillons qu'ont mis au jour les fouilles d'Herculanum, de Pompéi, et de Stabies, les ouvrages de ce genre n'offraient guère que des plans topographiques de la contrée. On se proposait plutôt de représenter les ports de mer, les villas ou les jardins artificiels, que de peindre la nature dans sa liberté. Les Grecs et les Romains ne recherchaient guère dans la campagne que les habitations commodes, et se laissaient peu attirer aux beautés romantiques et sauvages. L'imitation pouvait être fidèle, autant que le permettaient toutefois une indifférence souvent poussée trop loin pour les règles de la perspective, et le parti pris de tout ramener à une ordonnance conventionnelle. Les compositions en forme d'arabesques, contre lesquelles protestait le goût sévère de Vitruve, contenaient des plantes et des animaux disposés harmonieusement et qui témoignaient de quelque originalité ; mais, pour me servir des expressions d'Otfried Muller, « il ne parut pas aux anciens que l'art pût jamais produire cette disposition mélancolique, cette sorte de pressentiment dans lesquels nous jette la vue d'un paysage. Ils se proposèrent plutôt, en peignant la nature, d'égayer l'esprit que d'inspirer une émotion sérieuse (14). »

Nous avons fait voir par quels progrès analogues les deux moyens que l'homme possède de faire revivre la nature, d'un côté la parole inspirée, et de l'autre le dessin, ont pu, dans l'antiquité classique, conquérir une existence indépendante. Les échantillons de paysage dans la manière de Ludius, que nous ont découverts les fouilles d'Herculanum, si heureusement poursuivies dans ces derniers temps, sont tous vraisemblablement de la même époque et appartiennent au très-court espace de temps qui s'étend de Néron à Titus (15). La ville en effet avait été déjà complétement détruite par un tremblement de terre, seize ans avant la fameuse éruption du Vésuve.

Si l'on considère les procédés d'exécution, la peinture chrétienne ne changea pas de caractère depuis Constantin jusqu'au commencement du moyen âge. Elle resta, pendant toute cette période, voisine de l'ancien art des Grecs et des Romains. Les miniatures qui ornent de somptueux manuscrits, et dont beaucoup nous sont parvenues sans altération, sont pour nous un trésor de vieux souvenirs, aussi bien que les mosaïques plus rares qui datent de la même époque (16). Rumohr cite un manuscrit des Psaumes, conservé dans le palais Barberini à Rome, où sur une miniature est représenté David jouant de la harpe, au milieu d'un bosquet gracieux, tandis que des nymphes sortent du feuillage pour l'écouter. Cette personnification, ajoute Rumohr, montre que le peintre se rattachait encore aux vieilles traditions. Depuis le milieu du VIe siècle, quand l'Italie tomba dans l'appauvrissement et dans l'anarchie, ce fut surtout l'art byzantin qui conserva un reflet de la peinture antique et les types persistants d'une époque meilleure. Les productions de l'école byzantine nous amènent, par une transition naturelle, aux créations de la seconde moitié du moyen âge, lorsque le goût des manuscrits illustrés se fut répandu du Bas-Empire dans les contrées de l'occident et du nord, dans la monarchie des Francs, chez les Anglo-Saxons, et chez les Néerlandais. Il n'est pas, en effet, sans intérêt pour l'histoire de l'art moderne, de remarquer, ainsi que le dit M. Waagen, que les célèbres frères Hubert et Jean Van Eyck se sont formés surtout dans l'école des peintres de miniature établie en Flandre, qui, depuis la seconde moitié du XIVe siècle, s'éleva à un si haut degré de perfection (17).

C'est dans les tableaux historiques des frères Van Eyck que l'on est frappé pour la première fois du soin apporté aux détails du paysage. Aucun d'eux ne vit l'Italie; mais le plus jeune, Jean, put contempler la végétation du midi de l'Europe, lorsque, en 1428, il accompagna l'ambassade envoyée à Lisbonne par le duc de Bourgogne, Philippe le Bon, à l'occasion de son mariage avec la fille du roi de Portugal, Jean Ier. Le musée de Berlin possède deux volets d'une magnifique composition, que les mêmes artistes, véritables fondateurs de la grande école néerlandaise, exécutèrent pour la cathédrale de Gand. Ils représentent des anachorètes et des pèlerins. Jean Van Eyck a orné le paysage d'orangers, de dattiers, de cyprès d'une merveilleuse fidélité qui, se détachant sur des masses plus sombres, donnent à l'ensemble de la composition un caractère grave et élevé. On sent, à la vue de ces tableaux, que le peintre avait reçu lui-même l'impression de la végétation vigoureuse caressée par les vents tièdes du midi.

Ce chef-d'œuvre des frères Van Eyck date de la

première moitié du XVe siècle. A cette époque, la peinture à l'huile était encore une découverte récente et commençait seulement à prévaloir sur la peinture en détrempe, bien que ses procédés eussent acquis dès lors une grande perfection. Un besoin nouveau s'était éveillé ; on cherchait à donner de la vie aux formes de la nature. Pour suivre les progrès de ce sentiment, nous devons rappeler comment un élève de Van Eyck, Antonello de Messine, naturalisa à Venise le goût de la peinture de paysage, et quelle influence des tableaux sortis de la même école exercèrent jusque dans Florence, sur Dominique Ghirlandajo et sur d'autres maîtres (18). A cette époque, les efforts étaient encore dirigés vers une imitation minutieuse et trop servile. C'est dans les chefs-d'œuvre de Titien que, pour la première fois, la nature apparaît largement comprise et représentée à grands traits. Titien cependant avait déjà pu prendre modèle sur Giorgione. J'ai eu le bonheur de contempler à Paris, pendant plusieurs années, le tableau de Titien représentant la mort de Pierre le martyr, massacré dans une forêt par un Albigeois, en présence d'un autre religieux de l'ordre des dominicains (19). La forme et le feuillage des arbres, le lointain bleuâtre des montagnes, l'harmonie générale de l'ombre et de la lumière, tout trahit, dans cette composition parfaitement simple, l'émotion profonde du peintre, et laisse une impression solennelle de sévérité et de grandeur. Le sentiment de la nature était si vif chez Titien, que non-seulement dans ses plus gracieuses compositions, telles que la voluptueuse Vénus qui orne la galerie de Dresde, mais encore dans les tableaux d'un genre plus sévère, dans le portrait de Pierre Arétin, par exemple, il semble, en peignant le ciel ou le paysage qui en fait le fond, avoir sous les yeux les objets qu'il reproduit. Annibal Carrache et le Dominicain, dans l'école bolonaise, ont donné à leurs ouvrages le même caractère d'élévation.

Si le XVe siècle fut l'époque la plus brillante de la peinture historique, ce fut seulement au XVIIe siècle que fleurirent les grands peintres de paysage. A mesure qu'on connaissait mieux et qu'on observait plus attentivement les richesses de la nature, le domaine de l'art allait s'agrandissant. D'autre part, les procédés matériels se perfectionnaient tous les jours; on s'appliquait davantage à laisser paraître au dehors les dispositions de l'âme, et par là on fut conduit à donner aux beautés de la nature une expression plus douce et plus tendre, à mesure que l'on fut plus assuré de l'influence que le monde extérieur exerce sur nos sentiments. L'effet de cette excitation est de produire ce qui est le but de tous les arts, la transformation des objets réels en images idéales; c'est de faire naître au dedans de nous un repos harmonieux qui n'est pas cependant sans émotion. Notre âme ne peut échapper à ces émotions, toutes les fois que nos regards plongent dans les profondeurs de la nature et de l'humanité (20). Grâce à une conscience plus élevée du sentiment de la nature, le même siècle put réunir Claude Lorrain, le peintre des effets de lumière et des lointains vaporeux; Ruysdael, avec ses forêts sombres et ses nuages menaçants; Gaspard et Nicolas Poussin, qui ont donné aux arbres un caractère si imposant et si fier; Everdingen, Hobbema et Cuyp, dont les paysages semblent être la nature même (21).

Dans cette période si heureuse pour l'art, on imitait habilement les modèles qu'offrait la végétation du nord de l'Europe, de l'Italie méridionale et de la péninsule Ibérique. On ornait le paysage d'orangers, de lauriers, de pins et de dattiers. Les dattiers, la seule espèce de cette noble famille des palmiers que l'on connût alors de vue, avec l'espèce nommée Chamærops, sorte de palmier nain originaire des côtes de l'Europe méridionale, étaient le plus souvent représentés d'une manière conventionnelle, avec un tronc recouvert d'écailles semblables à celles des serpents (22). Longtemps ces arbres furent les seuls types de la végétation tropicale, comme d'après une croyance fort accréditée encore de nos jours, le Pinus pinea est chargé de représenter seul la végétation de l'Italie. On étudiait peu les contours des hautes chaînes de montagnes. Les cimes couronnées de neige qui s'élèvent au-dessus des prairies verdoyantes des Alpes étaient réputées inaccessibles. Pour qu'un peintre songeât à reproduire exactement la physionomie des masses de rochers, il fallait qu'un torrent écumant se fût creusé un chemin au travers. Il est cependant un artiste qui doit être distingué de tous les autres, pour la variété de ses facultés et la liberté de son génie. Plongé au sein même de la nature, Rubens en embrasse tous les aspects; il représente avec une vérité inimitable, dans ses grandes chasses, la nature sauvage des animaux de la forêt, en même temps qu'il se fait paysagiste et reproduit avec un rare bonheur le plateau aride et absolument désert où le palais de l'Escurial se détache au milieu des rochers (23).

Pour que la représentation des formes individuelles de la nature, en ce qui touche la partie de l'art qui nous occupe, pût acquérir plus de variété et de précision, il fallait que le cercle des connaissances géographiques eût été agrandi, que les voyages aux contrées lointaines fussent devenus plus faciles, que l'on se fût exercé à sentir les beautés diverses des végétaux et les caractères communs qui les groupent en familles naturelles. Les découvertes de Colomb, de Vasco de Gama et d'Alvarez Cabral, dans le centre de l'Amérique, dans l'Asie méridionale et dans le Brésil; l'extension donnée au commerce des épices et des substances médicinales, que faisaient avec les Indes les Espagnols, les Portugais, les Italiens et les Hollandais; l'établissement de jardins botaniques, fondés à Pise, à Padoue et à Bologne de 1544 à 1568, sans toutefois l'utile accessoire des serres, toutes ces causes réunies familiarisèrent les peintres avec les formes merveilleuses d'un grand nombre de productions exotiques, et leur donnèrent quelque idée du monde tropical. Jean Breughel, qui commença à devenir célèbre à la fin du XVIe siècle, a représenté avec une vérité charmante des branches d'arbre, des fleurs et des fruits étrangers à l'Europe. Mais on ne possède pas, jusque vers le milieu du XVIIe siècle, de paysage peint par l'artiste sur les lieux mêmes, et qui reproduise le caractère propre de la zone torride. Le mérite de cette innovation appartient, ainsi que nous l'apprend M. Waagen, à François Post, de Harlem, qui accompagna Maurice de Nassau dans le Brésil, lorsque ce prince, fort curieux des productions tropicales, fut nommé gouverneur pour la Hollande des provinces conquises sur les Portugais [1637-1644]. Pendant plusieurs années, Post fit des études d'après nature sur le promontoire Saint-Augustin, dans la baie de Tous-les-Saints, sur les rives du fleuve Saint-François et dans les pays arrosés par le cours inférieur de la rivière des Amazones (24). De ces études, les unes sont devenues des peintures achevés; Post a gravé lui-même les autres d'une façon fort originale. A la même époque appartient le grand tableau à l'huile de Eckhout, composition très-remarquable, conservée en Danemark, dans la galerie du beau château de Frederiksborg. Eckhout se trouvait aussi en 1641 sur les côtes du Brésil, avec le prince Maurice de Nassau. Les palmiers, les papayers, les bananiers et les héliconia sont représentés dans ce paysage sous leurs traits caractéristiques, ainsi que des oiseaux au plumage brillant et de petits quadrupèdes particuliers à ces pays.

Quelques artistes heureusement inspirés ont seuls suivi ces exemples jusqu'au second voyage de Cook. Ce qu'ont fait Hodges pour les îles occidentales de la mer du Sud, et Ferdinand Bauer pour la Nouvelle-Hollande et la terre de Diemen, Maurice Rugendas, le comte de Clarac, Ferdinand Bellermann et Édouard Hildebrandt l'ont exécuté récemment avec un talent supérieur et dans un style beaucoup plus large, pour les contrées tropicales de l'Amérique, Henri de Kittlitz, qui accompagna l'amiral russe Lutke dans son expédition autour du monde, a rendu le même service en décrivant plusieurs autres parties de la terre (25).

L'homme qui, sensible aux beautés naturelles des contrées coupées par des montagnes, des fleuves et des forêts, a parcouru lui-même la zone torride, qui a contemplé la richesse et l'infinie variété de la végétation, non pas seulement sur les côtes habitées, mais sur les Andes couvertes de neiges, sur le penchant de l'Himalaya et des monts Nilgherry, dans le royaume de Mysore; celui qui a parcouru les forêts vierges renfermées dans le bassin compris entre l'Orénoque et la rivière des Amazones, celui-là seul peut comprendre quel champ sans limites est ouvert encore à la peinture de paysage, entre les tropiques des deux continents, dans les archipels de Sumatra, de Bornéo, des Philippines, et comment les œuvres admirables accomplies jusqu'à ce jour ne sauraient être comparées aux trésors que la nature tient en réserve pour ceux qui voudront s'en rendre maîtres.

Et pourquoi notre espérance serait-elle vaine? Nous croyons que la peinture de paysage doit jeter un jour un éclat que l'on n'a pas vu encore, lorsque des artistes de génie franchiront plus souvent les bornes étroites de la Méditerranée et pénétreront loin des côtes, quand il leur sera donné d'embrasser l'immense variété de la nature, dans les vallées humides des tropiques, avec la fraîcheur native d'une âme jeune et pure.

Ces magnifiques régions n'ont guère été visitées jusqu'ici que par des voyageurs qui n'avaient pas à l'avance une assez grande expérience des arts, et auxquels des occupations scientifiques ne laissaient pas le loisir de perfectionner leur talent de paysagistes. Un très-petit nombre d'entre eux pouvaient, frappés de l'intérêt qu'offrent pour la botanique ces formes nouvelles de fruits et de fleurs, rendre l'impression générale produite par l'aspect des tropiques. Les artistes que l'on chargeait d'accompagner les grandes expéditions, envoyées dans ces contrées, aux frais de l'État, étaient souvent choisis au hasard, et l'on ne tardait pas à reconnaître leur insuffisance. La fin du voyage approchait, quand les plus habiles d'entre eux, à force de contempler les grandes scènes de la nature et de s'essayer à les reproduire, commençaient à acquérir un certain talent d'exécution. Il faut bien le dire aussi, les voyages que l'on appelle voyages de circumnavigation offrent aux artistes peu d'occasions de s'enfoncer dans les forêts, de remonter le cours des grands fleuves et de gravir les sommets des chaînes intérieures de montagnes.

Prendre des esquisses en face des scènes de la nature, est le seul moyen de pouvoir, au retour d'un voyage, retracer le caractère des contrées lointaines, dans des paysages achevés. Les efforts de l'artiste seront plus heureux encore si, sur les lieux mêmes, tout plein de son émotion, il a fait un grand nombre d'études partielles, s'il a dessiné ou peint, à l'air libre, des têtes d'arbres, des branches touffues chargées de fruits et de fleurs, des troncs renversés recouverts de pothos ou d'orchidées, des rochers, une falaise, quelque partie d'une forêt. En emportant ainsi des images exactes des choses, le peintre, de retour dans sa patrie, pourra se dispenser de recourir à la triste ressource des plantes conservées dans les serres et des figures reproduites dans les ouvrages de botanique.

Un grand événement, l'affranchissement des possessions espagnoles et portugaises en Amérique, et le progrès de la civilisation dans l'Inde, dans la Nouvelle-Hollande, les îles Sandwich et les colonies méridionales de l'Afrique, doivent, sans aucun doute, non-seulement faciliter les progrès de la météorologie et de toutes les sciences dont se compose la connaissance de la nature, mais donner aussi à la peinture de paysage un caractère plus élevé et un essor qu'elle n'eût pu prendre, sans les changements survenus dans ces contrées. Il existe dans l'Amérique du Sud des villes populeuses qui s'élèvent à près de 13000 pieds au-dessus du niveau de la mer. De ces hauteurs l'œil découvre toutes les variétés végétales dues à la diversité des climats. Que ne pouvons-nous pas attendre des efforts de l'art appliqués à la nature, quand les discordes une fois finies, après l'établissement d'institutions libres, le sentiment de l'art s'éveillera enfin dans ces hautes régions !

Tout ce qui, dans l'art, touche à l'expression des passions et à la beauté des formes humaines, a pu recevoir son dernier achèvement dans les pays plus voisins du nord où règne un climat tempéré, sous le ciel de la Grèce et de l'Italie. C'est en puisant dans les profondeurs de son être, et en contemplant chez ses semblables les traits communs de la race humaine, que l'artiste, créateur à la fois et imitateur, évoque les types de ses compositions historiques. La peinture de paysage n'est pas non plus purement imitative; elle a cependant un fondement plus matériel; il y a en elle quelque chose de plus terrestre. Elle exige de la part des sens une variété infinie d'observations immédiates, observations que l'esprit doit s'assimiler, pour les féconder par sa puissance et les rendre aux sens, sous la forme d'une œuvre d'art. Le grand style de la peinture de paysage est le fruit d'une contemplation profonde de la nature et de la transformation qui s'opère dans l'intérieur de la pensée.

Sans doute chaque coin du globe est un reflet de la nature entière. Les mêmes formes organiques se reproduisent sans cesse et se combinent de mille manières. Les contrées glacées du nord se raniment pendant des mois entiers. La terre est couverte d'herbes; les plantes s'y épanouissent comme sur les Alpes; le ciel y est doux et pur. Familiarisée seulement avec les formes simples de la flore européenne et un petit nombre de plantes naturalisées dans nos contrées, la peinture de paysage, grâce à la profondeur des sentiments et à la force de l'imagination qui animait les artistes, a pu accomplir sa tâche gracieuse. Dans cette carrière bornée, des peintres éminents, tels que les Carrache, Gaspard Poussin, Claude Lorrain et Ruysdael, ont trouvé encore assez de place pour produire les créations les plus diverses et les plus ravissantes, en mêlant habilement toutes les formes d'arbres connues et les effets si variés de la lumière. Si l'art a quelque chose encore à attendre, si j'ai dû indiquer une voie nouvelle pour retourner, du moins en pensée, à l'antique alliance de la science, de l'art et de la poésie, la gloire de ces grands maîtres n'a pas à en souffrir. Dans la peinture de paysage, comme dans toute autre branche de l'art, il y a lieu de distinguer l'élément borné, fourni par la perception sensible, et la moisson sans limite que fécondent une sensibilité profonde et une puissante imagination. Grâce à cette force créatrice, la peinture de paysage a pris un caractère qui en fait aussi une sorte de poésie de la nature. Si l'on étudie le développement successif des arbres, depuis Annibal Carrache et Poussin jusqu'à Everdingen et Ruysdael, en passant par Claude Lorrain, on sent que cet art, malgré son objet, n'est pas enchaîné au sol; on ne s'aperçoit pas, chez ces grands maîtres, des bornes étroites dans lesquelles ils étaient retenus; et cependant, il faut bien le reconnaître, l'élargissement de l'horizon, la connaissance de formes naturelles plus grandes et plus nobles, le sentiment de la vie voluptueuse et féconde qui anime le monde tropical offrent ce double avantage, de fournir à la peinture de paysage des matériaux plus riches, et d'exciter plus activement la sensibilité et l'imagination d'artistes moins heureusement doués.

Qu'il me soit permis de rappeler ici les considérations que j'ai développées, il y a près d'un demi-siècle, dans l'ouvrage intitulé *Tableaux de la Nature*, considérations qui se rattachent par un lien étroit au sujet que je traite en ce moment (26). L'homme qui peut embrasser la nature d'un regard, abstraction faite des phénomènes partiels, reconnaît par quels progrès se développent la vie et la force organique de la nature, à mesure que la chaleur augmente des pôles à l'équateur. Ce progrès est moins sensible encore depuis le nord de l'Europe jusqu'aux côtes de la Méditerranée, que de la péninsule Ibérique, de l'Italie méridionale et de la Grèce au monde des tropiques. Le tapis que Flore a étendu sur la terre est inégalement tissu; plus épais aux lieux où le soleil domine la terre de plus haut et brille dans l'azur profond du ciel ou au milieu de vapeurs transparentes, il est plus clair-semé vers les sombres contrées du nord, dans lesquelles le retour précipité des frimas ne laisse pas au bourgeon le temps d'éclore, et surprend les fruits au milieu de leur maturité. Dans le pays des palmiers et des fougères arborescentes, à la place des tristes lichens ou des mousses qui, vers les régions glacées, recouvrent l'écorce des arbres, le cymbidium et la vanille odoriférante se suspendent au tronc des anacardes et des figuiers gigantesques. La fraîche verdure du dracontium et les feuilles profondément découpées du pothos contrastent avec les fleurs éclatantes des orchidées. Les bauhinia grimpants, les passiflores, les banistères aux fleurs dorées enlacent les arbres de la forêt et s'élancent au loin dans les airs; de tendres fleurs sortent des racines du théobroma et de l'écorce rude des crescentia et des gustavia. Au milieu de ce luxe de végétation, dans la confusion de ces plantes grimpantes, l'observateur a souvent peine à reconnaître à quel tronc appartiennent les fleurs et les feuilles. Quelquefois un seul arbre, entrelacé de paullinia, de bignonia et de dendrobium, offre réunies une quantité de plantes qui, séparées l'une de l'autre, suffiraient à couvrir un espace considérable de terrain.

Cependant chaque partie de la terre a aussi ses beautés propres. Aux tropiques, la diversité et l'élévation des formes végétales; au nord, l'aspect des prairies et, après une longue attente, le réveil de la nature sous le premier souffle du printemps. Autant dans les bananiers, de la famille des musacées, le feuillage s'épanouit et se développe, autant il se contracte et se resserre dans les casuarines et dans les arbres à feuille aciculaire. Les pins, les thuya et les cyprès forment une famille propre aux climats du nord; rarement on rencontre des formes analogues dans les plaines des tropiques. Le feuillage éternellement vert de ces arbres ranime les contrées désertes et glacées; il rappelle aux peuples septentrionaux que si la neige et les frimas couvrent la surface de la terre, la vie intérieure de la végétation, non plus que le feu de Prométhée, ne peut s'éteindre dans notre planète.

Si l'on considère l'aspect des zones végétales, chacune d'elles, à part les richesses propres à telle ou telle contrée, offre un caractère distinct d'où naissent des impressions différentes. Qui ne se sent diversement affecté, pour nous en tenir aux productions qui nous sont familières, sous l'ombrage épais des hêtres, sur des collines couronnées de pins épars, et dans ces vastes prairies où le vent murmure à travers le feuillage tremblant des bouleaux? De même que chaque famille d'êtres organisés offre des caractères spéciaux, sur lesquels sont fondées les divisions de la botanique et de la zoologie, de même il y a aussi une physionomie de la nature qui se diversifie sous tous les degrés de latitude. La distinction que l'artiste exprime vaguement par ces mots : la nature de la Suisse, le ciel de l'Italie, repose sur un sentiment confus du caractère de la nature, dans les différents pays. L'azur du ciel, la forme des nuages, les vapeurs qui se forment autour des objets lointains, l'éclat du feuillage, le contour des montagnes sont les éléments dont se forme l'aspect général d'une contrée. Embrasser cet aspect et le reproduire d'une manière saisissante, tel est l'objet de la peinture de paysage. Il est permis à l'artiste de diviser les groupes; sous son pinceau, le grand enchantement de la nature se décompose en traits plus simples et en pages détachées, comme les ouvrages écrits de la main des hommes.

Malgré l'état peu satisfaisant où sont demeurées jusqu'ici les gravures qui accompagnent et souvent déparent nos relations de voyage, elles n'ont pas peu contribué cependant à faire connaître la physionomie des zones lointaines, à répandre le goût des voyages dans les contrées tropicales, et à stimuler activement l'étude de la nature. Les décors de théâtre, les panoramas, les dioramas, les néoramas, et toute cette peinture à grande dimension, si fort perfectionnée de nos jours, ont rendu plus générale et plus forte l'impression produite par le paysage. Vitruve et le grammairien Jules Pollux nous ont décrit les décorations champêtres qui servaient à la représentation des pièces *satyriques*. Longtemps après, vers le milieu du XVIe siècle, l'établissement des coulisses, dû à Serlio, favorisa beaucoup l'illusion; mais aujourd'hui, après les admirables perfectionnements apportés par Prévost et Daguerre à la peinture circulaire de Parker, on peut presque se dispenser de voyager à travers les climats lointains. Les panoramas circulaires rendent plus de services que les décors de théâtre, parce que le spectateur, frappé d'enchantement au milieu d'un cercle magique, et à l'abri de distractions importunes, se croit entouré de tout côté par une nature étrangère. Ils nous laissent des souvenirs qui, après quelques années, se confondent avec l'impression des scènes de la nature que nous avons pu voir réellement. Jusqu'à présent, les panoramas, qui ne peuvent faire illusion qu'à la condition d'avoir un large diamètre, ont représenté des villes et des lieux habités, plutôt que les grandes scènes dans lesquelles la nature étale sa sauvage abondance et toute la plénitude de la vie. Des études caractéristiques prises sur les flancs escarpés de l'Himalaya et des Cordillères, ou au milieu des fleuves qui sillonnent les contrées intérieures de l'Inde et de l'Amérique méridionale, produiraient un effet magique, si l'on avait soin surtout de les rectifier d'après des empreintes prises au daguerréotype, excellent pour reproduire, non pas les massifs de feuillage, mais les troncs gigantesques des arbres et la direction des rameaux. Tous ces moyens, dont nous ne pouvions manquer de faire l'énumération dans un livre tel que le *Cosmos*, sont très-propres à propager l'étude de la nature; et sans doute la grandeur sublime de la création serait mieux connue et mieux sentie, si dans les grandes villes, auprès des musées, on ouvrait librement à la population des panoramas où des tableaux circulaires représenteraient, en se succédant, des paysages empruntés à des degrés différents de longitude et de latitude. C'est en multipliant les moyens à l'aide desquels on reproduit, sous des images saisissantes, l'ensemble des phénomènes naturels, que l'on peut familiariser les hommes avec l'unité du monde et leur faire sentir plus vivement le concert harmonieux de la nature.

III

DES COLLECTIONS DE VÉGÉTAUX

DANS

LES JARDINS ET DANS LES SERRES.

CULTURE DES PLANTES TROPICALES. — PHYSIONOMIE CARACTÉRISTIQUE DE CES PLANTES. — EFFET DE CONTRASTE PRODUIT PAR LE RAPPROCHEMENT DES FORMES VÉGÉTALES.

Malgré la facilité de reproduction qu'offre la gravure, et en dépit des perfectionnements nouveaux apportés à la lithographie, la peinture de paysage est plus bornée dans ses effets, elle aiguillonne moins vivement les esprits sensibles aux beautés de la nature, que la vue immédiate des collections de plantes réunies dans les serres et dans les jardins. Je me suis référé déjà à l'expérience de ma jeunesse; j'ai rappelé comment l'aspect d'un dragonnier colossal et d'un palmier éventail, placés dans une vieille tour du jardin botanique de Berlin, a déposé en moi le premier germe de l'ardeur inquiète qui m'a poussé irrésistiblement vers les voyages lointains. Quiconque peut remonter dans ses souvenirs jusqu'au premier accident qui a décidé de la direction de toute sa vie comprendra la force de ces impressions.

En parlant des formes végétales, je songe à l'émotion que leur aspect peut produire, nullement au secours que l'on en peut tirer pour l'étude de la botanique. Il faut bien se garder de confondre les groupes naturels de végétaux qui frappent les yeux par leur élévation ou leur étendue, tels que les bananiers et les heliconia, auxquels se mêlent les palmiers corypha, les araucaria et les mimosacées, ou bien les troncs couverts de mousse d'où s'échappent les dracontia, les fougères au feuillage léger, les orchidées en fleurs, avec ces rangées de plantes sans vigueur que l'on dispose en famille, pour servir aux descriptions ou aux classifications de la botanique. Dans cette nature exubérante, ce qui doit surtout fixer nos regards, c'est la végétation puissante des cecropia, des carolinea et des bambous; c'est la réunion pittoresque des grandes et nobles formes végétales qui parent la partie occidentale du cours de l'Orénoque et les rivages boisés du fleuve des Amazones et de l'Huallaga, décrits avec tant de vérité par Martius et Édouard Pœppig. C'est enfin l'impression générale de ce spectacle, auquel nous ne pouvons songer sans soupirer après des contrées où la source de la vie coule avec plus d'abondance, et dont nos serres, qui n'étaient guère jadis que des hôpitaux à l'usage des plantes maladives, nous offrent aujourd'hui un reflet affaibli quoique brillant encore.

Sans doute la peinture de paysage est en état de nous représenter une image de la nature plus riche et plus complète que ne peut le faire la collection la mieux choisie de plantes cultivées. La peinture de paysage dispose souverainement de l'étendue et de la forme des objets. Pour elle, l'espace n'a pour ainsi dire pas de limite; elle suit la lisière des bois jusque dans les vapeurs du lointain; elle précipite de roc en roc le torrent qui tombe du haut de la montagne, et fait planer l'azur profond du ciel des tropiques sur la cime des palmiers, comme sur la prairie qui ondoie à la limite de l'horizon. La clarté et la couleur que le ciel pur ou légèrement voilé de l'équateur répand sur tous les objets situés à la surface de la terre donne au paysage une sorte de puissance mystérieuse que la peinture seule peut reproduire, quand elle réussit à imiter ces jeux si doux de la lumière. Depuis que l'on a mieux approfondi l'essence de la tragédie grecque, on a comparé ingénieusement le rôle mystérieux du chœur et la part d'action qui lui est laissée à l'effet du ciel dans le paysage (27).

Les serres et toutes les plantations artificielles sont très-loin de pouvoir réunir la diversité de moyens dont dispose la peinture, pour exciter notre imagination et concentrer dans un court espace les plus vastes phénomènes de la terre et de l'océan. Mais si l'impression générale en est diminuée, cette infériorité est compensée par la domination que la réalité exerce partout sur nos sens. Si dans la serre où sont abrités les palmiers de Loddiges, ou dans celle que le noble monarque, enlevé à la Prusse il y a quelques années, a fait construire dans l'île des Paons, près de Potsdam, comme un témoignage de son amour pour la simple nature ; si, dis-je, par un brillant soleil, on abaisse ses regards du haut de la plate-forme sur ces nombreux palmiers qui à l'élévation des arbres joignent la souplesse des roseaux, on est pour quelques moments complétement dépaysé. On croit être transporté dans le climat des tropiques, et que, du faîte d'une colline, on contemple un buisson de palmiers. Rien ne peut remplacer à la vérité l'azur profond du ciel ni l'éclat d'une lumière plus intense, et cependant l'imagination est plus vivement mise en jeu, l'illusion plus grande, que devant le tableau le plus parfait. Nous rattachons à chaque plante les merveilles d'une contrée lointaine ; nous entendons le bruissement des feuilles disposées en éventail ; nous les voyons changer d'aspect suivant les reflets de la lumière, quand, agitées par de légers courants d'air, les têtes des palmiers s'inclinent et s'entre-choquent ; tant est puissant le charme que conserve la réalité sur nos sens, alors même que le souvenir de la serre et de la culture artificielle vient troubler notre contemplation. Les idées de vigueur et de liberté sont inséparables aussi dans les productions de la nature ; et aux yeux du botaniste zélé qui a parcouru le monde, des plantes cueillies sur les Cordillères ou dans les plaines de l'Inde et séchées dans un herbier ont souvent plus de prix que les mêmes espèces vivantes qui ont grandi dans une de nos serres d'Europe. La culture efface quelque chose du caractère naturel et originaire; elle détruit dans ces organisations entravées le libre développement des parties qui les composent.

La forme et la physionomie des végétaux, les contrastes qui naissent de leur rapprochement, ne sont pas seulement un sujet d'observation pour le botaniste et un moyen de propager l'étude de la nature; on peut aussi les faire servir fort utilement à l'ordonnance des jardins, c'est-à-dire à l'art d'y ménager des paysages pittoresques. Je résiste à la tentation de faire une excursion dans ce champ nouveau, bien qu'il se trouve presque sur mon chemin; je me contenterai de faire une remarque : de même que nous avons eu déjà, au commencement de ce livre, l'occasion de signaler les traces nombreuses et profondes qu'a laissées l'amour de la nature dans la poésie des races sémitiques, chez les peuples de l'Inde et de l'Iran, de même, l'histoire nous montre, dès la plus haute antiquité, des parcs et des jardins qui témoignent du même sentiment, dans les contrées centrales et méridionales de l'Asie. Sémiramis avait fait disposer, au pied du mont Bagistanus, des jardins que Diodore a décrits (28), et dont la renommée était telle, qu'Alexandre étant en marche pour se rendre de la ville de Celonæ aux pâturages de Nysa, crut devoir se détourner de sa route, pour les visiter. Les parcs des rois persans étaient ornés de cyprès, dont la forme pyramidale rappelait celle de la flamme, et qui, pour cette raison, furent plantés, après l'avénement de Zerdouscht ou Zoroastre, autour du sanctuaire des temples consacrés au feu. Peut-être aussi est-ce cette forme qui donna naissance à la légende d'après laquelle on croyait les cyprès originaires du Paradis (29). Les paradis terrestres de l'Asie (παράδεισοι) furent célèbres de bonne heure dans les contrées de l'occident (30). Il est vrai même de dire que le culte des arbres remonte, chez les habitants de l'Iran, jusqu'aux préceptes de Hom, invoqué dans le Zend-Avesta comme le prophète de la loi antique. On sait par Hérodote de quel plaisir fut transporté Xerxès à la vue du grand platane qu'il rencontra en Lydie, au point de le faire orner de colliers et de bracelets d'or, et d'en confier la garde à l'un de ses dix mille immortels (31). La vénération des peuples primitifs pour les arbres se liait au culte des sources sacrées, parce qu'on venait aussi chercher le repos et la fraîcheur sous leur ombrage.

A ce culte originaire de la nature se rattachent la renommée du palmier colossal de Délos, et celle d'un ancien platane de l'Arcadie. Les bouddhistes révèrent à Ceylan le figuier colossal d'Anourahdepoura, qu'ils croient être un rejeton de la souche primitive sous laquelle Bouddha, pendant son séjour à l'antique Magoudha, se plongeait dans l'anéantissement qui était le dernier degré de la béatitude (nirwâna) (32). De même que des arbres isolés devenaient, pour la beauté de leur forme, l'objet d'un sentiment religieux, on honorait des groupes d'arbres, comme étant les bosquets des divinités. Pausanias fait l'éloge du bois sacré qui entourait le temple d'Apollon à Grynium en Éolide (33). Le bois de Colone a été célébré dans un admirable chœur de Sophocle.

Les anciens peuples ne témoignaient pas seulement leur amour pour la nature, par le respect religieux qu'ils vouaient à quelques objets particuliers du règne végétal et par le soin religieux qu'ils apportaient à leur culture ; ce sentiment se manifestait avec plus de force encore et de variété chez les peuples de l'Asie orientale, par la disposition générale des jardins. A l'extrémité de l'ancien continent, les jardins chinois paraissent avoir ressemblé beaucoup à ce que nous appelons aujourd'hui parcs anglais. Sous la dynastie glorieuse des Han, les jardins pittoresques avaient envahi une telle étendue de terrain, qu'ils devinrent un danger pour l'agriculture et une cause de sédition (34). «Quelle est, dit un ancien écrivain chinois, Lieou-tscheou, la jouissance que l'on recherche surtout dans les jardins d'agrément? Toujours on est convenu que les plantations sont destinées à dédommager les hommes de la vie délicieuse qu'ils auraient pu mener au sein de la libre nature, dans leur véritable séjour. L'art de dessiner les jardins consiste ainsi à réunir, autant qu'il est possible, le charme des perspectives, la richesse de la végétation, l'ombre, la solitude et le repos, de façon à faire illusion aux sens. La variété est le plus grand attrait du paysage.

On devra donc choisir de préférence un sol accidenté, où alternent les collines et les vallons, qui soit coupé de ruisseaux et de lacs couverts d'herbes aquatiques. Toute symétrie est fatigante ; la satiété et l'ennui naissent bientôt dans un jardin où tout trahit l'art et la contrainte (35). » Une description que nous a donnée sir George Staunton du grand jardin impérial de Zhe-hol, au nord de la muraille de la Chine, répond à ces prescriptions de Lieou-tscheou (36), prescriptions auxquelles sans doute ne refuserait pas son suffrage le prince qui de nos jours a fait planter lui-même le gracieux parc de Muskau (37).

Le poëme descriptif où l'empereur Kien-long a voulu célébrer, vers le milieu du dernier siècle, la ville de Moukden, l'ancienne résidence de la dynastie Mandchoux, et les tombeaux de ses ancêtres, respire l'amour le plus profond pour cette libre nature dont l'art n'a que bien peu altéré la simplicité. Le monarque-poëte a représenté avec vérité et bonheur la fraîcheur des prairies, les collines couronnées de forêts, les habitations calmes des hommes, et à ces images sereines il a mêlé, sans que l'harmonie soit jamais troublée, l'image sombre des tombeaux. Le sacrifice qu'il offre à ses aïeux, d'après les rites institués par Confucius, le souvenir pieux qu'il donne aux rois et aux guerriers qui ne sont plus, forment le véritable sujet de cette composition remarquable. La longue énumération des plantes sauvages et des animaux qui peuplent la contrée fatigue comme tout ce qui est didactique ; mais le mélange de l'impression sensible produite par le paysage, qui n'apparaît guère que comme le fond du tableau, avec les sublimes objets empruntés au monde des idées, l'accomplissement de pratiques pieuses et la mention de grands événements historiques donnent à toute cette composition un caractère original. Le respect religieux pour les montagnes, si profondément enraciné dans le cœur des Chinois, amène Kien-long à dépeindre soigneusement cette nature inanimée, dont le sentiment fut tout à fait refusé aux Grecs et aux Romains. La figure des arbres, la direction et la hauteur des branches, la forme du feuillage, sont décrites aussi avec une prédilection particulière (38).

Puisque je ne partage pas, on le voit, des préjugés trop persistants contre la littérature chinoise, et que peut-être même je me suis arrêté un peu longtemps sur ces images de la nature, tracées par un contemporain du grand Frédéric, c'est pour moi un devoir d'autant plus impérieux de remonter plus haut et de rappeler le *Poëme des jardins*, composé il y a sept siècles et demi par un homme d'État célèbre, See-ma-Kouang. La plupart des lieux que décrit l'auteur sont un peu encombrés de constructions, à la façon des villas de l'ancienne Italie; mais il fait aussi l'éloge d'une solitude située au milieu des rochers et entourée de hauts sapins. Il admire la perspective qui s'étend librement sur le large fleuve du Kiang où se pressent un grand nombre d'embarcations, sans oublier pour cela des préoccupations d'un autre genre. Il ne redoute pas, dit-il, les visites de ses amis, parce que s'ils viennent pour lui lire leurs vers, ils entendront aussi les siens (39). See-ma-Kouang écrivait vers l'an 1086, lorsqu'en Allemagne la poésie était tout entière aux mains d'un clergé barbare, et n'était pas encore entrée en possession de la langue nationale.

A cette époque, et peut-être même cinq siècles plus tôt, les habitants de la Chine, de l'Inde au delà du Gange et du Japon étaient déjà familiarisés avec un grand nombre de végétaux. Les rapports étroits qui se maintinrent entre les monastères des boudhistes ne furent pas sans influence sur ces connaissances précoces. Autour des temples, des cloîtres et des lieux de sépulture, s'étendaient des jardins décorés d'arbres étrangers, et où brillait un tapis de fleurs qui étonnait les yeux par la variété des couleurs et des formes. Les plantes de l'Inde se répandirent de bonne heure dans la Chine, dans le royaume de Corée et dans l'île Niphon. M. Siebold, dont les écrits embrassent toutes les relations des habitants du Japon avec les peuples étrangers, a signalé le premier les causes qui facilitèrent le mélange des végétaux dans tous les pays voués au culte de Bouddha (40). Il est remarquable qu'à une autre époque, les monastères chrétiens devaient aussi réunir autour d'eux les premières plantes exotiques, introduites dans nos climats.

La richesse des formes végétales offertes de nos jours au savant comme un objet d'étude, à l'artiste comme un modèle, doit nous donner un vif désir de rechercher les causes qui nous ont préparés à mieux connaître la nature et à en mieux goûter les jouissances. L'énumération de ces causes trouvera place dans la seconde partie de ce volume, consacrée à l'histoire de la Contemplation du Monde. Ici nous devions nous contenter, en retraçant le reflet des objets extérieurs dans l'intérieur de l'homme, en cherchant l'effet que l'aspect du monde a produit sur sa sensibilité et sa raison, de signaler les moyens qui, à mesure que la culture se perfectionnait, ont contribué à répandre et à vivifier l'étude de la nature. Bien qu'une certaine liberté soit laissée au développement des diverses parties, la force originaire de l'organisation rattache forcément la conformation des animaux et des plantes à des types déterminés qui se reproduisent sans interruption. Elle empreint chacune des zones de la terre d'un caractère qui lui est propre et que l'on peut appeler *la physionomie de la nature*. Aussi est-ce un des plus beaux fruits de la civilisation européenne, qu'aujourd'hui il soit possible à l'homme, dans les contrées les moins favorisées, de goûter, grâce aux collections de plantes exotiques, à la magie de la peinture de paysage et à la puissance de l'expression pittoresque, une part des jouissances que va chercher le voyageur, souvent au prix de bien des périls, dans la contemplation immédiate de la nature.

DEUXIÈME PARTIE

ESSAI HISTORIQUE

SUR LE

DÉVELOPPEMENT PROGRESSIF

DE L'IDÉE DE L'UNIVERS.

L'histoire de la Contemplation physique du Monde est l'histoire de la connaissance de la nature prise dans son ensemble; c'est le tableau du travail de l'humanité cherchant à embrasser l'action simultanée des forces qui s'exercent sur la terre et dans les espaces célestes. Cette histoire a donc pour but de décrire les progrès successifs par lesquels les observations ont tendu à se généraliser de plus en plus. Elle tient aussi une place dans l'histoire du monde intellectuel, en tant que l'intelligence s'applique aux objets sensibles, au développement organique de la matière agglomérée et aux forces qu'elle récèle dans son sein.

Dans la première partie de cet ouvrage, dans le chapitre sur *les Limites et l'Exposition méthodique de la Description physique du Monde*, je crois avoir fait voir clairement quel rapport lie les sciences naturelles isolées à la description de l'univers, c'est-à-dire à la doctrine du Cosmos; comment cette doctrine ne peut emprunter autre chose aux connaissances spéciales que les matériaux sur lesquels repose son existence scientifique (1). L'histoire de la connaissance du monde dont j'expose ici les idées essentielles, et que je nommerai tantôt l'histoire du Cosmos, tantôt l'histoire de la contemplation physique du monde, ne doit donc pas être confondue avec l'histoire des sciences naturelles, telle que nous la présentent quelques-uns de nos meilleurs ouvrages de physique, de botanique et de zoologie.

Le meilleur moyen de donner une idée de la nature des choses qui doivent trouver place dans ce tableau, est de citer quelques exemples. A l'histoire du monde appartiennent les découvertes du microscope composé, du télescope, et de la polarisation de la lumière, parce qu'elles ont fourni les moyens de démêler ce qui est commun à tous les organismes, de pénétrer dans les espaces les plus reculés du ciel, et de distinguer la lumière propre de la lumière réfléchie, c'est-à-dire de reconnaître si la lumière solaire émane d'un corps solide ou d'une enveloppe gazeuse. Au contraire, l'énumération des essais qui, depuis Huygens, nous ont successivement amenés à la découverte de M. Arago sur la polarisation colorée, doit être réservée pour l'histoire de l'optique. De même, il faut laisser à l'histoire de la phytognosie ou botanique le développement des principes d'après lesquels la masse innombrable des végétaux peut se partager en familles, tandis que la géographie des plantes, c'est-à-dire la distribution locale et climatologique des végétaux qui couvrent tout le globe, en y comprenant les algues qui garnissent le bassin des mers, forme une division importante dans un essai historique sur le développement de l'idée de l'univers.

L'observation raisonnée des progrès qui ont pu amener l'homme à embrasser le corps de la nature n'est pas plus l'histoire générale de la culture de l'humanité qu'elle ne peut être, ainsi que nous venons de le rappeler, l'histoire des sciences naturelles. Sans doute ce coup d'œil jeté sur l'ensemble des forces vivantes de la création doit être considéré comme le plus noble fruit de la civilisation humaine, comme l'effort suprême de l'intelligence vers le but le plus élevé qu'il lui soit donné d'atteindre. Cependant la science dont nous voulons donner ici l'idée n'occupe qu'une place déterminée dans l'histoire de la civilisation. Cette histoire en effet devrait embrasser simultanément les différents peuples, et tout ce qui, dans quelque direction que ce soit, a pu tourner au profit de leur moralité et de leur intelligence. Placé au point de vue moins vaste de la physique générale, nous ne considérons qu'une face dans l'histoire de la connaissance humaine; nous portons de préférence nos regards sur les efforts par lesquels on s'est successivement élevé des faits isolés à l'idée de l'ensemble; nous nous attachons moins au développement de chaque science, qu'aux résultats susceptibles d'être généralisés, ou qui ont servi à rendre les observations plus précises, en fournissant aux observateurs des instruments énergiques.

Avant tout, il faut soigneusement distinguer les pressentiments qui devancent la science, de la science elle-même. A mesure que la race humaine devient plus cultivée, beaucoup de choses passent du premier état au second, et cette transformation obscurcit l'histoire des découvertes. Il suffit souvent de rattacher l'une à l'autre dans son esprit les recherches antérieures, pour se sentir animé, sans bien s'en rendre compte, d'une force qui guide et féconde la faculté divinatrice. Que d'explications n'a-t-on pas hasardées chez les Hindous, chez les Grecs, et au moyen âge, sur l'ensemble des phénomènes physiques, explications qui, d'abord avancées sans preuve et mêlées aux plus gratuites hypothèses, ont été appuyées plus tard sur une expérience certaine et constatées scientifiquement. Il n'est pas juste de reprocher à l'imagination divinatrice, à cette activité vivifiante de l'esprit qui animait Platon, Colomb, Képler, de n'avoir rien créé dans le domaine de la science, comme si, par la loi même de la nature, elle devait rester toujours étrangère à la réalité des choses.

Puisque l'histoire de la Contemplation physique du Monde est, ainsi que nous l'avons définie, l'histoire de l'idée de l'unité appliquée aux phénomènes et aux forces simultanées de l'univers, la méthode d'exposition, pour un livre de ce genre, doit consister à passer en revue les moyens par lesquels l'unité des phénomènes s'est successivement révélée. Sous ce point de vue, nous distinguons : 1° le libre effort de la raison s'élevant à la connaissance des lois de la nature, c'est-à-dire l'observation raisonnée des phénomènes naturels ; 2° les événements qui ont subitement élargi le champ de l'observation ; 3° la découverte d'instruments propres à faciliter la perception sensible, c'est-à-dire la découverte d'organes nouveaux qui mettent l'homme en rapport direct avec les forces terrestres et avec les espaces les plus éloignés, qui multiplient les formes de l'observation et la rendent plus pénétrante. C'est d'après cette triple considération que doivent être déterminées les phases essentielles de l'histoire du Cosmos. Afin de nous mieux faire comprendre, nous allons caractériser de nouveau, en nous aidant de quelques exemples, la diversité des moyens par lesquels l'humanité est arrivée progressivement à la possession intellectuelle d'une grande partie de l'univers. Nous citerons des exemples empruntés aux trois classes que nous venons de distinguer.

La connaissance de la nature, en remontant à la plus ancienne physique des Hellènes, était tirée des profondeurs de l'intelligence et résultait de contemplations intérieures, plutôt que de la perception des phénomènes. La philosophie naturelle de l'école Ionique est fondée sur la recherche de l'origine des choses et sur la transformation d'une substance unique. Dans le symbolisme mathématique de Pythagore et de ses disciples, dans leurs considérations sur le nombre et la forme, on découvre au contraire une philosophie de la mesure et de l'harmonie. Cette école appliquée à chercher partout l'élément numérique a, par une sorte de prédilection pour les rapports mathématiques qu'elle a pu saisir dans l'espace et dans le temps, posé, pour ainsi dire, la base sur laquelle devaient s'élever nos sciences expérimentales. L'histoire de la Contemplation du Monde, telle que je la comprends, ne s'attache pas tant à retracer les fréquentes oscillations entre la vérité et l'erreur que les pas décisifs faits dans la voie de la vérité et les efforts heureux tentés pour envisager sous leur vrai jour les forces terrestres et le système planétaire. Elle nous montre que si Platon et Aristote se représentaient la terre sans rotation ni révolution, et comme suspendue dans son immobilité au milieu du monde, l'école de Pythagore, d'après Philolaüs de Crotone, sans soupçonner il est vrai la rotation de la terre, enseignait du moins le mouvement circulaire qu'elle décrit autour du *foyer du monde* ou feu central (Hestia). Hicétas de Syracuse, qui remonte pour le moins au delà de Théophraste, Héraclide de Pont et Ecphantus connaissaient la rotation de la terre ; mais Aristarque de Samos, et surtout Séleucus de Babylone, furent les premiers qui, un siècle et demi après Alexandre, combinèrent le mouvement de la terre sur elle-même avec l'orbite tracée autour du soleil, comme centre de tout le système planétaire. Si la croyance à l'immobilité du globe reparut dans les temps ténébreux du moyen âge, grâce au fanatisme chrétien et à l'influence dominante du système de Ptolémée; si déjà au sixième siècle de notre ère, Cosmas Indopleustès était revenu, pour donner une idée de la forme de la terre, au disque de Thalès, il est juste aussi de dire que, près de cent ans avant Copernic, un cardinal allemand, Nicolas de Cusa, eut assez d'indépendance et de courage pour proclamer de nouveau le double mouvement de notre planète. Après Copernic, le système de Tycho fut sans doute un pas en arrière, mais la marche n'en fut pas longtemps arrêtée. Dès qu'on eut rassemblé une masse considérable d'observations précises, et Tycho lui-même y avait largement contribué, la vérité ne pouvait pas tarder à se faire jour. Par ce qui précède, on voit que la période des oscillations dans la connaissance du monde a été surtout celle de la divination et des rêveries philosophiques sur la nature.

Après l'observation directe et le travail de la pensée qui devaient avoir pour effet immédiat d'amener une connaissance plus exacte de la nature, nous avons indiqué, comme seconde division, les grands événements qui ont pu découvrir aux yeux des observateurs un horizon plus spacieux. De ce nombre sont les migrations des peuples, la navigation et les marches des armées. Ce sont ces voyages qui ont mis les hommes à même d'explorer la surface de la terre, de reconnaître la disposition des continents, la direction des chaînes de montagnes, l'élévation relative des plateaux et qui, leur ouvrant de vastes contrées, leur ont fourni les éléments nécessaires pour aller à la recherche des lois générales de la nature. Il n'est pas besoin, dans ces considérations historiques, de présenter l'enchaînement de tous les faits ; il suffit, pour l'histoire du Cosmos, de rappeler à chaque époque les événements qui ont le plus influé sur le travail intellectuel de l'humanité, et ont permis de mieux embrasser la nature. A ce point de vue, les événements les plus considérables, pour les peuples situés autour du bassin de la Méditerranée, sont : le voyage de Colæus de Samos au delà des colonnes d'Hercule, l'expédition d'Alexandre dans la presqu'île de l'Inde en deçà du Gange, la domination des Romains, les progrès de la civilisation arabe et la découverte du nouveau continent. Dans tous ces faits, ce qui importe, c'est moins d'en connaître les détails que de marquer l'influence qu'ils ont exercée sur le développement de l'idée du Cosmos, soit qu'il s'agisse d'un voyage de découverte, des progrès d'une langue rendue dominante par un haut degré de culture et par les nombreux chefs-d'œuvre qu'elle a produits, ou de la connaissance soudainement répandue des moussons de l'Afrique et de l'Inde.

Puisque, en énumérant ces diverses causes d'impulsion, j'ai cité l'exemple des langues, je ferai ressortir d'une manière générale leur importance, sous deux rapports très-différents. Considérées isolément, les langues répandues dans de vastes contrées agissent comme moyen de communication entre des races séparées par de longues distances. Si, au contraire, on les compare l'une à l'autre, si l'on observe leur organisation intérieure et les divers degrés de parenté qui les unissent, elles font entrer plus avant dans l'histoire de l'humanité. La langue des Grecs, et leur nationalité, si étroitement unie à leur langue, ont exercé un prestige magique sur tous les peuples qui ont été en contact avec eux (2). La langue grecque, protégée par l'empire de Bactriane, apparaît dans l'Asie centrale comme un véhicule de la science hellénique qui, mêlé à la science indienne, sera ramené dix siècles plus tard par les Arabes dans les contrées les plus occidentales de l'Europe. Grâce à l'ancienne langue des Hindous et à celle des Malais, des relations de commerce se sont établies entre les peuples répandus dans l'archipel du sud-est de l'Asie, sur les côtes orientales de l'Afrique et dans l'île de Madagascar. On peut même dire avec vraisemblance qu'en révélant l'existence des comptoirs établis par les Banians de l'Inde, ces langues ont été l'occasion de l'audacieuse expédition de Vasco de Gama. Les langues devenues dominantes ont exercé une influence bienfaisante sur le rapprochement de la famille humaine, de même que l'extension du christianisme et du bouddhisme. Par malheur, ce fut en étouffant prématurément d'autres idiomes aux dépens desquels elles s'établissaient.

Comparées entre elles et considérées comme les objets de cette *Science de la Nature* qui peut aussi s'appliquer aux choses de l'esprit, les langues groupées en familles, d'après l'analogie de leur structure intérieure, sont devenues une source précieuse de connaissances historiques; c'est là même une des plus brillantes conquêtes scientifiques des soixante ou soixante-dix dernières années. Les langues étant le produit spontané de l'intelligence humaine, nous nous trouvons ramenés, en recherchant les traits principaux de leur organisme, à cet obscur lointain qui précède toute tradition. La philologie comparée nous montre comment des races séparées par de vastes pays peuvent être cependant unies entre elles et originaires d'une même contrée; elle nous découvre la direction et le chemin des antiques migrations. En suivant à la trace les époques critiques de l'histoire des langues, le philologue reconnaît dans la physionomie plus ou moins altérée de ces idiomes, dans la permanence de formes particulières ou dans la décomposition et la dissolution du système général des formes, quelle race s'est tenue le plus près de la langue usitée autrefois dans la commune patrie. Ces recherches sur les premiers caractères du langage, dans lesquelles l'espèce humaine est considérée comme un organisme vivant, trouvent amplement matière à s'exercer en suivant la longue chaîne des langues indo-germaniques qui s'étend depuis le Gange jusqu'à la Péninsule ibérique, depuis la Sicile jusqu'au cap Nord. L'étude des langues comparées historiquement aide encore à découvrir de quelles contrées ont été tirées dans l'origine certaines productions qui, depuis la plus haute antiquité, ont été d'importants objets de commerce. On trouve ainsi que les noms sanscrits de denrées exclusivement indiennes, telles que le riz, le coton, le nard et le sucre, sont passés dans la langue grecque et en partie dans les langues sémitiques (3).

Ces considérations, éclaircies par des exemples, montrent que l'étude comparative des langues et les recherches purement philologiques offrent un puissant secours à ceux qui veulent embrasser d'un point de vue général la parenté de la race humaine et les rayons qu'elle a suivis dans sa marche, en partant vraisemblablement de plusieurs centres distincts. Les moyens rationnels à l'aide desquels s'est développée successivement l'idée du Cosmos sont, d'après cela, de nature très-diverse : ce sont les recherches sur la structure des langues, l'explication des documents historiques cachés sous les hiéroglyphes et sous les caractères cunéiformes, le perfectionnement des mathématiques et surtout du calcul analytique, si puissant à résoudre les problèmes que présentent la forme de la terre, le flux de l'océan et les espaces célestes. A ces découvertes scientifiques se joignent enfin les inventions matérielles qui nous créent en quelque sorte de nouveaux organes, donnent à nos sens plus de pénétration, et nous mettent en rapport direct avec les forces terrestres et avec les points les plus éloignés de l'espace. Afin de mentionner simplement ici les instruments qui font époque dans l'histoire de la civilisation, nous citerons le télescope et la combinaison que l'on en a faite, malheureusement trop tard, avec les instruments de mesure; le microscope composé, qui donne le moyen de suivre les développements de la matière organique, et d'observer dans les corps cette activité efficiente, selon l'expression d'Aristote, qui est le principe de leurs transformations; la boussole et les différents mécanismes appliqués à la recherche du magnétisme terrestre; le pendule employé comme mesure du temps, le baromètre, le thermomètre, les appareils hygrométriques et électrométriques; enfin le polariscope, destiné à observer les phénomènes de la polarisation colorée, soit que la lumière rayonne des astres, ou qu'elle soit répandue dans l'atmosphère.

L'histoire de la Contemplation du Monde fondée, ainsi que je viens de l'expliquer, sur l'observation réfléchie des phénomènes naturels, sur un enchaînement de faits considérables et sur les inventions qui ont agrandi le cercle de la perception sensible, ne peut être présentée ici, même en se bornant d'avance aux traits principaux, que d'une manière rapide et incomplète. Je me flatte cependant de l'espérance que cette courte esquisse mettra le lecteur en état de saisir plus facilement l'esprit dans lequel pourrait être rempli un jour un cadre si difficile à tracer. Ici, comme dans le tableau de la nature qui remplit le premier volume du *Cosmos*, je ne m'attacherai pas à épuiser les détails, mais à développer avec clarté les idées générales propres à jeter du jour sur quelqu'une des voies que doit parcourir l'observateur de la nature, faisant fonction d'historien. Je supposerai connue la série des événements et des causes qui les ont produits. Ces événements, en effet, n'ont pas besoin d'être racontés; il suffit de les citer et de marquer leur influence sur la connaissance progressive du monde. Dans un tel sujet, il serait, je crois devoir le répéter, impossible d'être complet, et ce n'est pas d'ailleurs le but d'une semblable entreprise. En faisant cette déclaration, afin de conserver à mon livre du *Cosmos* le caractère qui seul le rend exécutable, je sens que je m'expose de nouveau au blâme des critiques, accoutumés à juger moins un livre d'après ce qu'il contient que d'après ce qui eût dû s'y trouver, à leur point de vue individuel. Pour les époques reculées, je suis entré à dessein dans beaucoup plus de détails que pour les événements plus récents. Là où les sources sont moins abondantes, il est plus difficile de généraliser les aperçus, et il est nécessaire, pour les justifier, de citer des témoignages qui ne peuvent être connus de tout le monde. Je me suis permis aussi de répartir les développements d'une manière inégale, lorsque j'ai cru, en rapportant quelques particularités, pouvoir jeter plus d'intérêt sur l'exposition.

De même que la connaissance du Monde a commencé par une sorte d'intuition divinatrice et quelques observations positives sur des parties isolées du domaine de la nature, ainsi nous croyons devoir prendre pour point de départ, dans ce récit, un espace borné de la terre. Nous choisirons le bassin autour duquel se sont agités les peuples dont les connaissances ont été le fondement le plus réel de notre civilisation occidentale, la seule peut-être dont les progrès n'aient jamais subi d'interruption. On peut suivre les grands courants qui ont apporté à l'ouest de l'Europe les éléments de la civilisation et d'une connaissance plus générale de la nature; mais dans la multiplicité de ces courants, il est impossible de reconnaître une source primitive. Des vues profondes sur l'ensemble des forces de la nature et le sentiment de son unité ne sont pas le privilége de ce qu'on l'on appelle un peuple primitif, dénomination donnée, selon les systèmes historiques qui ont dominé tour à tour, tantôt à une race sémitique située dans la partie septentrionale de la Chaldée, dans le pays d'Arpaxad, l'Arrapachitis de Ptolémée (4), tantôt à la race des Hindous et à celle des Iraniens renfermée dans le pays du Zend, entre l'Oxus et l'Iaxarte (5). L'histoire, en tant qu'elle s'appuie sur des témoignages humains, ne reconnaît pas de peuples originaires ni de siége primordial de la civilisation; elle n'admet pas cette physique primitive ni cette science révélée de la nature qui aurait été étouffée plus tard sous les ténèbres de la barbarie et du péché. L'historien perce les couches nébuleuses amassées par les mythes symboliques, pour arriver à la terre ferme, sur laquelle se sont développés, d'après des lois naturelles, les premiers germes de la civilisation humaine. Dans une antiquité reculée, à la limite de l'horizon que peut découvrir la vraie science historique, on voit déjà de grands centres de culture briller simultanément, comme des points lumineux, et rayonner les uns vers les autres : l'Égypte, dont l'éclat remonte au moins à cinquante siècles avant notre ère (6); Babylone, Ninive, Cachemire, l'Iran et la Chine, depuis la première colonie qui du versant nord-est du Kouenlun se transporta dans la vallée arrosée par le cours inférieur de l'Hoangho. Ces points centraux rappellent involontairement les grandes étoiles qui étincellent au firmament, ces éternels soleils des espaces célestes dont nous connaissons la force lumineuse, sans pouvoir, sauf pour un petit nombre d'entre eux, mesurer la distance relative qui les sépare de notre planète (7).

L'hypothèse d'une physique primitive révélée à la première race humaine, cette science de la nature dévolue aux peuples sauvages et que la civilisation n'aurait fait qu'obscurcir, rentre dans une sphère de connaissances ou plutôt de croyances qui doit rester étrangère à l'objet de ce livre. On trouve déjà cependant cette croyance profondément enracinée dans les plus anciens dogmes de l'Inde, dans la doctrine de Crischna : « Il est probable que la vérité fut originairement déposée au milieu des hommes, mais peu à peu elle sommeilla et fut oubliée. La connaissance reparaît comme un souvenir (8). » Nous laissons volontiers indécise la question de savoir si toutes les races que l'on appelle aujourd'hui sauvages sont en effet dans l'état de rudesse naturelle et originaire, ou si un grand nombre d'entre elles ne sont pas, ainsi qu'on a pu souvent le conjecturer d'après la structure de leurs langues, des races devenues sauvages, et comme des débris épars, échappés au naufrage dans lequel aurait péri de bonne heure une première civilisation. En observant de plus près ce que l'on est convenu d'appeler les hommes de la nature, on ne découvre rien de cette prétendue supériorité dans la connaissance des forces terrestres que, par amour du merveilleux, on a prêtée aux peuples non civilisés. Sans doute le sentiment confus de l'unité qui rattache entre elles toutes les puissances de la nature peut, dans l'état sauvage, effrayer les imaginations; mais un tel sentiment n'a rien de commun avec les efforts tentés pour arriver à une conception claire de l'ensemble des phénomènes. Les vues vraiment générales sur le monde ne peuvent résulter que de l'observation et de combinaisons intellectuelles; il faut qu'elles soient préparées par un long contact de l'humanité avec le monde extérieur. Elles ne sont pas non plus l'œuvre d'une race unique; elles sont le fruit de communications réciproques et du commerce qui s'établit, sinon entre tous les peuples, du moins entre un grand nombre d'entre eux.

Au début de ce volume, en peignant le reflet du monde extérieur sur l'imagination de l'homme, nous avons cherché dans l'histoire générale des lettres les traits qui expriment le plus vivement le sentiment de la nature. Nous ferons de même pour l'histoire de la contemplation du monde; nous extrairons de l'histoire de la civilisation les progrès accomplis dans la connaissance de l'univers. Ces deux parties rapprochées, non au hasard, mais en connaissance de cause, ont entre elles les mêmes rapports que les sciences auxquelles elles sont empruntées. L'histoire de la culture humaine renferme en soi l'histoire des forces fondamentales de l'esprit humain, et aussi celles des œuvres littéraires ou artistiques dans lesquelles ces forces se sont manifestées d'après des directions diverses. De la même manière, nous devons reconnaître dans le sentiment vif et profond de la nature, tel que nous l'avons dépeint suivant la différence des temps et des races, une sollicitation efficace à observer plus attentivement les phénomènes et le monde formé de leur assemblage.

En raison même de la multiplicité des courants qui ont transporté les éléments de la science de la nature et, dans la suite des siècles, les ont répartis inégalement sur la surface du globe, il est à propos, ainsi que nous l'avons déjà remarqué, de prendre pour point de départ dans l'histoire de la Contemplation du Monde un groupe unique de peuples, et de choisir celui chez lequel se retrouve le germe de toute notre civilisation occidentale. La culture intellectuelle des Grecs et des Romains peut sans doute paraître toute récente, si on la compare à celle de l'Égypte, de la Chine et de l'Inde; mais, en dépit des révolutions et du mélange des nations envahissantes, les éléments étrangers qui leur ont afflué de l'orient et du midi se sont reproduits sans interruption sur le sol européen, associés aux résultats de leur civilisation indigène. Dans les pays où des connaissances nombreuses étaient répandues plusieurs milliers d'années auparavant, ou la barbarie a tout rejeté dans les ténèbres, ou bien, tout en conservant les anciennes mœurs et des institutions politiques complexes et invariables comme en Chine, les nations se sont complétement arrêtées dans la voie des sciences et des arts industriels; surtout elles sont devenues étrangères à ces communications de peuple à peuple sans lesquelles ne peuvent se former les idées générales. Grâce au développement immense de leur navigation, les peuples européens et ceux qui, originaires de l'Europe, sont passés dans d'autres continents, se sont rendus, pour ainsi dire, présents partout, se montrant à la fois dans les mers et sur les côtes les plus lointaines. Les contrées qu'ils ne possèdent pas, ils peuvent du moins les menacer. Dans leur science, dont l'héritage s'est transmis presque sans interruption, et dans leur nomenclature scientifique, on retrouve les traces des routes nombreuses à travers lesquelles ont pénétré chez eux d'importantes inventions, ou du moins les germes de ces inventions; traces qui sont comme autant de jalons dans l'histoire de l'humanité. Ainsi ils ont reçu de l'extrémité orientale de l'Asie la connaissance de la direction et de la déclinaison de l'aiguille mobile aimantée; de l'Égypte et de la Phénicie, des préparations chimiques telles que le verre, des matières colorantes animales ou végétales, des oxydes de métaux; de l'Inde, l'usage d'un petit nombre de chiffres avec la facilité de leur donner une valeur plus élevée, en vertu du principe de *position*.

Depuis que la civilisation a abandonné ses premières demeures, situées entre les tropiques ou dans les zones sous-tropicales, elle a choisi cette partie du monde dont les régions septentrionales sont moins froides que les contrées de l'Asie ou de l'Amérique placées sous les mêmes latitudes. Le continent de l'Europe est une presqu'île occidentale de l'Asie, et j'ai déjà expliqué comment elle doit la douceur civilisatrice de son climat à cette circonstance, à sa forme divisée et articulée que vantait déjà Strabon, à sa situation en face de l'Afrique, qui s'étend au loin sous l'équateur, et enfin aux vents de l'ouest qui, en contact avec une vaste étendue de l'océan, sont pour cette raison plus chauds dans l'hiver (9). Les conditions physiques de l'Europe ont opposé aux progrès de la civilisation moins d'obstacles que l'Asie et l'Afrique, où de vastes chaînes de montagnes parallèles, des plateaux et des mers de sables forment des limites difficiles à franchir. Nous partirons donc, pour exposer dans ses phases principales l'histoire de la Contemplation du Monde, du coin de terre qui, par ces rapports topographiques et sa place dans le monde, a le plus favorisé les communications entre les peuples et l'agrandissement des vues cosmiques qui en ont été le résultat.

I

BASSIN

DE

LA MER MÉDITERRANÉE.

LA MER MÉDITERRANÉE CONSIDÉRÉE COMME POINT DE DÉPART DES RELATIONS QUI ONT AMENÉ L'AGRANDISSEMENT SUCCESSIF DE L'IDÉE DU COSMOS. — LIEN QUI RATTACHE CE MOUVEMENT A LA CULTURE PRIMITIVE DES HELLÈNES. — ESSAIS DE NAVIGATION LOINTAINE VERS LE NORD-EST (EXPÉDITION DES ARGONAUTES), VERS LE SUD (VOYAGE A OPHIR), VERS L'OUEST (DÉCOUVERTE DE COLÆUS DE SAMOS).

Platon laisse voir un sentiment profond de la grandeur du monde, lorsqu'il indique en ces termes, dans le *Phédon*, les bornes étroites de la mer Méditerranée (10) : « Nous tous qui remplissons l'espace compris entre le Phase et les colonnes d'Hercule, nous ne possédons qu'une partie de la terre, groupés autour de la mer Méditerranée comme des fourmis ou des grenouilles autour d'un marais. » Cet étroit bassin sur les bords duquel les Égyptiens, les Phéniciens et les Grecs ont fait fleurir une brillante civilisation, a été le point de départ des événements les plus considérables. De là sont sorties les colonies qui ont peuplé de vastes contrées en Afrique et en Asie, et les expéditions maritimes à l'aide desquelles a été découvert tout un nouveau continent occidental.

Dans sa forme actuelle, la mer Méditerranée a conservé la trace d'une division antérieure en trois bassins fermés et se limitant l'un l'autre (11). Le bassin de la mer Égée est borné au sud par l'arc de cercle que forment, en partant des côtes de la Carie, les îles de Rhode, de Crète et de Cythère (Cerigo), et qui vient aboutir au Péloponèse, non loin du promontoire Malea. Plus à l'ouest, est la mer Ionienne ou le bassin des Syrtes qui renferme l'île de Malte. La pointe occidentale de la Sicile n'est distante des côtes d'Afrique que de 89 myriamètres, et l'apparition subite, mais rapidement évanouie, de l'île volcanique Ferdinandea, surgissant au fond de la mer, en 1831, au sud-ouest des rochers calcaires de Sciacca, témoigne d'un effort de la nature pour fermer de nouveau le bassin des Syrtes entre le cap Grantola, le banc d'Aventure reconnu par le capitaine Smith, l'île Pantellaria et le cap Bon, et pour séparer ce bassin du troisième, formé par la mer Tyrrhénienne (12). Le bassin de la mer Tyrrhénienne reçoit les flots de l'océan qui pénètre à travers le détroit de Gibraltar, et comprend la Sardaigne, les îles Baléares et le petit groupe volcanique des Columbrates espagnoles.

Cette division de la mer Méditerranée en trois bassins a dû arrêter d'abord l'essor des voyages de découvertes entrepris par les Phéniciens et les Grecs; plus tard, au contraire, elles les a favorisés. Les Grecs restèrent longtemps enfermés dans la mer Égée et dans celle des Syrtes. Aux temps Homériques, le continent de l'Italie était encore *une terre inconnue.* Ce furent les Phocéens qui ouvrirent les premiers la mer Tyrrhénienne, à l'ouest de la Sicile; des navigateurs en destination pour Tartessus touchèrent aux colonnes d'Hercule. Il ne faut pas oublier que Carthage était située sur la limite de la mer Tyrrhénienne et du bassin des Syrtes. La disposition physique des côtes influa sur la marche des événements, sur la direction des voyages et sur les vicissitudes de la suprématie maritime. A son tour, le développement de la puissance maritime contribua à l'agrandissement du cercle des idées.

Le rivage septentrional de la mer Méditerranée a l'avantage, signalé déjà par Ératosthène, ainsi que le rapporte Strabon, d'être plus divisé et plus richement articulé que la côte d'Afrique. Trois presqu'îles s'en détachent : l'Espagne, l'Italie et la Grèce, qui, découpées par un grand nombre de golfes, forment avec les îles et les côtes voisines d'étroites langues de terre et de mer (13). Cette disposition du continent et des îles qui en ont été séparées violemment, ou qui ont été soulevées par la force des volcans, le long des crevasses dont le globe est sillonné, ont conduit de bonne heure à des considérations géologiques sur le déchirement des terrains, sur les tremblements de terre et le transvasement des eaux plus hautes de l'océan dans les bassins de niveau inférieur. Le Pont, les Dardanelles, le détroit de Gadès et la Méditerranée, avec ses îles si nombreuses, étaient très-propres à appeler l'attention sur ce système d'écluses naturelles. Le poëte qui, sous le nom d'Orphée, a chanté l'expédition des Argonautes, et qui vraisemblablement est postérieur à l'ère chrétienne, a recueilli de vieilles légendes. Il parle de la division de l'ancienne Lyctonie en îles séparées; il dit comment « Neptune, à la sombre chevelure, irrité contre son père Saturne, frappa la Lyctonie de son trident d'or. » Les imaginations de ce genre, souvent produites, il est vrai, par une connaissance imparfaite des rapports géographiques, furent reprises et perfectionnées dans cette école d'Alexandrie, si érudite, qui se tournait si complaisamment vers les origines des choses. Que le morcellement de l'Atlantide ait été, en occident, un reflet éloigné du mythe de la Lyctonie, opinion que je crois avoir exposée ailleurs avec quelque vraisemblance, ou que, selon Otfried Muller, la disparition de la Lyctonie (Leuconia) désigne dans les fables de la Samothrace, une grande inondation qui aurait envahi cette contrée, c'est une question qu'il n'est pas nécessaire de résoudre ici (14).

Ce qu'il y a eu de plus efficace dans l'influence exercée par la situation géographique de la Méditerranée sur les relations des peuples et sur cette conscience de lui-même à laquelle le monde s'est successivement élevé, c'est le voisinage du continent oriental, se projetant en avant par la presqu'île de l'Asie Mineure ; c'est le grand nombre d'îles qui peuplent la mer Égée, et qui ont été comme un pont jeté sous les pas de la civilisation (15); c'est aussi le long sillon creusé entre l'Arabie, l'Égypte et l'Abyssinie, dans lequel sous le nom de golfe Arabique ou de mer Rouge, pénètre l'océan Indien, séparé seulement par un isthme étroit du Delta du Nil et des côtes qui bornent la Méditerranée au sud-est. Ces rapports topographiques facilitèrent le développement de la puissance phénicienne, et plus tard de la puissance hellénique ; ils hâtèrent l'essor des idées, et l'on vit de quelle ressource peut être la mer, comme élément de rapprochement. En Égypte, sur les rives de l'Euphrate et du Tigre, dans la Pentapotamie indienne et dans la Chine, dans toutes les contrées où elle se fixa d'abord, la civilisation paraît avoir été liée au cours des grands fleuves qui les traversaient ; il n'en fut pas de même pour la Phénicie et pour la Grèce. L'activité des Grecs, l'instinct qui les portait tous et particulièrement la race ionienne aux entreprises maritimes put se satisfaire librement, grâce à la distribution merveilleuse du bassin de la Méditerranée et aux communications de cette mer avec l'océan, au sud et à l'ouest.

L'origine du golfe Arabique formé par l'irruption de l'océan indien, à travers le détroit de Bab-el-Mandeb, appartient à la classe de ces grands phénomènes physiques qu'a découverts la géologie moderne. L'axe principal du continent européen est dirigé du nord-est au sud-ouest, mais cette ligne coupe presque à angle droit un autre système de crevasses dont les unes ont été remplies par les eaux de la mer, et les autres sont marquées par le soulèvement de chaînes de montagnes parallèles. La ligne allant du sud-est au nord-ouest, en sens inverse de la première, jusqu'à l'embouchure de l'Elbe, a pour point de départ la mer Rouge, bordée des deux côtés par des montagnes volcaniques. Elle se prolonge avec le golfe Persique, la vallée comprise entre l'Euphrate et le Tigre, la chaîne des monts Zagros dans le Louristan, les montagnes de la Grèce, les rangées d'îles qui garnissent l'Archipel, la mer Adriatique, et les Alpes calcaires de la Dalmatie. Le croisement de ces deux systèmes de lignes géodésiques, provenant sans doute de secousses violentes qui ont ébranlé l'intérieur du globe dans l'une et l'autre direction, et dont la ligne qui va du sud-est au nord-ouest me paraît d'origine plus récente, a influé de la manière la plus efficace sur le sort de l'humanité et sur les communications des peuples (16). La situation relative de l'Afrique orientale, de l'Arabie et de la presqu'île de l'Inde, et la température de ces contrées, si variable suivant la distance du soleil dans les différentes saisons de l'année, produisent une alternative régulière de courants aériens, les moussons, qui facilitent les voyages vers le pays des Adramites (regio Myrrhifera), situé dans l'Arabie méridionale, vers le golfe Persique, l'Inde, et l'île de Ceylan (17). En effet, depuis le mois d'avril et de mars jusqu'en octobre, temps pendant lequel la mer Rouge est agitée par les vents du nord, la mousson du sud-ouest règne dans l'espace compris entre l'est de l'Afrique et les côtes de Malabar; tandis que le reste de l'année, la mousson du nord-est, favorable au retour, souffle simultanément avec les vents du sud, depuis le détroit de Bab-el-Mandeb jusqu'à l'isthme de Suez.

Après avoir décrit le lieu de la scène, disposée de telle façon que les éléments dont s'est formée la civilisation des Grecs et leur science géographique, y venaient naturellement aboutir de toutes parts, nous devons, sans tarder, caractériser les peuples qui, placés sur les côtes de la Méditerranée, pouvaient se glorifier d'une antique et brillante culture, c'est-à-dire les Égyptiens, les Phéniciens, avec leurs colonies répandues dans le nord et dans l'ouest de l'Afrique, et les Étrusques. Les migrations et le commerce sont les causes qui ont le plus agi sur le développement de ces peuples. A mesure que la découverte des monuments et des inscriptions, ainsi qu'une étude plus philosophique des langues, ont élargi, dans ces derniers temps, notre horizon historique, on a mieux compris quelles influences complexes et multiples exercèrent sur les Grecs les peuples de l'Asie jusqu'à l'Euphrate et, en particulier, les Lyciens et les Phrygiens, unis par une commune origine avec les habitants de la Thrace.

Selon M. Lepsius dont je suis les dernières découvertes, résultat de l'importante expédition qui a jeté tant de jour sur toute la science de l'antiquité (18), la vallée du Nil, qui a joué un si grand rôle dans l'histoire de l'humanité, renferme des figures authentiques de rois remontant jusqu'au commencement de la quatrième dynastie de Manéthon. Cette dynastie qui comprend les constructeurs des grandes pyramides de Giseh, Chephren ou Schafra, Cheops-Choufou et Menkera ou Mencherès commence plus de 3400 ans avant l'ère chrétienne, vingt-trois siècles avant l'invasion dorienne des Héraclides dans le Péloponèse (19). M. Lepsius regarde les pyramides en pierre de Dahschour, situées un peu au sud de Giseh et de Sakara, comme l'œuvre de la troisième dynastie. « Les blocs de ces pyramides, dit-il, portent des inscriptions taillées dans la pierre, mais sans noms de rois. La dernière dynastie de l'Ancien Empire, qui finit avec l'invasion des Hycsos, au moins 1200 ans avant Homère, était la douzième d'après Manéthon; c'est à cette dynastie qu'appartient Amenemha III qui construisit le labyrinthe, fit creuser le lac Mœris et l'entoura de puissantes digues au nord et à l'ouest. Après l'expulsion des Hycsos, le Nouvel Empire commença avec la dix-huitième dynastie. Le grand Ramsès-Meiamoun (Ramsès II), fut le second souverain de la dix-neuvième. Ses victoires rendues immortelles, grâce à la représentation qu'on en fit sur la pierre, furent racontées à Germanicus par les prêtres de Thèbes (20). Hérodote le connaît sous le nom de Sésostris, vraisemblablement par suite d'une confusion avec son père Seti (Setos), qui fut un conquérant presque aussi belliqueux et aussi puissant que Ramsès.

Nous avons cru devoir nous arrêter à ces détails de chronologie, afin d'être à même, dès que nous serons arrivé sur le vrai terrain de l'histoire, d'établir approximativement des synchronismes entre les grands événements de l'Égypte, de la Phénicie et de la Grèce. De même que nous avons esquissé en quelques traits la position relative de la Méditerranée, nous devions remonter les siècles et rappeler cette avance de plusieurs milliers d'années que l'Égypte prit sur la Grèce dans la voie de la civilisation. L'intelligence est ainsi faite, que, sans ces doubles rapports du temps et de l'espace, nous ne pouvons nous former une idée claire et satisfaisante des événements historiques.

La civilisation éveillée de bonne heure sur les bords du Nil par les besoins de l'esprit, par la conformation particulière du pays, par les institutions sacerdotales et politiques, mais en même temps gênée dans son développement, poussa les peuples là comme partout à se mettre en contact avec les nations étrangères, à entreprendre des expéditions lointaines, et à fonder des villes. Cependant les indications que nous fournissent l'histoire et les monuments ne témoignent que de conquêtes passagères sur le continent et d'une marine peu considérable, si l'on se borne du moins à celle qui appartenait en propre à l'Égypte. Cette antique et puissante nation ne paraît pas avoir exercé au dehors une influence aussi durable que d'autres races moins nombreuses, mais plus actives. Le long travail de sa civilisation nationale, plus profitable aux masses qu'aux individus, fut circonscrit dans des limites déterminées, et dut par conséquent peu contribuer à l'agrandissement des vues générales sur le monde. Ramsès-Meiamoun, qui régna de 1388 à 1322 avant J.-C., six siècles avant la première olympiade, entreprit des expéditions lointaines. D'après Hérodote, il parcourut l'Éthiopie et y laissa des monuments dont les plus reculés vers le Midi se trouvent, selon M. Lepsius, au mont Barkal; il traversa la Palestine de Syrie; puis passant de l'Asie Mineure en Europe, il visita les Scythes, les Thraces et alla jusqu'en Colchide et sur les bords du Phase, où s'arrêtèrent épuisés une partie des soldats qui l'avaient accompagné dans sa marche. Au dire des prêtres, Ramsès aurait déjà, avant cette campagne, côtoyé avec des vaisseaux longs les bords de la mer Érythrée et subjugué les peuples qui les habitent, jusqu'à ce que, poussant plus loin, il trouva une mer qui n'était plus navigable à cause des bas-fonds (21). Diodore affirme que Sesoosis (Ramsès le Grand), pénétra dans l'Inde jusqu'au delà du Gange et ramena des prisonniers de Babylone. « Le seul fait avéré, ajoute M. Lepsius, en ce qui touche l'ancienne navigation des Égyptiens, c'est qu'ils ne se bornèrent pas au Nil et parcoururent le golfe Arabique. Les célèbres mines de cuivre situées près du Ouadi Magara, dans la presqu'île de Sinaï, étaient déjà en exploitation au temps de la quatrième dynastie, sous Cheops-Choufou. Jusqu'à la sixième dynastie, les inscriptions sont répandues dans le pays compris entre Hamâmèt et la route de Cosseir, qui unit la vallée du Nil à la côte occidentale de la mer Rouge. Sous Ramsès II, on tenta de construire le canal de Suez (22), sans doute pour faciliter les communications avec la partie de l'Arabie d'où provenait le cuivre. » Des entreprises plus vastes, telles que le voyage de circumnavigation, exécuté par Neko II autour de l'Afrique (611-595 avant J.-C.), voyage souvent contesté et qui, à mes yeux, n'est nullement invraisemblable (23), furent confiées à des bâtiments phéniciens. Vers le même temps, un peu plus tôt, sous le père de Neko, Psammitique (Psemetek), et un peu plus tard, après la fin de la guerre civile qui troubla le règne d'Amasis (Aahmès), des mercenaires grecs, en s'établissant à Naucratis, posèrent la base d'un commerce durable. De ce moment des produits étrangers purent s'introduire dans le pays, et l'hellénisme pénétra peu à peu dans la basse Égypte. On fut alors moins dépendant des influences locales; l'esprit tendit à s'affranchir, et cet heureux germe se développa avec rapidité et avec force, dans la période durant laquelle la conquête macédonienne changea toute la face du monde. L'ouverture des ports égyptiens sous Psammitique marque une ère d'autant plus importante, que depuis longtemps le pays, du moins sur les côtes septentrionales, avait été absolument fermé aux étrangers, comme l'est encore le Japon (24).

Dans cette énumération des peuples civilisés, autres que les peuples helléniques, qui habitèrent le bassin de la Méditerranée, le siége le plus ancien et le point de départ de la science cosmologique, les Phéniciens viennent à la suite des Égyptiens. Ils furent les intermédiaires les plus actifs des relations qui s'établirent entre les peuples, depuis l'océan Indien jusqu'aux contrées occidentales et septentrionales de l'ancien continent. Bornés sous quelques rapports dans leur culture intellectuelle, moins familiers avec les beaux-arts qu'avec les arts mécaniques, ils n'apportèrent pas dans leurs créations la même grandeur que les habitants de la vallée du Nil, doués d'une organisation plus sensible. Cependant, par l'activité et la hardiesse qu'ils déployèrent dans leurs entreprises commerciales, surtout par l'établissement de nombreuses colonies, dont une dépassa de beaucoup la métropole en puissance, ils contribuèrent, plus que toutes les autres races qui peuplèrent les bords de la Mediterranée, à la circulation des idées, à la richesse et à la variété des vues dont le monde fut l'objet. Les Phéniciens se servaient des mesures et des poids employés à Babylone (25), et de plus ils connaissaient, pour faciliter les transactions, l'usage des monnaies frappées, ignoré, chose assez singulière, des Égyptiens dont l'éducation artistique était si perfectionnée. Mais ce qui contribua le plus peut-être à étendre l'influence des Phéniciens sur la civilisation des peuples avec lesquels ils furent en contact, ce fut le soin qu'ils prirent de communiquer et de répandre partout l'écriture alphabétique dont ils se servaient depuis longtemps. Si la légende d'une colonie amenée en

Béotie par Cadmus reste encore, dans son ensemble, enveloppée des nuages de la fable, il n'est pas moins certain que les Hellènes ont dû la connaissance de l'alphabet appelé longtemps par eux *caractères phéniciens*, aux relations commerciales des Phéniciens et des Ioniens (26). D'après des aperçus récents sur le développement des signes alphabétiques dans l'antiquité, aperçus qui, depuis la grande découverte de Champollion, se répandent chaque jour davantage, les caractères en usage chez les Phéniciens, aussi que bien ceux dont se servaient tous les peuples sémitiques, doivent être considérés comme formant un alphabet vocal qui tirait son origine de l'écriture figurée, c'est-à-dire que les figures, ayant perdu leur signification intellectuelle, n'étaient employées que d'une manière purement phonétique et comme signes de sons. Cet alphabet vocal que, d'après sa nature et sa forme essentielle, on peut appeler alphabet syllabique, était tel qu'il pouvait satisfaire à tous les besoins de l'écriture et représenter graphiquement tout le système vocal d'une langue. « Lorsque l'écriture sémitique, dit M. Lepsius, dans sa dissertation sur les alphabets, passa en Europe chez les peuples indo-germaniques, qui témoignent d'une tendance beaucoup plus arrêtée à distinguer nettement les voyelles et les consonnes, et devaient être en effet conduits à ce résultat par la prépondérance du vocalisme dans leurs langues, ces alphabets syllabiques subirent des modifications considérables, qui eurent de graves conséquences (27). » Ce fut chez les Grecs que l'effort de décomposer les syllabes fut couronné d'un plein succès. Ainsi l'importation des caractères phéniciens sur presque toutes les côtes de la Méditerranée, et jusqu'à la côte nord-ouest de l'Afrique, ne devait pas seulement faciliter les transactions commerciales et établir un lien commun entre plusieurs peuples civilisés. L'écriture alphabétique se répandant rapidement, grâce à sa flexibilité graphique, était appelée à de plus grands résultats : elle fut le véhicule des plus nobles conquêtes auxquelles purent s'élever les Grecs dans la double sphère de l'intelligence et du sentiment, de la réflexion et de l'imagination créatrice, et qu'ils léguèrent à la postérité la plus reculée, comme un impérissable bienfait.

Ce n'est pas seulement par leur entremise et par l'impulsion qu'ils communiquèrent, que les Phéniciens ont fourni à la contemplation du monde des éléments nouveaux; ils ont aussi, dans quelques directions particulières, élargi le cercle de la science par leurs propres découvertes. Leur prospérité industrielle, fondée sur le développement de leur marine et sur l'activité avec laquelle les habitants de Sidon fabriquaient des ouvrages de verre blanc ou coloré, tissaient les étoffes et les teignaient en pourpre, les a conduits, comme il arrive toujours, à des progrès dans les sciences mathématiques et chimiques, et surtout dans les arts d'application. « On représente les Sidoniens, dit Strabon, comme des investigateurs laborieux aussi bien dans l'astronomie que dans la science des nombres. Ils se sont préparés à ces sciences par l'art de la numération et par les navigations nocturnes, car toutes deux sont nécessaires au commerce et aux voyages maritimes (28). » Si l'on veut mesurer l'étendue de pays qui fut ouverte pour la première fois par les vaisseaux et les caravanes des Phéniciens, il suffit d'indiquer les colonies établies près du Pont-Euxin sur les côtes de Bithynie (Pronectus et Bithynium), qui remontent vraisemblablement à une haute antiquité ; les Cyclades et plusieurs îles de la mer Égée qui furent reconnues au temps d'Homère ; la partie méridionale de l'Espagne, riche en mines d'argent (Tartessus et Gadès) ; le nord de l'Afrique à l'ouest de la petite Syrte (Utique, Hadrumetum et Carthage) ; les contrées septentrionales de l'Europe qui produisaient l'étain et l'ambre (29) ; enfin deux factoreries établies dans le golfe Persique (Tylos et Aradus, aujourd'hui les îles de Baharein) (30).

Le commerce de l'ambre que vraisemblablement l'on tira d'abord de la Chersonèse cimbrique, et plus tard des rivages de la mer Baltique, habités par les Estiens, doit son premier essor à la hardiesse et à la persévérance des Phéniciens qui naviguaient le long des côtes (31). Le développement que reçut ultérieurement ce commerce n'est pas sans intérêt pour l'histoire de la contemplation du monde. Un tel fait est digne de remarque, et montre bien ce que peut le goût d'une seule production lointaine, pour établir entre les peuples des communications fréquentes, et amener la connaissance de vastes contrées. De même que les Phocéens de Marseille transportaient l'étain de la Bretagne à travers la Gaule jusqu'au Rhône, de même l'ambre jaune (electrum) passait de peuple en peuple à travers la Germanie et le pays des Celtes, jusqu'au double versant des Alpes, sur les bords du Pô, ou jusqu'au Borysthène, à travers la Pannonie. Ce fut ce commerce qui, pour la première fois, mit les côtes de la mer du nord en rapport avec le Pont-Euxin et avec la mer Adriatique.

Partant de Carthage et probablement aussi de Tartessus et de Gadès, fondées deux siècles plus tôt, les Phéniciens explorèrent une grande partie des côtes nord-ouest de l'Afrique, et allèrent fort au delà du cap Bojador, bien que le fleuve Chretès d'Hannon ne puisse être ni le Chremetès mentionné par Aristote dans sa *Météorologie*, ni la Gambie moderne (32). C'est sur ces côtes qu'étaient situées les nombreuses villes des Syriens dont Strabon porte le nombre à 300, et qui furent détruites par les Pharusiens et les Nigritiens (33). Parmi elles était Cerné (la Gaulea de Dicuil d'après M. Letronne), qui formait la station principale des vaisseaux et l'entrepôt le mieux approvisionné de toute la côte. A l'ouest, les îles Canarie et les Açores, que le fils de Colomb, don Fernando, prit pour les Cassitérides découvertes jadis par les Carthaginois; au nord, les Orcades, les îles Feroë et l'Islande, sont devenues comme des stations intermédiaires pour les vaisseaux qui se rendent dans le nouveau continent. Elles marquent les deux chemins par lesquels la race européenne s'est mise en communication avec celle qui peuple le nord et le centre de l'Amérique. Cette considération donne un haut intérêt à la question de savoir si les Phéniciens de la métropole, ou ceux des colonies répandues sur les côtes de l'Ibérie et de l'Afrique (Gadeira, Carthage, Cerné), connurent Porto-Santo, Madère et les Canaries, et à quelle époque ils les connurent. On peut même dire que cette question importe à l'histoire du monde. Dans une longue chaîne d'événements, on remonte volontiers au premier anneau. Il est vraisemblable qu'il s'est écoulé 2000 ans au moins depuis la fondation de Tartessus et d'Utique par les Phéniciens jusqu'à la découverte de l'Amérique par la voie du nord, c'est-à-dire jusqu'au passage d'Erich Rauda au Groënland, qui fut bientôt suivi de voyages maritimes, prolongés jusqu'à la Caroline du nord. Il en faut compter 2500 jusqu'à l'expédition de Colomb, qui s'y rendit par le sud-ouest, en partant d'un point voisin de l'ancienne ville phénicienne de Gadeira.

Si, désireux de donner aux idées le degré de généralité que demande un pareil sujet, j'ai signalé la découverte d'un groupe d'îles, situé à 31 myriamètres de la côte d'Afrique, comme formant la premier chaînon dans une longue série d'efforts régulièrement dirigés, il ne s'agit pas ici d'une fiction imaginée par les peuples pour satisfaire à l'amour du merveilleux. Je ne parle pas de l'Élysée ou des îles des Bienheureux qui, situées dans l'océan à l'extrémité de la terre, sont échauffées par les derniers rayons du soleil. On aimait à reporter dans un lointain indéfini toutes les jouissances de la vie et les plus précieuses productions de la terre (34). Cette contrée idéale, ce mythe géographique de l'Élysée, fut reculé vers l'ouest au delà des colonnes d'Hercule, à mesure que la connaissance de la Méditerranée se répandit parmi les Grecs. Ce ne sont vraisemblablement pas des notions exactes sur le globe, ni les découvertes des Phéniciens, dont nous ne pouvons déterminer l'époque précise, qui furent l'occasion de cette légende; on ne fit que l'appliquer plus tard à une contrée réelle. La découverte géographique ne servit qu'à donner un corps aux images de la fantaisie, à leur fournir une sorte de *substratum*.

A l'occasion de ces îles délicieuses qui ne sont autres que les Canaries, les écrivains postérieurs, tels que le compilateur inconnu qui composa la collection de Récits Merveilleux attribuée à Aristote et mit à profit le Timée, ou plutôt Diodore de Sicile plus explicite à ce sujet, rappellent la tempête qui en amena accidentellement la découverte. « Des vaisseaux phéniciens et carthaginois, dit Diodore, qui faisaient voile vers les établissements déjà fondés à cette époque sur la côte de Libye, furent entraînés en pleine mer. » Cet accident dut arriver dans la première période de la puissance maritime des Tyrrhéniens, au commencement de la lutte entre les Pélasges de la Tyrrhénie et les Phéniciens. Statius Sebosus et le roi de Numidie Juba ont les premiers donné des noms à chacune de ces îles;

mais malheureusement ces noms n'étaient pas carthaginois, bien qu'ils fussent choisis d'après des renseignements puisés dans des livres carthaginois. De ce que Sertorius, chassé d'Espagne après la ruine de sa flotte, voulut se réfugier avec les siens « vers un groupe composé seulement de deux îles, et situé dans l'Atlantique, à 10000 stades à l'ouest de l'embouchure du Bœtis, » on a conjecturé que Plutarque avait eu vue dans son récit les deux îles de Porto-Santo et de Madère, que Pline désigne clairement sous le nom de *Purpurariæ* (35). Le courant violent qui, au delà du détroit de Gibraltar, va du nord-ouest au sud-est, put longtemps empêcher les navigateurs qui côtoyaient le littoral de découvrir ces îles, les plus éloignées du continent, et dont la plus petite, Porto-Santo, fut seule trouvée peuplée au XVe siècle. La rondeur de la terre s'opposait à ce que le sommet du grand volcan de Ténériffe pût, même par une forte réfraction, être aperçu des vaisseaux phéniciens qui longeaient la côte, mais il pouvait l'être, d'après mes propres observations, des hauteurs moyennes qui entourent le cap Bojador, surtout pendant les éruptions, et grâce au reflet des vapeurs suspendues au-dessus du volcan (36). On assure en Grèce que, dans des temps plus rapprochés de nous, on a pu apercevoir les éruptions de l'Etna des hauteurs du mont Taygète (37).

En énumérant les éléments qui contribuèrent à agrandir la connaissance du monde, et affluèrent de bonne heure chez les Grecs des différents points de la mer Méditerranée, nous avons suivi les Phéniciens et les Carthaginois dans leurs relations avec les contrées du nord d'où ils tiraient l'étain et l'ambre, et dans les établissements qu'ils formèrent près des régions tropicales, sur les côtes occidentales de l'Afrique. Il nous reste à rappeler le voyage maritime que les Phéniciens firent vers le sud, et qui aboutit fort au delà du tropique du Cancer, dans la mer Prasodique et la mer Indienne, à 742 myriamètres de Cerné et de la corne occidentale d'Hannon. Il est permis de conserver des doutes sur la situation des pays qui produisaient l'or, de ces contrées lointaines désignées sous les noms d'Ophir et de Supara; on peut indifféremment les supposer placées sur la côte occidentale de la presqu'île indienne ou sur la côte orientale de l'Afrique. Il est du moins incontestable que la race sémitique, race active, essentiellement propre au rôle d'intermédiaire et de bonne heure en possession de l'alphabet, allait chercher les productions des climats les plus divers, depuis les îles Cassitérides jusqu'au sud du détroit de Bab-el-Mandeb et fort avant dans les régions tropicales. Le pavillon tyrien flottait en même temps près des rivages de la Bretagne et dans l'océan Indien. Les Phéniciens avaient des comptoirs dans les ports d'Élath et d'Aziongaber, situés à l'extrémité septentrionale du golfe arabique, aussi bien que dans le golfe Persique à Aradus et à Tylos où, d'après Strabon, il existait des temples dont l'architecture rappelait les temples bâtis sur les bords de la Méditerranée (38). Il ne faut pas non plus oublier le commerce des caravanes que les Phéniciens envoyaient pour rapporter les épices et les parfums, et qui se rendaient au delà de Palmyre, dans l'Arabie Heureuse et dans la ville chaldéenne ou nabatéenne de Gerrha, sur la côte occidentale du golfe Persique.

C'est d'Aziongaber que partirent les expéditions entreprises en commun par les Israélites et les Tyriens sous la conduite de Salomon et d'Hiram. On se rendit à travers le détroit de Bab-el-Mandeb au pays d'Ophir (Opheir, Sophir, Sophara, Supara, selon la forme sanscrite donnée par Ptolémée) (39). Salomon, fort épris du luxe, fit construire une flotte sur les bords de la mer Rouge. Hiram lui donna d'habiles matelots de la Phénicie et des vaisseaux tyriens qui faisaient ordinairement le voyage de Tarschich (40). Les marchandises que l'on rapporta d'Ophir étaient de l'or, de l'argent, du bois de santal (algummin), des pierres précieuses, de l'ivoire, des singes (kophim), et des paons (thukkiim). Les noms de ces marchandises ne sont pas hébreux, mais indiens (41). D'après les ingénieuses recherches de Gesenius, de Benfey et de Lassen, il est extrêmement vraisemblable que les Phéniciens, familiarisés de bonne heure avec les moussons périodiques, grâce aux colonies qu'ils avaient établies sur le golfe Persique et à leurs relations avec les habitants de Gerrha, visitèrent la côte occidentale de la presqu'île de l'Inde. Christophe Colomb était même persuadé que la terre d'Ophir (l'Eldorado de Salomon) et le mont Sopora faisaient partie de l'Asie orientale, de la

Chersonesus aurea de Ptolémée (42). Il paraît tellement difficile de se représenter la presqu'île de l'Inde en deçà du Gange comme une mine d'or féconde, qu'il n'y a pas lieu, je crois, à s'enquérir des fourmis *chercheuses d'or*, ni de la forge décrite en termes clairs par Ctésias, dans laquelle, d'après son récit, on fondait à la fois de l'or et du fer (43). Il n'est pas non plus bien important de déterminer d'une manière précise la contrée à laquelle doivent se rapporter ces observations. Il suffit de songer, pour expliquer la confusion de Ctésias, à quelle faible distance sont la partie méridionale de l'Arabie et l'île de Dioscoride, habitée par des colons Hindous (chez les modernes Diu Zokotora, altération du nom sanscrit Dvipa Sukhatara), en se rappelant aussi que près de là, sur le rivage oriental de l'Afrique, est la côte de Sofala où les flots déposent de l'or. L'Arabie et l'île de Zokotora, au Sud-Est du détroit de Bab-el-Mandeb, formaient, pour le commerce réuni des Phéniciens et des Juifs, des stations intermédiaires entre l'Inde et l'Est de l'Afrique. Dès la plus haute antiquité, des Hindous s'étaient établis dans cette contrée, si voisine des côtes de leur patrie, et les navigateurs qui faisaient le voyage d'Ophir pouvaient trouver dans le bassin de la mer Rouge et de la mer des Indes d'autres sources d'or que l'Inde même.

Moins propre que les Phéniciens au rôle de médiateurs des peuples, la race sombre et sévère des Étrusques fit moins aussi pour agrandir la sphère des connaissances géographiques. De bonne heure elle se montra soumise à l'influence grecque des Pélasges de Tyrrhénie, qui s'étaient répandus sur toutes les côtes, comme un torrent débordé. Les Étrusques firent un commerce assez considérable avec les pays qui produisaient l'ambre. Ils traversaient le nord de l'Italie, passaient les Alpes par la route *Sacrée*, placée sous la protection commune de toutes les peuplades qui en habitaient les abords, et se rendaient ainsi jusque dans ces contrées lointaines (44). Presque par le même chemin, la souche originaire des Étrusques, les Rasènes de Rhétie, descendirent sur les bords du Pô, et plus loin encore vers le sud. Ce qui est surtout important pour nous, au point de vue où nous devons nous placer, pour embrasser les résultats les plus généraux et les plus durables, c'est l'influence que la vie publique des Étrusques exerça sur les plus anciennes institutions de Rome et par là sur toute la vie romaine. On peut dire que cette influence n'a pas cessé d'agir politiquement jusqu'ici, et qu'elle se fait jour encore dans quelques manifestations secondaires et éloignées. L'Étrurie, en effet, a, par la civilisation romaine, hâté la civilisation de l'humanité tout entière, ou du moins elle lui a laissé pour une longue suite de siècles l'empreinte de son caractère (45).

Un trait propre à la race étrusque et qui mérite d'être signalé d'une manière spéciale, c'est la disposition à se familiariser intimement avec certains phénomènes naturels. La divination dont le soin était confié à la caste sacerdotale, prise parmi les chevaliers, donnait l'occasion d'étudier journellement les variations météorologiques de l'atmosphère. Les *Observateurs des éclairs* (fulguratores) s'occupaient d'en rechercher la direction, ainsi que les moyens de les attirer ou de les détourner (46). Ils distinguaient soigneusement les éclairs qui partaient de la haute région des nuages des *Éclairs terrestres de Saturne*, c'est-à-dire de ceux que Saturne, divinité de la terre, lançait de bas en haut (47); et la physique moderne n'a pas jugé cette différence indigne d'une attention particulière (48). Grâce à ces observations, on avait des renseignements officiels et journaliers sur les orages. L'art exercé aussi par les Étrusques de faire tomber la pluie (aquælicium) ou de faire jaillir des sources cachées, supposait chez les *Aquiléges* une étude approfondie de tous les indices naturels qui servent à reconnaître la stratification des roches et les inégalités du sol. Aussi Diodore loue-t-il les Étrusques de se livrer curieusement à l'investigation des lois de la nature. A cet éloge nous ajouterons que la puissante caste des prêtres de Tarquinies donna le rare exemple d'encourager les sciences physiques.

Avant d'en venir aux Hellènes, à cette race si heureusement douée, dans la culture de laquelle la culture moderne a poussé de profondes racines, et dont les traditions ont beaucoup contribué à former l'idée que nous pouvons nous faire des premières notions répandues sur les peuples et sur le monde, nous avons indiqué l'Égypte, la Phénicie et l'Étrurie, comme les siéges originaires de la civilisation. Nous avons considéré le bassin de la Méditerranée dans sa configuration propre et dans sa situation relative, en recherchant l'influence de ces accidents et de ces rapports sur le commerce qui s'établit entre les côtes occidentales de l'Afrique, les contrées du nord, le golfe Arabique et l'océan Indien. En aucun lieu de la terre, la puissance n'a été soumise à plus d'alternatives, et les progrès de l'intelligence n'ont amené plus de changements dans la vie réelle. Le mouvement a été propagé et entretenu par les Grecs et par les Romains, surtout après que les Romains eurent anéanti dans les Carthaginois les derniers restes de la puissance Phénicienne. Ce que l'on appelle les commencements de l'histoire n'est autre chose que la conscience d'elles-mêmes, qui vient à naître chez les générations ultérieures. C'est un avantage de notre temps que, grâce aux brillants progrès de la philologie comparée, grâce à une étude plus curieuse et à une interprétation plus sûre des monuments, l'horizon de l'historien s'est agrandi de jour en jour, et que les couches superposées des premiers siècles se découvrent enfin à nos regards. Outre les peuples cultivés qui habitaient les bords de la Méditerranée, plusieurs autres laissent voir aussi des traces d'une antique civilisation. Tels sont, dans l'Asie Mineure, les Phrygiens et les Lyciens, et, à l'extrémité occidentale du globe, les Turdules et les Turdétans (49). Strabon dit de ces peuples : « Ils sont les plus civilisés des Ibères ; ils sont familiarisés avec l'écriture et ont des livres qui remontent à une haute antiquité. Ils possèdent aussi des poésies et des lois rédigées en vers qui, selon eux, datent de six mille ans. » Je me suis arrêté sur cet exemple afin de rappeler quelle part de l'antique civilisation, même chez les nations européennes, s'est évanouie sans laisser de trace; combien l'histoire ancienne de la contemplation du monde, demeure bornée pour nous à un cercle étroit.

Au delà du 48e degré de latitude, au nord de la mer d'Azov et de la mer Caspienne, entre le Don, le Volga, qui coule à peu de distance, et le Jaïk, à l'endroit où cette rivière sort de la partie méridionale de l'Oural, riche en mines d'or, l'Europe et l'Asie sont pour ainsi dire confondues l'une dans l'autre par de vastes landes. Hérodote, aussi bien que Phérécyde de Syros, considère la Scythie, c'est-à-dire tout le nord de l'Asie qui forme aujourd'hui la Sibérie, comme dépendant de la Sarmatie d'Europe et comme étant l'Europe même (50). Au sud, il est vrai, notre continent est séparé du continent asiatique par des limites nettement tracées; mais la presqu'île de l'Asie Mineure, grâce à sa situation avancée, et l'archipel de la mer Égée, jeté avec ses mille articulations comme un pont de peuples entre deux parties du monde, ont livré un facile passage aux races, aux langues et à la civilisation. L'Asie Mineure a été de tout temps la grande route militaire des peuples qui ont émigré de l'orient à l'occident, comme la partie nord-ouest de la Grèce était celle des races envahissantes de l'Illyrie. Les îles de la mer Égée, dont les Phéniciens, les Perses et les Grecs se partageaient la souveraineté, furent le lien qui servit à unir le monde grec aux contrées lointaines de l'orient.

Lorsque l'empire phrygien fut incorporé dans le royaume de Lydie, et la Lydie dans la Perse, les idées des populations grecques de l'Asie et de l'Europe s'agrandirent en se mélangeant. A la suite des expéditions de Cambyse et de Darius, fils d'Hystape, la domination des Perses s'étendit depuis Cyrène et le Nil jusqu'aux rives fertiles de l'Euphrate et de l'Indus. Un Grec, Scylax de Caryande, fut chargé d'explorer le cours de l'Indus, en partant de la ville de Caspapyre, dans l'ancien royaume de Cachemire, et en suivant le fleuve jusqu'à son embouchure (51). Les communications des Grecs avec quelques points de l'Égypte, tels que Naucratis et la branche pélusiaque du Nil, étaient déjà actives avant la conquête des Perses, sous les règnes de Psammitique et d'Amasis (52). Ces diverses relations décidèrent un grand nombre de Grecs à quitter le sol natal, non-seulement dans le désir de fonder des colonies éloignées, mais aussi pour aller, en qualité de mercenaires, former le noyau d'armées étrangères, à Carthage, en Égypte, à Babylone, dans la Perse et dans la Bactriane (53).

Un regard plus profond jeté sur le caractère individuel et national des différentes races grecques (54), a fait voir que si chez les Doriens et en partie chez les Éoliens domine une humeur sévère, quelque chose d'exclusif et de concentré, chez la race plus expansive des Ioniens s'agitait au dedans et au dehors une vie mobile, continuellement tenue en éveil par le besoin d'agir et le désir de connaître. Livrée aux impressions de sa sensibilité, repaissant son imagination du charme de la poésie et des beaux-arts, la race ionienne a jeté, dans toutes les colonies où elle s'est répandue, le germe bienfaisant d'un perfectionnement indéfini.

L'aspect physique de la Grèce offre l'attrait particulier d'une contrée à la fois continentale et maritime. La richesse de contours sur laquelle est fondé ce double avantage dut faire naître de bonne heure parmi les Grecs le goût de la navigation, d'un commerce actif et de communications fréquentes avec les peuples étrangers. La prépondérance maritime des Crétois et des Rhodiens fut suivie des expéditions entreprises d'abord dans des vues de rapine et de piraterie par les Samiens, les Phocéens, les Taphiens et les Thesprotes. L'éloignement que témoignent les poëmes d'Hésiode pour la vie de la mer, ou ne part que d'une disposition personnelle, ou s'explique par la timidité et l'inexpérience nautique qui dut retenir les peuples de la Grèce continentale, au moment où commençait l'œuvre de leur civilisation. Au contraire, les premières légendes et les mythes les plus anciens ont toujours trait à des voyages lointains, à quelque expédition maritime, comme si l'imagination jeune encore de la race humaine se plaisait dans l'opposition des créations idéales et d'une étroite réalité. De là sont nées les expéditions de Bacchus et d'Hercule, adoré dans le temple de Gadès sous le nom de Melkarth, les voyages d'Io (55), les pérégrinations d'Aristéas, à la suite de ses résurrections successives, celles d'Abaris, le thaumaturge des contrées hyperboréennes, qui traversait l'air sur une flèche, figure symbolique sous laquelle on a cru reconnaître une boussole (56). Dans les voyages de ce genre, les événements et les aperçus cosmologiques sont un reflet les uns des autres ; l'histoire légendaire de ces temps se modèle sur le progrès des idées. A en croire Aristonicus, Ménélas aurait fait le tour de l'Afrique, en revenant du siége de Troie, 500 ans avant Neko, et aurait navigué depuis Gadès jusqu'aux Indes (57).

Dans la période qui nous occupe, c'est-à-dire dans l'histoire de la Grèce antérieure à la conquête macédonienne, trois événements ont surtout contribué à agrandir l'idée que les Grecs se formaient du monde : ce sont les tentatives faites pour pénétrer à l'est et à l'ouest, en partant de la Méditerranée, et l'établissement de nombreuses colonies, depuis le détroit de Gadès jusqu'aux côtes nord-est du Pont-Euxin, colonies qui, par les ressorts variés de leur constitution politique, étaient mieux préparées au développement de la culture intellectuelle que celles des Phéniciens et des Carthaginois, répandues dans la mer Égée, dans la Sicile, dans l'Ibérie, au nord et à l'ouest de l'Afrique.

L'effort fait pour pénétrer à l'est, qui remonte environ à douze siècles avant notre ère, 150 ans après Ramsès-Meiamoun (Sésostris), est, historiquement parlant, désigné sous le nom d'*Expédition des Argonautes en Colchide*. Cet événement réel mais enveloppé de fictions, c'est-à-dire mêlé de circonstances idéales, et puisées dans l'imagination des peuples, n'est autre chose, si on veut le ramener à sa signification la plus simple, que l'accomplissement d'une entreprise nationale, destinée à ouvrir un passage dans l'inhospitalier Pont-Euxin. La fable de Prométhée, et la délivrance du Titan inventeur du feu, prédite pour l'époque où Hercule visitera l'orient, l'ascension du Caucase par la nymphe Io partie de la vallée de l'Hybristès (58), les mythes de Phryxus et de Hellé, tout indique cette direction constante, et marque le désir de pénétrer dans le Pont-Euxin où s'étaient déjà hasardés de bonne heure des navigateurs de la Phénicie.

Avant les migrations dorienne et éolienne, les Minyens, puissance maritime, avaient déjà une riche métropole dans la ville béotienne d'Orchomène, située près de l'extrémité septentrionale du lac Copaïs. Ce fut cependant d'Iolcos, capitale des Minyens de la Thessalie, sur le golfe Pagasétique, que partirent les Argonautes. La contrée qui fut le terme de l'entreprise a été décrite diversement, selon les époques. Quand on n'a plus voulu s'en tenir à la région lointaine et indéterminée d'Æa, on a rattaché le lieu de la scène à l'embouchure du Phase, aujourd'hui le Rion, et à la Colchide, siége d'une antique civilisation (59). Les voyages des Milésiens et leurs nombreuses colonies, répandues sur les côtes du Pont-Euxin, amenèrent une connaissance plus exacte des rivages oriental et septentrional de cette mer. Grâce à leurs explorations, la partie géographique de ces mythes prit des contours plus distincts, et en même temps se produisit une série importante de découvertes nouvelles. On n'avait longtemps connu de la mer Caspienne que la côte occidentale ; Hécatée considère cette côte comme celle de la grande mer qui enveloppe le monde à l'orient (60). Le vénérable père de l'histoire, Hérodote, enseigna le premier que la mer Caspienne est un bassin fermé de toute part ; vérité qui fut encore contestée pendant 600 ans après lui, jusqu'à la venue de Ptolémée.

Un vaste champ s'ouvrit aussi à l'ethnographie, quand on pénétra dans la partie nord-est de la mer Noire. On s'étonna de la diversité des langues (61) et l'on sentit vivement le besoin d'habiles interprètes, première ressource de l'ignorance et instruments grossiers encore de la philologie comparée. On partit, pour faire le commerce d'échange, du Palus-Mæotide, dont on s'exagérait beaucoup la grandeur, et l'on s'avança un peu au hasard dans les steppes habitées aujourd'hui par les Khirghises *de la Horde Moyenne*, à travers une série de peuplades de Scythes Scolotes, que je tiens pour être de race indo-germanique (62), depuis les Argipéens et les Issédons jusqu'aux Arimaspes, possesseurs de riches mines d'or, sur le versant septentrional de l'Altaï (63). C'est là qu'était situé l'ancien empire des Griffons, où prit naissance le mythe météorologique des Hyperboréens qui se répandit fort loin vers l'occident, sur la trace d'Hercule (64).

Il est à supposer que la partie de l'Asie septentrionale indiquée plus haut, et de nouveau rendue célèbre de nos jours par les lavages d'or de la Sibérie, devint pour les Grecs, ainsi que l'or amassé au temps d'Hérodote chez les races gothiques des Massagètes, une source importante de richesses et de luxe, dont on fut redevable aux relations établies avec le Pont-Euxin. Je place ces mines entre le 53ᵉ et le 55ᵉ degré de latitude. Quant à la région du sable d'or, dont les Daranas, Dardes ou Derdes mentionnés dans le *Mahabharata* et dans les fragments de Mégasthène, révélèrent l'existence aux voyageurs, et à laquelle on a rattaché la fable si souvent répétée des fourmis gigantesques, grâce au hasard du double sens qu'offre le nom de ces animaux (65), elle doit être placée plus au midi, vers le 35ᵉ ou le 37ᵉ parallèle. D'après deux combinaisons également possibles, elle coïncide ou avec la partie montagneuse du Tibet, située à l'est de la chaîne de Bolor, entre l'Himalaya et le Kouen-Lun, et à l'ouest d'Iskardo, ou bien avec la contrée qui s'étend au nord du Kouen-Lun, en face du désert de Gobi, où il existait aussi de l'or d'après les observations toujours si précises du voyageur chinois Hiouen-Thsang, qui remonte au commencement du VIIᵉ siècle de notre ère. Combien devait être plus accessible aux colonies milésiennes de la côte nord-est du Pont-Euxin le pays également riche, sous ce rapport des Arimaspes, et des Massagètes ! Il m'a paru à propos, dans l'histoire de la contemplation du monde, d'indiquer tous les résultats importants et durables que purent avoir l'ouverture de la mer Noire et les premiers efforts des Grecs pour pénétrer dans les contrées orientales.

La migration dorienne et le retour des Héraclides dans le Péloponèse, ces grands événements qui renouvellent la face de la Grèce, tombent environ un siècle et demi après l'expédition à moitié vraie à moitié fabuleuse des Argonautes, c'est-à-dire après que le Pont-Euxin fut devenu accessible au commerce et à la navigation des Grecs. Cette migration, concourant avec l'établissement de nouveaux États et de nouvelles constitutions, fut l'occasion et le point de départ du système colonial qui marque une période importante de la vie hellénique et, en favorisant la culture intellectuelle, contribua plus qu'aucune autre cause à agrandir l'idée du monde. Ce sont proprement les colonies qui ont rattaché plus étroitement l'Asie et l'Europe. Les colonies grecques formaient une chaîne, se prolongeant depuis Sinope, Dioscurias et Panticapée, dans la Chersonèse taurique, jusqu'à Sagonte et à Cyrène, qui avait pour métropole Théra, où jamais la pluie ne rafraîchissait la terre.

Aucun peuple de l'antiquité ne présente une réunion de colonies plus nombreuses et en général plus puissantes. Mais aussi, depuis la fondation des premières colonies éoliennes, parmi lesquelles brillèrent Mytilène et Smyrne, jusqu'à celle de Syracuse, de Crotone et de Cyrène, il ne s'est pas écoulé moins de quatre à cinq siècles. Les Hindous et les Malais n'ont fait qu'essayer quelques faibles établissements sur la côte orientale de l'Afrique, à Zokotora (Dioscoride), et dans l'archipel de l'Asie méridionale. Les Phéniciens, il est vrai, répandirent leurs colonies sur un espace plus vaste encore que les Grecs, puisqu'elles s'étendaient, bien qu'avec de grands intervalles, depuis le golfe Arabique jusqu'à Cerné, sur la côte occidentale de l'Afrique; de plus, leur système de colonisation était très-perfectionné. Jamais métropole ne donna naissance à une colonie qui ait pratiqué à la fois avec autant de puissance et d'activité que Carthage le commerce et la conquête. Mais Carthage, malgré sa grandeur, resta toujours, à l'égard de la culture intellectuelle et du génie artistique, fort au-dessous des colonies grecques appliquées à faire fleurir les formes les plus nobles de l'art, et qui surent leur donner un éclat si durable.

N'oublions pas qu'un grand nombre de villes grecques prospéraient en même temps dans l'Asie Mineure, dans la mer Égée, dans l'Italie méridionale et dans la Sicile; que Milet et Marseille aussi bien que Carthage fondaient d'autres colonies à leur tour; que Syracuse, parvenue au faîte de la puissance, combattait contre Athènes et contre les armées d'Hannibal et d'Hamilcar; que Milet, après Tyr et Carthage, fut longtemps la ville commerciale la plus importante du monde. Ainsi, à force d'activité, un peuple, souvent agité de troubles intérieurs, répandait cependant la vie en dehors de lui-même, et, grâce à sa prospérité croissante, allait déposer en tous lieux des germes féconds, d'où devait renaître la civilisation nationale. La communauté de la langue et de la religion rattachait les membres éloignés de ce corps; ils formaient autant d'intermédiaires par lesquels la petite métropole hellénique pénétrait dans les vastes cercles où s'agitait la vie des autres peuples. L'hellénisme admit ainsi dans son sein des éléments étrangers, sans sacrifier jamais la grandeur ni l'originalité de son caractère. On ne peut douter toutefois qu'un contact direct avec l'orient et avec l'Égypte, plus de cent ans avant que cet empire tombât sous la domination des Perses, n'ait dû exercer sur la Grèce une influence plus durable que les colonies si contestées et si mystérieuses amenées par Cécrops de Saïs, par Cadmus de la Phénicie, et par Danaüs de Chemmis.

Ce qui distingue les colonies grecques de toutes les autres, particulièrement des colonies immobiles de la Phénicie, ce qui a imprimé un cachet propre à leur organisation, c'est l'individualité et les différences originaires des races dont se composait la nation. Il y avait dans les colonies grecques, comme dans tout le monde hellénique, un mélange de forces dont les unes tendaient à la séparation, les autres au rapprochement. Cette opposition produisit la diversité dans les idées et dans les sentiments; elle amena des différences dans la poésie et dans l'art rhythmique; mais partout aussi elle entretint cette plénitude de vie où tout ce qui semble ennemi s'apaise et se réconcilie, en vertu d'une harmonie plus générale et plus haute.

Bien que les villes de Milet, d'Éphèse, de Colophon fussent ioniennes, celles de Cos, de Rhodes et d'Halicarnasse doriennes, Crotone et Sybaris achéennes, au milieu de cette culture si variée et même dans la Grande Grèce où vivaient rapprochées des colonies de tribus différentes, la puissance des poëmes homériques, de cette parole où respire un enthousiasme si profond et si vrai, rapprochait tous les esprits par le charme qu'elle exerçait sur eux. Avec les contrastes frappants qu'offraient les mœurs et les constitutions des divers États et malgré la mobilité de l'esprit grec, l'hellénisme se maintint constamment dans toute son intégrité. On put considérer comme la propriété de toute la nation ce vaste empire d'idées et de types artistiques à la création duquel chaque race avait travaillé pour sa part.

Il me reste à mentionner le troisième événement que j'ai indiqué plus haut, comme ayant particulièrement influé sur les progrès de la contemplation du monde, avec l'ouverture du Pont-Euxin et l'établissement des colonies sur les côtes de la Méditerranée, c'est-à-dire le passage à travers le détroit de Gadès. La fondation de Tartessus, celle de Gadès où l'on avait consacré un temple au dieu voyageur Melkarth, fils de Baal, et la colonie d'Utique, plus ancienne que Carthage, prouvent que les Phéniciens naviguaient déjà depuis plusieurs siècles dans l'océan, quand s'ouvrit pour la première fois aux Grecs la route que Pindare appelle la *porte de Gadeira* (66). De même qu'à l'est, les Milésiens, en pénétrant dans le Pont-Euxin (67), avaient établi des communications qui activèrent le commerce de terre avec le nord de l'Europe et de l'Asie, et beaucoup plus tard avec les contrées arrosées par l'Oxus et l'Indus, ainsi, parmi les Grecs, les Samiens (68) et les Phocéens (69) furent les premiers qui se frayèrent une route à l'occident en partant de la Méditerranée.

Colæus de Samos voulait faire voile vers l'Égypte, au moment où venaient de commencer ou peut-être seulement de se renouveler, sous Psammitique, les relations de ce pays avec la Grèce. Des vents de l'est le jetèrent vers l'île Platée, et de là il fut poussé dans l'océan à travers le détroit de Gadès. Hérodote, en racontant ce fait, ajoute avec intention que Colæus de Samos fut conduit par une main divine. Ce ne fut pas seulement l'importance des bénéfices imprévus qui en résultèrent pour la ville ibérienne de Tartessus, mais aussi la découverte d'espaces inconnus, l'accès dans un monde nouveau qu'on ne faisait qu'entrevoir à travers les nuages de la fable, qui donnèrent du retentissement et de l'éclat à cet événement, partout où dans la mer Méditerranée la langue grecque était entendue. On voyait pour la première fois au delà des colonnes d'Hercule (nommées d'abord colonnes de Briarée, d'Égéon et de Cronos), à l'extrémité occidentale de la terre, sur le chemin de l'Élysée et des Hespérides, ces eaux primitives de l'océan qui entouraient la terre (70), et d'où l'on voulait encore, à cette époque, faire descendre tous les fleuves.

Sur les bords du Phase, les navigateurs avaient trouvé un rivage qui fermait le Pont-Euxin, et vaient imaginé au delà que *l'Étang du Soleil*. Au sud de Gadès et de Tartessus, l'œil se reposait librement sur l'infini. Cette circonstance a pendant 1500 ans donné une importance particulière à la *porte* de la mer Méditerranée. Tendant toujours à aller *au delà*, les peuples navigateurs, tels que les Phéniciens, les Grecs, les Arabes, les Catalans, les Majorquains, les Français de Dieppe et de La Rochelle, les Génois, les Vénitiens, les Portugais et les Espagnols s'efforcèrent successivement d'avancer dans l'océan Atlantique, que l'on se représenta longtemps comme une mer sombre (mare tenebrosum) remplie de limon et de bancs de sable, jusqu'à ce que, partant des Canaries ou des Açores, ils parvinssent, de station en station, au nouveau continent que les Normands avaient déjà atteint par une autre route.

Tandis qu'Alexandre pénétrait dans les contrées lointaines de l'orient, des considérations sur la forme de la terre amenaient déjà le philosophe de Stagire à soupçonner la proximité du détroit de Gadès et des Indes (71). Strabon allait même jusqu'à supposer que, dans l'hémisphère du nord, peut-être sous le parallèle du détroit de Gadès, de l'île de Rhode et du pays de Thinæ, il pouvait y avoir, entre les côtes occidentales de l'Europe et les côtes orientales de l'Asie, *plusieurs autres continents habitables* (72). L'hypothèse, que l'axe prolongé de la mer Méditerranée devait aboutir à des contrées nouvelles, était d'accord avec cette grande idée d'Ératosthène, fort répandue dans l'antiquité, que le sol de l'ancien continent, dans sa plus vaste étendue de l'est à l'ouest, c'est-à-dire à peu près sous le 36e degré de latitude, présente une ligne de *soulèvement* sans interruption considérable (73).

Mais l'expédition de Colæus de Samos ne servit pas uniquement à marquer l'époque dans laquelle de nouveaux débouchés s'ouvrirent aux races grecques, jalouses d'entreprendre de longs voyages maritimes, et aux peuples héritiers de leur civilisation ; elle élargit aussi soudainement la sphère des idées. Ce fut alors que le grand phénomène du flux périodique de la mer, qui rend sensibles les relations de la terre avec le soleil et avec la lune, devint l'objet d'une attention profonde et soutenue. Jusque-là, dans les syrtes africaines, ce phénomène ne s'était manifesté aux Grecs que d'une manière irrégulière, et même les avait exposés à quelques dangers. Posidonius étudia le flux et reflux à Ilipa et à Gadès, et compara ses observations avec ce que, dans les mêmes lieux, les Phéniciens plus expérimentés pouvaient lui apprendre sur les influences de la lune (74).

II

EXPÉDITION D'ALEXANDRE LE GRAND

EN ASIE.

RELATIONS NOUVELLES ENTRE LES DIVERSES PARTIES DU MONDE. — FUSION DE L'ORIENT ET DE L'OCCIDENT. — MÉLANGE DES PEUPLES DEPUIS LE NIL JUSQU'A L'EUPHRATE, L'IAXARTE ET L'INDUS, SOUS L'INFLUENCE DU PRINCIPE HELLÉNIQUE. — AGRANDISSEMENT SUBIT DE L'IDÉE DU COSMOS.

Si, en suivant l'histoire du genre humain, on s'attache à l'union de plus en plus intime qui s'établit entre les populations de l'Europe occidentale et celle du sud-ouest de l'Asie, de la vallée du Nil et de la Libye, l'expédition des Macédoniens sous la conduite d'Alexandre, la chute de la monarchie persane, les premières relations avec la presqu'île de l'Inde, et l'influence exercée par l'empire grec de Bactriane pendant une durée de 116 ans, forment une des époques des plus importantes de la vie commune des peuples. La sphère dans laquelle s'accomplit ce mouvement était immense ; le conquérant ajouta encore à la grandeur morale de l'entreprise, par ses efforts infatigables pour mélanger toutes les races et créer l'unité du monde sous l'influence civilisatrice de l'hellénisme (75). La fondation de tant de villes sur des points dont le choix indique une pensée plus générale et plus haute, le soin d'instituer dans ces villes une administration indépendante, de ménager les usages nationaux et le culte indigène, tout de sa part témoigne qu'il tendait à la réalisation d'un plan bien arrêté. Les conséquences qui originairement peut-être avaient échappé à ses prévisions se développèrent d'elles-mêmes, en vertu des relations nouvelles, comme cela arrive toujours sous la pression d'événements graves et compliqués. Si l'on se souvient que, depuis la bataille du Granique jusqu'à l'invasion destructive des Saces et des Tochares en Bactriane, il ne s'est écoulé que cinquante-deux olympiades, on admire la séduction magique qu'exerça la civilisation grecque importée de l'occident, et les racines profondes qu'elle poussa dans un temps si court. Mêlée à la science des Arabes, des Néo-Perses et des Hindous, cette civilisation a prolongé son influence jusqu'au moyen âge, de telle sorte que l'on ne peut souvent distinguer avec certitude ce qui appartient à la littérature grecque et ce qui, étant resté pur de tout mélange, doit être rapporté au génie propre des populations asiatiques.

Le principe de la centralisation et de l'unité, ou plutôt le sentiment des conséquences salutaires de ce principe appliqué à l'ordre politique, était profondément empreint dans l'esprit du hardi conquérant, ainsi que le prouvent toutes ses institutions gouvernementales. Il y avait longtemps déjà que son maître l'avait pénétré de l'excellence de ce régime, même pour la Grèce. On lit dans la *Politique* d'Aristote : Les peuples asiatiques ne manquent pas d'activité intellectuelle et d'habileté pour les arts, et cependant ils vivent lâchement dans la dépendance et dans la servilité ; tandis que, vifs et robustes, libres et bien gouvernés par cela même, les Grecs, si seulement ils étaient réunis en un seul État, seraient capables de soumettre tous les barbares (76). » Le Stagirite écrivait ces mots avant qu'Alexandre passât le Granique (77). Les préceptes du maître, bien que ce fût mal les interpréter que de les appliquer à la monarchie absolue (παμβασιλεία), qu'il jugeait contraire à la nature, causèrent sans doute une impression plus vive au conquérant que les récits fantastiques de Ctésias sur l'Inde, dont Guillaume de Schlegel et avant lui Sainte-Croix ont tant exagéré l'importance (78).

Dans le précédent chapitre, nous avons présenté la mer comme un élément de liaison et de rapprochement entre les peuples. Nous avons décrit en quelques traits l'extension apportée à la navigation par les Phéniciens et les Carthaginois, les Tyrrhéniens et les Étrusques. Nous avons fait voir comment les Grecs, fortifiés dans leur puissance maritime par de nombreuses colonies, ont tenté de s'étendre au delà du bassin de la Méditerranée, en pénétrant à l'est et à l'ouest par l'intermédiaire des Argonautes et de Colæus de Samos, comment vers le midi, les flottes réunies de Salomon et d'Hiram traversèrent la mer Rouge, pour gagner la terre d'Ophir, et visitèrent les pays lointains appelés *pays de l'or*. Le second chapitre va nous conduire dans l'intérieur d'un vaste continent, par des routes qui pour la première fois s'ouvrent au commerce et à la navigation. Pendant le court espace de douze années, s'accomplissent successivement : la descente des Macédoniens dans l'Asie Mineure et dans la Syrie, avec la bataille du Granique et celle des défilés d'Issus; la prise de Tyr et l'occupation facile de l'Égypte; la campagne contre les Babyloniens et les Perses, dans laquelle fut anéantie près d'Arbèles, au milieu de la plaine de Gaugamela, la toute-puissance des Achéménides; l'expédition dans la Bactriane et dans la Sogdiane, entre les monts Hindou-Kho et l'Iaxarte ou Syr; enfin l'invasion aventureuse de la contrée des Cinq-Fleuves ou Pentapotamie, dans l'Inde septentrionale. Alexandre fonda presque partout des établissements grecs, et répandit les mœurs de l'occident à travers l'immense contrée qui s'étend depuis le temple d'Ammon, bâti au milieu d'une oasis de la Lybie, et la ville d'Alexandrie, située à la partie occidentale du delta formé par le Nil, jusqu'à l'Alexandrie du nord, sur les bords de l'Iaxarte, aujourd'hui la ville de Khodjend, dans la province de Fergana.

Les causes principales qui ont servi à élargir le cercle des idées, car c'est là surtout le point de vue auquel nous devons considérer les conquêtes d'Alexandre et l'empire moins éphémère de la Bactriane, sont l'étendue des pays et la diversité des climats compris depuis Cyropolis, située au bord de l'Iaxarte, sous la même latitude que Tiflis et Rome, jusqu'au delta oriental de l'Indus, près de Tira, sous le tropique du Cancer. On y peut joindre la merveilleuse variété du sol, entrecoupé de contrées fertiles, de déserts et de montagnes couvertes de neige; les formes nouvelles et la grandeur gigantesque des animaux et des végétaux; la distribution géographique de races humaines diversement colorées; le contact des Grecs avec les populations de l'orient, douées pour la plupart de qualités brillantes, et dont la civilisation remontait à l'origine des temps; la connaissance des mythes religieux de ces peuples, de leurs rêveries philosophiques, de leurs observations sur les astres et des superstitions qui s'y rattachaient. Jamais à aucune époque, si l'on excepte la découverte de l'Amérique tropicale, survenue dix-huit siècles et demi plus tard, nulle partie du genre humain n'a réuni à la fois une plus riche moisson d'idées nouvelles sur la nature; jamais on n'a fondé sur des matériaux plus nombreux la connaissance physique du globe et l'étude de l'ethnologie comparée. Toute la littérature occidentale témoigne de la vive impression que produisit cet accroissement de richesses intellectuelles. On peut en voir aussi la preuve dans la défiance que rencontrèrent chez les écrivains grecs, et plus tard chez les écrivains latins, les récits de Mégasthène, de Néarque, d'Aristobule et des autres compagnons d'Alexandre, défiance à laquelle sont d'ailleurs en butte tous les observateurs dont les grandes scènes de la nature aiguillonnent l'imagination. Ces narrateurs, soumis au goût et à l'influence de leur temps, ne distinguant pas toujours assez soigneusement les faits et les hypothèses, ont éprouvé les vicissitudes communes à tous les voyageurs, et subi les oscillations de la critique qui débute par un blâme sévère, sauf plus tard à l'adoucir et à le rectifier. On a d'autant plus penché de nos jours vers ce dernier parti que l'étude approfondie du sanscrit, la connaissance des noms géographiques indigènes, les monnaies trouvées dans les *topes* de la Bactriane, et, avant tout, l'aspect animé du pays et de ses productions organiques, ont fourni à la critique des éléments qui étaient demeurés étrangers à la science incomplète du sceptique Ératosthène, de Strabon et de Pline (79).

Si, en prenant pour mesure les degrés de longitude, on compare la plus grande étendue de la mer Méditerranée à l'espace qui s'étend de l'est à l'ouest, depuis l'Asie Mineure jusqu'aux rives de l'Hyphase (Beas) et aux *Autels du Retour*, on reconnaît que le monde connu des Grecs fut doublé en quelques années. Afin de mieux préciser ce que j'ai voulu entendre par ces matériaux de la géographie physique et de la science de la nature, accrus d'une manière si notable à la suite des marches et des fondations d'Alexandre, je rappellerai d'abord les observations réunies à cette époque, pour la première fois, sur la configuration particulière de la surface terrestre. Dans les contrées que parcourut l'armée des Macédoniens, les basses terres, c'est-à-dire des déserts salants et dépourvus de végétation, tels que ceux qui sont situés au nord de la chaîne d'Asferah, l'un des prolongements du Thian-chan, et les quatre grands bassins cultivés de l'Euphrate, de l'Indus, de l'Oxus et de l'Iaxarte, contrastent avec des montagnes couvertes de neige et hautes de 19000 pieds. L'Hindou-kho ou Caucase indien des Macédoniens, servant de prolongements aux monts Kouen-lun, et situé à l'ouest de la chaîne méridienne de Bolor qui le coupe perpendiculairement, se partage, dans la partie dirigée vers Hérat, en deux grandes chaînes qui bornent la Kafiristan, et dont la plus méridionale est la plus élevée (80). Alexandre, après avoir gravi sur le plateau de Bamian, haut déjà de 8000 pieds, où l'on croyait voir le rocher de Prométhée (81), s'éleva jusqu'à la crête du Kohibaba, afin de longer le Choès et de passer par la ville de Kaboura, pour aller traverser l'Indus un peu au nord de la ville moderne d'Attok. Les Grecs, en comparant l'élévation moins considérable du Taurus, auquel leurs yeux étaient habitués, avec les neiges éternelles qui couvrent l'Hindou-kho et qui, près de Bamian, ne commencent qu'à la hauteur de 12200 pieds, suivant le rapport de Burnes, eurent occasion de reconnaître, sur une plus vaste échelle, la superposition des climats et des zones végétales. Lorsque la nature inanimée se déroule sans voile aux regards des hommes, ce spectacle laisse dans les esprits ardents une impression profonde et ineffaçable. Strabon nous a transmis un récit pittoresque du passage de l'armée à travers la contrée montagneuse des Paropanisades, à l'endroit où déjà l'on ne rencontre plus d'arbres, et où les soldats furent forcés de se frayer péniblement un chemin au milieu de la neige (82).

Les productions indiennes, productions de la nature ou de l'industrie, étaient imparfaitement connues par d'anciennes relations de commerce ou par les récits de Ctésias, qui pendant dix-sept ans vécut à la cour de Perse, comme médecin d'Artaxerxès Mnémon. De la plupart même on ne savait que les noms. Des notions plus exactes se répandirent dans l'occident par l'intermédiaire des établissements macédoniens. On apprit ainsi à connaître les rizières entrecoupées de ruisseaux, auxquelles Aristobule a accordé une mention particulière; les cotonniers ainsi que les fines étoffes et le papier dont ils fournissaient la matière (83); les épices et l'opium; le vin fait avec du riz et le suc des palmiers, dont Arrien nous a conservé le nom sanscrit *tala* (84); le sucre de canne (85) que l'on a souvent confondu avec le tabaschir formé du suc du bambou; la laine qui croît sur les grands arbres de bombax (86); les châles tissus avec la laine des chèvres du Tibet; les étoffes de soie de la Sérique (87), l'huile de sézame blanc (en sanscrit *tila*), l'huile de rose et d'autres parfums, la laque (en sanscrit *lâkschâ*, dans la langue vulgaire *lakkha*) (88), et enfin l'acier trempé dit acier de Woutz.

Outre la connaissance pour ainsi dire matérielle de ces produits, qui devinrent bientôt l'objet d'un commerce étendu, et dont plusieurs furent naturalisés en Arabie par les Séleucides, le magnifique aspect de la nature tropicale fut pour les Grecs la source de jouissances plus élevées (89). Ces grandes formes de plantes et d'animaux inconnus remplissaient leur pensée d'images qui la tenaient en éveil. Des écrivains étrangers à toute inspiration, et dont le style a d'ordinaire la sécheresse didactique, s'élèvent jusqu'à la poésie quand ils viennent à décrire les mœurs des éléphants, « la hauteur de ces arbres dont le faîte ne peut être atteint par une flèche, dont les feuilles sont plus larges que les boucliers des fantassins ; » les bambous, ces graminées colossales aux feuilles légères, « qui, d'un nœud à un autre, peuvent former une barque à plusieurs rameurs; » le figuier indien, dont le tronc n'a pas moins de 28 pieds de diamètre et qui, reprenant racine par l'extrémité de ses branches, offre aux regards, suivant la description fidèle d'Onésicrite, un pavillon de verdure orné d'une multitude de colonnes. Cependant les compagnons d'Alexandre ne font jamais mention des grandes fougères arborescentes qui, à mon sentiment, sont le plus bel ornement des régions tropicales (90). En revanche, ils citent avec admiration les hauts palmiers dont les feuilles se développent en éventail, et le feuillage tendre et toujours vert des plantations de bananiers (91).

Ce ne fut qu'à partir de ce moment qu'on put réellement se flatter de connaître une grande partie de la terre. Le monde extérieur entra en balance avec le monde subjectif de l'imagination et ne tarda pas à l'emporter. Tandis que, suivant la voie ouverte par les conquêtes d'Alexandre, la langue et la littérature grecques allaient partout porter leurs fruits, l'observation scientifique et la combinaison systématique des matériaux de la science étaient devenues, grâce aux préceptes et à l'exemple d'Aristote, des opérations claires pour l'esprit (92). Ici se présente un heureux concours de circonstances : précisément à l'époque où ce riche trésor s'offrait à la connaissance humaine, les travaux d'Aristote rendaient la mise en œuvre des matériaux plus facile et plus variée, en guidant les lois de l'expérimentation physique, en fixant les esprits dans toutes les voies de la spéculation, en donnant le modèle d'une langue vraiment scientifique, dont la précision s'accommodait à toutes les nuances de la pensée. C'est ainsi qu'après tant de siècles écoulés, Aristote demeure encore, selon la belle expression de Dante, *il maestro di color che sanno* (95).

Des recherches récentes et sérieuses ont cependant, sinon complétement détruit, du moins fort ébranlé l'opinion d'après laquelle Aristote aurait tiré immédiatement de grands secours pour ses études zoologiques de la conquête macédonienne. La misérable composition où est racontée la vie du philosophe de Stagire, et que l'on a longtemps attribuée à Ammonius, fils d'Hermias, avait répandu cette erreur, entre beaucoup d'autres (94), que le maître avait accompagné son élève, du moins jusqu'aux rives du Nil (95). Le grand ouvrage d'Aristote sur les Animaux, paraît avoir suivi de très-près la *Météorologie*, qui, d'après quelques indices tirés du livre même, remonte à la cent sixième ou tout au moins à la cent onzième olympiade, c'est-à-dire a précédé de quatorze ans l'arrivée d'Aristote à la cour de Philippe, ou au moins de trois ans le passage du Granique (96). On fait, à la vérité, quelques objections contre l'opinion tendant à reculer l'époque où furent écrits les neuf livres d'Aristote sur les Animaux; on oppose en particulier la connaissance exacte qu'il paraît avoir eue de l'éléphant, du cerf-cheval à longue barbe (Hippelaphos), du chameau à double bosse de la Bactriane, de l'hippardion ou tigre chasseur, que l'on croit être le guêpard, et du buffle indien, qui fut introduit pour la première fois en Europe à l'époque des croisades. Toutefois la contrée qu'Aristote désigne comme la patrie de cette espèce de cerf à crinière, nommé *Cervus Aristotelis* par Cuvier à qui de nos jours Diard et Duvaucel l'ont envoyée des Indes orientales, n'est pas la Pentapotamie indienne que traversa Alexandre, mais bien l'Arachosie, pays situé à l'est du Candahar, et qui formait avec la Gédrosie une des anciennes satrapies persanes (97). Aristote n'avait-il pu, indépendamment de l'expédition macédonienne, tirer de la Perse et de cette ville de Babylone en relation avec le monde entier, des renseignements, si courts pour la plupart, sur la forme et les mœurs de ces animaux? Dans un temps d'ailleurs où la préparation de l'alcool était complétement inconnue, on pouvait bien envoyer en Grèce, des contrées lointaines de l'Asie, des peaux et des os; mais on ne pouvait envoyer des parties molles et susceptibles d'être disséquées (98). Sans doute Aristote dut recevoir une assistance très-généreuse de Philippe et d'Alexandre, pour tout ce qu'exigeaient ses études sur la nature, pour sa vaste collection zoologique, recueillie sur le continent et dans les mers de la Grèce, et pour sa bibliothèque, unique en son temps, qui de ses mains passa dans celles de Théophraste et de Nélée de Scepsis. Mais quant à des présents de dix-huit cents talents ou aux frais qu'auraient entraînés tant de milliers de pourvoyeurs et d'hommes chargés d'entretenir les étangs et les volières, il ne faut voir là que des exagérations et des malentendus dans lesquels sont tombés par la suite Pline, Athénée et Élien (99).

L'expédition macédonienne, qui ouvrit une si grande et si belle partie de la terre à l'influence d'un peuple parvenu au plus haut degré de la civilisation, peut être à bon droit considérée comme une expédition scientifique. Elle est même la première pour laquelle un conquérant se soit fait accompagner d'hommes versés dans toutes les connaissances humaines, de naturalistes, de géomètres, d'historiens, de philosophes et d'artistes. L'action exercée par Aristote ne se borna pas à ses propres travaux; elle se fit sentir encore par l'entremise des hommes éminents qu'il avait formés et qui suivaient l'expédition. Celui qui de tous jeta le plus d'éclat fut un de ses proches parents, Callisthène d'Olynthe, qui déjà, avant de quitter la Grèce, avait composé des ouvrages de botanique et une belle étude anatomique sur l'organe de la vue. La sévérité de ses mœurs et la liberté sans mesure de son langage le rendirent odieux au prince, déjà bien dégénéré de ses sentiments d'autrefois, ainsi qu'à la foule des flatteurs. Callisthène sacrifia sans faiblesse sa vie à son indépendance; et quand, malgré son innocence, il fut impliqué à Bactres dans la conjuration d'Hermolaüs et de la jeunesse macédonienne, il devint l'occasion malheureuse de l'aigreur qu'Alexandre témoigna depuis à son ancien maître. Théophraste, condisciple et ami dévoué de Callisthène, eut le courage de le défendre après sa mort. D'Aristote nous savons seulement qu'il avait recommandé la prudence à son élève. Instruit de la vie des cours par un long séjour auprès de Philippe, il avait conseillé à Callisthène « de parler au roi le moins possible et, quand il y serait forcé, d'avoir toujours soin de lui complaire (100). »

Lorsque Callisthène, familiarisé déjà par ses spéculations philosophiques avec l'étude de la nature, vit s'ouvrir devant lui ces vastes régions, il marqua un but plus élevé aux recherches des hommes qui le secondaient de leurs efforts, et qui tous étaient, comme lui, les élèves du Stagirite. L'abondance des végétaux, les organisations puissantes d'animaux inconnus, la conformation du sol, le gonflement périodique des grands fleuves, ne pouvaient seuls fixer leur attention. La race humaine avec toutes ses variétés, avec toutes ses nuances de civilisation et de couleur, devait s'offrir à eux, selon l'expression même d'Aristote, comme le centre et le but de la création tout entière; « car c'est seulement dans l'homme, ajoute ce philosophe, que le sentiment de la pensée divine arrive à l'état de conscience (1). » Par le peu qui nous reste des récits d'Onésicrite, si maltraité dans l'antiquité, nous voyons de quel étonnement furent frappés les Macédoniens, lorsqn'en s'engageant au loin dans l'orient, ils rencontrèrent bien les races indiennes, fortement colorées et semblables aux Éthiopiens, ainsi que les avait désignées Hérodote, mais non les nègres aux cheveux crépus de l'Afrique (2). On observa soigneusement l'influence de l'atmosphère sur la coloration, et les effets divers de la chaleur sèche et de la chaleur humide. Dans les temps homériques, et même longtemps après les Homérides, on avait complétement méconnu les rapports de la chaleur atmosphérique avec les degrés de latitude et la distance des pôles. Comme moyen d'apprécier la température, la distinction de l'ouest et de l'est formait toute la science météorologique des Hellènes. Les contrées situées vers l'orient étaient considérées comme plus proches du soleil : on les appelait les *Pays du Soleil*. « Ce dieu, disait-on, colore, dans sa course, la tête des hommes de l'éclat sombre de la suie, et frise leurs cheveux par sa chaleur desséchante (3). »

L'expédition d'Alexandre fournit pour la première fois l'occasion de comparer sur une vaste échelle les races africaines qui affluaient de toute part en Égypte, avec les populations de l'Arie au delà du Tigre et les races originaires de l'Inde, qui avaient la peau fortement colorée, mais non les cheveux crépus des nègres. La division de l'espèce humaine en variétés ; la place que ces variétés ont occupée sur la terre, plutôt par suite des événements historiques qu'eu égard à l'influence persévérante des climats, une fois du moins que les types furent nettement arrêtés; la contradiction apparente qui existait entre la couleur des races et leur séjour, durent solliciter vivement la curiosité des observateurs réfléchis. On trouve encore dans l'intérieur de l'Inde une vaste étendue de territoire habitée par des populations primitives de couleur très-foncée et presque noire, tout à fait distinctes des races Ariennes, au teint plus clair, qui pénétrèrent postérieurement dans ces contrées : telles sont la race Gonda, mêlée aux peuplades qui habitent les abords des monts Vindhya; la race Bhilla, dans les montagnes boisées de Malava et de Guzerate, et la race Kola d'Orissa. Un critique très-pénétrant, M. Lassen, tient pour vraisemblable qu'au temps d'Hérodote la race noire de l'Asie, « les Éthiopiens du Levant, » semblables aux peuples de la Libye pour la couleur de la peau, mais non pour la chevelure, étaient répandues beaucoup plus avant qu'aujourd'hui dans les contrées du nord-ouest (4). De même, dans l'*Ancien Empire* égyptien, les races nègres, souvent vaincues, les véritables nègres aux cheveux de laine, s'étendaient très-loin dans la Nubie séptentrionale (5).

A cette moisson d'idées qu'avaient fait éclore l'aspect d'un grand nombre de phénomènes nouveaux, le contact avec des races d'hommes différentes et les contrastes de leur civilisation, il manqua malheureusement les fruits de l'étude comparative des langues, j'entends d'une étude historique ou philosophique, reposant sur les rapports essentiels de la pensée humaine (6). Les recherches de cette nature étaient étrangères à l'antiquité classique. En revanche, les conquêtes d'Alexandre fournirent aux Grecs des matériaux scientifiques, dérobés aux trésors qu'amassaient depuis si longtemps les peuples qui les avaient précédés dans la voie de la civilisation. Il suffit, pour s'en faire une idée, de songer que, d'après des recherches récentes et solides, outre la connaissance de la terre et de sés productions, la connaissance du ciel fut aussi considérablement agrandie par les relations établies avec Babylone. Depuis la conquête de Cyrus, le collége astronomique des prêtres, établi dans cette capitale du monde oriental, avait beaucoup perdu de son éclat. La pyramide à gradins de Bélus, qui était en même temps un temple, un tombeau et un observatoire servant à marquer les heures de la nuit, avait été abandonnée par Xerxès à la destruction ; ce monument était déjà en ruines au moment de l'invasion macédonienne. Mais justement parce que la caste privilégiée des prêtres était dissoute, et qu'à sa place s'était formé un grand nombre d'écoles astronomiques (7), il avait été possible à Callisthène, agissant en cela d'après les conseils d'Aristote, ainsi que le remarque Simplicius, d'envoyer en Grèce des observations sur le cours des astres, pendant une longue série de siècles. Selon Porphyre, elles remontaient à 1903 ans avant l'entrée d'Alexandre à Babylone (olymp. 112, 2). Les premières observations des Chaldéens dont l'*Almageste* fasse mention, qui sont aussi, selon toute apparence, les plus anciennes sur lesquelles Ptolémée ait cru pouvoir s'appuyer, ne s'étendent pas au delà de l'année 721 avant notre ère, c'est-à-dire de la première guerre de Messénie. Ce qu'il y a de certain, c'est que les Chaldéens connaissaient d'une manière tellement précise les mouvements moyens de la lune, que les astronomes grecs purent prendre leurs calculs pour base, quand ils établirent la théorie de ce satellite (8). Il paraît aussi que les Grecs mirent à profit, pour la construction de leurs tables astronomiques, les observations que les Chaldéens avaient été amenés à faire sur les planètes par leur goût inné pour l'astrologie.

Quant à savoir quelle part doit revenir aux Chaldéens dans les premières notions de l'école pythagoricienne sur la structure de la voûte céleste, sur le mouvement des planètes et la longue carrière que parcourent régulièrement les comètes, selon l'opinion d'Apollonius le Myndien, ce n'est pas ici le lieu de discuter ces questions (9). Strabon dit que le mathématicien Séleucus était né à Babylone, et semble le distinguer ainsi de Séleucus d'Érythres, qui mesura les hauteurs des marées (10). Il suffit de remarquer que le zodiaque grec fut très-vraisemblablement emprunté aux dodécatémories des Chaldéens, et que, suivant les importantes recherches de M. Letronne, il ne remonte pas au delà du VIe siècle avant notre ère (11).

Il est impossible de démêler, au milieu des ténèbres qui les enveloppent, les conséquences immédiates du contact des Grecs avec les peuples d'origine indienne, à l'époque de la conquête macédonienne. La science vraisemblablement y gagna peu, puisque Alexandre, après avoir traversé le royaume de Porus entre l'Hydaspe (Jelum) bordé par des forêts de cèdres (12), et l'Acésinès (Tschinab), ne s'engagea pas, dans la Pentapotamie (Pantschanada), au delà de l'Hyphase; cependant il alla jusqu'à un point où déjà ce fleuve a reçu les eaux du Satadrou, nommé par Pline Hesidrus. Le mécontentement de ses soldats et l'appréhension d'une révolte générale, dans les provinces de Perse et de Syrie, réduisirent le conquérant qui voulait pousser vers l'est jusqu'au Gange, à la grande catastrophe du retour. Les contrées que les Macédoniens traversèrent étaient habitées par des peuples peu civilisés. Le pays compris entre le Satadrou et le Yamouna, dans le bassin de l'Indus et du

Gange, renferme une rivière peu considérable, mais sacrée pour les habitants, le Sarasvati. Cette rivière a formé dès la plus haute antiquité une ligne de démarcation traditionnelle entre les pieux et purs adorateurs de Brahma à l'est, et les races impures de l'ouest, qui ne sont pas partagées en castes et n'ont pas de roi (13). Alexandre ne parvint pas jusqu'au siége de la vraie civilisation indienne. Le premier, Séleucus Nicator, fondateur du grand empire des Séleucides, s'avança de Babylone vers le Gange, et grâce aux ambassades répétées de Mégasthène à Patalipoutra, réussit à établir des relations politiques avec le puissant Sandracottus (Tschandragouptas) (14).

Ce fut de cette manière que la Grèce put commencer à entretenir des rapports fréquents et durables avec la partie de l'Inde la plus civilisée, le Madhya-Desa ou contrée du centre. Il y avait bien dans la Pentapotamie de savants brahmanes et des gymnosophistes qui vivaient en anachorètes; mais connaissaient-ils cet admirable système de numération des Indiens, d'après lequel un petit nombre de chiffres changent indéfiniment de valeur par le seul fait de leur position? On ne saurait le dire sûrement; il est même permis de douter, bien que cela soit assez vraisemblable, que dans la contrée la plus civilisée de l'Inde ce système fût déjà inventé. Quelle révolution ne se fût pas accomplie dans les sciences mathématiques, combien leur développement ne fût-il pas devenu plus rapide et leur application plus facile, si le brahmane Sphines, qui accompagnait l'armée d'Alexandre et que les soldats appelaient Calanus, si plus tard, au temps d'Auguste, le brahmane Syramanatscharja, avant de monter sur le bûcher en victimes volontaires, à Suse et à Athènes, avaient pu révéler aux Grecs le système de la numération indienne, d'une manière assez saisissante pour en rendre l'usage universel ! Sans doute les vastes et ingénieuses recherches de M. Chasles ont appris que la méthode de l'*abacus* pythagorique ou l'*algorismus*, selon la désignation employée dans la Géométrie de Boëce, est presque identique avec le système de *position;* mais cette méthode resta stérile entre les mains des Grecs et des Romains ; elle ne fut généralement appliquée qu'au moyen âge et surtout à partir du moment où l'on remplit par un zéro l'espace qui était laissé en blanc jusque-là. Les plus heureuses découvertes ont souvent besoin de plusieurs siècles pour être comprises et complétées.

III

ÉCOLE D'ALEXANDRIE.

AGRANDISSEMENT DE L'IDÉE DU MONDE SOUS LES PTOLÉMÉES. — MUSÉE DU SÉRAPEUM. — CARACTÈRE ENCYCLOPÉDIQUE DE LA SCIENCE ALEXANDRINE. — DEGRÉ PLUS HAUT DE GÉNÉRALITÉ DONNÉ AUX NOTIONS ACQUISES SUR LES ESPACES DU CIEL ET DE LA TERRE.

Après la dissolution du monde macédonien qui embrassait des parties considérables de trois continents, se développèrent, sous des formes très-diverses à la vérité, les germes que le génie d'Alexandre avait déposés dans un sol fertile, en rapprochant et en unissant les peuples. A mesure que s'effaçait ce qu'il y avait d'exclusif dans l'esprit et dans la nationalité des Grecs, à mesure que l'imagination créatrice perdait de sa profondeur et de son éclat, les relations entre les peuples prenaient un essor nouveau; les vues sur la nature acquéraient un plus haut degré de généralité, et ainsi devenaient plus fructueux les efforts tentés pour saisir l'ensemble des phénomènes. dans l'empire de Syrie, chez les Attales de Pergame, chez les Séleucides et les Ptolémées, partout et presque simultanément, ces progrès furent favorisés par des souverains d'un rare mérite. L'Égypte grecque eut sur les autres états l'avantage de l'unité politique; elle fut aussi merveilleusement servie par sa situation géographique. Grâce, en effet, à la longue crevasse que remplit le golfe Arabique, depuis le détroit de Bab-el-Mandeb, jusqu'à Suez et Akaba, dans la direction de la grande ligne de *soulèvement* qui sillonne le globe du sud-sud-est au nord-nord-ouest, les vaisseaux naviguant dans l'océan Indien ne sont séparés que par quelques lieues de terre de ceux qui longent les côtes de la Méditerranée (15).

L'empire des Séleucides ne jouissait pas des avantages commerciaux qu'offraient aux Lagides la forme et l'articulation des côtes avoisinantes. Sa situation l'exposait aussi à plus de dangers. Composé de satrapies où se conservaient des nationalités différentes, il était menacé de démembrement. Le commerce dans l'empire des Séleucides était surtout intérieur; il n'avait d'autre débouché que les fleuves et les routes des caravanes frayées à travers tous les obstacles naturels que pouvaient opposer les chaînes de montagnes couvertes de neige, les plateaux et les déserts. Les grands convois de marchandises, dont la soie était la partie la plus précieuse, partaient du plateau des Sères dans l'intérieur de l'Asie, au nord d'Outtara-kourou; ils passaient devant la *Tour de pierre*, probablement quelque caravansérail fortifié, situé au sud des sources de l'Iaxarte (16); puis, après avoir traversé la vallée de l'Oxus, venaient aboutir à la mer Caspienne et à la mer Noire. Le commerce de l'Égypte, au contraire, si actives que fussent la navigation du Nil et les communications entre les rives de ce fleuve et les routes tracées le long de la mer Rouge, était essentiellement un commerce maritime. D'après les grandes vues d'Alexandre, la ville nouvelle d'Alexandrie et l'antique Babylone devaient être, à l'ouest et à l'est, les deux capitales de l'empire macédonien. Babylone cependant ne répondit pas à ces espérances; la prospérité de la ville de Séleucie, bâtie par Séleucus Nicator sur le cours inférieur du Tigre et mise en rapport avec l'Euphrate par des canaux, contribua encore à hâter sa complète décadence (17).

Trois grands monarques amis de la science, les trois premiers Ptolémées, dont le règne ne comprend pas moins d'un siècle, ont, par les magnifiques établissements qu'ils fondèrent, pour favoriser les progrès de l'intelligence, et par leurs efforts non interrompus pour agrandir le commerce maritime, donné à la connaissance des pays et à la connaissance plus générale de la nature un développement auquel jusque-là n'avait pu atteindre aucun peuple. Ce trésor scientifique passa des Grecs de l'Égypte chez les Romains. Déjà sous Ptolémée Philadelphe, à peine un demi-siècle après la mort d'Alexandre, et même avant que la première guerre punique eût ébranlé la république aristocratique de Carthage, Alexandrie était la plus grande place commerciale du monde. C'est par Alexandrie que passait le chemin le plus court et le plus commode pour se rendre du bassin de la Méditerranée dans la la partie sud-est de l'Afrique, dans l'Arabie et dans les Indes. Les Lagides ont mis à profit, avec un succès sans exemple, la route que la nature semblait avoir indiquée elle-même au commerce du monde, par la direction du golfe Arabique (18), route qui ne pourra complétement recouvrer son importance et ses droits que lorsque la civilisation aura adouci les mœurs des peuples orientaux et que les nations de l'occident auront abjuré leur jalousie ombrageuse. Au temps même où l'Égypte devint une province romaine, elle garda toute son opulence. Le luxe qui croissait à Rome sous les Césars, réagissait sur la contrée du Nil; c'était surtout à Alexandrie, comme à l'entrepôt du monde, qu'il allait demander les moyens de se satisfaire.

Les causes qui amenèrent l'accroissement considérable, apporté sous les Lagides à la connaissance de la géographie et à celle de la nature, sont : le commerce des caravanes dans l'intérieur de l'Afrique par Cyrène et les oasis; les conquêtes faites en Éthiopie et dans l'Arabie Heureuse sous Ptolémée Évergète; enfin les relations que l'Égypte entretenait par mer avec toute la presqu'île occidentale de l'Inde, le long des côtes de Canara et de Malabar (Malayavara, territoire de Malaya), depuis le golfe de Barygaza (Guzerate et Cambay) jusqu'aux temples brahmaniques du cap Comorin (Koumari) (19) et à l'île de Ceylan, nommée Lanka dans le *Ramayana* et Taprobane chez les contemporains d'Alexandre, par corruption du nom indigène (20). Déjà la pénible traversée de Néarque qui ne mit pas moins de cinq mois à côtoyer les bords de la Gédrosie et de la Caramanie, depuis Pattala, près de l'embouchure de l'Indus, jusqu'à l'embouchure de l'Euphrate, avait contribué d'une manière sensible aux progrès de la navigation.

Les compagnons d'Alexandre avaient connaissance des moussons qui favorisent si efficacement les traversées entre les côtes orientales de l'Afrique, d'une part, et de l'autre les côtes septentrionales et occidentales de l'Inde. Après avoir, afin d'assurer au commerce la libre navigation de l'Indus, passé dix mois à reconnaître la partie de ce fleuve qui s'étend depuis Nicée sur l'Hydaspe jusqu'à Pattala, Néarque se hâta, au commencement du mois d'octobre (olymp. 113,3), de mettre à la voile près de Stura, parce qu'il savait que la mousson du nord-est et de l'est, soufflant le long des côtes qui s'étendent sous le même parallèle, le pousserait vers le golfe Persique. Plus tard, quand on connut mieux encore la loi qui règle les vents particuliers à ces parages, les pilotes s'enhardirent au point de se rendre, par la haute mer, d'Ocelis, sur le détroit de Bab-el-Mandeb, au grand entrepôt de la côte de Malabar, à Muziris, situé au sud de Mangalor. Les communications établies dans l'intérieur des terres faisaient aussi affluer à Muziris les marchandises des côtes orientales de la presqu'île en deçà du Gange, et même l'or de la lointaine Chrysé (peut-être l'île de Bornéo). L'honneur d'avoir le premier frayé cette voie vers l'Inde est attribué à un marin, d'ailleurs inconnu, nommé Hippalus. On ne peut pas même déterminer d'une manière précise l'époque à laquelle il vécut (21).

Dans l'histoire de la contemplation du monde doit entrer l'énumération de tous les moyens qui ont facilité le rapprochement des peuples, rendu accessibles des parties considérables de la terre, et agrandi la sphère des connaissances humaines. Entre tous ces moyens, l'un des plus considérables fut l'ouverture matérielle d'une route d'eau faisant communiquer la mer Rouge avec la mer Méditerranée par le Nil. Déjà Neko avait entrepris de creuser un canal, à l'endroit où les deux continents profondément échancrés ne tiennent plus l'un à l'autre que par un isthme étroit; mais effrayé par les réponses des prêtres, il abandonna son projet. Aristote et Strabon remontent même plus haut, et font honneur de ce travail à Sésostris (Ramsès-Meiamoun). Hérodote rencontra et décrivit un canal construit par Darius, fils d'Hystaspe, qui aboutissait au Nil, un peu au-dessus de Bubastus. Ce canal, obstrué plus tard par les sables, fut définitivement rétabli par Ptolémée Philadelphe, et remis dans un état tel que, sans être navigable toute l'année (il n'avait pas été possible d'obtenir ce résultat, si ingénieux que fût le système d'écluses mis en usage), il activa le commerce de l'Éthiopie, de l'Arabie et de l'Inde jusqu'à la domination romaine, jusqu'à Marc-Aurèle, et peut-être jusqu'à

Septime Sévère, c'est-à-dire pendant plus de quatre siècles et demi. Ce fut aussi dans le dessein de multiplier les relations des peuples à travers la mer Rouge, qu'on creusa avec grand soin des ports à Myos-Hormos et à Bérénice, et qu'on mit celui de Bérénice en communication avec Coptos par une magnifique chaussée (22).

Toutes ces entreprises, tous ces établissements des Lagides, qu'ils aient eu pour but le développement du commerce ou le progrès des sciences, reposaient sur une grande pensée: c'était une aspiration incessante vers le lointain et l'universel, le désir de rattacher par un lien commun tous les éléments épars, de grouper par grandes masses les aperçus sur le monde et les relations que présentent les faces diverses de la nature. Cette tendance si féconde de l'esprit grec, préparée longtemps en silence, s'était manifestée d'une manière imposante par l'expédition d'Alexandre et par ses efforts pour fondre ensemble l'orient et l'occident. Le développement nouveau qu'elle reçut sous les Lagides est aussi le trait le plus caractéristique de l'époque dont j'essaie de tracer le tableau. Cette tendance, en effet, doit être considérée comme un grand pas fait vers la connaissance de l'univers.

Sans doute la richesse et l'abondance des observations étaient nécessaires pour arriver à embrasser l'ensemble du monde. Considérées à ce point de vue, les relations de l'Égypte avec les contrées reculées, les excursions entreprises en Éthiopie aux frais de l'état (23), les chasses lointaines à la poursuite des autruches et des éléphants (24), les ménageries établies dans les habitations royales du Bruchium et peuplées d'animaux rares et sauvages, durent être des stimulants efficaces pour l'étude de l'histoire naturelle, et satisfaire aux exigences de la science expérimentale (25). Ce ne fut pas là toutefois le caractère propre de l'époque des Ptolémées, non plus que de toute l'école alexandrine qui suivit fidèlement jusque dans le IIIe et le IVe siècle la direction qu'elle avait adoptée. On se proposait moins alors d'observer directement les phénomènes, que de rassembler à grand'peine les matériaux existants, de les mettre en ordre, de les comparer, de faire une application intelligente des éléments depuis longtemps réunis. Pendant bien des siècles, jusqu'à l'apparition mémorable d'Aristote, les phénomènes n'avaient pas été l'objet d'une observation pénétrante; ils étaient restés soumis à l'arbitraire des idées, au caprice de divinations confuses et d'hypothèses contradictoires. Maintenant du moins, on commençait à témoigner plus de considération pour les recherches expérimentales; on examinait de près et l'on passait au crible les connaissances acquises. La philosophie de la nature, moins hardie désormais dans ses spéculations, moins fantastique dans les images qu'elle se créait des choses, se rapprocha enfin de l'expérience et marcha auprès d'elle dans la voie de l'induction. D'autre part, les efforts laborieux, tentés pour accroître le fonds de la science, rendaient nécessaire une certaine universalité de connaissances; et, bien que parfois, dans les ouvrages des penseurs éminents, cette instruction variée ait produit d'heureux fruits, trop souvent, à une époque où l'imagination épuisée faisait défaut, l'érudition se montra froide et inintelligente. Le peu de soin apporté à la forme, l'absence de vivacité et de grâce dans le langage, sont pour quelque chose dans les jugements sévères que la postérité a portés sur la science alexandrine.

Nous nous proposons surtout, dans ces pages, de mettre en lumière les progrès qui ont signalé la période des Ptolémées, les résultats produits par le concours de toutes les relations du dehors, par la fondation et l'entretien des grands établissements, tels que le Musée d'Alexandrie et les deux bibliothèques du Bruchium et de Rhakotis, par le rapprochement de tant d'hommes éminents réunis en collége et tous animés d'un amour pratique de la science (26). Leur érudition encyclopédique les mettait à même de comparer les observations et de généraliser les vues sur la nature. Le grand institut scientifique, dû aux deux premiers Lagides, conserva cet avantage, entre beaucoup d'autres, que ses membres travaillaient librement dans les directions les plus opposées. Établis dans un pays étranger, entourés de différentes races d'hommes, ils gardèrent toujours l'originalité de l'esprit grec et la pénétration qui est un de ses caractères (27).

D'après l'esprit et la forme de cette exposition historique, un petit nombre d'exemples suffiront à montrer comment, sous la protection des Ptolémées, l'expérience et l'observation se firent reconnaître pour les sources véritables d'où devait sortir la science de la terre et des espaces célestes; comment, par l'effet de ses tendances particulières, l'école alexandrine, tout en s'appliquant à recueillir des matériaux, ne dut pas pour cela renoncer à généraliser les idées dans une juste mesure. Si les écoles philosophiques de la Grèce, transplantées dans la basse Égypte, s'étaient trop bien pénétrées de l'esprit oriental et avaient accrédité un trop grand nombre d'interprétations symboliques sur la nature des choses, dans le *Musée* du moins, les sciences mathématiques restèrent toujours comme le plus ferme appui des doctrines platoniciennes (28). Les mathématiques pures, la mécanique et l'astronomie marchaient presque de concert. Dans l'estime profonde de Platon pour le développement mathématique de la pensée, comme dans les vues physiologiques que le philosophe de Stagire étendait à tous les organismes, étaient contenus, pour ainsi dire, les germes de tous les progrès q'accomplit plus tard la science de la nature. Tous deux furent l'étoile conductrice qui guida sûrement l'esprit humain à travers les folles imaginations des siècles de ténèbres. C'est grâce à eux que n'ont pu mourir les principes de la science et les forces saines de l'esprit.

Le mathématicien-astronome Ératosthène de Cyrène, le plus célèbre dans la liste des bibliothécaires d'Alexandrie, mit à profit les trésors dont il avait la disposition, et les fit entrer dans le plan systématique d'une géographie universelle. Il dégagea la description de la terre de toutes les légendes fabuleuses. Il s'interdit même, bien qu'il fût aussi versé dans la chronologie et dans l'histoire, le mélange des faits historiques qui, avant lui, donnaient à la géographie de la vie et de l'intérêt. Ce désavantage fut bien compensé par des observations mathématiques sur la forme articulée et l'étendue des continents, par des conjectures géologiques sur la liaison des chaînes de montagnes, sur l'effet des courants et sur les contrées jadis couvertes d'eau, qui offrent aujourd'hui encore toutes les apparences d'un lit de mer desséché. Partageant, sur l'application à l'océan de la théorie des écluses, les opinions de Straton de Lampsaque, fermement convaincu que le gonflement du Pont-Euxin avait produit autrefois le percement des Dardanelles et amené par suite l'ouverture du détroit de Gadès, le bibliothécaire d'Alexandrie fut conduit par cette croyance à rechercher l'important problème de l'égalité de niveau entre toutes *les mers extérieures qui enveloppent les continents* (29); on peut juger du succès avec lequel il tenta de généraliser les idées, d'après cette remarque que l'Asie tout entière est traversée, sous le parallèle de Rhodes, dans le *diaphragme* de Dicéarque, par une chaîne de montagnes qui forme de l'ouest à l'est une ligne de démarcation non interrompue (30).

C'est aussi au besoin de généraliser les vues sur la nature, suite du mouvement intellectuel qui agitait cette époque, que doit être rapportée la première mesure de degré exécutée par un Grec. Je veux parler de l'essai tenté par Ératosthène pour mesurer l'espace compris entre Syène et Alexandrie, afin de déterminer approximativement la circonférence de la terre. Dans cette entreprise, ce qui doit exciter notre intérêt, c'est moins le résultat obtenu d'après les données imparfaites d'arpenteurs qui comptaient les pas, que la tentative faite, pour arriver à connaître, en partant de l'étroit espace de son pays natal, la grandeur de la sphère terrestre.

On peut reconnaître la même tendance à la généralisation dans les progrès brillants que fit, au siècle des Ptolémées, la connaissance scientifique des espaces célestes. A ce sujet je rappellerai les premiers astronomes d'Alexandrie, Aristylle et Timocharis qui déterminèrent la place des étoiles fixes, et Aristarque de Samos, le contemporain de Cléanthe, qui, familier avec les anciennes théories des Pythagoriciens, tenta de dévoiler la structure du monde, reconnut le premier quel immense éloignement sépare les étoiles fixes de notre petit système planétaire, et pressentit le double mouvement que la terre accomplit sur elle-même et autour du soleil, comme centre du monde. Je citerai encore Séleucus d'Érythres ou de Babylone (31), s'efforçant, un siècle plus tard, d'appuyer sur des preuves nouvelles l'opinion du précurseur de Copernic, d'Aristarque, qui avait jusque-là trouvé peu d'écho, et Hipparque, le créateur de l'astronomie scientifique, celui qui, de toute l'antiquité, fournit à la science le plus d'observations personnelles. C'est Hipparque qui, chez les Grecs, fut proprement le premier auteur des tables astronomiques, et constata la précession des équinoxes (32); il fut conduit à cette grande découverte en comparant les observations que lui-même avait faites sur les étoiles fixes, à Rhodes, et non pas, comme on l'a dit, à Alexandrie, avec celles de Timocharis et d'Aristylle, sans que vraisemblablement il soit besoin de supposer pour cela l'apparition d'une nouvelle étoile (33). Il n'est pas douteux que les Égyptiens eussent pu être conduits au même résultat, à force de considérer le lever héliaque de Sirius (34).

Les travaux d'Hipparque offrent encore ce caractère particulier, d'avoir mis à profit les phénomènes observés dans les régions célestes, pour déterminer la position des lieux géographiques. Cette liaison entre la connaissance du ciel et celle de la terre, le reflet de l'une de ces deux sciences dans l'autre, ajoute à la grande idée de l'univers plus d'unité et de vie. La nouvelle carte du monde, dressée par Hipparque, d'après celle d'Ératosthène, repose, dans tous les cas où cela était possible, sur des observations astronomiques; les longitudes et les latitudes géographiques y sont déterminées d'après les éclipses de lune et la mesure des ombres. D'une part l'horloge hydraulique de Ctésibius, perfectionnement de la clepsydre, pouvait procurer une division plus exacte du temps; de l'autre les instruments en usage chez les astronomes d'Alexandrie pour déterminer les divers points de l'espace et mesurer les angles, étaient sans cesse remplacés par de plus parfaits, depuis l'ancien *gnomon* et les *scaphes* jusqu'à l'invention des *astrolabes*, des *armilles solsticiales* et des *linéales dioptriques*. Ainsi l'homme, servi en quelque sorte par des organes nouveaux, arriva graduellement à une notion plus précise de tous les mouvements qui s'accomplissent dans le système planétaire. La connaissance de la grandeur absolue des corps célestes, de leur forme, de leur densité et de leur constitution physique, resta seule stationnaire pendant des milliers d'années.

Le nombre des mathématiciens éminents ne se borne pas à quelques astronomes-observateurs du musée d'Alexandrie. L'âge des Ptolémées fut avant tout la période la plus brillante des sciences mathématiques. Le même siècle vit apparaître Euclide, qui le premier fit des mathématiques une science; Appollonius de Perge et Archimède, qui visita l'Égypte et se rattache par Conon à l'école d'Alexandrie. La longue route qui conduit de l'analyse géométrique, telle que l'entendait Platon, et des triangles de Ménechme (35) jusqu'à l'âge de Kepler et de Tycho, d'Euler et de Clairaut, de d'Alembert et de Laplace, est marquée par une suite de découvertes mathématiques, sans lesquelles les lois qui règlent les mouvements des grands corps du monde et leurs rapports réciproques dans les espaces célestes fussent restés éternellement un secret pour le genre humain. D'abord un instrument matériel, le télescope, a supprimé la distance en pénétrant à travers l'espace; il a porté les mathématiques dans les régions lointaines du ciel par la combinaison des idées, et a pris une possession assurée d'une partie de ce vaste domaine; et voici qu'aujourd'hui, dans ce temps si fécond en découvertes scientifiques, à l'aide de tous les éléments dont permet de disposer l'état actuel de l'astronomie, l'œil de l'intelligence a pu voir une planète, en déterminer le lieu céleste, l'orbite et la masse, avant même que le télescope ait été dirigé sur elle (36).

IV

PÉRIODE

DE LA DOMINATION ROMAINE.

INFLUENCE D'UNE VASTE RÉUNION D'ÉTATS SUR LES PROGRÈS DE L'IDÉE DU MONDE. — LA CONNAISSANCE DE LA TERRE RENDUE PLUS FACILE PAR LES RELATIONS COMMERCIALES. — STRABON ET PTOLÉMÉE. — COMMENCEMENTS DE L'OPTIQUE MATHÉMATIQUE ET DE LA CHIMIE. — ESSAI D'UNE DESCRIPTION DU MONDE PAR PLINE. — LE CHRISTIANISME FAIT NAITRE ET DÉVELOPPE LE SENTIMENT DE L'UNITÉ DE LA RACE HUMAINE.

Lorsqu'on poursuit les progrès intellectuels de l'humanité et le développement successif de l'idée de l'univers, la période de la domination romaine se présente comme un des moments les plus importants de cette histoire. Pour la première fois, on trouve réunies dans une alliance étroite toutes les contrées fertiles qui entourent le bassin de la mer Méditeranée, sans compter les vastes pays qui s'ajoutèrent encore à cet immense empire, surtout dans l'orient.

C'est ici le lieu de dire encore une fois comment le tableau de l'histoire du monde que je m'efforce d'esquisser à grands traits, reçoit de l'apparition d'un tel assemblage d'états si intimement liés entre eux un intérêt nouveau, dû à l'unité de composition (37). Notre civilisation, c'est-à-dire le développement intellectuel de tous les peuples du continent européen, peut être considérée comme ayant poussé ses racines dans la civilisation des peuples répandus sur les côtes de la Méditerranée, et comme étant un rejeton direct de celle des Grecs et des Romains. La dénomination trop exclusive peut-être de littérature classique, donnée aux littératures grecque et latine, tient à ce que nous avons conscience de l'origine de nos plus anciennes connaissances, à ce que nous savons d'où est partie l'impulsion première qui nous a fait entrer dans un cercle d'idées et de sentiments en rapport intime avec la dignité morale et l'élévation intellectuelle d'une race privilégiée (38). Sans doute, même en considérant les choses à ce point de vue, il y a un grand intérêt à rechercher les éléments qui, partant de la vallée du Nil et de la Phénicie, de l'Euphrate et de l'Inde, sont venus par des routes diverses et trop peu explorées jusqu'ici, affluer dans le vaste fleuve de la civilisation grecque et latine. Mais ces éléments mêmes, c'est aux Grecs, c'est aux Romains, placés entre les Grecs et les Étrusques, que nous en sommes redevables. Combien, en effet, ne s'est-il pas écoulé de temps avant que les grands monuments des peuples qui les avaient précédés dans la carrière de la civilisation pussent être observés directement, interprétés et classés d'après leur âge ; avant qu'on arrivât à lire ces hiéroglyphes et ces caractères cunéiformes devant lesquels les armées et les caravanes avaient passé et repassé pendant tant de siècles, sans rien soupçonner de leur sens mystérieux !

Les deux presqu'îles dont les riches articulations se détachent sur la partie septentrionale de la mer Méditerranée ont donc été le point de départ de la culture intellectuelle et de l'éducation politique, pour les peuples qui possèdent en ce moment et accroissent chaque jour le trésor impérissable, nous l'espérons, de la science et des arts créateurs, pour les peuples qui, à leur tour, ont été répandre la civilisation dans un autre hémisphère, et, en se flattant d'y porter l'esclavage, ont fini, malgré eux, par y implanter la liberté. Cette origine commune de la science et des idées n'empêche pas cependant que, même sur notre continent, l'unité et la diversité ne se mêlent heureusement, comme par une faveur du sort. Les éléments qui concoururent à fonder cette alliance ne différaient pas moins en eux-mêmes que par l'appropriation et la transformation qu'ils subirent plus tard, en se pliant aux caractères opposés et aux dispositions particulières de toutes les races de l'Europe. Le reflet de ces contrastes s'est conservé, même par delà l'océan, dans des colonies et des établissements qui sont devenus de grands états libres, ou qui travaillent à perfectionner leur organisation, en vue d'atteindre le même but.

La puissance romaine, si l'on considère l'étendue du territoire qu'elle occupait dans sa forme monarchique sous les Césars, est sans doute, absolument parlant, moins vaste que l'empire chinois sous la dynastie des Thsin et des Han de l'Orient (de l'an 30 avant J.-C. à l'an 116 de notre ère), que la domination des Mongols sous Dschingischan, ou les contrées qui forment actuellement l'empire russe en Europe et en Asie (39). Mais à l'exception de la monarchie espagnole, avant la perte de ses possessions dans le nouveau continent, jamais, en tenant compte à la fois des bienfaits du climat, de la fécondité du sol et de la situation relative de l'empire romain, jamais on ne vit, réunies sous le même sceptre, des contrées plus vastes et plus favorisées que celles où s'étendait la domination romaine entre Octave et Constantin.

Depuis l'extrémité occidentale de l'Europe jusqu'à l'Euphrate, depuis la Bretagne et une partie de la Calédonie jusqu'à la Gétulie et à la limite où commencent les déserts de la Libye, on n'était pas frappé seulement de la variété infinie des aspects que présentent la conformation du sol, les productions organiques et les phénomènes naturels; la race humaine offrait aussi toutes les nuances de la civilisation et de la barbarie. Ici elle était en possession d'arts et de sciences datant d'une haute antiquité, là elle était encore plongée dans le premier crépuscule où flotte l'intelligence à son réveil. Les lointaines expéditions, dirigées au nord et au midi vers les côtes qui produisaient l'ambre, celles que conduisirent Ælius Gallus et Balbus dans l'Arabie et dans le pays des Garamantes, furent suivies de succès inégaux. Déjà, sous César, puis sous Auguste, on commença à mesurer la surface de l'empire, et à cette opération, dont avaient été chargés trois géomètres grecs Théodote, Zénodote et Polyclète, on joignit des itinéraires et des topographies spéciales qui devaient être distribuées à tous les gouverneurs de provinces (40). Il est juste de dire que pareille chose s'était déjà pratiquée en Chine bien des siècles auparavant; mais pour l'Europe, ce sont les premiers travaux de statistique dont elle puisse se faire honneur. Les routes romaines, partagées en milles, traversaient de vastes préfectures. Adrien, qui parcourut tout son empire, n'employa pas à ce voyage moins de onze ans, avec des interruptions, il est vrai. Il visita tout l'espace compris depuis la péninsule Ibérique jusqu'à la Judée, l'Égypte et la Mauritanie. Ainsi fut ouverte et rendue praticable une partie considérable du monde soumise à la domination romaine : *pervius orbis*, comme le dit avec un peu moins de raison le chœur de la *Médée* de Sénèque, en parlant de la terre entière (41).

On eût pu s'attendre qu'à la faveur d'une longue paix, la réunion en une seule monarchie de tant de vastes contrées et de climats si divers, que la facilité avec laquelle les provinces étaient traversées par des fonctionnaires escortés d'une suite nombreuse d'hommes diversement instruits, auraient profité d'une manière merveilleuse, non pas seulement à la description de la terre, mais à la science même de la nature, et auraient fait naître des vues plus élevées sur l'ensemble des phénomènes. Ces espérances étaient trop ambitieuses sans doute; elles n'ont pas été remplies. Dans toute la longue période où l'empire romain conserva son intégrité, pendant un espace de quatre siècles, on ne voit apparaître comme observateurs de la nature que Dioscoride de Cilicie et Galien de Pergame. Le premier augmenta d'une manière notable le nombre des espèces végétales déjà décrites; il doit être placé néanmoins fort au-dessous de Théophraste, qui a su marquer partout l'empreinte de son esprit philosophique. Galien étendit ses observations à un grand nombre d'espèces d'animaux, et par la finesse de ses analyses, par la portée de ses découvertes anatomiques, mérita d'être placé auprès d'Aristote, et très-souvent au-dessus de lui. Tel est du moins le sentiment de Cuvier (42).

A côté de Dioscoride et de Galien, il est encore un nom, mais un seul, qui a jeté de l'éclat: c'est celui de Ptolémée. Nous ne le citons pas ici comme géographe ou comme inventeur d'un système nouveau d'astronomie; nous ne voyons en lui dans ce moment que le physicien qui, par ses expérimentations, est parvenu à mesurer la réfraction de la lumière, et peut être considéré comme le fondateur d'une partie considérable de l'optique. Ses droits n'ont été reconnus que tard, bien qu'on ne puisse les révoquer en doute (43).

Pour nous, si importants qu'aient été les progrès accomplis dans la sphère de la vie organique et dans les considérations générales qui sont du domaine de l'anatomie comparée, nous ne pouvons pourtant nous dispenser, en étudiant une période antérieure de cinq cents ans à celle des Arabes, d'accorder une attention particulière aux expériences physiques qui ont révélé la marche des rayons lumineux. C'est en effet comme le premier pas dans une carrière qui ne faisait alors que de s'ouvrir, et dont le terme est la physique mathématique.

Les hommes éminents qui jetèrent l'éclat de la science sur la période impériale étaient tous d'origine grecque. Je ne parle pas de Diophante, algébriste profond, mais, qui faute de formules suffisantes, était encore borné aux procédés de l'arithmétique; il appartient à une époque postérieure (44). Dans le tiraillement qu'éprouvait la civilisation au temps de l'empire romain, la victoire resta à l'élément le plus ancien et le plus heureusement organisé, à la race grecque. Mais après la décadence successive de l'école d'Alexandrie, les lumières de la science et de la philosophie s'affaiblirent et se dispersèrent. On les verra renaître plus tard en Grèce et en Asie Mineure. Comme il arrive dans toutes les monarchies absolues, qui, étendues sur des espaces immenses, offrent l'assemblage des parties les plus hétérogènes, le gouvernement s'appliquait surtout à conjurer la rupture menaçante de cette alliance factice par la discipline militaire et par l'émulation qu'il introduisait dans l'administration en la subdivisant, à voiler les discordes intestines de la famille impériale par l'alternative de la sévérité et de la douceur, enfin à assurer aux peuples, sous des gouverneurs illustres, le triste repos que peut procurer temporairement le despotisme accepté sans résistance.

L'établissement de la domination romaine fut sans doute l'effet de la grandeur inhérente au caractère romain, de la sévérité qui se maintint longtemps dans les mœurs, d'un patriotisme exclusif et allié à un haut sentiment de soi-même. Mais ce résultat une fois obtenu, les nobles qualités qui l'avaient produit se trouvèrent peu à peu affaiblies et dénaturées, sous l'influence inévitable des relations nouvelles. Avec l'esprit national s'éteignit l'ardeur commune à tous les citoyens, et en même temps disparurent la publicité et le principe de l'individualité qui sont les deux plus fermes soutiens des États libres. La Ville éternelle était devenue le centre d'une trop vaste circonférence. Il manquait l'esprit qui eût pu, sans s'épuiser, animer cette vaste corporation d'États. La religion chrétienne devint la religion de l'empire, lorsqu'il était déjà profondément ébranlé, et que les effets bienfaisants de la doctrine nouvelle étaient frappés d'impuissance par les querelles dogmatiques des sectes ennemies. Aussi vit-on dès lors commencer le douloureux combat de la science et de la foi qui, se renouvelant sans cesse sous des formes diverses, se prolongea à travers tous les siècles, et fut un obstacle constant à la recherche de la vérité.

Si l'Empire romain, à cause de son étendue et de la constitution politique qui en était la conséquence, fut impuissant à entretenir et à vivifier les forces intellectuelles et créatrices de l'humanité, tout au contraire de ce qui était advenu dans les petites républiques grecques isolées et indépendantes, il avait en revanche d'autres avantages qui ne doivent pas être oubliés. L'expérience et la multiplicité des observations amenèrent une abondante moisson d'idées. Le monde des objets extérieurs fut considérablement agrandi, et ainsi fut rendue plus facile pour les siècles à venir la contemplation réfléchie des phénomènes de la nature. Les relations entre les peuples furent activées par la domination romaine; la langue latine se répandit dans tout l'occident et une partie de l'Afrique septentrionale. En orient, l'hellénisme demeura naturalisé longtemps après la ruine de l'empire de Bactriane, arrivée sous Mithridate I, treize ans avant l'invasion des Saces ou Scythes.

Si l'on compare l'étendue des pays où avaient respectivement pénétré les langues grecque et latine, la seconde prit le pas sur la première, même avant que le siége de l'empire eût été transféré à Byzance. Les progrès de ces deux idiomes si perfectionnés et si riches en monuments littéraires, contribuèrent encore à mêler et à fondre plus intimement tant de races différentes, à les rendre plus civilisées et plus perfectibles, « à faire les hommes plus *humains*, comme dit Pline, et à leur créer une patrie commune (45). » Cependant quelque mépris que l'on professât en général pour les langues des barbares, que l'on ne craignait pas d'appeler muets (ἄγλωσσοι), d'après le témoignage de Pollux, il n'est pas sans exemple qu'à Rome on ait fait traduire, à l'imitation des Lagides, quelque œuvre littéraire du carthaginois en latin. Il est notoire que le livre de Magon sur l'agriculture fut traduit par l'ordre du sénat.

La domination romaine qui, à l'ouest, en suivant la côte septentrionale de la Méditerranée, avait atteint le promontoire Sacré, c'est-à-dire l'extrémité la plus reculée du continent européen, ne s'étendait à l'est, même du temps de Trajan qui navigua sur le Tigre, que jusqu'au méridien du golfe Persique. C'est de ce côté que, dans la période dont nous esquissons le tableau, les relations des peuples et le commerce par terre, si important pour la géographie, firent les progrès les plus considérables. Il s'y joignit, après la chute de l'empire grec de Bactriane, des communications avec les Sères, grâce à la puissante entremise des Arsacides. Mais ce n'étaient là toutefois que des rapports indirects, insuffisants pour compenser le tort fait aux relations immédiates des Romains avec les peuples de l'Asie intérieure par l'activité que les Parthes déployèrent dans leur commerce de seconde main. Le contre-coup des mouvements accomplis à l'extrémité de la Chine opéra une révolution rapide et complète, bien que peu durable, dans l'état politique des immenses contrées comprises entre la chaîne volcanique des monts Célestes ou Thian-chan et celle du Kouen-lun qui traverse le Tibet septentrional. Une armée chinoise poussa devant elle les Hioungnou, rendit tributaires les petits royaumes de Khotan et de Kaschgar, et porta ses armes victorieuses jusque sur les côtes orientales de la mer Caspienne; je veux parler de la grande expédition du chef Pantschab, accomplie sous l'empereur Mingti, de la dynastie des Han, c'est-à-dire vers le règne de Vespasien et de Domitien. Les historiens chinois attribuent encore un plan plus vaste à ce hardi et heureux conquérant. Ils assurent qu'il ne se proposait rien moins que d'envahir l'empire romain (Tathsin), mais que les Perses l'en avaient détourné (46). Ainsi furent établies des relations entre les côtes de la mer Pacifique, le Chensi et ce bassin de l'Oxus où depuis longtemps on entretenait un commerce actif avec la mer Noire.

Les grandes invasions furent dirigées en Asie de l'est à l'ouest et, dans le nouveau continent, du nord au sud. Un siècle et demi avant notre ère, à peu près au temps de la destruction de Corinthe et de Carthage, les Hioungnou, race turque, que de Guignes et Jean de Muller ont confondus avec les Huns de race finnoise, en faisant irruption près de la muraille de la Chine chez les Youeti (peut-être bien les Gètes) et les Ousuns, peuples remarquables par leurs cheveux blonds et leurs yeux bleus et probablement de race indogermanique, donnèrent le premier branle à ces migrations qui ne devaient atteindre les frontières de l'Europe que cinq cents ans plus tard (47). Ainsi des flots de populations, attirés vers l'occident, se sont lentement écoulés depuis la vallée supérieure de l'Houangho jusqu'au Don et au Danube, tandis que des mouvements en sens contraire mêlaient une partie de la race humaine avec l'autre, dans la partie septentrionale de l'ancien continent, et faisaient éclater entre elles des hostilités qui plus tard se changeaient en relations de paix et de commerce. Ces grands courants de peuples qui, comme les courants océaniques, suivent leur marche entre des masses immobiles, sont des événements d'une haute portée dans l'histoire de la contemplation du monde.

Sous le règne de l'empereur Claude, une ambassade envoyée par le Rachia de l'île de Ceylan, vint à Rome en traversant l'Égypte ; et sous Marc-Aurèle Antonin, nommé An-toun par les historiens de la dynastie des Han, des ambassadeurs romains parurent à la cour de Chine, après s'être rendus par mer jusqu'au Tounkin. Nous signalons, dès ce moment, les premières traces des relations que l'Empire romain entretint avec la Chine et avec l'Inde, parce que très-vraisemblablement c'est grâce à ces relations que se répandit dans ces deux contrées, vers les premiers siècles de notre ère, la connaissance de la sphère grecque, du zodiaque grec et de la semaine planétaire des astrologues (48). Les grands mathématiciens indiens Warahamihira, Brahmagoupta et peut-être même Aryabhatta sont postérieurs à l'époque qui nous occupe en ce moment (49); mais il se peut aussi que quelques-unes des découvertes appartenant originairement aux Hindous, et auxquelles ces peuples étaient arrivés par des voies solitaires et détournées, aient pénétré dans l'occident avant la naissance de Diophante, par suite des rapports commerciaux qui avaient pris de si vastes proportions sous les Lagides et les Césars. Il ne saurait être question ici de démêler ce qui appartient en propre à chaque race et à chaque période ; il suffit de rappeler en général quelles routes étaient ouvertes à la circulation des idées.

A quel point ces routes s'étaient multipliées, quel vaste développement avaient reçu de toute part les communications des peuples, c'est ce que montrent de la manière la plus frappante les gigantesques ouvrages de Strabon et de Ptolémée. L'ingénieux géographe d'Amasée n'apporte pas dans ses mesures la précision d'Hipparque ; il ne sait pas appliquer comme Ptolémée les principes mathématiques à la connaissance de la terre; mais pour la variété des matériaux et la grandeur du plan, son ouvrage dépasse tous les travaux géographiques de l'antiquité. Strabon, ainsi qu'il s'en vante volontiers, avait vu de ses propres yeux une partie considérable de l'Empire romain, « depuis l'Arménie jusqu'aux rivages Tyrrhéniens, depuis le Pont-Euxin jusqu'aux frontières de l'Éthiopie. » Après avoir écrit quarante-trois livres d'histoire, pour servir de continuation à l'histoire de Polybe, il eut le courage, dans sa quatre-vingt-troisième année, de commencer la rédaction de son grand ouvrage géographique (50). Il rappelle que, de son temps, la domination des Romains et celle des Parthes ont contribué plus encore à assurer le libre parcours du monde que les conquêtes d'Alexandre, dont les résultats confondaient Ératosthène. Le commerce de l'Inde n'était plus aux mains des Arabes. Strabon s'étonnait en Égypte de voir tellement accru le nombre des vaisseaux qui cinglaient directement de Myos Hormos vers les ports de l'Inde, et son imagination l'entraînait bien au delà de cette contrée, vers les côtes orientales de l'Asie (51). Sous la même latitude que le détroit de Gadès ou l'île de Rhodes, à l'endroit où, selon lui, une chaîne de montagnes non interrompue, prolongement du Taurus, partage l'ancien continent dans sa plus vaste largeur, il soupçonne l'existence d'*un autre continent*, situé entre l'Europe occidentale et l'Asie : « Il est très-possible, dit-il, qu'en suivant à travers l'océan Atlantique le parallèle de Thinæ (ou d'Athènes suivant une correction proposée par le dernier éditeur), on trouve encore, dans cette zone tempérée, un ou plusieurs mondes, peuplés par des races d'hommes différentes de la nôtre (52). » Il y a lieu de s'étonner qu'une telle assertion n'ait pas excité l'attention des écrivains espagnols qui, au commencement du XVIe siècle, croyaient voir partout chez les auteurs classiques la preuve que dès lors le nouveau monde n'était pas complétement inconnu.

Strabon dit très-bien que, dans toutes les œuvres d'art qui tendent à représenter quelque grande chose, on ne s'attache pas de préférence à l'achèvement des détails; c'est ainsi que lui-même, dans le monument colossal qu'il s'efforce d'élever, il veut avant tout attirer les regards sur la forme de l'ensemble. Cette disposition à généraliser les idées ne l'a pas empêché d'admettre un grand nombre d'observations physiques et surtout géognostiques, toutes très-dignes d'intérêt (53). Il mentionne successivement, comme Posidonius et Polybe, l'influence qu'exerce sur le maximum de la chaleur atmosphérique, dans les régions des tropiques ou de l'équateur, le passage plus rapide ou plus lent du soleil au zénith; les causes diverses des changements qu'a subis la surface de la terre; le percement de lacs qui originairement n'avaient pas d'issue; les courants océaniques et l'égal niveau des mers, reconnu déjà par Archimède, l'éruption des volcans sous-marins, les coquilles fossiles et les empreintes de poissons; enfin il signale un fait qui doit surtout nous frapper, parce qu'il est devenu le germe de la géologie moderne, je veux dire les osillations périodiques de l'écorce terrestre. Strabon dit expressément que les changements survenus dans les limites de la terre et de la mer tiennent plus au soulèvement ou à la dépression du sol qu'à des alluvions trop peu sensibles; « que ce ne sont pas seulement des masses isolées de rochers et des îles petites ou grandes, mais des continents tout entiers qui peuvent surgir du fond des mers. » Comme Hérodote, Strabon se montre attentif à la descendance des peuples et à la variété des races. Il donne de l'homme une définition remarquable, il l'appelle « un animal terrestre et aérien, qui a besoin de beaucoup delumière (54). » Toutefois, Jules César, dans ses *Commentaires*, et

Tacite, dans le beau monument qu'il a élevé à la gloire d'Agricola, sont les historiens qui ont appliqué le plus de sagacité à la distinction des races humaines.

Malheureusement l'ouvrage si vaste, si riche de Strabon, dont nous rassemblons ici les vues sur l'ensemble du monde, resta à peu près inconnu de l'antiquité romaine jusque dans le ve siècle. Pline même, malgré tout son savoir, n'en tira pas parti. C'est seulement vers la fin du moyen âge que ce livre commença à agir sur la direction des esprits; encore cette influence fut-elle moins grande que celle de la Géographie de Ptolémée, ouvrage plus spécialement mathématique, presque entièrement étranger aux idées de physique générale, et qui n'est guère qu'une sèche nomenclature. La Géographie de Ptolémée fut, jusque dans le XVIe siècle, le guide de tous les voyageurs. A chaque découverte, on croyait y reconnaître les nouvelles contrées, désignées sous d'autres noms. De même que, pendant longtemps, les naturalistes faisaient rentrer de force dans les classifications de Linné toutes les espèces récemment découvertes de plantes et d'animaux, de même, les premières cartes du nouveau continent parurent dans l'atlas de Ptolémée, que dressa Agathodémon à l'époque où déjà, chez les Chinois, les provinces occidentales de l'Empire étaient représentées en quarante-quatre divisions (55). La Géographie universelle de Ptolémée a sans doute l'avantage de reproduire sous nos yeux tout l'ancien monde, non-seulement d'une manière graphique, en traçant les contours, mais aussi numériquement, en déterminant les positions par la longitude et la latitude et par la durée des jours. Mais bien que Ptolémée ait souvent témoigné qu'il préférait les résultats astronomiques aux énonciations de distances par terre ou par eau, on ne peut malheureusement reconnaître sur quelle base sont établies chez lui chacune des déterminations de lieux, dont l'ensemble dépasse le nombre de 2500, ni quelle vraisemblance relative on doit leur attribuer, en les rapportant aux itinéraires alors en usage. Ignorant tout à fait la direction de l'aiguille aimantée, n'ayant pas par conséquent la ressource de la boussole, qui déjà, 1250 ans avant Ptolémée, entrait, avec un instrument destiné à mesurer les routes, dans la construction du char magnétique de l'empereur chinois Tschingwang, les Grecs et les Romains ne pouvaient apporter aucune pécision dans leurs itinéraires, quelque soin qu'ils y missent. Ils ne savaient pas déterminer assez exactement les directions des lignes, c'est-à-dire l'angle qu'elles formaient avec le méridien (56).

A mesure que de nos jours on a mieux connu les langues de l'Inde et le zend de l'ancienne Perse, on a reconnu avec une surprise croissante qu'une grande partie de la nomenclature géographique de Ptolémée est un monument historique des relations commerciales établies autrefois entre l'occident et les contrées les plus éloignées du sud et du centre de l'Asie (57). On peut compter parmi les résultats les plus importants de ces relations de s'être fait enfin une idée juste de la mer Caspienne, et d'avoir constaté qu'elle est fermée de toute part. Cette vérité fut rétablie par Ptolémée et renversa définitivement une erreur qui avait duré cinq siècles et demi. Hérodote et Aristote, qui, heureusement comme on sait, écrivait ses *Meteorologica* avant l'expédition d'Alexandre, avaient eu tous deux connaissance de ce fait. Les habitants d'Olbia, de la bouche desquels le père de l'histoire recueillait ses récits, étaient familiarisés avec la côte septentrionale de la mer Caspienne, entre le Kouma, le Wolga ou Rha et le Jaik, autrement appelé l'Oural. Rien ne pouvait faire naître en eux l'idée d'un débouché vers la mer Glaciale; il y avait au contraire de graves motifs d'erreur pour l'armée d'Alexandre, qui, descendant dans les forêts humides de la province de Mazandéran, au delà d'Hecatompylos (Damaghan), rencontrait la mer Caspienne auprès de Zadrakarta, un peu à l'ouest de la ville moderne d'Asterabad, et la voyait se perdre vers le nord dans l'infini. Cet aspect amena les Macédoniens à conjecturer, ainsi que le rapporte Plutarque dans la Vie d'Alexandre, que la mer qu'ils avaient sous les yeux pouvait être un golfe du Palus-Méotide (58). L'expédition macédonienne, qui eut en général de si heureuses conséquences pour la connaissance de la terre, fut aussi l'occasion de quelques erreurs qui se sont conservées pendant longtemps. Le Tanaïs fut confondu avec l'Iaxarte (l'Araxès d'Hérodote), le Caucase avec le Paropanisus (l'Hindou-kho). Ptolémée avait pu, dans son séjour à Alexandrie, se procurer des renseignements précis sur les contrées qui bornent la mer Caspienne, telles que l'Albanie, l'Atropatène et l'Hyrcanie, aussi bien que sur les expéditions commerciales des Aorses, dont les chameaux portaient les marchandises de l'Inde et de Babylone sur les bords du Don et de la mer Noire (59). Si, contrairement à l'image plus exacte que s'en faisait Hérodote, il se représenta le grand axe de la mer Caspienne dirigé de l'ouest à l'est, peut-être fut-il induit en erreur par une vague notion de l'étendue considérable qu'eut jadis l'ancien golfe de Scythie, le Karabogas, et par la proximité du lac d'Aral, dont la première mention précise se trouve chez un écrivain byzantin, chez Ménandre, le continuateur d'Agathias (60).

Il est regrettable que Ptolémée, qui de nouveau constata la véritable forme de la mer Caspienne, réputée longtemps une mer ouverte, par suite de l'hypothèse des *quatre golfes*, et même d'après les reflets qu'on avait imaginés dans la lune pour expliquer les taches dont son disque est parsemé (61), n'ait pas renoncé aussi à la fable de cette *contrée inconnue du midi* qui devait joindre le promontoire Prasum avec Cattigara et Thinæ (Sinarum Metropolis), par conséquent unir l'Afrique orientale avec le pays des Tsin (la Chine). Cette fable, qui fait de l'océan Indien une mer intérieure, a son principe dans des opinions qui remontent, par Marin de Tyr, à Hipparque, à Séleucus de Babylone, et même à Aristote (62). Il suffit, dans un essai historique sur le développement de l'idée de l'univers, d'avoir rappelé, par quelques exemples, comment de longues oscillations dans les découvertes et dans la science ont souvent obscurci de nouveau des points éclairés déjà d'un demi-jour. A mesure que, par les progrès croissants de la navigation et du commerce de terre, on pouvait croire embrasser toute l'étendue du globe, l'imagination des Grecs, incapable de repos, chercha de plus en plus, particulièrement dans l'époque alexandrine, sous les Lagides et sous la domination romaine, à fondre par des combinaisons ingénieuses les anciennes divinations avec les résultats positifs de la science, et à compléter à la hâte cette carte du monde dont les bases étaient à peine jetées.

Nous avons rappelé plus haut, d'une manière incidente, comment Claude Ptolémée est devenu, par son Optique, que les Arabes nous ont conservée, bien que très-incomplétement, le fondateur d'une partie de la physique mathématique. Cette partie, il est vrai, en ce qui concerne la réfraction de la lumière, avait été touchée déjà dans la Catoptrique d'Archimède, si l'on en croit Théon d'Alexandrie (63). La science a accompli un progrès considérable, lorsque les phénomènes physiques, au lieu d'être simplement observés et comparés les uns aux autres, comme nous en offrent de mémorables exemples, chez les Grecs, les nombreux et intéressants Problèmes du pseudo-Aristote, et chez les Latins, les livres de Sénèque, sont provoqués à dessein, et évalués numériquement dans des conditions que l'observateur modifie lui-même (64). Ce mode d'expérimentation caractérise les recherches de Ptolémée sur la réfraction des rayons lumineux, lors de leur passage à travers des milieux d'inégale densité. Ptolémée fait passer les rayons, de l'air dans l'eau et dans le verre ou de l'eau dans le verre, sous des degrés d'incidence différents : les résultats de ses expériences ont été par lui réunis en tableaux. Cette appréciation numérique, appliquée à des faits que l'expérimentateur suscite selon son gré, à des phénomènes naturels qui ne peuvent être ramenés au mouvement des ondes lumineuses, est un événement unique à l'époque dont nous traitons en ce moment. Aristote, pour expliquer les effets de la lumière, avait supposé que le milieu se meut entre l'œil et l'objet sur lequel il se fixe (65). La période de la domination romaine ne nous offre plus après cela, dans l'étude de la nature élémentaire, que quelques expériences chimiques de Dioscoride et, ainsi que je l'ai expliqué ailleurs, l'art de recueillir dans de véritables appareils de distillation les vapeurs qui s'échappent et retombent goutte à goutte (66). Comme la chimie ne peut commencer à exister que du moment où l'homme s'est procuré des acides capables de produire la fusion et la dissolution des substances, la distillation de l'eau de mer décrite par Alexandre d'Aphrodisias, sous Caracalla, est un fait considérable; il marque la marche par laquelle on est successivement parvenu à la connaissance de l'hétérogénéité des substances, de leur composition chimique et de leur affinité réciproque.

Pour la connaissance de la nature organique, après l'anatomiste Marin, après Rufus d'Éphèse qui s'appliqua à disséquer des singes et distingua les nerfs sensitifs et les nerfs moteurs, après Galien de Pergame qui éclipsa tous ses rivaux, on ne trouve plus aucun nom à citer. L'Histoire des Animaux par Élien de Préneste, le poëme d'Oppien sur les poissons, contiennent des renseignements épars, mais non des résultats positifs, fondés sur des observations personnelles. On a peine à s'expliquer comment le nombre infini d'animaux rares qui, pendant quatre siècles, furent égorgés dans les cirques romains, les éléphants, les rhinocéros, les hippopotames, les élans, les lions, les tigres, les panthères, les crocodiles et les autruches furent si complétement perdus pour l'anatomie comparée (67). Nous avons parlé déjà de ce qu'a fait Dioscoride pour la connaissance générale des végétaux; il a exercé une influence puissante et soutenue sur la botanique et la chimie pharmaceutique des Arabes. Le jardin botanique que possédait à Rome un médecin plus que centenaire, Antonius Castor, et qui peut-être avait été disposé à l'imitation des jardins botaniques de Théophraste et de Mithridate, n'a vraisemblablement pas été plus utile au progrès des sciences que la collection d'ossements fossiles de l'empereur Auguste et les collections d'objets naturels dont, sur de très-faibles raisons, on a fait honneur au spirituel Apulée de Madaura (68).

Pour achever le tableau des progrès accomplis dans la science de l'univers, pendant la période de la domination romaine, il nous reste à mentionner la grande entreprise de Pline l'Ancien, qui s'efforça d'embrasser une description générale du monde dans les trente-sept livres de son histoire. On ne trouverait pas dans toute l'antiquité un second exemple d'une tentative semblable. L'ouvrage, en cours d'exécution, finit par devenir une sorte d'encyclopédie de la nature et de l'art. L'auteur, dans sa dédicace à Titus, ne craint pas d'employer lui-même l'expression, plus relevée alors qu'aujourd'hui, de ἐγκυκλοπαιδεία, ce qui revient à dire le cercle de toutes les sciences qui servent à former l'esprit. On ne saurait nier néanmoins que, malgré le manque de liaison entre les parties, l'ensemble de cet ouvrage n'offre bien l'esquisse d'une description physique du Monde.

L'histoire Naturelle de Pline, nommée dans la table des matières qui forme aujourd'hui ce que l'on appelle le premier livre *Historiæ Mundi*, et mieux *Naturæ Historia*, dans une lettre de Pline le Jeune à son ami Macer, comprend à la fois le ciel et la terre, la position et le cours des planètes, les phénomènes météorologiques de l'atmosphère, la configuration de la surface terrestre et tout ce qui s'y rattache, depuis la couche de végétaux qui la recouvre et les mollusques de l'océan jusqu'à l'espèce humaine. Pline considère les distinctions que créent chez les différentes races les facultés de l'intelligence et suit la glorification de l'humanité jusque dans l'épanouissement des arts plastiques. Je cherche à indiquer ici les éléments de cette science générale de la nature qui sont répandus presque sans ordre dans le grand ouvrage de Pline. « La route que je vais parcourir, dit-il avec une noble confiance en lui-même, n'a pas encore été foulée (non trita auctoribus via); personne parmi nous, personne chez les Grecs n'a entrepris de traiter à soi seul de l'universalité du monde (nemo apud Græcos qui unus omnia tractaverit). Si j'échoue dans mon entreprise, ce sera encore une belle et grande chose (pulchrum atque magnificum) d'avoir osé la tenter. »

Cet homme d'un esprit si pénétrant voyait flotter devant lui une grande image; mais distrait par les détails, il n'a pas su tenir cette image fixée sous ses yeux, faute d'observer par lui-même et de vivifier la nature. L'exécution est restée incomplète, non pas seulement parce qu'il avait une connaissance trop légère des objets qu'il se proposait de traiter et souvent même les ignorait, mais aussi faute de plan et d'ordonnance. Nous en pouvons juger d'après les ouvrages dont il fit des extraits et qui sont parvenus jusqu'à nous. On reconnaît dans Pline l'Ancien un homme éminent et partagé entre un grand nombre d'occupations, qui se faisait gloire volontiers de ses veilles prolongées et de son travail nocturne, mais qui, comme gouverneur de l'Espagne ou chargé du commandement de la flotte dans la mer Tyrrhénienne, abandonna trop souvent à des subalternes peu instruits le soin de remplir le cadre de cette compilation sans fin. Non pas que ce travail de compilation, qui consistait à recueillir patiemment des observations et des faits isolés, tels que pouvait les livrer la science à cette époque, fût une chose blâmable en soi. Si le succès ne fut pas plus complet, cela tint à l'impuissance où se trouva Pline de dominer les matériaux amassés, de subordonner l'élément descriptif à des conceptions plus générales et plus hautes, de se maintenir fermement au point de vue d'une science comparée de la nature. Des aperçus plus élevés, et non pas seulement orographiques, mais vraiment géognostiques, existaient déjà en germe dans Ératosthène et dans Strabon. Le premier a été mis à profit par Pline une seule fois, le second ne l'a jamais été. Pline n'a pas su non plus puiser dans l'histoire anatomique des animaux d'Aristote, ni la division en grandes classes, fondée sur les différences essentielles de l'organisme intérieur, ni l'intelligence de cette méthode d'induction, la seule qui se puisse appliquer sûrement à la généralisation des résultats obtenus.

Pline débute par des considérations panthéistiques et descend ensuite du ciel sur la terre. De même qu'il reconnaît la nécessité de présenter la puissance et la grandeur de la nature (naturæ vis atque majestas) comme un grand tout agissant simultanément, il distingue au début du IIIe livre une connaissance générale et une connaissance spéciale de la terre; mais cette distinction est bientôt mise de côté, lorsqu'il s'engage dans une aride nomenclature de contrées, de montagnes et de fleuves. La plus grande partie des livres VIII-XXVII, XXXIII et XXXIV, XXXVI et XXXVII est remplie par des descriptions empruntées aux trois règnes de la nature. Pline le Jeune, dans une de ses lettres, caractérise avec beaucoup de justesse le livre de son oncle : il l'appelle un ouvrage diffus et savant, non moins varié que la nature même (opus diffusum, eruditum nec minus varium quam ipsa natura). Il y a beaucoup de choses que l'on a reproché à Pline d'avoir introduites dans son histoire, comme formant des hors-d'œuvre, et que, pour ma part, je suis disposé à louer. Ce qui me charme surtout, c'est qu'il revient souvent, et toujours avec prédilection, à l'influence que la nature a exercée sur la moralité et le développement intellectuel de la race humaine. J'avoue toutefois que les diverses parties ne se rattachent pas heureusement les unes aux autres. On peut s'en assurer en parcourant les passages suivants : VII, 24-47; XXV, 2; XXVI, 1; XXXV, 2; XXXVI, 2-4; XXXVII, 1. Après avoir, par exemple, analysé les substances minérales et végétales, l'auteur passe à un fragment historique sur les arts plastiques. Il est vrai que ce fragment a, dans l'état actuel de nos connaissances, plus d'importance que tout ce que peut nous offrir l'ouvrage de Pline, en fait de descriptions naturelles.

Le style de Pline a plus de vie et d'animation que de véritable grandeur ; il est rarement pittoresque. On sent que l'auteur a puisé ses impressions dans des livres et non à la source de la libre nature, bien qu'il ait pu la contempler sous des zones très-différentes. Il a répandu partout une couleur sombre et monotone. Cette disposition sentimentale se mêle d'une teinte d'amertume, lorsqu'il touche à l'état et à la destinée de la race humaine. Alors, presqu'à l'égal de Cicéron, bien qu'avec moins de simplicité dans le langage, il présente comme un encouragement et une consolation le spectacle offert par le grand tout de la nature à ceux qui en sondent les profondeurs (69).

La conclusion de l'Histoire Naturelle de Pline, du plus grand monument que la littérature latine ait légué à la littérature du moyen âge, est bien conçue dans l'esprit qui convient à une description du monde. Elle contient, ainsi que nous en pouvons juger depuis la découverte du manuscrit trouvé en 1831 (70), un coup d'œil comparatif jeté sur l'histoire naturelle des contrées situées dans des zones différentes, l'éloge de l'Europe méridionale comprise entre les limites naturelles de la Méditerranée et de la chaîne des Alpes, enfin l'éloge du ciel de l'Hespérie « où la douceur d'un climat tempéré a dû, suivant un dogme des premiers pythagoriciens, aider de bonne heure la race humaine à dépouiller la rudesse de l'état sauvage. »

L'influence de la domination romaine, agissant sans relâche comme un élément de rapprochement et de fusion, devait être retracée, dans l'histoire de la contemplation du monde, avec d'autant plus de force et d'insistance que, à une époque où les liens se relâchent et sont bientôt complétement détruits par l'invasion des barbares, on peut encore la suivre et la reconnaître dans ses conséquences éloignées. Claudien, au nom duquel, dans un siècle bien déshérité de toute jouissance littéraire, sous Théodose le Grand et ses fils, se rattache le souvenir d'une nouvelle floraison poétique, s'exprime en ces termes, trop louangeurs à la vérité, sur la domination des Romains (71) :

Hæc est, in gremium victos quæ sola recepit,
Humanumque genus communi nomine fovit,
Matris, non dominæ, ritu; civesque vocavit
Quos domuit, nexuque pio longinqua revinxit.
Hujus pacificis debemus moribus omnes
Quod veluti patriis regionibus utitur hospes.....

Des moyens matériels de contrainte, des formes de gouvernement habilement combinées, une longue habitude de l'asservissement, pouvaient sans doute rapprocher les peuples et les faire sortir de leur existence isolée; mais le sentiment de la parenté et de l'unité de la race humaine, la conscience des droits communs à toutes les familles qui la composent ont une plus noble origine; ils sont fondés sur les rapports intimes du cœur et sur les convictions religieuses. C'est surtout au christianisme que revient l'honneur d'avoir mis en évidence l'unité du genre humain, et d'avoir, par ce moyen, fait pénétrer le sentiment de la dignité humaine dans les mœurs et dans les institutions des peuples. Bien que profondément mêlée avec les premiers dogmes chrétiens, l'idée de l'humanité fut lente à prévaloir, parce que dans le temps où, par des motifs politiques, la foi nouvelle devint à Byzance la religion de l'état, ses adeptes étaient engagés déjà dans de misérables querelles de parti, que les communications lointaines entre les peuples étaient suspendues, et les fondements de l'empire ébranlés par les attaques du dehors. On peut même dire que, dans les états chrétiens, la liberté personnelle de nombreuses classes d'hommes n'a trouvé pendant longtemps aucun appui auprès des possesseurs de biens ecclésiastiques et des corporations religieuses.

Ces empêchements étrangers et beaucoup d'autres, qui font obstacle au progrès intellectuel de l'humanité et à la dignité de la vie sociale, s'évanouissent peu à peu. Le principe de la liberté individuelle et de la liberté politique a ses racines dans l'inébranlable conviction d'une égale légitimité chez tous les êtres qui composent la race humaine. L'humanité, ainsi que je l'ai dit ailleurs (72), se présente sous la forme d'un vaste tronc fraternel, comme un tout constitué en vue de parvenir à un but unique, qui est le libre développement de la force intérieure. Cette considération de la destinée humaine, et des efforts tantôt traversés, tantôt triomphants, par lesquels l'homme marche à l'accomplissement de cette destinée, est une des choses les plus propres à élever et à spiritualiser *la vie de l'univers*, et n'est nullement une découverte des temps modernes. En esquissant une époque considérable de l'histoire du monde, la période où l'empire romain étendit sa loi sur la terre et où naquit le christianisme, il convenait de rappeler surtout comment les vues s'agrandirent, quelle influence douce et persévérante, bien que lente dans ses effets, s'exerça sur l'intelligence et les mœurs.

V

PÉRIODE

DE LA DOMINATION ARABE.

INVASION DES ARABES. — CULTURE INTELLECTUELLE DE CETTE PARTIE DE LA RACE SÉMITIQUE. — INFLUENCE D'UN ÉLÉMENT ÉTRANGER SUR LE DÉVELOPPEMENT DE LA CIVILISATION EUROPÉENNE. — CARACTÈRE NATIONAL DES ARABES ET PENCHANT A SE FAMILIARISER AVEC LES FORCES DE LA NATURE. — ÉTUDE DE LA CHIMIE ET DES SUBSTANCES MÉDICALES. — PROGRÈS DE LA GÉOGRAPHIE PHYSIQUE DANS L'INTÉRIEUR DES CONTINENTS, DE L'ASTRONOMIE ET DES SCIENCES MATHÉMATIQUES.

Nous avons jusqu'ici, en esquissant l'histoire de la contemplation du monde, c'est-à-dire en exposant le développement successif de l'idée de l'univers, signalé quatre phases principales. D'abord ce sont les efforts tentés pour pénétrer, en partant du bassin de la Méditerranée, à l'est vers le Pont et le Phase, au midi vers la terre d'Ophir et les pays de l'or situés sous les tropiques, à l'ouest dans l'Océan qui enveloppe le monde, à travers les colonnes d'Hercule. Plus tard viennent l'expédition macédonienne sous Alexandre le Grand, la période des Lagides et celle de la domination romaine. Actuellement nous passons à l'influence puissante que les Arabes, élément étranger heureusement mêlé à la civilisation européenne, ont exercée sur la science physique et mathématique de la nature, sur la connaissance des espaces de la terre et du ciel, de leur conformation et de leur étendue, des substances hétérogènes qui les composent et des forces intérieures qu'ils recèlent. Nous nous proposons ensuite d'étudier l'impulsion donnée dans le même sens, six ou sept siècles plus tard, par les découvertes maritimes des Portugais et des Espagnols. La découverte et l'exploration du nouveau continent, qui permit de contempler ces Cordillères où grondent tant de volcans, ces plateaux dans lesquels tous les climats semblent superposés les uns aux autres, cette couche végétale qui se déroule dans un espace de 120 degrés de latitude, marquent sans contredit la période où s'offrit à l'esprit humain, dans le plus court espace de temps possible, le plus riche trésor d'observations nouvelles sur la nature.

A partir de ce moment, on s'efforcerait en vain de rattacher les progrès de la science du monde à des faits politiques dont l'influence est renfermée nécessairement dans un rayon déterminé. C'est en vertu de sa propre force que désormais l'intelligence produira de grandes choses; elle n'a plus besoin d'être sollicitée par les événements extérieurs pour agir à la fois dans des directions très-diverses. Guidée par une nouvelle association d'idées, elle se crée des organes nouveaux pour analyser le tissu délicat de la substance animale et végétale, ou pour pénétrer dans les vastes régions du ciel. Tel est l'aspect sous lequel se présente à nous le XVIIe siècle. Dignement inauguré par l'invention du télescope et par les conséquences immédiates de cette invention, depuis la découverte des satellites de Jupiter, des croissants ou des phases de Vénus et des taches du soleil par Galilée, jusqu'à la théorie d'Isaac Newton sur la gravitation universelle, il apparaît comme la période la plus brillante d'une science qui pourtant ne faisait guère que de naître, de l'astronomie physique. Cette communauté d'efforts, l'accord entre l'observation des espaces célestes et les calculs mathématiques, signale une phase très-distincte dans l'histoire du développement intellectuel qui depuis a suivi son cours sans interruption.

A mesure que l'on approche du temps présent, il devient plus difficile de mettre en lumière des faits isolés; cela tient à ce que l'activité humaine se meut dans un plus grand nombre de directions, et qu'un lien plus étroit unit toutes les branches de la science, en même temps qu'un ordre nouveau s'établit dans les relations sociales et politiques. S'il s'agissait simplement d'exposer ici ce que l'on peut appeler l'histoire des sciences physiques et naturelles, s'il était question, par exemple, de la botanique et de la chimie, il serait possible de procéder de la même manière jusqu'à nos jours, en détachant les périodes pendant lesquelles les progrès ont été le plus considérables, et où des vues nouvelles se sont fait jour soudainement. Mais dans l'histoire de la contemplation du monde qui, en raison de sa nature, ne peut emprunter à chaque science que ce qui importe directement au développement de l'idée du Cosmos, il est dangereux et presque impraticable de s'attacher à des époques déterminées, parce que le développement intellectuel dont nous parlions tout à l'heure suppose un progrès constant et simultané dans toutes les sphères de la science du monde. Arrivé à la période qui suit la chute de la domination romaine, à ce moment solennel où, pour la première fois, notre continent reçoit directement des contrées tropicales un nouvel élément de civilisation, il m'a paru utile de jeter un coup d'œil général et rapide sur la route qui reste encore à parcourir.

Les Arabes, peuple de race sémitique, font reculer en partie la barbarie qui, déjà depuis deux siècles, a couvert l'Europe ébranlée par les invasions des peuples; ils remontent aux sources éternelles de la philosophie grecque; ils ne se bornent pas à sauver le trésor des connaissances acquises, ils l'agrandissent et ouvrent des voies nouvelles à l'étude de la nature. L'ébranlement ne se fit sentir dans notre continent que lorsque sous Valentinien I, vers la fin du IVe siècle, les Huns, Finnois et non Mongols d'origine, s'avancèrent au delà du Tanaïs et refoulèrent les Alains d'abord, puis plus tard les Alains et les Goths de l'orient. Dans les contrées orientales de l'Asie, le flot des peuples émigrants s'était mis en mouvement plusieurs siècles avant notre ère. Le premier branle fut donné, comme nous l'avons déjà dit plus haut, par l'invasion des Hiongnou, peuple d'origine turque, dans le pays des Ousuns aux cheveux blonds et aux yeux bleus, qui se rattachaient peut-être à la race indo-germanique et habitaient la vallée supérieure de l'Houangho, auprès des Youeti, que l'on croit être les mêmes que les Gètes. Ce torrent, qui partant de la grande muraille élevée contre les Hiongnou l'an 214 avant Jésus-Christ, devait porter ses ravages jusqu'à l'extrémité occidentale de l'Europe, se dirigea à travers l'Asie centrale, au nord de la chaîne des monts Célestes. Nul zèle religieux n'enflammait ces hordes asiatiques, avant qu'elles touchassent l'Europe; on a même établi d'une manière positive que les Mongols n'étaient pas encore bouddhistes, lorsqu'ils s'avancèrent en vainqueurs jusqu'en Pologne et en Silésie (73). L'invasion des Arabes, sortis des contrées méridionales, eut, sous ce rapport, un tout autre caractère.

Dans le continent, d'ailleurs peu articulé, de l'Asie (74), la presqu'île de l'Arabie, comprise entre la mer Rouge et le golfe Persique, entre l'Euphrate et la partie de la Méditerranée qui baigne les côtes de la Syrie, attire les regards par sa configuration et son isolement. Elle est la plus occidentale des trois presqu'îles de l'Asie méridionale, et ainsi rapprochée à la fois de l'Égypte et des rivages d'une mer européenne, cette situation lui assure de grands avantages politiques et commerciaux. Dans la partie centrale de la péninsule arabique, vivait le peuple de l'Hedschaz, race noble et robuste, ignorante mais non grossière, douée d'une vive imagination, et cependant adonnée à l'observation attentive de tous les phénomènes de la nature, qu'ils s'accomplissent à la surface de la terre ou sous la voûte éternellement sereine du ciel. Ces populations, après être restées des milliers d'années presque sans relation avec le reste du monde, et avoir mené pour la plupart une vie nomade, sortirent brusquement de leur obscurité, polirent leurs mœurs par un commerce intellectuel avec les peuples qui habitaient les siéges primitifs de la civilisation, convertirent et dominèrent toutes les nations comprises entre les colonnes d'Hercule et cette partie de l'Inde où le mont Bolor est traversé par l'Hindou-kho. Déjà au milieu du IXe siècle, ils entretenaient à la fois des relations de commerce avec le nord de l'Europe, l'île de Madagascar, les côtes orientales de l'Afrique, l'Inde et la Chine. Ainsi ils répandirent leur langue, leurs monnaies et les chiffres indiens, et formèrent une agglomération d'états puissants, assurée d'un long avenir et unie par la communauté des croyances religieuses. Souvent, dans leurs courses aventureuses, ils se contentaient de traverser rapidement des provinces. Étaient-ils menacés par les indigènes, leurs essaims vagabonds campaient, ainsi s'exprime leur poésie nationale, « comme des groupes de nuages que le vent a bientôt dissipés. » En aucun temps, les grands mouvements des peuples n'ont offert un spectacle plus animé; et cette oppression des esprits, qui semble être une conséquence nécessaire de l'islamisme, s'est fait sentir en général d'une manière moins fâcheuse sous la domination des Arabes que sous celle des races turques. Ici comme partout, et même chez les peuples chrétiens, les persécutions vinrent plutôt de l'excès du despotisme s'égarant dans des querelles dogmatiques, que du dogme lui-même et des sentiments religieux de la nation (75). Les sévérités du Coran sont dirigées surtout contre les superstitions et l'idolâtrie des tribus araméennes.

D'après cette considération, que la vie des peuples est déterminée, outre les dispositions de leur intelligence, par un grand nombre de conditions extérieures, tenant à la nature du sol, au climat, au voisinage de la mer, il convient avant tout de rappeler la configuration irrégulière de la péninsule arabique. Bien que dans les grands changements qui ont répandu les Arabes sur trois continents, l'impulsion première soit partie de la contrée ismaélite de l'Hedschaz, bien que la force principale qui a assuré le succès de l'invasion soit due à une race particulière de pasteurs, cependant les côtes du reste de la péninsule n'étaient pas demeurées depuis des milliers d'années étrangères au mouvement commercial qui rapprochait tous les peuples. Afin de comprendre la connexité et la possibilité d'événements si extraordinaires, il est nécessaire de remonter aux causes qui les ont préparés peu à peu.

Vers le sud-est, le long de la mer Érythrée, est situé le beau pays des Ioctanides, l'Yemen, contrée fertile et bien cultivée. C'est là que florissait l'ancien royaume de Saba (76). Cette contrée produit de l'encens (le Lebonah des Hébreux, peut-être le Boswellia thurifera de Colebrooke) (77), de la myrrhe (l'une des espèces du genre Amyris, décrite exactement pour la premiere fois par Ehrenberg), et le baume de la Mecque (Balsamodendron gileadense de Kunth), substances qui formaient pour les peuples voisins un important objet de commerce, et étaient exportées chez les Égyptiens, les Perses et les Hindous, aussi bien que chez les Grecs et les Romains. C'est sur ces productions qu'est fondée la dénomination d'*Arabie Heureuse*, que l'on rencontre pour la première fois chez Diodore et chez Strabon. Au sud-est de la péninsule, sur le golfe Persique, était située Gerrha. Cette ville, placée vis-à-vis les établissements phéniciens d'Arados et de Tylos, formait un entrepôt considérable pour les marchandises indiennes. Bien qu'en général on puisse dire que tout l'intérieur de l'Arabie est un désert sabonneux et sans arbres, on trouve cependant dans l'Oman, entre les pays de Jailan et de Batna, toute une série d'oasis bien cultivées et arrosées par des canaux souterrains. Grâce à l'activité d'un voyageur très-distingué, de M. Wellsted (78), nous connaissons aussi présentement trois chaînes de montagnes dont le plus haut sommet, le Dschebel Akhdar, situé près de Maskat et couvert d'épaisses forêts, s'élève jusqu'à six ou sept mille pieds au-dessus du niveau de la mer. On rencontre également dans la contrée montagneuse de l'Yemen, à l'est de Loheia, et dans la chaîne qui borde la côte de l'Hedschaz, dans le pays d'Asyr, aussi bien que près de Tayef, à l'Est de la Mecque, des plateaux dont la température froide et invariable était déjà connue du géographe Edrisi (79).

La variété d'aspect qu'offrent les contrées montagneuses caractérise aussi la presqu'île de Sinaï, nommée par les Égyptiens de l'*Ancien Empire* le *pays du cuivre*, et les vallées rocailleuses de Pétra. J'ai déjà mentionné les stations de commerce établies par les Phéniciens à l'extrémité septentrionale de la mer Rouge, et la traversée faite d'Azion Gaber à Ophir par les vaisseaux d'Hiram et de Salomon (80). L'Arabie et l'île de Sokotora (Dioscoride), habitée par des colons indiens, servaient de stations au commerce général, qui de là se dirigeait vers les Indes et les côtes orientales de l'Afrique. Aussi les productions de l'Inde et de l'Afrique orientale étaient-elles habituellement confondues avec celles de l'Hadhramaut et de l'Yemen; « ils viendront de Saba, dit Isaïe, parlant des dromadaires de Midian, ils nous apporteront de l'or et de l'encens (81). » Pétra était l'entrepôt des marchandises précieuses destinées à Tyr et à Sidon, et le siége principal des Nabatéens, peuple adonné au commerce et très-puissant autrefois, auquel un savant philologue, M. Quatremère, assigne pour séjour originaire les montagnes de Gerrha, sur le cours inférieur de l'Euphrate. Cette partie septentrionale de l'Arabie fut en relation active avec d'autres états civilisés, grâce surtout à la proximité de l'Égypte, à l'entremise des races arabes répandues dans les montagnes qui longent la Syrie et la Palestine et dans les pays arrosés par l'Euphrate, grâce enfin à la route célèbre par laquelle les caravanes se rendaient de Damas à Babylone, en traversant Emesa et Tadmor (Palmyre). Mahomet lui-même, issu d'une famille noble, mais pauvre, de la tribu des Koréischites, avant d'apparaître comme réformateur et comme prophète, avait fait le commerce et fréquenté la foire de Bosra, sur la frontière de Syrie, celle de l'Hadhramaut, le pays de l'encens, et surtout celle d'Okadh, près de la Mecque, qui ne durait pas moins de vingt jours, et où des poëtes, bédouins la plupart, se réunissaient chaque année pour se livrer des combats lyriques. Nous entrons dans ces détails sur les communications des peuples et les occasions qui y donnèrent lieu, afin de faire plus vivement sentir les causes qui préparaient de grands changements dans les rapports du monde.

Ce fait des populations arabes se répandant vers le nord éveille immédiatement le souvenir de deux événements dont il est difficile aujourd'hui encore de démêler les relations secrètes, mais qui témoignent du moins que déjà des milliers d'années avant Mahomet, les habitants de la péninsule, par des courses à l'ouest et à l'est vers l'Égypte et vers l'Euphrate, s'étaient mêlés aux grandes affaires du monde. La descendance sémitique ou araméenne des Hycsos, qui, sous la douzième dynastie, 2200 ans avant notre ère, mirent fin à l'*Ancien Empire* des Égyptiens, est aujourd'hui presque universellement reconnue. Manéthon dit lui-même : « Quelques-uns sont d'avis que ces pasteurs étaient des Arabes. » Dans d'autres sources ils sont appelés Phéniciens, nom qui chez les anciens s'étendait aux habitants de la vallée du Jourdain et à toutes les races arabiques. Un critique pénétrant, M. Ewald, désigne en particulier les Amalécites qui habitaient originairement le pays d'Yemen, se répandirent plus tard vers la terre de Canaan et la Syrie par la Mecque et Médine, et sont mentionnés dans les documents originaux des Arabes comme gouvernant l'Égypte au temps de Joseph (82). En tout cas, on ne peut songer sans étonnement que la race nomade des Hycsos soit parvenue à soumettre un empire aussi puissant et aussi bien organisé que l'*Ancien Empire* des Égyptiens. A la vérité, des hommes animés de pensées plus libres entraient en lutte contre des peuples qui avaient une longue habitude de l'esclavage; mais les conquérants arabes ne sentaient pas alors, comme depuis, l'aiguillon de l'enthousiasme religieux. Les Hycsos fondèrent la place d'armes et la forteresse d'Avaris sur la branche orientale du Nil, par crainte des tribus Assyriennes d'Arpachschad. Cette circonstance permet de supposer qu'ils étaient poussés en avant par des populations guerrières, et qu'un grand mouvement de migration était dirigé vers l'occident. Le second fait que j'ai annoncé plus haut, et qui s'accomplit au moins un millier d'années plus tard, est raconté par Diodore sur l'autorité de Ctésias (83). Ariæus, puissant prince des Himyarites, s'associe à l'expédition de Ninus sur le Tigre, bat avec lui les Babyloniens, et rentre chargé d'un riche butin dans sa patrie, l'Arabie méridionale (84).

Si, en général, la libre vie des pasteurs dominait dans l'Hedschaz, et bien que ce régime fût celui d'une nombreuse et forte population, on citait cependant les villes de Médine et de la Mecque comme des lieux considérables que l'on venait visiter des contrées étrangères. L'antique et mystérieux temple de la Kaaba ajoutait encore à l'intérêt qu'inspirait la Mecque. Nulle part, dans les pays qui avoisinaient les côtes ou les routes de caravanes, non moins utiles aux pays qu'elles traversent que les fleuves qui arrosent les vallées, on ne trouvait cet état de sauvagerie, effet naturel de l'isolement. Déjà Gibbon, habitué à retracer avec tant de clarté l'état des sociétés humaines (85), rappelle que, dans la presqu'île de l'Arabie, la vie nomade est essentiellement différente de celle que l'on menait, d'après les descriptions d'Hérodote et d'Hippocrate, dans les contrées désignées sous le nom de Scythie, parce qu'en Scythie aucune partie de la population pastorale ne s'était établie dans des villes, tandis qu'en Arabie le peuple de la campagne entretient aujourd'hui encore des rapports avec les habitants des cités, et les considère comme ayant avec lui une origine commune. Dans le désert des Kirghises, qui fait partie des plaines peuplées par les anciens Scythes (les Scolotes et les Saces), il n'y a jamais eu de ville depuis des milliers d'années, sur un espace qui surpasse l'Allemagne en étendue (86); et cependant, à l'époque de mon voyage en Sibérie, il y avait encore plus de quatre cent mille tentes, nommées Yourtes ou Kibitkes, dans les trois hordes nomades, ce qui suppose une population errante de deux millions d'hommes. Ces différences sont tellement sensibles, qu'il n'est pas nécessaire de développer longuement l'effet qui dut résulter, pour la culture intellectuelle de chacun de ces peuples, de la manière plus ou moins exclusive avec laquelle ils avaient embrassé la vie pastorale, en admettant même que les dispositions intérieures fussent les mêmes de part et d'autre.

Si l'on veut rechercher comment l'invasion des Arabes en Syrie et en Palestine, et plus tard la prise de possession de l'Égypte, éveillèrent si vite chez cette noble race le goût de la science et le désir d'en hâter les progrès par eux-mêmes, il faut tenir compte de ses dispositions naturelles pour les jouissances de l'esprit, de la configuration particulière du sol et des anciennes relations de commerce qui unissaient les côtes de l'Arabie avec les états voisins parvenus à une haute civilisation. Il entrait sans doute dans les merveilleux desseins de l'harmonie du monde que la secte chrétienne des nestoriens, qui a si utilement contribué à propager au loin les connaissances acquises, éclairât aussi les Arabes, avant qu'ils entrassent dans la savante et sophistique Alexandrie, et que le nestorianisme chrétien pût pénétrer dans les contrées orientales de l'Asie, sous la protection armée de l'islamisme.

Les Arabes, en effet, furent initiés à la littérature grecque par les Syriens, comme eux de race sémitique (87), et qui en avaient eux-mêmes reçu la connaissance, environ cent cinquante ans plus tôt, des nestoriens poursuivis pour crime d'hérésie. Déjà Mahomet et Aboubekr vivaient à la Mecque en relation d'amitié avec des médecins qui s'étaient formés par les leçons des Grecs et dans l'école célèbre qu'avaient fondée les nestoriens à Édesse, en Mésopotamie.

Ce fut dans l'école d'Édesse, qui semble avoir servi de modèle aux écoles bénédictines du mont Cassin et de Salerne, que prit naissance l'étude scientifique des substances médicinales empruntées aux minéraux et aux plantes. Lorsque cet institut fut détruit, sous Zénon d'Isaurie, par le fanatisme chrétien, les nestoriens se répandirent dans la Perse, où ils acquirent bientôt de l'importance politique, et fondèrent à Dschondisapour, dans le Khousistan, un nouvel institut médical qui fut très-fréquenté. Vers le milieu du VIIe siècle, sous la dynastie des Thang, ils parvinrent à propager en Chine leur croyance et leur foi, 572 ans après que le bouddhisme indien avait pénétré dans ce royaume.

Les semences de la civilisation occidentale répandues en Perse par des moines instruits et par des philosophes qui avaient déserté la dernière école platonicienne d'Athènes, à la suite des persécutions de Justinien, furent recueillies et mises à profit par les Arabes, pendant leurs premières incursions en Asie. Si incomplètes que fussent les connaissances des prêtres nestoriens, leurs dispositions particulières pour les études médicales et pharmaceutiques leur permettaient d'exercer une grande influence sur une race d'hommes qui avait vécu longtemps en pleine jouissance de la libre nature, et conservait pour la contemplation du monde extérieur, sous quelque forme qu'il s'offrît, un sentiment plus vif et plus vrai que les habitants des villes grecques et italiques. Ce sont surtout ces traits caractéristiques des Arabes qui rendent la période de leur domination importante pour l'histoire du Cosmos. Les Arabes doivent être considérés, je le répète encore, comme les véritables fondateurs des sciences physiques, en prenant cette dénomination dans le sens auquel nous sommes habitués aujourd'hui.

Sans doute, dans le domaine de l'intelligence, l'enchaînement intime de toutes les idées rend très-difficile d'assigner l'époque précise de leur naissance. De bonne heure on voit briller çà et là quelques points lumineux dans l'histoire de la science et des procédés qui peuvent y conduire. Quel long temps ne s'écoula pas entre Dioscoride, qui extrayait le mercure du cinabre, et le chimiste arabe Dscheber; entre les découvertes de Ptolémée en optique et celles d'Alhazen! Mais les sciences physiques, et plus généralement les sciences naturelles ne peuvent être considérées comme fondées, que du moment où un grand nombre d'hommes marchent de concert dans les voies nouvelles, bien qu'avec un succès inégal. Après la simple *contemplation de la nature*, après l'observation des phénomènes qui se produisent accidentellement dans les espaces du ciel et de la terre, viennent la recherche et l'analyse de ces phénomènes, la mesure du mouvement et de l'espace dans lequel ils s'accomplissent. C'est à l'époque d'Aristote que, pour la première fois, fut mis en usage ce mode de recherche; encore resta-t-il borné le plus souvent à la nature organique. Il y a encore dans la connaissance progressive des faits physiques un troisième degré plus élevé que les deux autres. C'est l'étude approfondie des forces de la nature, de la transformation à laquelle ces forces travaillent et des substances premières que la science décompose, pour les faire entrer dans des combinaisons nouvelles. Le moyen d'opérer cette dissolution, c'est de provoquer soi-même et à son gré les phénomènes; en un mot, c'est *l'expérimentation.*

Les Arabes s'élevèrent à ce troisième degré, presque complétement inconnu des anciens, et s'attachèrent surtout aux faits généraux. Ils habitaient un pays où règne partout le climat des palmiers, et, sur la plus grande partie de sa surface, celui des tropiques. Le tropique du Cancer, en effet, traverse la presqu'île à peu près depuis Maskat jusqu'à la Mecque. Aussi, dans cette contrée, en même temps que les organes sont doués d'une force vitale plus intense, le règne végétal fournit en abondance des aromes, des sucs balsamiques et des substances bienfaisantes ou dangereuses pour l'homme. Il en résulta que de bonne heure l'attention de ces peuples dut être attirée par les productions de leur sol et par celles des côtes de

Malabar, de Ceylan et de l'Afrique orientale, avec lesquelles ils étaient en relation de négoce. Dans ces parties de la zone torride, les formes organiques affectent des caractères singuliers qui se diversifient presque à tous les pas. Chaque coin de terre offre des productions spéciales et, en éveillant continuellement l'attention, rend plus actif et plus varié le commerce de l'homme avec la nature. Il fallait distinguer soigneusement entre elles des productions si précieuses pour la médecine, pour l'industrie, pour le luxe des temples et des palais; il fallait rechercher le pays d'où elles provenaient et que dissimulaient souvent des hommes avides et rusés. Partant de l'entrepôt de Gerrha, sur le golfe Persique, et du district d'Yemen, qui produit l'encens, de nombreuses caravanes traversaient toute la partie intérieure de la presqu'île Arabique, jusqu'à la Phénicie et la Syrie, et en répandant partout les noms de ces agents énergiques, les rendaient de plus en plus précieux.

La connaissance des substances médicinales, fondée par Dioscoride à l'école d'Alexandrie, est, dans sa forme scientifique, une création des Arabes, qui toutefois avaient pu puiser eux-mêmes à une source abondante et la plus antique de toutes, à celle des médecins Hindous (88). La pharmacie chimique a été constituée par les Arabes; c'est d'eux que sont venues les premières prescriptions consacrées par l'autorité des magistrats et analogues à ce que l'on nomme aujourd'hui *dispensaires*, qui plus tard se répandirent de l'école de Salerne dans l'Europe méridionale. La pharmacie et la matière médicale, les deux premiers besoins de l'art de guérir, conduisirent en même temps, par deux voies différentes, à l'étude de la botanique et à celle de la chimie. Sortant du cercle étroit de l'utilité pratique et des applications bornées, la connaissance des plantes s'étendit peu à peu dans un champ plus vaste et plus libre. Les botanistes observèrent la structure du tissu organique, la liaison de cette structure avec les forces qui s'y développent, les lois d'après lesquelles les formes végétales se présentent réunies en familles et se divisent géographiquement, suivant la différence des climats et l'élévation relative du sol.

Les Arabes, depuis les conquêtes qu'ils firent en Asie, et qu'ils conservèrent, en fondant plus tard à Bagdad un point central de puissance et de civilisation, se répandirent, dans le court espace de soixante-dix ans, à travers tout le nord de l'Afrique, par l'Égypte, Cyrène et Carthage, jusqu'à la péninsule Ibérique, à l'extrémité de l'Europe. Les mœurs sauvages encore du peuple et de ses chefs pouvaient sans doute faire soupçonner de leur part toute sorte d'excès et de brutalités. Toutefois la violence attribuée à Amrou, cet incendie de la bibliothèque d'Alexandrie, qui aurait, dit-on, suffi à chauffer pendant six mois quatre mille salles de bain, paraît être une fable, sans autre fondement que le témoignage de deux écrivains postérieurs de 580 ans à l'époque où l'événement est censé s'être accompli (89). Il n'est pas nécessaire de montrer en détail comment dans des temps plus calmes, à l'époque brillante d'Al-Mansour, d'Haroun-al-Raschid, de Mamoun et de Motasem, bien que la culture intellectuelle des masses n'eût pas pris encore un libre essor, les cours des princes et les instituts publics consacrés aux sciences purent réunir un nombre considérable d'hommes éminents. Ce n'est pas ici le lieu de faire un tableau de la littérature des Arabes, si vaste et si inégale dans sa diversité, non plus que de distinguer ce qui a pris naissance dans les profondeurs secrètes de leur organisation ou dans le développement régulier de leurs facultés naturelles, et ce qui doit être rapporté aux sollicitations extérieures ou aux circonstances fortuites. La solution de cet important problème appartient à une autre sphère d'idées. Les aperçus historiques que je présente ici doivent se borner à un récit partiel des progrès que les Arabes ont fait faire à la contemplation générale du monde par leurs découvertes en mathématiques, en astronomie et dans les sciences naturelles.

A la vérité l'alchimie, la magie et toutes les fantaisies mystiques, dépouillées par la scolastique du charme de la poésie, ont altéré en cette occasion, comme cela arriva partout dans le moyen âge, les résultats positifs de la science; mais il n'est pas moins vrai que les Arabes, par les recherches infatigables auxquelles eux-mêmes se livrèrent, par le soin qu'ils prirent de s'approprier, à l'aide de traductions, tous les fruits des générations antérieures, ont agrandi les vues sur la nature et doté la science d'un grand nombre de créations nouvelles. On a fait ressortir avec raison la grande différence que présentent, pour l'histoire de la culture des peuples, les races envahissantes de la Germanie et les races arabes (90). Les Germains ne commencèrent à se polir qu'après leurs migrations; les Arabes apportaient avec eux de leur patrie non-seulement leur religion, mais aussi une langue perfectionnée, et les fleurs délicates d'une poésie qui ne fut pas perdue pour les troubadours provençaux ni pour les minnesinger.

Les Arabes étaient merveilleusement disposés pour jouer le rôle de médiateurs, et agir sur les peuples compris depuis l'Euphrate jusqu'au Guadalquivir et à la partie méridionale de l'Afrique moyenne, en reportant d'un côté ce qu'ils avaient acquis de l'autre. Ils possédaient une activité sans exemple qui marque une époque distincte dans l'histoire du monde; une tendance opposée à l'esprit intolérant des Israélites, qui les portait à se fondre avec les peuples vaincus, sans abjurer toutefois, en dépit de ce perpétuel échange de contrées, leur caractère national et les souvenirs traditionnels de leur patrie originaire. Aucune autre race ne peut citer des exemples de plus longs voyages accomplis sur terre par des individus isolés, non pas toujours dans un intérêt commercial, mais pour recueillir des connaissances. Les prêtres bouddhistes du Tibet et de la Chine, Marco Polo lui-même et les missionnaires chrétiens qui furent envoyés aux princes mongols, ont renfermé leurs courses dans des espaces moins vastes. Une partie considérable de la science des peuples asiatiques fut introduite en Europe par les nombreuses relations des Arabes avec l'Inde et avec la Chine. On sait que déjà à la fin du VIIe siècle, sous le khalifat des Ommiades, leurs conquêtes s'étendaient jusqu'au royaume de Caboul, aux provinces de Kaschgar et de Pendjâb (91). Les recherches pénétrantes de M. Reinaud nous ont appris combien il y a à puiser dans les sources arabes pour la connaissance de l'Inde. L'invasion des Mongols en Chine arrêta, il est vrai, les communications avec les pays situés au delà de l'Oxus (92); mais les Mongols eux-mêmes devinrent bientôt les intermédiaires des Arabes qui, par des explorations personnelles et de laborieuses recherches, avaient jeté déjà un grand jour sur la géographie, depuis les côtes de l'océan Pacifique jusqu'à celles de l'Afrique occidentale, depuis les Pyrénées jusqu'à la contrée marécageuse du Wangarah, située dans l'intérieur de l'Afrique et décrite par le shérif Édrisi. D'après M. Fraehn, la Géographie de Ptolémée fut traduite en arabe de 813 à 833, sur l'ordre du khalife Mamoun; et il n'est pas invraisemblable que quelques fragments aujourd'hui perdus de Marin de Tyr aient été mis à profit pour cette traduction (93).

Dans la longue suite de géographes éminents que nous offre la littérature arabe, il suffit de mentionner ceux qui ouvrent et ferment la liste, El-Istachri (94) et Alhassan (Jean Léon l'Africain). Jamais la connaissance de la terre ne reçut d'un seul coup un plus brillant accroissement, jusqu'aux découvertes des Portugais et des Espagnols. Déjà cinquante ans après la mort du Prophète, les Arabes étaient parvenus à l'extrémité occidentale de la côte africaine, au port d'Asfi. Tout récemment on a de nouveau mis en doute un fait qui, je l'avoue, m'avait longtemps paru vraisemblable : c'est que plus tard, à l'époque où les aventuriers connus sous le nom d'Almagrurins, naviguaient dans la *mer Ténébreuse*, les îles des Gouanches furent visitées par des vaisseaux arabes (95). La grande masse de monnaies arabes qui ont été trouvées enfouies dans les contrées situées sur les bords de la mer Baltique et dans les parties de la Scandinavie les plus voisines du pôle, proviennent sans doute, non des voyages maritimes des Arabes, mais de leurs relations commerciales qui s'étendaient fort au loin dans l'intérieur des terres (96).

La géographie ne se borna pas à fixer la situation relative des lieux, à fournir des indications de longitude et de latitude, comme l'a fait souvent Aboul-Hassan, à décrire les bassins des fleuves et les chaînes de montagnes (97) ; elle amena aussi ce peuple, ami de la nature, à s'occuper des productions organiques du sol et particulièrement des substances végétales. L'horreur qu'inspiraient aux sectateurs de l'islamisme les études anatomiques les empêcha de faire aucun progrès dans l'histoire naturelle des animaux. Ils se contentèrent sous ce rapport de ce qu'ils purent tirer des traductions d'Aristote et de Galien (98). Cependant l'Histoire des Animaux d'Avicenna, que possède la Bibliothèque royale de Paris, diffère de celle d'Aristote (99). Comme botaniste, Ibn-Balthar, de Malaga, mérite une mention (100) : ses voyages en Grèce, dans la Perse, l'Inde et l'Égypte permettent de le citer comme un exemple des efforts entrepris pour comparer, à l'aide d'observations personnelles, les productions des zones opposées du midi et du nord. Le point de départ de ces tentatives était toujours la connaissance des substances médicinales, qui assura longtemps aux Arabes la prédominance sur les écoles chrétiennes, et que perfectionnèrent Ibn-Sina (Avicenna), né à Afschena près de Bokhara, Ibn-Roschd de Cordoue (Averroès), Serapion le jeune, de Syrie, et Mesoue, de Maridin sur l'Euphrate, en mettant à profit tous les matériaux que leur fournissait le commerce de terre et de mer. Je choisis à dessein des savants nés à de grandes distances les uns des autres, parce que les noms des pays auxquels ils appartiennent font vivement sentir comment, par l'effet des tendances intellectuelles particulières à la race arabe, et grâce à une activité qui s'exerçait partout simultanément, la connaissance de la nature se répandit sur une partie considérable de la terre, et agrandit le cercle des idées.

Dans ce cercle fut attirée aussi la science d'un peuple plus anciennement civilisé que les Arabes, je veux dire les Hindous. Sous le khalifat d'Haroun-al-Raschid, plusieurs ouvrages importants, vraisemblablement ceux qui sont connus sous le nom à demi fabuleux de *Tscharaka* et de *Sousrouta*, furent traduits du sanscrit en arabe (1). Un homme d'une vaste intelligence, Avicenna, que l'on a souvent comparé avec Albert le Grand, donne, dans sa *Materia medica*, une preuve frappante de cette influence exercée par la littérature indienne. Il connaît, sous son vrai nom sanscrit, ainsi que le remarque le savant Royle, le cèdre Deodvara, qui croît sur les Alpes neigeuses de l'Himalaya, où certainement aucun Arabe ne s'était aventuré au XIe siècle (2). Il tient cet arbre pour une espèce du genre juniperus, qui entre dans la composition de l'huile de térébenthine. Les fils d'Averroès vivaient à la cour du grand Hohenstauffen Frédéric II, qui devait ses notions sur les animaux et les plantes de l'Inde à ses relations avec de savants Arabes et avec des Juifs espagnols versés dans la connaissance des langues (3). Le kalife Abderrhaman I alla jusqu'à fonder un jardin botanique près de Cordoue, et envoya en Syrie et dans les autres contrées de l'Asie des voyageurs chargés de recueillir des semences rares (4). Il planta près du palais de la Rissafah le premier dattier et le chanta dans une pièce de vers où il se reporte, en termes mélancoliques, à la ville de Damas, son pays natal.

Ce fut surtout la chimie qui profita en particulier des services rendus par les Arabes à la science générale de la nature. Avec les Arabes commença pour la chimie une ère nouvelle. Sans doute l'alchimie et les fantaisies néoplatoniciennes se mêlaient étroitement à cette science, comme l'astrologie à la connaissance des astres. Les besoins également urgents de la pharmacie et des arts d'application conduisirent à des découvertes qui furent aussi favorisées par des opérations hermétiques sur les métaux, faites dans ce dessein, ou qui y concoururent accidentellement. Les travaux de Geber ou mieux Djaber (Abou-Moussah Dschafar-al-Koufi), et ceux de Razès (Abou-Bekr-Arrasi), qui sont de beaucoup postérieurs, ont eu les plus importantes conséquences. Cette époque est signalée par la composition de l'acide sulfurique, de l'acide nitrique (5) et de l'eau régale, par la préparation du mercure et d'autres oxydes de métaux, enfin par la connaissance de la fermentation alcoolique (6). La première organisation scientifique et les progrès de la chimie importent d'autant plus à l'histoire de la contemplation du monde, qu'alors, pour la première fois, fut constatée l'hétérogénéité des substances et la nature des forces qui ne se manifestent pas par le mouvement, et qui, à côté de l'excellence de la *forme*, telle que l'entendaient Pythagore et Platon, introduisirent le principe de la *composition* et du *mélange*. C'est sur ces différences de la forme et du mélange que repose tout ce que nous savons de la matière ; ce sont les abstractions sous lesquelles nous croyons pouvoir embrasser l'ensemble et le mouvement du monde, par la mesure et par l'analyse.

Il est difficile aujourd'hui de déterminer de quelle utilité a pu être, pour les chimistes arabes, la connaissance de la littérature indienne, en particulier des écrits sur le Rasayana (7), ce qu'ils ont emprunté aux arts professionnels des anciens Égyptiens, aux nouvelles prescriptions du pseudo-Démocrite ou du sophiste Synésius sur les pratiques de l'alchimie, enfin ce qu'ils ont pu puiser aux sources chinoises, par l'intermédiaire des Mongols. On peut affirmer du moins, d'après les nouvelles et consciencieuses recherches d'un orientaliste éminent, de M. Reinaud, que l'invention de la poudre et l'usage qu'on en fit pour lancer des projectiles creux n'appartient pas aux Arabes (8). Hassan-al-Rammah, qui écrivait entre 1285 et 1295, ne connaissait pas cette application, tandis que déjà dans le XIIe siècle, c'est-à-dire près de deux cents ans avant Berthold Schwartz, on se servait d'une espèce de poudre pour faire sauter les rochers sur le Rammelsberg, l'une des montagnes qui forment le groupe du Harz. Il reste aussi beaucoup de doutes sur la découverte d'un thermomètre atmosphérique attribuée à Avicenna, d'après le témoignage de Sanctorius. Ce qu'il y a de certain, c'est qu'il s'écoula encore six siècles entiers avant que Galilée, Cornélius Drebbel et l'Accademia del Cimento parvinssent à mesurer avec précision la température, et procurassent ainsi un moyen puissant de pénétrer dans un monde de phénomènes inconnus, qui nous étonnent par leur régularité et leur périodicité, de saisir l'enchaînement universel des effets et des causes dans l'atmosphère, dans les couches superposées de la mer et dans l'intérieur du globe. Parmi les progrès que la physique doit aux Arabes, il faut se borner à citer les travaux d'Alhazen sur la réfraction des rayons, empruntés peut-être en partie à l'Optique de Ptolémée, la découverte et l'application du pendule, comme mesure du temps, par le grand astronome Ebn-Jounis (9).

La pureté et la transparence si rarement troublée du ciel de l'Arabie avaient, au temps même où ses habitants n'avaient pas encore dépouillé leur rudesse originaire, attiré leur attention sur le mouvement des astres. C'est ainsi qu'à côté du culte astronomique de Jupiter, en usage chez les Lachmites, nous trouvons aussi chez les Asédites la consécration d'une planète voisine du soleil et plus rarement visible, de Mercure. Cela, cependant, n'empêche pas que l'activité scientifique déployée par les Arabes dans toutes les branches de l'astronomie pratique, doive être en grande partie attribuée aux influences de la Chaldée et de l'Inde. Les conditions de l'atmosphère, si heureuses qu'elles soient, ne peuvent que favoriser, chez des races bien douées, les dispositions naturelles développées déjà par le contact avec des peuples plus avancés dans la civilisation. Combien y a-t-il, dans l'Amérique tropicale, de contrées telles que Payta et les provinces de Cumana et de Coro, où la pluie est inconnue, où l'air est plus transparent encore qu'en Égypte, en Arabie et à Bokhara ! Le climat des tropiques, l'éternelle sérénité de la voûte céleste parsemée d'étoiles et de nébuleuses, agissent partout sur les dispositions de l'âme ; mais pour que ces impressions deviennent efficaces, pour qu'elles mettent l'esprit en travail, qu'elles le fassent aboutir à des idées fécondes et au développement de principes mathématiques, il faut qu'au dedans et au dehors s'exercent d'autres influences complétement indépendantes du climat ; il faut, par exemple, que la satisfaction de besoins religieux ou agronomiques fasse de la division du temps une nécessité de l'état social. Chez les nations adonnées au commerce et au calcul, comme les Phéniciens, chez les peuples constructeurs et arpenteurs, comme les Chaldéens et les Égyptiens, les règles pratiques de l'arithmétique et de la géométrie furent découvertes de bonne heure ; mais ce ne peut être encore là qu'une préparation au développement de l'astronomie et des mathématiques en tant que sciences. Il faut un plus haut degré de culture pour que les phénomènes terrestres puissent apparaître comme un reflet des changements qui s'accomplissent dans le ciel, d'après une loi invariable, et qu'au milieu de ces phénomènes, l'esprit se tourne vers le *pôle fixe*, selon l'expression d'un grand poëte allemand. La conviction de la régularité qui préside au mouvement des planètes est ce qui, sous tous les climats, a le plus contribué à faire chercher l'ordre et la loi dans les flots de la mer atmosphérique, dans les oscillations de l'océan, dans la marche périodique de l'aiguille aimantée et dans la distribution des êtres organisés sur la surface de la terre.

Des tables planétaires étaient passées de l'Inde en Arabie, dès la fin du VIIIe siècle (10). Nous avons dit plus haut que le *Sousrouta*, l'antique dépôt de toutes les connaissances médicales des Hindous, fut traduit par des savants qui appartenaient à la cour du khalife

Haroun-al-Raschid, preuve frappante de l'accueil que rencontra de bonne heure la littérature sanscrite. Le mathématicien arabe Albyrouni alla lui-même dans l'Inde, pour étudier l'astronomie. Ses écrits, dont on a pu prendre connaissance tout récemment pour la première fois, témoignent combien lui étaient familières la contrée, les traditions et la science complexe des Hindous (11).

Quelles que soient, d'ailleurs, les obligations des Arabes aux peuples plus anciennement civilisés, particulièrement aux écoles de l'Inde et d'Alexandrie, on ne peut nier qu'ils n'aient agrandi d'une manière considérable le domaine de l'astronomie, grâce à leur sens pratique, au nombre et à la direction de leurs observations, au perfectionnement des instruments de mesure, enfin au zèle avec lequel ils corrigèrent les anciennes tables, en les comparant soigneusement avec le ciel. M. Sédillot a reconnu, dans le VIIe livre de l'Almageste d'Aboul-Wéfa, l'importante perturbation à laquelle est soumise la longitude de la lune, perturbation qui disparaît dans les syzygies et dans les quadratures, et a son maximum dans les octants. Ce phénomène est le même que celui qui, sous le nom de *variation*, avait été considéré jusqu'ici comme une découverte de Tycho Brahé (12). Les observations d'Ebn-Jounis au Caire ont acquis surtout de l'importance par les perturbations et les variations séculaires, constatées dans les orbites des deux plus grandes planètes, de Jupiter et de Saturne (13). Le soin que prit le khalife Al-Mamoun, de faire exécuter une mesure du degré terrestre, dans la grande plaine de Sindschar, entre Tadmor et Rakka, par des observateurs dont Ebn-Jounis nous a conservé les noms, a moins d'importance pour les résultats obtenus qu'en ce qu'il est un témoignage de la culture scientifique à laquelle était parvenue la race arabe.

L'éclat de cette culture eut des reflets que nous devons signaler : c'est à l'ouest, dans l'Espagne chrétienne, le congrès astronomique de Tolède qui se tint sous Alphonse de Castille, et dans lequel le rabbin Isaac Ebn-Sid-Hazan joua le principal rôle; c'est, au fond de l'orient, l'observatoire muni d'un grand nombre d'instruments qu'Ilschan Holagou, petit-fils du grand envahisseur Dschingischan, établit sur une montagne près de Meragha, et dont Nassir-Eddin, de Tous, dans la province de Khorassan, fit le siége de ses observations. Ces faits particuliers méritent une mention dans l'histoire de la contemplation du monde, parce qu'ils rappellent d'une manière saisissante, comment l'apparition des Arabes, exerçant leur entremise sur de vastes espaces, a pu servir à propager la science et à accumuler les résultats numériques; résultats qui, dans la grande époque de Képler et de Tycho, sont devenus la base de l'astronomie théorique, et ont servi à rectifier les idées sur les mouvements des corps célestes. Au XVe siècle, le flambeau allumé dans la partie de l'Asie qu'habitaient les peuples tatares, rayonna en occident jusqu'à Samarcande, où le descendant de Timourlengk, Oulough Beig, établit, près de l'observatoire, un gymnase, à l'imitation du musée d'Alexandrie, et fit disposer un catalogue des étoiles, uniquement fondé sur des observations récentes et personnelles (14).

Après avoir payé le tribut d'éloges que méritent les services rendus par les Arabes à la science de la nature, dans la double sphère du ciel et de la terre, il reste encore à mentionner ce qu'ils ont ajouté au trésor des mathématiques pures, en explorant les voies solitaires de la pensée. D'après les derniers travaux entrepris en Angleterre, en France et en Allemagne sur l'histoire des mathématiques, l'algèbre des Arabes semble avoir pris originairement sa source « dans deux fleuves qui poursuivaient séparément leur cours, l'un indien et l'autre grec » (15). Le Compendium d'algèbre, composé par le mathématicien Mohammed-Ben-Mousa, de Chowarezm, sur l'ordre du khalife Al-Mamoun, a pour base, ainsi que l'a fait voir mon savant ami, Frédéric Rosen, enlevé si prématurément à la science, non pas les travaux de Diophante, mais les découvertes des Hindous (16). Déjà même, sous Almanzor, à la fin du VIIIe siècle, des astronomes indiens étaient appelés à la cour brillante des Abassides. Ce fut seulement, d'après Casiri et Colebrooke, vers la fin du Xe siècle, que Aboul-Wefa-Bouzjani traduisit Diophante en arabe. Quant à la méthode qui consiste à aller graduellement et avec réserve du connu à l'inconnu, méthode qui paraît avoir manqué aux anciens algébristes de l'Inde, les Arabes l'avaient puisée dans les écoles d'Alexandrie. Ce bel héritage, accru encore d'acquisitions nouvelles, se répandit dans la littérature européenne du moyen âge, par l'intermédiaire de Jean de Séville et de Gérard de Crémone (17). « Les traités d'algèbre des Hindous contiennent la solution générale des équations indéterminées du premier degré, et une discussion beaucoup plus complète des équations du second degré que les écrits des Alexandrins conservés jusqu'à nous. Il n'y a pas de doute, par conséquent, que si ces travaux des Hindous eussent été révélés aux Européens deux siècles plus tôt, et non pas seulement de nos jours, ils eussent dû accélérer le développement de l'analyse moderne. »

Par les mêmes voies, et à l'aide des relations auxquelles ils étaient déjà redevables de l'algèbre, les Arabes apprirent à connaître les chiffres indiens, dans la Perse et sur les bords de l'Euphrate. Ce nouvel emprunt date du IXe siècle. Des Perses étaient alors établis, comme douaniers, le long des rives de l'Indus, et l'usage des chiffres indiens était devenu général dans les comptoirs de douane fondés par les Arabes, sur les côtes septentrionales de l'Afrique, en face des rivages de la Sicile. Cependant les importantes et solides recherches auxquelles un mathématicien éminent, M. Chasles, a été amené par sa judicieuse interprétation de la table dite de Pythagore, dans la Géométrie de Boëce (18), donnent plus que de la vraisemblance à cette opinion, que les chrétiens de l'occident étaient familiarisés, même avant les Arabes, avec les chiffres indiens, et que sous le nom de *système de l'Abacus*, ils connaissaient l'usage des neuf chiffres changeant de valeur suivant leur position relative.

Ce n'est pas ici le lieu d'entrer dans de plus amples détails sur cet objet, que j'ai déjà traité dans deux Mémoires, lus en 1819 et en 1829, à l'Académie des Inscriptions de Paris et à l'Académie des Sciences de Berlin (19). Mais à propos de ce problème historique, dans lequel il reste beaucoup à découvrir, une question s'élève : cet ingénieux système de *position* qui se présente déjà dans l'abacus étrusque et dans le Suanpan de l'Asie centrale, a-t-il été inventé deux fois séparément, en orient et en occident; ou, suivant la route ouverte au commerce sous les Lagides, a-t-il été transporté de la presqu'île en deçà du Gange à Alexandrie, et pris, dans le renouvellement des rêveries pythagoriciennes, pour une invention du fondateur de l'Institut! Quant à la possibilité d'antiques communications qui auraient précédé la 60e olympiade, et seraient restées complétement inconnues, il ne vaut pas la peine d'y penser. Pourquoi le sentiment de besoins analogues n'aurait-il pas fait naître séparément les mêmes combinaisons d'idées, chez deux peuples de race diverse, mais doués l'un et l'autre de facultés brillantes?

Les Arabes rendirent ainsi un double service aux sciences mathématiques ; leur algèbre, malgré l'insuffisance des signes et des notations, avait heureusement influé, tant par les emprunts qu'ils avaient faits aux Grecs et aux Hindous que par leurs propres découvertes, sur l'époque brillante des mathématiciens italiens au moyen âge. Ce furent eux aussi qui, par leurs écrits et par l'extension de leur commerce, répandirent le système de numération indienne depuis Bagdad jusqu'à Cordoue. Ces deux progrès, la propagation de la science et celle des signes numériques, avec leur double valeur, absolue et relative, agirent d'une manière différente, mais également efficace, sur le développement mathématique de la science de la nature. Ainsi, dans le domaine de l'astronomie, de l'optique et de la géographie physique, dans la théorie de la chaleur et dans celle du magnétisme, on eut accès vers des régions qui semblaient placées hors de la portée des hommes et seraient, sans cet utile secours, demeurées inabordables.

On a souvent agité, dans l'histoire des peuples, la question de savoir ce qui fût advenu, si Carthage eût triomphé de Rome et soumis l'Europe occidentale; «on peut aussi bien se demander, dit Guillaume de Humboldt (20), quel serait aujourd'hui l'état de notre civilisation, si les Arabes avaient conservé le monopole de la science qui fut longtemps entre leurs mains, et étaient restés en possession de l'occident. Il me paraît hors de doute que dans les deux cas la civilisation n'y eût rien gagné. C'est à la même cause, qui amena la domination romaine, c'est-à-dire à l'esprit et au caractère romains, plutôt qu'à des événements exterieurs et fortuits, que nous sommes redevables de l'influence exercée par les Romains sur nos institutions civiles, sur nos lois, notre langue et notre culture intellectuelle. Par suite de cette bienfaisante influence et d'une sorte d'affinité intime, nous sommes devenus sensibles à l'esprit et à la langue des Grecs, tandis que les Arabes ne se sont guère attachés qu'aux résultats scientifiques de l'érudition grecque, c'est-à-dire aux découvertes qui intéressaient les sciences naturelles et physiques, l'astronomie et les mathématiques pures. Les Arabes, en conservant soigneusement la pureté de leur idiome national et la finesse de leurs pensées métaphoriques, ont su donner à l'expression de leurs sentiments et à la forme de leurs sentences la grâce et les couleurs de la poésie. Mais, à juger d'après ce qu'ils étaient sous les Abassides, ils auraient eu beau travailler sur le fonds de l'antiquité, avec laquelle nous les trouvons dès lors en commerce, il semble que jamais ils n'eussent pu donner naissance à ces œuvres littéraires et artistiques d'une poésie si haute et d'un art si consommé que se glorifie d'avoir produites, dans son épanouissement, notre civilisation européenne, fière à bon droit de l'harmonie qu'elle a su établir entre tant d'éléments divers.

VI

DÉVELOPPEMENT

DE L'IDÉE DU COSMOS

AU XVe ET AU XVIe SIÈCLE.

ÉPOQUE DES DÉCOUVERTES DANS L'OCÉAN. — ÉVÉNEMENTS QUI LES ONT AMENÉES. — OUVERTURE DE L'HÉMISPHÈRE OCCIDENTAL. — COLOMB, SÉBASTIEN CABOT ET GAMA. — L'AMÉRIQUE ET L'OCÉAN PACIFIQUE. — CABRILLO, SÉBASTIEN VIZCAINO, MENDAÑA ET QUIROS. — RICHES MATÉRIAUX MIS A LA DISPOSITION DES NATIONS OCCIDENTALES DE L'EUROPE.

Le XVe siècle appartient à ces rares époques dans lesquelles tous les efforts intellectuels offrent le caractère commun d'une tendance invariable vers un but déterminé. L'unité des efforts, le succès qui les a couronnés, l'active énergie que manifestèrent des peuples entiers, donnent à l'âge de Colomb, de Sébastien Cabot et de Gama un éclat brillant et durable. Placé entre deux phases différentes de la civilisation, le XVe siècle semble être une époque intermédiaire qui achève le moyen âge et commence les temps modernes. C'est l'époque des plus grandes découvertes accomplies dans l'espace. Toutes les latitudes, toutes les hauteurs de la surface terrestre furent explorées. Le XVe siècle, en doublant, pour les habitants de l'Europe, l'œuvre de la création, fournissait à l'intelligence des stimulants nouveaux et puissants, qui devaient accélérer le progrès des sciences, au point de vue mathématique et physique (21).

Ainsi que cela s'était vu dans l'expédition macédonienne, et avec plus d'autorité encore, le monde extérieur s'imposait à l'esprit soit sous des formes individuelles, soit comme l'assemblage de forces vivantes agissant simultanément. Malgré leur abondance et leur diversité, les images qui frappaient isolément les sens se fondirent peu à peu en une grande synthèse, et la nature terrestre fut embrassée dans son universalité. Ce fut le résultat d'observations positives et non pas seulement l'effet de divinations vagues, dont les formes changeantes flottaient devant l'imagination. La voûte du ciel découvrit à l'œil encore désarmé des espaces nouveaux, des étoiles qu'on n'avait jamais vues et des nébuleuses décrivant isolément leur orbite. Dans aucun autre temps, j'en ai déjà fait la remarque, on ne vit une partie du genre humain en possession d'un plus grand nombre de faits et en état de fonder sur la comparaison de matériaux plus considérables la description physique de la terre. Jamais non plus les découvertes accomplies dans l'espace et dans le monde matériel n'ont amené dans l'ordre moral des changements plus extraordinaires. L'horizon fut agrandi, les productions se multiplièrent avec les moyens d'échange, on fonda des colonies d'une étendue telle qu'on n'en avait jamais vu de semblable, et par là les mœurs subirent aussi une révolution. Si ces événements eurent d'abord pour résultat de jeter et de maintenir dans l'esclavage une partie de la race humaine, ils ne furent pas non plus sans influence sur son affranchissement ultérieur.

Tous les faits qui, considérés isolément dans la vie des peuples, marquent un progrès considérable de l'intelligence, ont des racines profondes dans la suite des siècles qui les ont précédés. Il n'est pas dans la destinée de l'espèce humaine de subir une éclipse qui l'enveloppe uniformément tout entière. Un principe conservateur entretient sans cesse la force vitale et progressive de la raison. L'époque de Colomb n'eût pas si vite atteint le but auquel elle tendait, si des germes féconds n'avaient pas été semés à l'avance par une succession de grands hommes, qui traverse comme une traînée lumineuse les siècles ténébreux du moyen âge. Un seul de ces siècles, le XIIIe, nous montre réunis Roger Bacon, Nicolas Scott, Albert le Grand, Vincent de Beauvais. L'activité intellectuelle une fois éveillée porta ses fruits, en agrandissant la physique du globe. Lorsque Diego Ribero revint, en 1525, du congrès géographico-astronomique qui s'était tenu à la Puente de Caya, près d'Yelves, en vue de mettre fin aux différends, et de déterminer les frontières des deux monarchies espagnole et portugaise, on avait déjà tracé le contour du nouveau continent depuis la Terre-de-Feu jusqu'au Labrador. Sur la côte occidentale, située en regard de l'Asie, les progrès furent naturellement moins rapides. Cependant, en 1543, Rodriguez Cabrillo s'était avancé vers le nord au delà de Monterey, et, lorsque ce grand et hardi navigateur eut trouvé la mort dans le canal Santa Barbara, près de la Nouvelle-Californie, le pilote Bartholomée Ferreto poussa la reconnaissance jusqu'au 43ᵉ degré de latitude, près du cap Oxford de Vancouver. Telle était alors l'émulation avec laquelle les peuples commerçants, les Espagnols, les Anglais et les Portugais tendaient vers un seul et même but, qu'un demi-siècle suffit pour déterminer la configuration extérieure des pays compris dans l'hémisphère occidental, c'est-à-dire la direction principale des côtes.

La connaissance acquise, au XVᵉ siècle, par les nations européennes de l'hémisphère occidental est l'objet principal de ce chapitre. C'est, en effet, un événement immense dont les féconds résultats ont contribué de mille manières à rectifier et à agrandir les vues sur le monde. Toutefois nous devons d'abord établir une distinction tranchée entre la première et incontestable découverte, faite par les Normands, de l'Amérique septentrionale, et les expéditions qui plus tard amenèrent la connaissance des régions tropicales, dans le même continent. A une époque où le khalifat des Abassides florissait encore dans Bagdad, où la Perse était encore sous la domination des Samanides, si favorable à la culture de la poésie, vers l'an 1000 environ, l'Amérique fut reconnue par Leif, fils d'Éric le Rouge, depuis l'extrémité septentrionale jusqu'à 41° 1/2 de latitude Nord (22). L'impulsion qui amena cet événement, d'une manière fortuite il est vrai, partit de la Norwége. Dans la seconde moitié du IXe siècle, Naddod, voulant naviguer vers les îles Færoër, qu'avaient déjà visitées les Irlandais, fut jeté par la tempête sur les côtes d'Islande. Ingolf fonda dans cette île, en 875, le premier établissement normand. Le Groenland, presqu'île orientale d'une contrée qui paraît être entièrement séparée par les flots de l'Amérique proprement dite, fut signalé de bonne heure (23); mais c'est seulement cent ans après, en 983, qu'il reçut une colonie de l'Islande, nommée d'abord par Naddod Snjoland ou pays de la Neige. Ce fut à la suite de cette colonisation islandaise, que l'on aborda au nouveau continent, en suivant les côtes du Groenland, dans la direction du sud-ouest. Les îles Færoër et l'Islande doivent donc être considérées comme des stations intermédiaires, et les points de départ des expéditions qui conduisirent les Normands vers la Scandinavie Américaine. C'est ainsi que l'établissement de Carthage avait fourni aux Tyriens les moyens de parvenir jusqu'au détroit de Gadeira et au port de Tartessus, et que de Tartessus, ce peuple entreprenant se rendit de station en station jusqu'à Cerné, nommée par les Carthaginois Gauléa ou île des Vaisseaux (24).

Malgré la proximité des côtes du Labrador (Helluland it Mikla), situées en face du Groenland, 125 ans s'écoulèrent entre le premier établissement des Normands dans l'Islande et la grande découverte de l'Amérique par Leif, tant étaient insuffisantes pour les besoins de la navigation les ressources qu'offrait à une race noble et vigoureuse, mais pauvre, ce coin de terre isolé et désert. Comparées à l'Islande et au Groenland, les côtes du Vinland, ainsi nommé par un Allemand, Tyrker, à cause des vignes sauvages qui y furent trouvées, pouvaient attirer par leur fécondité et la douceur du climat. Ces côtes, appelées aussi par Leif, *le bon pays du vin* (Vinland it goda), comprenaient toute l'étendue du littoral situé entre Boston et New-York, par conséquent, des parties des trois états modernes de Massachusetts, de Rhode-Island et de Connecticut, placées sous les parallèles de Cività Vecchia et de Terracine, mais dont les températures moyennes varient entre 8 degrés 8/10 et 11 degrés 2/10 (25). C'est là qu'était l'établissement principal des Normands. Les colons eurent souvent à combattre contre la race aguerrie des Esquimaux qui, à cette époque, portaient le nom de Skrælingues, et s'étendaient beaucoup plus loin vers le sud. Le premier évêque du Groenland, Érik-Upsi, Islandais de naissance, entreprit, en 1121, d'aller propager le christianisme dans le Vinland, et il est question de cette colonie dans les vieilles poésies nationales, chantées par les indigènes des îles Færoër (26).

L'activité et l'esprit entreprenant des aventuriers islandais et groënlandais sont attestés par cette circonstance, qu'après avoir fondé des établissements vers le sud, jusqu'à 41° 1/2 de latitude, ils élevèrent trois monuments, trois bornes, sur la côte orientale de la baie de Baffin, à 72° 55' de latitude, dans l'une des îles des Femmes, au nord-ouest d'Upernavik, aujourd'hui la plus septentrionale des colonies danoises (27). La pierre runique découverte dans l'automne de l'année 1824 par un Groenlandais, nommé Pelinut, porte, d'après Rask et Finn Magnousen, la date de 1135. De cette côte orientale de la baie de Baffin, les colons, attirés par l'appât de la pêche, visitèrent régulièrement le détroit de Lancastre, ainsi qu'une partie du détroit de Barrow, et cela plus de six siècles avant les hardies entreprises de Parry et de Ross. Les localités où se faisait la pêche sont très-nettement décrites dans les Sagas, et il est dit que la première expédition fut conduite en 1266 par des prêtres groenlandais de l'évêché de Gardar. On nommait cette station d'été, située au nord-ouest, la lande de Kroksfjardar. Déjà il est fait mention du bois flotté qui venait sûrement de la Sibérie et que l'on recueillait dans ces parages, des cachalots, des morses et des ours marins qui s'y trouvaient en grand nombre (28).

Les renseignements certains, sur les relations qui existaient entre les pays situés à l'extrémité septentrionale de l'Europe et sur celles que les Groenlandais et les Islandais entretinrent avec l'Amérique proprement dite, s'arrêtent au milieu du XIV° siècle On sait encore qu'en 1347, un vaisseau fut envoyé dans le Markland (la Nouvelle-Écosse) pour y chercher des bois de construction et d'autres objets. En revenant, il fut assailli par la tempête et forcé de relâcher à Straumfjœrd, sur la côte occidentale de l'Islande. C'est la dernière mention de l'Amérique normande qui nous ait été conservée dans les vieilles sources historiques de la Scandinavie (29).

Nous nous sommes tenu soigneusement jusqu'ici sur le terrain de l'histoire. Grâce aux recherches critiques publiées par Christian Rafn et par la Société Royale des antiquaires du Nord, à Copenhague, les Sagas et les autres documents relatifs aux voyages des Normands dans l'Hallyland (Neufundland), dans le Markland, qui comprend l'embouchure du fleuve Saint-Laurent et la Nouvelle-Écosse, et dans le Vinland (Massachusetts), ont été imprimés séparément et commentés d'une manière satisfaisante (30). La longueur de la route, la direction suivie par les navigateurs, le moment auquel se lève ou se couche le soleil, sont indiqués avec précision.

Les traces que l'on croit avoir trouvées d'une découverte de l'Amérique faite par les Irlandais, antérieurement à l'an 1000, sont plus incertaines. Les Skrælingues racontèrent aux Normands établis dans le Vinland, qu'au loin vers le sud, par delà la baie de Chesapeak, « habitaient des hommes blancs qui marchaient vêtus de longs habits blancs, portant devant eux des bâtons auxquels étaient suspendus des morceaux d'étoffe et parlant à haute voix. » Les Normands chrétiens crurent reconnaître à cette description des processions qui portaient des bannières et chantaient. Dans les plus anciennes Sagas, dans les récits historiques de Thorfinn Karlsefne et dans le *Landnamabok* islandais, les côtes méridionales comprises entre la Virginie et la Floride sont appelées *le pays des hommes blancs*. Elles sont nommées aussi dans les mêmes sources Grande Irlande (Irland it Mikla), et l'on affirme qu'elles ont été peuplées par les Ires. D'après des témoignages remontant à l'an 1064, Ari Marsson, de la puissante famille islandaise d'Ulf le Louche, faisant voile vers le sud, avant même la découverte du Vinland par Leif, vraisemblablement vers l'an 982, fut jeté par la tempête sur la côte du pays des hommes blancs, y fut baptisé, et n'ayant pu obtenir la permission de s'éloigner, fut reconnu plus tard par des habitants des îles Orkney et par des Islandais (31).

L'opinion de quelques savants, familiers avec les antiquités du nord, est que, si dans les plus anciens documents de l'Islande, les premiers habitants de cette île sont appelés les *hommes de l'ouest venus par mer*, il en faut conclure que l'Islande n'a pas été peuplée par des colonies venues directement de l'Europe, mais par des Ires transplantés de bonne heure en Amérique, et qui revinrent de la Virginie et de la Caroline, c'est-à-dire par des hommes qui, après avoir habité la Grande Irlande, la partie de l'Amérique appelée le *pays des hommes blancs*, vinrent s'établir sur la côte sud-est de l'Islande, à Papyli, et dans la petite île Papar, voisine de cette côte. Mais le précieux ouvrage du moine irlandais Dicuil : *De mensura orbis terræ*, composé vers l'an 825, par conséquent trente-huit ans avant que Naddod eût fait connaître l'Islande aux Normands, ne confirme pas cette opinion.

Dans le nord de l'Europe, des anachorètes chrétiens, et dans l'intérieur de l'Asie, de pieux moines bouddhistes, ont exploré des lieux inabordables, et les ont ouverts à la civilisation. L'ardeur de la propagande religieuse a frayé la voie tantôt à des entreprises militaires, tantôt à des idées pacifiques et à des relations commerciales. La ferveur particulière aux religions de l'Inde, de la Palestine et de l'Arabie, et si étrangère à l'indifférence du polythéisme grec et romain, a singulièrement accéléré les progrès de la science géographique, dans la première moitié du moyen âge. Le commentateur de Dicuil, M. Letronne, démontre ingénieusement que les missionnaires irlandais, ayant été chassés des îles Færoër par les Normands, commencèrent vers 795 à visiter l'Islande. Les Normands, lorsqu'ils vinrent en Islande, y trouvèrent des livres irlandais, des cloches et autres objets que les anciens colons appelés *Papar*, y avaient laissés. Or ces *Papar* (papæ, pères) sont les *clerici* de Dicuil (32). Si maintenant, comme on peut le conjecturer par le témoignage de cet écrivain, ces objets appartenaient à des moines irlandais, venus des îles Færoër, on se demande pourquoi les moines (Papar) s'appelaient, selon les traditions du pays, *hommes de l'ouest* (Vestmenn), « venus de l'ouest par la mer, » (komnir til vestan um haf)? Quant au voyage fait en 1170 par le prince gallois Madoc, fils d'Owen Guineth, vers un grand pays situé à l'ouest, et au rapport que ce fait peut offrir avec la Grande Irlande des Sagas islandaises, tout sur ce point est demeuré jusqu'ici très-obscur. Peu à peu aussi s'évanouit la prétendue race des Celto-Américains que des voyageurs trop crédules voulaient avoir trouvée dans plusieurs pays des États-Unis. Cette chimère a disparu depuis l'introduction d'une étude comparative des langues, fondée sur leur structure organique et non sur des ressemblances de sons accidentelles (33).

Au reste, si cette première découverte de l'Amérique, faite au XIe siècle ou même plus tôt, n'eut pas la grande et durable influence qu'exerça sur les progrès de la science du monde la même découverte renouvelée, à la fin du XVe siècle, par Christophe Colomb, cela s'explique par le peu de culture des peuples qui découvrirent les premiers ce continent et par la nature des lieux où se renferma leur exploration. Aucune éducation scientifique n'avait préparé les Scandinaves à étendre leurs recherches, dans les pays qu'ils occupaient, au delà de ce qu'il fallait pour satisfaire aux plus pressants besoins. On peut considérer comme la véritable métropole de ces colonies le Groenland et l'Islande, contrées où l'homme avait à lutter contre les intempéries d'un climat inhospitalier. Grâce cependant à sa merveilleuse organisation, la république islandaise conserva son indépendance et son caractère propre durant quatre cent cinquante ans, jusqu'à la ruine de ses libertés municipales et à la soumission du pays au roi de Norwége Hakon VI. L'épanouissement de la littérature islandaise, la rédaction des annales du pays, la collection des Sagas et des chants de l'Edda datent du XIIe et du XIIIe siècle.

C'est un singulier spectacle, dans l'histoire de la culture des peuples, que de voir le trésor des plus anciennes traditions de l'Europe septentrionale, compromis par des luttes intestines sur le sol où elles avaient pris naissance, passer de là en Islande et y être conservé soigneusement pour la postérité. Cette conservation, conséquence éloignée du premier établissement d'Ingolf en Islande (875), fut un grave événement dans la sphère de la poésie et de l'imagination, dans le monde vaporeux ébauché par les mythes et les cosmogonies emblématiques des races scandinaves. Toutefois la science de la nature n'y gagna rien. Il est vrai que des voyageurs islandais allaient visiter les écoles d'Allemagne et d'Italie, mais les découvertes des Groenlandais dans le sud, le faible commerce qui s'établit avec le Vinland, dont la végétation n'offrait aucun caractère remarquable, attirèrent si peu les colons et les navigateurs hors du cercle de leurs intérêts tout européens, qu'il ne se répandit chez les peuples civilisés de l'Europe méridionale aucune nouvelle de ces récentes colonies. Bien plus, on ne voit pas que, même en Islande, il soit parvenu le moindre renseignement sur ces contrées aux oreilles du grand navigateur génois. En effet, l'Islande et le Groenland avaient déjà fait divorce depuis plus de deux siècles; car, en 1261, le Groenland avait perdu sa constitution républicaine et, comme propriété de la couronne de Norwége, s'était vu interdire formellement tout commerce avec les étrangers, même avec les Islandais. Christophe Colomb, dans son écrit devenu si rare *sur les cinq zones habitables de la terre*, dit qu'au mois de février 1477 il visita l'Islande, « où alors la mer n'était pas couverte de glace et que fréquentaient en grand nombre les commerçants de Bristol (34). » S'il y avait entendu parler de l'ancienne colonisation d'un grand pays situé en face de l'Islande, de l'*Helluland it mikla*, du Markland et du *bon Vinland*, s'il avait pu rattacher cette notion d'un continent voisin aux projets qui déjà l'occupaient en 1470 et en 1473, on ne peut douter que dans le célèbre procès sur la réalité de sa découverte, qui fut terminé seulement en 1517, il eût été question de son voyage à Thulé, c'est-à-dire en Islande, surtout si l'on songe que le soupçonneux fiscal qui instruisit cette affaire mentionne même une carte marine (mappa mundo), que Martin Alonso Pinzon avait vue à Rome et où le nouveau continent aurait été figuré. Si Colomb avait voulu chercher un pays dont il eût entendu parler en Islande, évidemment, dans son premier voyage de découverte, il n'aurait pas marché dans la direction sud-ouest, en partant des Canaries. Toujours est-il que des relations commerciales existèrent encore entre Bergen et le Groenland jusqu'en 1484, c'est-à-dire six années après le voyage de Colomb en Islande.

Bien différente à cet égard de la première découverte du nouveau continent au XIe siècle, l'expédition dans laquelle Colomb trouva, pour la seconde fois, ce continent et découvrit les régions tropicales de l'Amérique eut de graves conséquences pour l'histoire du monde et agrandit considérablement la contemplation physique de l'univers. Bien que le navigateur qui, à la fin du XVe siècle, dirigeait une si vaste entreprise n'eût aucunement l'intention de découvrir une nouvelle partie du monde, bien qu'il soit certain que Colomb et Amerigo Vespucci sont morts avec la persuasion d'avoir seulement touché à une partie de l'Asie orientale, cependant l'expédition offre tout à fait le caractère d'un plan scientifiquement conçu et accompli (35). On navigua résolûment à l'ouest par les portes que les Tyriens et Colæus de Samos avaient ouvertes, par la *mer immense et ténébreuse* (mare tenebrosum) des géographes arabes. On marchait vers un but dont on croyait connaître la distance. Les navigateurs ne furent pas jetés là par le hasard des vents, comme Naddod et Gardar étaient arrivés en Islande, comme Gunnbjœrn, le fils de Ulf Kraka, avait abordé dans le Groenland. Colomb ne fut pas non plus, guidé par des stations intermédiaires. Le grand cosmographe de Nurenberg, Martin Behaim, qui accompagna le Portugais Diego Cam dans son importante expédition sur les côtes occidentales de l'Afrique, passa, il est vrai, quatre ans, de 1486 à 1490, aux îles Açores; mais ce n'est pas en partant de ces îles, situées aux 3/5 de la distance entre les côtes de l'Espagne et celles de la Pensylvanie, que fut découvert le continent américain. La préméditation de cette grande chose est déjà célébrée, d'une manière poétique, dans les stances du Tasse. Le poëte parle de ce que n'a pas osé la valeur d'Hercule :

> Non osò di tentar l'alto Oceano ;
> Segnò le mete, e'n troppo brevi chiostri
> L'ardir ristrinse dell'ingegno umano.....
> Tempo verrà che fian d'Ercole i segni
> Favola vile ai naviganti industri.....
> *Un uom della Liguria* avrà ardimento
> All'incognito corso esporsi in prima.....
> *Gerusalemme liberata*, XV, st. 25, 30 et 31.

Et cependant le grand historien portugais Jean Barros (36), dont la première décade parut seulement en 1552, n'a rien à nous dire sur cet *«uom della Liguria,»* sinon que c'était un frivole et extravagant bavard (homem fallador, e glorioso em mostrar suas habilidades, e mais fantastico, e de imaginações com sua Ilha Cypaugo). Tant il est vrai que dans tous les siècles et à tous les degrés de civilisation, les haines nationales ont fait effort pour obscurcir l'éclat des noms illustres !

La découverte des régions tropicales de l'Amérique par Christophe Colomb, Alonso de Hojeda et Alvarez Cabral ne peut être considérée comme un événement isolé dans l'histoire de la contemplation du monde. L'influence de ce fait sur le développement des connaissances physiques et en général sur le progrès des idées ne peut être bien comprise qu'à la condition de passer rapidement en revue les siècles qui séparent le temps des grandes entreprises maritimes de celui où florissait la culture scientifique des Arabes. Si l'époque de Colomb a le caractère particulier d'une tendance constante et toujours heureuse à étendre les découvertes dans l'espace et à élargir la connaissance du globe, elle le doit à des causes anciennes et diverses : à un petit nombre d'hommes hardis qui avaient développé à la fois dans les esprits la liberté générale de penser et le désir de pénétrer les phénomènes particuliers de la nature; à l'influence qu'exercèrent sur les sources les plus profondes de la vie intellectuelle la renaissance de la philologie grecque en Italie, et l'invention de cet art qui donnait à la pensée des ailes et lui assurait une longue existence; enfin à une plus ample connaissance de l'Asie orientale, répandue, soit par les moines envoyés en ambassade auprès des princes mongols, soit par des marchands voyageurs, parmi les nations du sud-ouest de l'Europe qui étaient en relations de commerce avec le monde entier, et n'avaient pas de plus vif désir que de trouver un chemin plus court, pour parvenir au pays des épices. Outre tant de mobiles puissants, nous devons mentionner ce qui, vers la fin du xve siècle, facilita surtout la réalisation de ces vœux, c'est-à-dire les progrès de l'art nautique, le perfectionnement des instruments de navigation, magnétiques ou astronomiques, l'application de méthodes certaines pour déterminer le lieu d'un navire en mer, et l'usage plus général des éphémérides solaires et lunaires de Régiomontanus.

Sans raconter en détail l'histoire des sciences, ce qui nous détournerait trop de notre sujet, nous nous contenterons de choisir parmi les hommes qui ont préparé l'époque de Colomb et de Gama, trois grands noms : Albert le Grand, Roger Bacon et Vincent de Beauvais. Nous les rangeons dans l'ordre chronologique, car le plus considérable, celui qui offre les facultés les plus hautes et l'intelligence la plus vaste, est le franciscain Roger Bacon, natif d'Ilchester, qui fit son apprentissage scientifique à Oxford et à Paris. Tous trois d'ailleurs ont devancé leur siècle et ont agi puissamment sur leurs contemporains. Dans les longues luttes de la dialectique, luttes trop souvent stériles, qui remplirent le règne de cette philosophie désignée sous le nom complexe et mal défini de scolastique, on ne peut méconnaître l'action bienfaisante, je pourrais dire l'influence posthume des Arabes. Les particularités de leur caractère national que nous avons retracées dans le précédent chapitre, leur disposition à se mettre en commerce avec la nature, avaient préparé la voie aux livres récemment traduits d'Aristote. L'établissement des sciences expérimentales et la faveur dont elles jouissaient devaient contribuer encore à propager ces écrits. Jusqu'à la fin du XIIe siècle et au commencement du XIIIe, les principes mal compris de la philosophie platonicienne dominaient dans les écoles. Déjà les Pères de l'Église avaient cru y trouver le germe de leurs dogmes religieux (37). Un grand nombre des rêveries symboliques du Timée furent adoptées avec enthousiasme, et l'autorité chrétienne fit revivre des idées erronées sur le monde, dont l'école mathématique des Alexandrins avait longtemps auparavant établi la fausseté. Ainsi, depuis saint Augustin jusqu'à Alcuin, Jean Scott et Bernard de Chartres, le platonisme ou plutôt le néoplatonisme, revêtant des formes nouvelles, poussa dans le moyen âge des racines de plus en plus profondes (38).

Lorsque plus tard la philosophie aristotélique détrôna le néoplatonisme, et décida souverainement du mouvement des esprits, son influence s'exerça dans deux directions différentes; elle s'appliqua en même temps aux recherches de la philosophie spéculative et à la mise en œuvre de la science expérimentale. Les méditations spéculatives, bien qu'elles paraissent s'éloigner d'avantage de l'objet que je me propose dans ce livre, ne peuvent être complétement passées sous silence, parce que, au milieu même de la scolastique, elles ont porté quelques hommes d'une grande et noble intelligence à faire triompher, dans toutes les branches de la science, l'indépendance de la pensée. La contemplation du monde et la généralisation des idées n'ont pas besoin seulement de reposer sur une grande masse d'observations; il leur faut des esprits assez fortifiés à l'avance, pour ne pas reculer, dans l'éternelle lutte de la science et de la foi, devant ces images menaçantes qui peuplent certaines régions de la science expérimentale et voudraient nous en fermer les avenues. On ne peut séparer deux choses qui ont aidé puissamment au développement de l'humanité : la conscience de la liberté intellectuelle et les efforts accomplis sans relâche pour arriver à des découvertes nouvelles dans les espaces éloignés. Les libres penseurs ont formé une série qui s'ouvre au moyen âge avec Duns Scott, Guillaume d'Occam et Nicolas de Cusa, et se prolonge par Ramus, Campanella et Giordano Bruno, jusqu'à Descartes (39).

Cet intervalle infranchissable entre la pensée et l'être, les rapports entre l'âme qui connaît et l'objet connu, divisèrent les dialecticiens en deux écoles célèbres, les *réalistes* et les *nominalistes*. Les luttes qui s'ensuivirent sont presque oubliées aujourd'hui; je ne puis cependant les passer sous silence, parce qu'elles ont eu une influence incontestable sur l'établissement définitif des sciences expérimentales. Les nominalistes qui ne reconnaissent aux idées générales qu'une existence subjective, sans réalité hors de l'intelligence humaine, finirent par l'emporter au XIVe et au XVe siècle, après beaucoup d'alternatives. Dans leur antipathie pour le vague de l'abstraction, ils insistèrent avant tout sur la nécessité de faire appel à l'expérience et de multiplier les fondements sensibles de la connaissance. Une telle disposition dut agir, indirectement du moins, sur la culture de la science expérimentale; mais dans le temps même où les principes réalistes régnaient encore seuls, la littérature arabe, en se répandant chez les peuples occidentaux, avait fait naître un goût vif pour l'étude de la nature, et l'avait heureusement posée comme antagoniste à la théologie qui menaçait de tout envahir. Ainsi nous voyons dans les diverses périodes du moyen âge, auquel on attribue peut-être d'ordinaire un trop grand caractère d'unité, se préparer peu à peu, par les voies contraires de l'idéalisme pur et de l'expérimentation, le grand œuvre des découvertes dans l'espace et leur application à l'élargissement des vues sur le monde.

Chez les Arabes, la science de la nature était liée étroitement à la pharmacologie et à la philosophie; dans le moyen âge chrétien, elle se rattachait, aussi bien que la philosophie elle-même, au dogmatisme théologique. La théologie, visant par la loi de sa nature à une domination exclusive, resserrait les recherches expérimentales dans le domaine de la physique, de la morphologie organique et de l'astronomie, qui vivait avec l'astrologie dans des rapports fraternels. L'étude des livres encyclopédiques d'Aristote, importée par les Arabes et par les rabbins juifs, disposa les esprits à une alliance philosophique de toutes les sciences (40). C'est ainsi que Ibn Sina (Avicenna) et Ibn Roschd (Averroès), Albert le Grand et Roger Bacon purent être considérés comme les représentants de toute la science contemporaine. De cette croyance généralement répandue est née la gloire qui au moyen âge entoura leur nom d'une auréole.

Albert le Grand, de la famille des comtes de Bollstaedt, mérite d'être cité aussi pour ses observations personnelles dans le domaine de la chimie analytique. Ses espérances étaient, il est vrai, dirigées vers la transformation des métaux; mais pour les réaliser, il ne se livrait pas seulement à des manipulations sur les substances métalliques, il approfondissait aussi les procédés généraux par lesquels s'exercent les forces chimiques de la nature. Ses écrits contiennent quelques remarques d'une pénétration extrême, sur la structure organique et sur la physiologie des végétaux. Il connaissait le sommeil des plantes, la régularité avec laquelle elles s'ouvrent et se referment, la diminution de la sève par les émanations qui s'échappent de la surface des feuilles, et le rapport qui existe entre les ramifications des nervures et les découpures du limbe. Il commentait tous les ouvrages physiques du philosophe de Stagire, et toutefois, pour l'Histoire des Animaux, il était réduit à une traduction latine, faite sur l'arabe par Michel Scott (41). Un écrit d'Albert le Grand qui a pour titre : *Liber cosmographicus de natura locorum*, est une sorte de géographie physique. J'y ai trouvé des considérations sur la double dépendance où sont les climats par rapport à la latitude et à la hauteur du sol, et sur les conséquences qu'ont pour l'échauffement de la terre les divers angles d'incidence formés par les rayons lumineux. Néanmoins, si Albert le Grand a été célébré par Dante, il doit peut-être moins cet honneur à lui-même qu'à son disciple chéri saint Thomas d'Aquin, qu'il conduisit, en 1245, de Cologne à Paris, et ramena en Allemagne en 1248 :

Questi, che m'è a destra più vicino,
Frate e maestro fummi; ed esso Alberto
È di Cologna, ed io Thomas d'Aquino.

Il Paradiso, X, 97-99.

Roger Bacon, contemporain d'Albert le Grand, peut être considéré comme l'apparition la plus importante du moyen âge, en ce sens que, plus que personne, il a directement contribué à agrandir les sciences naturelles, à les établir sur la base des mathématiques et à provoquer les phénomènes par les procédés de l'expérimentation. Ces deux hommes remplissent presque tout le XIIIe siècle; mais Roger Bacon offre cela de particulier, d'avoir exercé, par la méthode qu'il a appliquée à l'étude de la nature, une influence plus utile et plus durable que celle même qu'on a, avec plus ou moins de raison, attribuée à ses découvertes. Apôtre de la liberté de penser, il attaqua la foi aveugle à l'autorité de l'école; mais, fort éloigné aussi de dédaigner les questions qui avaient occupé l'antiquité grecque, il professait une égale estime pour l'étude approfondie des langues (42), pour l'application des mathématiques et la *scientia experimentalis*, à laquelle il consacra un chapitre spécial dans son *Opus majus* (43). Protégé et favorisé par le pape Clément IV, puis, accusé de magie et incarcéré par Nicolas III et Nicolas IV, il éprouva les vicissitudes auxquelles furent en butte les grands esprits de tous les temps. Il connaissait l'Optique de Ptolémée et l'Almageste (44). Comme il désigne toujours Hipparque sous son nom arabe *Abraxis*, on peut en conclure qu'il ne se servit que d'une traduction latine faite d'après l'arabe. Les travaux de Bacon sur la théorie de l'optique, sur la perspective et sur la position du foyer dans les miroirs concaves, sont, avec ses expériences chimiques sur les mélanges inflammables et explosibles, ce qu'il a fait de plus important. Son *Opus majus* est un livre riche de pensées; il contient des propositions et des projets susceptibles d'être réalisés, mais non la trace manifeste de découvertes définitives en optique. Bacon paraît avoir manqué de connaissances profondes en mathématiques. Ce qui le caractérise, c'est une certaine vivacité d'imagination dont les écarts sont communs à tous les moines du moyen âge, engagés dans les questions de la philosophie naturelle. Leur fantaisie était surexcitée, d'une manière maladive, par l'impression de tant de grands phénomènes non expliqués et par l'impatience inquiète avec laquelle ils tendaient à la solution de problèmes mystérieux.

L'obstacle, qu'opposait la cherté de la transcription au désir de réunir en grand nombre, avant l'invention de l'imprimerie, des manuscrits d'ouvrages détachés, fit naître au moyen âge, lorsque le cercle des idées commença à s'élargir, c'est-à-dire vers le commencement du XIIIe siècle, le goût des ouvrages encyclopédiques. Ces ouvrages méritent ici une mention particulière, parce qu'ils ont contribué à la généralisation des idées. Ainsi parurent successivement, en se fondant le plus souvent les uns sur les autres, les vingt livres *De rerum Natura* de Thomas de Cambridge, professeur à Louvain (1230); le *Miroir de la Nature* (*Speculum naturale*), que Vincent de Beauvais écrivit pour saint Louis et sa femme Marguerite de Provence en 1250; le *Livre de la Nature* de Conrad de

Meygenberg, prêtre à Ratisbonne, et l'*Image du Monde* (*Imago Mundi*), par le cardinal Pierre d'Ailly (Petrus de Alliaco), évêque de Cambray (1410). Ces encyclopédies n'étaient encore que les avant-coureurs de la grande *Margarita philosophica* du Père Reisch, qui parut pour la première fois en 1486 et, pendant un demi-siècle, servit merveilleusement à la propagation de la science. Il est nécessaire de nous arrêter sur la description du monde de Pierre d'Ailly. J'ai montré ailleurs que le livre de l'*Imago Mundi* a eu plus d'influence sur la découverte de l'Amérique que la correspondance de Colomb avec le savant florentin Toscanelli (45). Tout ce que Colomb savait de l'antiquité grecque et latine, tous les passages d'Aristote, de Strabon et de Sénèque sur la proximité de l'Asie orientale et des colonnes d'Hercule, qui plus que toute autre chose, selon le rapport de don Fernando, éveillèrent chez son père le désir d'aller à la recherche des Indes (autoridad de los escritores para mover al Almirante á descubrir las Indias), l'amiral les avait puisés dans les écrits de d'Ailly. Il portait ces écrits avec lui dans ses voyages; car dans une lettre adressée de l'île d'Haïti au roi d'Espagne, en date du mois d'octobre 1498, il traduit littéralement un passage du traité *De quantitate terræ habitabilis*, qui avait fait sur lui la plus profonde impression. Vraisemblablement il ne savait pas que d'Ailly avait transcrit lui-même mot à mot un livre antérieur en date, l'*Opus majus* de Roger Bacon (46). Singulier temps où des témoignages empruntés pêle-mêle à

Aristote et à Averroès (Aveuryz), à Esra et à Sénèque, sur l'infériorité de la surface de la mer comparée à l'étendue de la masse continentale, pouvaient convaincre les rois que des entreprises dispendieuses auraient un résultat assuré !

Nous avons rappelé comment, avec la fin du XIIIᵉ siècle, se manifestèrent une prédilection décidée pour l'étude des forces de la nature et une manière plus philosophique de concevoir cette étude, constituée désormais, suivent une méthode scientifique sur la base de l'expérimentation. Il reste à esquisser en quelques traits l'influence que la renaissance de la littérature classique exerça, depuis la fin du XIVᵉ siècle, sur les sources les plus profondes de la vie intellectuelle des peuples et partant sur la contemplation générale du monde. Quelques hommes de génie avaient ajouté aussi par leurs efforts individuels à la richesse du monde des idées. Tout était prêt pour un développement plus libre de l'esprit, lorsque, à la faveur de circonstances qui paraissent fortuites, la littérature grecque, étouffée dans les contrées où elle avait fleuri autrefois, trouva en occident un asile plus sûr. Les Arabes, en étudiant l'antiquité, étaient toujours restés en dehors de tout ce qui tient aux effets brillants du langage. Ils n'étaient familiarisés qu'avec un très-petit nombre d'écrivains anciens, et avaient dû choisir, d'après leur prédilection décidée pour l'étude de la nature, les écrits physiques d'Aristote, l'Almageste de Ptolémée, la Botanique et la Chimie de Dioscoride, les rêveries cosmologiques de Platon. La dialectique aristotélicienne s'unit fraternellement à la physique, chez les Arabes, comme auparavant dans le moyen âge chrétien, elle s'était associée avec la théologie. On empruntait aux anciens tout ce qui pouvait se prêter à des applications particulières, mais on était bien loin d'embrasser dans son ensemble l'hellénisme, de pénétrer dans la structure organique de la langue grecque, de sentir les créations poétiques, de jouir des trésors merveilleux éclos dans le champ de l'éloquence et de l'histoire.

Près de deux siècles avant Pétrarque et Boccace, Jean de Salisbury et le platonicien Abélard avaient, il est vrai, facilité la connaissance de quelques ouvrages de l'antiquité. Tous deux appréciaient le mérite d'écrits dans lesquels s'unissaient harmonieusement la liberté et la mesure, la nature et l'art; mais ce sentiment esthétique s'éteignit avec eux, sans laisser de trace. C'est à deux poëtes unis par une amitié profonde, à Boccace et à Pétrarque, qu'appartient proprement la gloire d'avoir préparé en Italie un refuge assuré aux muses exilées de la Grèce, et d'avoir hâté la renaissance de la littérature classique. Un moine de Calabre, Barlaam, qui avait vécu longtemps en Grèce dans la faveur de l'empereur Andronicus, fut leur maître à tous deux (47). Ils donnèrent l'exemple de recueillir soigneusement les manuscrits grecs et latins. Pétrarque avait même le sentiment de la science historique et comparative des langues (48) et se servit de sa pénétration philologique pour agrandir à sa façon la contemplation du mondo. Parmi les promoteurs des études grecques, on doit citer aussi Emmanuel Chrysoloras, qui fut envoyé en 1391, comme ambassadeur de Grèce, en Italie et en Angleterre ; le cardinal Bessarion, de Trébizonde ; Gémiste Pléthon et l'Athénien Démétrius Chalcondyle auquel on doit la première édition imprimée d'Homère (49). Toutes ces émigrations eurent lieu avant la prise fatale de Constantinople (29 mai 1453). Seul, Constantin Lascaris, dont les ancêtres avaient occupé le trône, attendit la catastrophe, et ne vint en Italie que plus tard, apportant avec lui une précieuse collection de manuscrits qui reste entassée inutilement dans la bibliothèque de l'Escurial (50). Le premier livre grec fut imprimé quatorze ans seulement avant la découverte de l'Amérique, bien que la découverte de l'imprimerie, qui fut, selon toute vraisemblance, inventée deux fois simultanément, et sans aucune communication entre les inventeurs, par Guttemberg, à Strasbourg et à Mayence, et par Lorenz Jansson Koster, à Harlem, tombe entre 1436 et 1439, par conséquent à l'époque heureuse où les premiers savants grecs abordèrent en Italie (51).

Deux siècles avant le moment où les nations de l'occident purent puiser à toutes les sources de la littérature grecque, 25 ans avant la naissance de Dante, qui signale une des périodes les plus considérables dans l'histoire littéraire de l'Europe méridionale, s'accomplirent, au centre de l'Asie et dans la partie orientale de l'Afrique, des événements qui, en agrandissant les relations de commerce, hâtèrent la circumnavigation de l'Afrique et l'expédition de Colomb. Dans l'espace de vingt-six ans, les hordes des Mongols, parties de Pékin et de la muraille de la Chine, s'avancèrent jusqu'à Cracovie et Liegnitz, et firent trembler la chrétienté. Des moines entreprenants leur furent envoyés comme missionnaires et comme diplomates : Jean de Plano Carpini et Nicolas Ascelin vers Batou Khan, Rubruquis (Ruysbroeck) vers Mangou Khan, à Karakorum. Rubruquis a laissé d'ingénieuses et importantes observations sur la distribution géographique des langues et des races au milieu du XIIIe siècle. Le premier il reconnut que les Huns, les Baschkires (les habitants de la ville de Paskatir, nommée Baschgird par Ibn-Fozlan) et les Hongrois, sont des races finnoises, originaires des monts Oural. Il trouva encore dans les châteaux forts de la Crimée des hommes de race gothique, qui avaient conservé leur langage originaire (52). Rubruquis éveilla dans le cœur des deux grandes puissances maritimes de l'Italie, les Vénitiens et les Génois, le désir de s'approprier les anciennes richesses de l'Asie orientale. Bien qu'il ne nomme pas le riche entrepôt commercial de Quinsay (Hangtscheoufou), rendu si célèbre 25 ans plus tard, par les récits du plus illustre de tous les voyageurs par terre, de Marco Polo (53), il connaît cependant les murs d'argent et les tours d'or qui étaient une des décorations de cette ville. Des observations vraies et de naïves méprises sont mêlées, d'une manière singulière, dans les relations de Rubruquis que Roger Bacon nous a conservées. Près du Khatai, borné, dit-il, par la mer orientale, il décrit un pays fortuné « dans lequel les étrangers, hommes et femmes, se conservent à l'âge qu'ils avaient en y entrant (54). » Plus crédule encore que le moine brabançon, l'Anglais Jean Mandeville trouva, pour cette raison même, beaucoup plus de lecteurs. Il décrivit l'Inde et la Chine, les îles de Ceylan et de Sumatra. L'étendue et la forme originale de ses récits n'ont pas peu contribué, de même que les itinéraires de Balducci Pegoletti et les voyages de Ruy Gonzalez de Clavijo, à accroître chez les peuples le goût du commerce et des grandes expéditions.

On a souvent affirmé, et avec une singulière assurance, que l'excellent ouvrage du véridique Marco Polo, particulièrement les notions qu'il répandit sur les ports de l'Inde et sur l'archipel indien, avaient laissé une vive impression dans l'esprit de Colomb, et que Colomb avait emporté un exemplaire de Marco Polo, en partant pour son premier voyage de découverte (55). J'ai fait voir que le grand navigateur et son fils, don Fernando, citent la géographie de l'Asie d'Æneas Sylvius (le pape Pie II), mais jamais Marco Polo ni Mandeville. Ce qu'ils savaient des contrées de Quinsay, de Zaitoun, de Mango et de Zipangou, ils pouvaient, sans avoir eu directement connaissance des chapitres 68 et 77 du IIe livre de Marco Polo, l'avoir appris dans la célèbre lettre de Toscanelli, écrite l'an 1474, sur la facilité d'atteindre l'Asie orientale, en partant de l'Espagne, ou dans les récits de Nicolo de' Conti qui, pendant vingt-cinq années, parcourut les

Indes et le midi de la Chine. La plus ancienne édition imprimée de la relation de Polo est une traduction allemande de 1477, également inintelligible pour Colomb et pour Toscanelli. Que Colomb, entre les années 1471 et 1492, lorsqu'il s'occupait de son projet de chercher l'Est par l'Ouest (buscar et levante por el poniente, pasar á donde nacen las especerias, navegando al occidente), ait vu un manuscrit du voyageur vénitien, sans doute il n'y a rien là d'impossible (56); mais pourquoi dans la lettre qu'il adresse de la Jamaïque aux souverains espagnols, le 7 juin 1503, lorsqu'il représente la côte de Veragua comme faisant partie de la Ciguare d'Asie, dans le voisinage du Gange, et témoigne l'espoir d'y rencontrer des chevaux avec des harnais d'or, ne le réfère-t-il pas au Zipangou de Marco Polo plutôt qu'à celui du pape Pie II?

Dans un temps où la domination des Mongols, s'étendant depuis l'océan Pacifique jusqu'au Volga, rendait accessible le centre de l'Asie, les missions diplomatiques des moines et des expéditions commerciales habilement dirigées avaient fait connaître aux grandes nations maritimes les empires de Kathai et de Zipangou (la Chine et le Japon); de même ce fut l'ambassade de Pedro de Covilham et d'Alonzo de Payva, envoyée en 1487 par le roi Jean II, pour chercher le prêtre Jean d'Afrique, qui montra le chemin sinon à Bartholomée Diaz, du moins à Vasco de Gama. Se fiant aux récits qu'il avait recueillis de la bouche des pilotes indiens et arabes à Calicut, à Goa et à Aden, aussi bien que dans le pays de Sofala, sur la côte orientale de l'Afrique, Covilham envoya deux juifs du Caire au roi Jean II, pour lui faire savoir que, si les Portugais s'avançaient plus loin vers le midi, sur la côte occidentale, ils parviendraient jusqu'à la pointe extrême de l'Afrique, d'où il leur serait facile de faire voile vers l'île de la Lune (la Magastar de Polo), l'île de Zanzibar et la côte de sofala qui produit de l'or. Au reste, avant que cet avis fût parvenu à Lisbonne, on savait depuis longtemps que Bartholomée Diaz avait non-seulement découvert mais doublé le cap de Bonne-Espérance (cabo Tormentoso), bien qu'il l'eût de fort peu dépassé (57). Les Vénitiens purent recevoir de très-bonne heure à travers l'Égypte, l'Abyssinie et l'Arabie, des renseignements sur les comptoirs de commerce établis par les Hindous et les Arabes le long de la côte orientale de l'Afrique, et sur la forme de l'extrémité méridionale du continent. En réalité, la configuration triangulaire de l'Afrique est clairement indiquée sur le planisphère de Sanuto, publié en 1306 (58), dans le *Portulano della Mediceo-Laurenziana*, qui date de 1351 et a été retrouvé par le comte Baldelli, ainsi que sur la mappemonde de Fra Mauro. L'histoire de la contemplation de l'univers ne peut qu'indiquer rapidement, sans y insister, les époques où l'on commença à se faire une idée approximative de la configuration des grandes masses continentales.

A mesure qu'on connut mieux la situation relative des différentes parties de l'espace, et que par là on fut induit à chercher les moyens d'abréger les voyages ritimes, l'art de la navigation se perfectionna aussi rapidement, par l'application des mathématiques et de l'astronomie, par la découverte de nouveaux instruments de mesure et par une mise en œuvre plus habile des forces magnétiques. L'Europe doit très-vraisemblablement l'usage de la boussole aux Arabes, qui eux-mêmes l'avaient empruntée aux Chinois. Dans un livre chinois qui date de la première moitié du second siècle avant notre ère, dans le *Szouki* de Szoumathsian, il est question du char magnétique que l'empereur Tschingwang, de l'ancienne dynastie des Tscheu, avait donné, 900 ans plus tôt, aux ambassadeurs du Tounkin et de la Cochinchine, pour qu'ils ne pussent pas s'égarer en retournant dans leur pays. Au IIIe siècle de notre ère, dans le dictionnaire *Schuewen*, de Hioutschin, est indiqué le procédé au moyen duquel on peut communiquer à une lame de fer, par un frottement régulier, la propriété de diriger l'une de ses extrémités vers le sud. On cite toujours de préférence la direction vers le sud, parce que c'était celle que prenait le plus ordinairement la navigation. Cent ans plus tard, sous la dynastie des Tsin, les vaisseaux chinois se servirent de l'aiguille aimantée, pour s'avancer avec sécurité dans la haute mer. Ce furent ces vaisseaux qui répandirent la connaissance de la boussole chez les Hindous et de là sur la côte orientale de l'Afrique. Les noms arabes Zohron et Aphron (le nord et le sud) que Vincent de Beauvais donne, dans son *Miroir de la Nature*, aux deux extrémités de l'aiguille aimantée (59), montrent, ainsi qu'un grand nombre de mots empruntés à la même langue et sous lesquels nous désignons encore les étoiles, de quel côté et par quelle route la lumière est venue éclairer l'occident. En Europe, chez les peuples chrétiens, on ne trouve pas d'ouvrage où il soit fait mention de l'aiguille aimantée, comme d'une chose bien connue, avant la *Bible* satirique de Guyot de Provins (1190), et la description de la Palestine par l'évêque de Ptolémaïs, Jacques de Vitry (de 1204 à 1215). Dante, au XIIe livre du *Paradis*, a fait entrer aussi dans une comparaison l'aiguille (ago) « qui se dirige vers le pôle. »

Flavio Gioja, né à Positano, près d'Amalfi, ville célèbre par sa situation et par ses règlements maritimes qui se répandirent au loin, a longtemps passé pour l'inventenr de la boussole. Peut-être apporta-t-il quelque perfectionnement dans la disposition de cet instrument, vers l'an 1302; mais que la boussole ait été en usage dans les mers d'Europe, longtemps avant le commencement du XIVe siècle, c'est ce que prouve un écrit sur la navigation par Raymond Lulle, de Majorque, homme très-spirituel et fort excentrique, dont les doctrines enthousiasmaient Giordano Bruno dès son jeune âge (60), et qui était à la fois un philosophe à système, un chimiste, un missionnaire chrétien et un navigateur habile. Dans son livre intitulé *Feniœ de las Maravillas del orbe*, qui fut écrit en 1286, Lulle dit que les navigateurs de son temps se servaient « d'instruments de mesure, de cartes marines et de l'aiguille aimantée (61). » Les premiers voyages des Catalans vers les côtes septentrionales de l'Écosse et vers les côtes occidentales de l'Afrique tropicale, entre autres celui de don Jayme Ferrer, qui aborda en août 1346 au Rio de Ouro, et la découverte par les Normands des Açores, nommées îles Bracir sur la mappemonde de Picigano qui date de 1367, ne permettent pas d'oublier que longtemps avant Colomb, on naviguait librement dans l'océan occidental. Les traversées qui se faisaient, au temps de la domination romaine, entre Ocelis et la côte de Malabar, sur la foi des vents qui soufflent régulièrement dans ces parages, s'accomplissaient maintenant sous la conduite de l'aiguille aimantée (62).

L'application de l'astronomie à la navigation avait été préparée par l'influence qu'exercèrent du XIIIe au XVe siècle, en Italie, Andalone del Nero et le correcteur des *tables Alphonsines*, Jean Bianchini : en Allemagne, Nicolas de Cusa (63), George de Peuerbach et Regiomontanus. Les astrolabes, destinés à marquer, sur un élément toujours mobile, la mesure du temps et la latitude géographique, à l'aide des hauteurs méridiennes, reçurent des perfectionnements successifs, depuis l'astrolabe des pilotes de Majorque que Raymond Lulle décrivait en 1295 dans son *Arte de navegar* (64), jusqu'à celui que Martin Behaim établit à Lisbonne, en 1484, et qui n'était peut-être que le météoroscope de son ami Regiomontanus, ramené à une composition plus simple. Lorsque l'infant Henri, duc de Viseo, fonda à Sagres une académie de pilotes, maître Jacques de Majorque en fut nommé le directeur. Martin Behaim avait reçu du roi de Portugal, Jean II, l'ordre de calculer une table des inclinaisons du soleil et d'enseigner aux pilotes à se guider « d'après les hauteurs du soleil et des étoiles. » On ne sait au juste si déjà, à la fin du xve siècle, la connaissance du loch donnait le moyen de mesurer la vitesse du vaisseau, en même temps que la boussole en déterminait la direction. Cependant il est certain que Pigafetta, le compagnon de Magellan, parle du loch (la catena a poppa), comme d'un moyen connu depuis longtemps, pour mesurer la longueur du chemin parcouru (65).

L'influence de la civilisation arabe et des écoles astronomiques de Cordoue, de Séville, de Grenade, sur le développement de la marine en Espagne et en Portugal, ne doit pas être passée sous silence. On imitait en petit les grands instruments des écoles de Bagdad et du Caire, et l'on empruntait aussi les anciens noms. Celui de l'astrolabe, que Martin Behaim fixait au grand mât du vaisseau, appartient originairement à Hipparque. Lorsque Vasco de Gama aborda sur la côte orientale de l'Afrique, il rencontra à Melinde des pilotes indiens qui connaissaient l'usage des astrolabes et des balestrilles (66). Ainsi, grâce aux inventions que les peuples se communiquaient par suite de relations plus étendues, et aux découvertes nouvelles, grâce aussi à l'alliance féconde des mathématiques et de l'astronomie, tout était préparé pour amener la découverte de l'Amérique tropicale et mettre les voyageurs en état de déterminer rapidement la configuration de cette contrée, pour faciliter la traversée aux Indes par le cap de Bonne-

Espérance, et le premier voyage de circumnavigation, c'est-à-dire tout ce qui dans l'espace de trente ans, de 1492 à 1522, s'est accompli de grand et de mémorable pour la connaissance du globe. L'intelligence humaine était devenue aussi plus pénétrante; l'homme était mieux préparé à recevoir au dedans de lui l'infinie variété des phénomènes nouveaux, à les élaborer et à les faire servir, en les rapprochant, à une contemplation de la nature plus générale et plus haute.

Parmi les causes qui ont concouru à élever les vues sur la nature et ont permis à l'homme de saisir l'ensemble des phénomènes terrestres, les plus considérables peuvent seules trouver place ici. Lorsque l'on étudie sérieusement les ouvrages originaux des premiers historiens de la *Conquista*, on s'étonne de trouver tant de vérités importantes, dans l'ordre physique, en germe chez les écrivains espagnols du XVIe siècle. A l'aspect d'un continent qui apparaissait dans les vastes solitudes de l'océan, isolé du reste de la création, la curiosité impatiente des premiers voyageurs et de ceux qui recueillaient leurs récits, se posa dès lors la plupart des graves questions qui nous occupent encore de nos jours. Ils s'interrogèrent sur l'unité de la race humaine et les altérations qu'a subies le type commun et originaire, sur les migrations des peuples et la parenté de langues plus dissemblables souvent dans leurs radicaux que dans les flexions et les formes grammaticales, sur la migration des espèces animales et végétales, sur la cause des vents alizés et des courants pélagiques, sur la décroissance progressive de la chaleur, soit que l'on gravisse la pente des Cordillères ou que l'on sonde les couches d'eau superposées dans les profondeurs de l'océan; enfin sur l'action réciproque des chaînes de volcans et leur influence par rapport aux tremblements de terre et à l'étendue des cercles d'ébranlement. Le fondement de ce que l'on nomme aujourd'hui la physique du globe, en laissant à part les considérations mathématiques, est contenu dans l'ouvrage du jésuite Joseph Acosta, intitulé : *Historia natural y moral de las Indias*, ainsi que dans celui de Gonzalo Hernandez de Oviédo, qui parut seulement vingt ans après la mort de Colomb. A aucune autre époque, depuis la fondation des sociétés, le cercle des idées, en ce qui touche le monde extérieur et les relations de l'espace, n'avait été si soudainement élargi et d'une manière si merveilleuse. Jamais on n'avait plus vivement senti le besoin d'observer la nature sous des latitudes différentes et à divers degrés de hauteur au-dessus du niveau de la mer, ni de multiplier les moyens à l'aide desquels on peut la forcer à révéler ses secrets.

On serait tenté peut-être, comme je l'ai déjà remarqué ailleurs (67), de supposer que la portée de ces grandes découvertes qui s'appelaient l'une l'autre, de cette double conquête dans le monde physique et le monde intellectuel, n'a été comprise que de nos jours, depuis que l'histoire de la civilisation humaine a été traitée d'une manière philosophique. Une telle conjecture est démentie par les contemporains de Colomb. Les plus éminents d'entre eux soupçonnaient l'influence que devaient exercer sur le développement de l'humanité les faits qui remplirent les dernières années du xve siècle. « Chaque jour, écrit Pierre Martyr d'Anghiera, dans ses lettres datées des années 1493 et 1494 (68), nous apporte des merveilles nouvelles d'un nouveau monde, de ces antipodes de l'ouest qu'a découvertes *un certain Génois* (Christophorus quidam, vir Ligur), envoyé dans ces parages par nos souverains, Ferdinand et Isabelle. Il obtint difficilement trois vaisseaux, parce que l'on regardait ses promesses comme des chimères. Notre ami Pomponius Lætus (l'un des propagateurs les plus illustres de la littérature classique, persécuté à Rome pour ses opinions religieuses) a eu peine à retenir des larmes de joie, lorsque je lui ai communiqué le premier avis d'un événement si inattendu. » Anghiera était un habile homme d'État qui vécut à la cour de Ferdinand le Catholique et de Charles-Quint, alla comme ambassadeur en Égypte, et fut lié d'amitié avec Colomb, Amerigo Vespucci, Sébastien Cabot et Cortès. Sa longue carrière embrasse la découverte de l'île la plus occidentale du groupe des Açores, de Corvo, les expéditions de Diaz, de Colomb, de Gama et de Magellan. Le pape Léon X lisait les *Oceanica* d'Anghiera à sa sœur et à ses cardinaux, et prolongeait la lecture fort avant dans la nuit. Anghiera écrivait encore : « Je ne quitterais plus volontiers l'Espagne aujourd'hui, parce que je suis ici à la source des nouvelles qui nous arrivent des pays récemment découverts, et que je puis espérer, en me faisant l'historien de si grands événements, de recommander mon nom à la postérité (69). » Telle était l'idée qu'on se faisait déjà, au temps de Colomb, de ces grandes choses qui se conserveront toujours brillantes dans la mémoire des siècles les plus reculés.

Lorsque Colomb partant du méridien des Açores, se dirigea vers l'ouest, et que, muni de l'astrolabe nouvellement perfectionné, il parcourait une mer que nul n'avait explorée jusque-là, ce n'était pas en aventurier qu'il tentait de gagner par l'ouest la côte orientale de l'Asie; il agissait en vertu d'un plan fermement arrêté. Il avait certainement à bord la carte marine que lui avait laissée, en 1477, le florentin Paolo Toscanelli, à la fois médecin et astronome, et que possédait encore, cinquante-trois ans après sa mort, Bartholomé de Las Casas. Cette carte n'était autre (je m'en suis assuré sur l'histoire manuscrite de Las Casas) que la *Carta de marear* que l'amiral montrait à Martin Alonso Pinzon, le 25 septembre 1492, et sur sur laquelle étaient figurées plusieurs îles en avant de la Terre-Ferme (70). Si cependant Colomb avait suivi uniquement la carte de son conseiller Toscanelli, il se serait dirigé plus au nord et se serait tenu sous le parallèle de Lisbonne, tandis que dans l'espérance d'atteindre plus vite Zipangou (le Japon), il parcourut la moitié de sa route à la hauteur de l'île Gomera, l'une des Açores, et inclinant ensuite vers le sud, se trouva le 7 octobre 1492 par 25° 1/2 de latitude. Inquiet alors de ne pas découvrir les côtes de Zipangou, que, d'après ses calculs, il eût dû trouver plus rapprochées vers l'est de 216 lieues marines, il céda, après une longue résistance, aux représentations du commandant de la caravelle Pinta, Martin Alonso, l'un des trois frères Pinzon, hommes riches, d'une haute considération, et qui ne l'aimaient guère, et navigua vers le sud-ouest. Ce changement de direction amena, le 12 octobre, la découverte de l'île Guanahani.

Ici nous devons nous arrêter à considérer un enchaînement merveilleux de petits événements, et l'influence incontestable que ce concours de circonstances exerça sur les destinées du monde. Washington Irving a avancé, avec toute raison, que si Colomb, résistant au conseil de Martin Alonso Pinzon, eût continué à naviguer vers l'ouest, il serait entré dans le courant d'eau chaude ou *Gulf stream*, et aurait été porté vers la Floride, d'où il eût été conduit peut-être au cap Hatteras et à la Virginie, circonstance dont on ne saurait calculer la portée, puisqu'elle eût pu donner à la contrée, désignée sous le nom d'États-Unis, une population espagnole et catholique à la place de la population anglaise et protestante qui en prit possession beaucoup plus tard. « C'est, disait Pinzon à l'amiral, comme une inspiration qui m'éclaire et me montre la route que nous devons suivre. » Aussi prétendait-il, dans le procès célèbre contre lequel eurent à se défendre les héritiers de Colomb (1513-1515), que la découverte de l'Amérique lui appartenait à lui seul. Cette révélation, « cette voix du cœur, » Pinzon en était redevable à une nuée de perroquets qu'il avait vus voler le soir vers le sud-ouest, pour aller, à ce qu'il supposait, passer la nuit dans des buissons sur la côte. Jamais vol d'oiseaux n'avait eu de plus graves conséquences. On peut dire que celui-ci décida des premières colonies qui s'établirent dans le nouveau continent et de la distribution des races romanes et germaniques (71).

La marche des grands événements est, comme la succession des phénomènes naturels, enchaînée à des lois éternelles, dont quelques-unes seulement nous sont clairement connues. La flotte commandée par Pedro Alvarez Cabral, que le roi Emmanuel de Portugal envoya aux Indes orientales, par la route qu'avait découverte Gama, fut jeté, le 22 avril 1500, sur les côtes du Brésil, sans en avoir le soupçon. Si l'on se rappelle le zèle que montraient les Portugais pour doubler le cap de Bonne-Espérance, depuis l'entreprise de Diaz (1487), on comprendra que les accidents analogues à ceux qu'avaient fait éprouver aux vaisseaux de Cabral les courants de l'Océan ne pouvaient guère manquer de se reproduire, et que par conséquent les découvertes faites en Afrique devaient amener celles des contrées de l'Amérique, situées au sud de l'équateur. Ainsi, comme l'a dit avec raison Robertson, il était dans les destinées de l'humanité que le nouveau continent fût connu des navigateurs européens avant la fin du XVe siècle.

Parmi les traits caractéristiques de Christophe Colomb, méritent surtout d'être signalées la pénétration et la sûreté de coup d'œil avec laquelle, bien que dépourvu d'instruction, étranger à la physique et aux sciences naturelles, il embrasse et combine les phénomènes du monde extérieur. A son arrivée « dans un nouveau monde et sous un nouveau ciel (72), » il observe attentivement la configuration des contrées, la physionomie des formes végétales, les mœurs des animaux, la distribution de la chaleur et les variations du magnétisme terrestre. Tout en s'efforçant de découvrir les épiceries de l'Inde et la rhubarbe (ruibarba), rendue déjà si célèbre par les médecins arabes et juifs, par Rubruquis et les voyageurs italiens, il observait avec un soin scrupuleux les racines, les fruits et les feuilles des plantes. Amené à rappeler comment la grande époque des expéditions maritimes contribua à élargir les vues sur la nature, nous sommes heureux de pouvoir rattacher notre récit à l'individualité d'un grand homme et lui donner par là plus de vie. Dans le journal maritime de Colomb et dans ses relations de voyage, rendues publiques, pour la première fois, de 1825 à 1829, on trouve déjà soulevées toutes les questions vers lesquelles s'est portée l'activité scientifique, dans la dernière moitié du XVe siècle et dans toute la durée du XVIe.

Il suffit de rappeler d'une manière générale ce que gagna la géographie de l'hémisphère occidental aux conquêtes accomplies dans l'espace, depuis le moment où l'infant Dom Henri le Navigateur, retiré dans son domaine de Terça naval sur la baie de Sagres, jetait ses premiers plans de découverte, jusqu'aux expéditions de Gaetano et de Cabrillo dans la mer du Sud. Les entreprises aventureuses des Portugais, des Espagnols et des Anglais témoignent qu'il s'était révélé tout à coup comme un sens nouveau, le sens des grandes choses et de l'infini. Les progrès de l'art nautique et l'application des méthodes astronomiques à la correction de l'estime marine favorisèrent les tentatives qui marquèrent cette époque d'un caractère particulier, complétèrent l'image de la terre et dévoilèrent à l'homme l'harmonie du monde. La découverte de l'Amérique tropicale (1er août 1498) fut de dix-sept mois postérieure à l'expédition qui amena Cabot sur les côtes du Labrador, dans l'Amérique septentrionale. Colomb vit pour la première fois la *Tierra firme* de l'Amérique du Sud, non pas sur la côte montagneuse de Paria, comme on l'a cru jusqu'ici, mais dans le delta de l'Orénoque, à l'est du caño Macareo (73). Dès le 24 juin 1497, Sébastien Cabot abordait aux côtes du Labrador, entre les 56e et 58e degrés de latitude (74). J'ai exposé plus haut comment cette contrée inhospitalière avait été reconnue cinq siècles plus tôt par l'Islandais Leif Ericson.

Colomb, fermement convaincu jusqu'à sa mort, que déjà, en novembre 1492, dans son premier voyage, il avait, en abordant à Cuba, touché une partie du continent asiatique, attachait dans son troisième voyage plus de prix aux perles des îles Margarita et Cubagua qu'à la découverte de la *Tierra firme* (75). D'après la narration de son fils don Fernando et de son ami le *Cura de los Palacios*, en quittant l'île de Cuba, il eût voulu, si les approvisionnements le lui eussent permis, continuer sa route vers l'ouest, et retourner en Espagne par mer, en touchant à l'île de Ceylan (Taprobane) et *rodeando toda la tierra de los Negros*, ou par terre, en traversant Jérusalem et Jaffa (75). L'amiral nourrissait ces projets dès 1494, quatre ans par conséquent avant Vasco de Gama, et rêvait un voyage autour du monde, vingt-sept ans avant Magellan et Sébastien de Elcano. Les préparatifs du second voyage de Cabot, dans lequel ce navigateur parvint à travers les glaces jusqu'à 67° 1/2 de latitude nord et chercha un passage pour se rendre au royaume de Cathai (la Chine)', dans la direction du nord-ouest, donnèrent à Colomb, pour des temps plus éloignés, l'idée d'un voyage vers le pôle Nord (á lo del polo arctico) (77). Quand peu à peu on eut acquis la conviction que tout le territoire découvert depuis le Labrador jusqu'à Paria et la contrée qui s'étend fort au delà de l'équateur dans la Péninsule méridionale tiennent à un même continent, ainsi que le prouve la carte de Juan de la Cosa, restée longtemps inconnue, on sentit d'autant plus ardemment le désir de trouver un passage au nord ou au midi. Après la seconde découverte de l'Amérique, après la certitude acquise que le nouveau monde se prolonge dans la direction du midi, depuis la baie d'Hudson jusqu'au cap Horn, visité pour la première fois par Garcia Jofre de Loaysa, la connaissance de la mer du Sud qui baigne les côtes occidentales de l'Amérique est, dans l'époque que nous retraçons ici, l'événement le plus important pour l'histoire du monde (78).

Dix ans avant que Balboa aperçût la mer du Sud des hauteurs de la Sierra de Quarequa, dans l'isthme de Panama (25 septembre 1513), Colomb avait déjà appris d'une manière positive, en longeant la côte orientale de Veragua, qu'à l'ouest de ce pays il y avait une mer « qui, en moins de neuf jours, pouvait conduire vers la *Chersonesus aurea* de Ptolémée et à l'embouchure du Gange. » Dans cette même *Carta rarissima*, qui contient le récit poétique et attrayant d'un songe, l'amiral dit que, près du rio de Belen, les côtes opposées de Veragua sont dans la même position relative que Tortosa sur la Méditerranée et Fontarabie en Biscaye, ou bien que Venise et Pise. Le Grand Océan (la mer du Sud), ne semblait être alors qu'une continuation du Sinus magnus (μέγας κόλπος) de Ptolémée, qui touchait d'un côté à la *Chersonesus aurea*, tandis qu'à l'orient il devait baigner Cattigara et le pays des Sines (son Thines). L'hypothèse imaginaire d'Hipparque, d'après laquelle les côtes orientales du Grand Golfe rejoignaient cette partie du continent africain que l'on croyait s'étendre au loin vers l'est, hypothèse qui faisait ainsi de l'océan Indien une mer intérieure sans issue, trouva heureusement peu de crédit dans le moyen âge, malgré la faveur qui s'attachait au système de Ptolémée (79); elle aurait eu assurément une influence funeste sur la direction des grandes entreprises maritimes.

Si la découverte et le parcours de la mer du Sud marquent une époque considérable pour la connaissance des rapports qui unirent les différentes parties du monde, ce n'est pas seulement parce que, grâce à ces événements, purent être déterminées les côtes occidentales du nouveau continent et les côtes orientales de l'ancien, mais aussi, et c'est là, au point de vue météorologique, un fait beaucoup plus important, parce que la comparaison numérique entre l'aire de la terre ferme et celle de l'élément liquide commença pour la première fois, il y a tout au plus 350 ans, à se dégager des plus fausses hypothèses. L'étendue de ces surfaces et la distribution relative de la terre et de l'eau ont une influence déterminante sur l'humidité atmosphérique, sur la densité des diverses couches de l'air, sur la force végétative des plantes, sur l'extension plus ou moins grande de certaines espèces d'animaux et sur un grand nombre d'autres phénomènes naturels. La part accordée à l'élément liquide, qui est à la terre dans la proportion de 2 $\frac{4}{5}$ à 1, diminue sans doute l'espace ouvert aux établissements de la race humaine, le champ où croît la nourriture du plus grand nombre des mammifères, des oiseaux et des reptiles. C'est cependant d'après les lois qui règlent l'organisme général, une condition nécessaire de conservation, un acte de bienfaisance de la part de la nature, pour tous les êtres animés qui peuplent le continent.

Lorsqu'à la fin du XVe siècle, on s'appliquait ardemment à découvrir le plus court chemin vers le pays des épices; lorsque, presque en même temps, germait dans l'esprit de deux hommes éminents de l'Italie, Christophe Colomb et Paul Toscanelli, la pensée de gagner l'orient en naviguant vers l'ouest (80), l'opinion dominante était celle de Ptolémée, dans l'*Almageste*, à savoir que l'ancien continent, depuis la côte occidentale de la péninsule Ibérique, jusqu'au méridien des Sines, situés à l'extrémité orientale du monde, comprenait un espace de 180 degrés équatoriaux, c'est-à-dire la moitié de la sphère terrestre. Colomb, trompé par une longue série de conclusions erronées, agrandit cet espace jusqu'à 240°. La côte orientale de l'Asie, après laquelle il soupirait, lui paraissait s'avancer jusque dans la Nouvelle-Californie, sous le méridien de San Diégo. Il espérait, d'après cela, n'avoir plus à parcourir que 120 degrés de longitude, au lieu de 231 qui séparent réellement le riche entrepôt chinois de Quinsay, par exemple, et l'extrémité de la péninsule Ibérique. Toscanelli, dans sa correspondance avec Colomb, restreignait l'étendue de l'élément liquide d'une manière plus surprenante encore, et mettait ainsi les choses d'accord avec ses projets. Selon lui, l'océan, depuis le Portugal jusqu'à la Chine, ne remplissait pas un intervalle de plus de 52 degrés de longitude; de telle sorte que, conformément aux paroles du prophète Esdras, les $\frac{6}{7}$ de la terre étaient à sec. Une lettre que Colomb écrivait de Haïti à la reine Isabelle, au retour de son troisième voyage, témoigne que dans les années qui suivirent, il inclina vers cette opinion. Il y était d'autant plus porté, qu'elle était partagée aussi par l'homme qui à ses yeux était la plus haute autorité, par le cardinal d'Ailly, dans son *Tableau du Monde* (imago mundi) (81).

Six ans après que Balboa, l'épée à la main, et s'avançant jusqu'aux genoux dans les flots, croyait prendre possession pour la Castille de la mer du Sud, deux ans après que sa tête fût tombée sous les coups du bourreau, lors du soulèvement contre le despotique Pedrarias Davila (82), Magellan parut dans la même mer (27 novembre 1520), traversa le Grand Océan du sud-est au nord-ouest, dans un espace de 1850 myriamètres et, par un singulier hasard, avant de découvrir les îles Mariannes, nommées par lui *Islas de los Ladrones de las Velas Latinas*, et les Philippines, ne vit autre chose que deux îles désertes et de peu d'étendue, les îles *Malheureuses* (Desventuradas), dont l'une est située, si l'on pouvait en croire son journal de bord, à l'est des îles basses (Low Islands) et l'autre à quelque distance vers le sud-ouest de l'archipel de Mendaña (83). Après le meurtre de Magellan dans l'île Zebou, Sébastien de Elcano accomplit le premier voyage autour du monde sur le vaisseau la *Victoria*, et prit pour emblème un globe terrestre, avec cette magnifique légende : Primus circumdedisti me. Ce fut seulement en septembre 1522 qu'il aborda au port de San Lucar, et moins d'un an après, Charles-Quint, instruit par les leçons des cosmographes, insistait, dans une lettre à Fernand Cortès, sur la possibilité de découvrir un passage « qui abrégeât des deux tiers le voyage aux pays des épices. » L'expédition d'Alvaro de Saavedra part d'un port de la province Zacatoula, sur la côte occidentale du Mexique, et se dirige vers les Moluques. Enfin, en 1527, Fernand Cortès correspond de Tenochtitlan, la capitale récemment conquise du Mexique, avec les rois de Zebou et de Tidor, dans l'archipel Asiatique. Telles étaient la rapidité avec laquelle s'était agrandi l'horizon du monde, et l'activité des relations qui en rapprochaient les parties.

Plut tard, Fernand Cortès prit la Nouvelle-Espagne elle-même comme point de départ, pour faire d'autres découvertes dans la mer du Sud et, à travers cette mer, chercher un passage au nord-est. On ne pouvait s'accoutumer à l'idée que le continent s'étendait sans interruption, depuis des latitudes si rapprochées du pôle sud, jusqu'à l'extrémité de l'hémisphère septentrional. Lorsqu'arriva des côtes de la Californie la nouvelle que l'expéditon de Cortès avait péri, sa femme, la belle Juana de Zuñiga, fille du comte d'Aguilar, fit équiper deux vaisseaux pour aller chercher des renseignements plus certains (84). Dès l'an 1541, la Californie était déjà signalée, bien qu'on ait oublié ce fait au XVIIe siècle, comme une presqu'île aride et dépourvue d'arbres. Au reste les relations de voyage, aujourd'hui connues, de Balboa, de Pedrarias Davila et de Fernand Cortès, témoignent que l'on considérait la mer du Sud comme une partie de l'océan indien, et que l'on espérait y trouver aussi des groupes d'îles riches en or, en pierres précieuses, en perles et en épiceries. L'imagination surexcitée poussait aux grandes entreprises, et d'autre part, la hardiesse que l'on déployait, soit dans le bon, soit dans le mauvais succès, agissait elle-même sur l'imagination et l'enflammait plus vivement. Ainsi, dans ce temps merveilleux de la *conquista*, temps d'efforts et de violence, où tous les esprits étaient possédés du vertige des découvertes sur terre et sur mer, beaucoup de circonstances se réunissaient qui, malgré l'absence de toute liberté politique, favorisaient le développement des caractères individuels, et aidaient, chez quelques hommes supérieurs, à l'accomplissement de ces grandes pensées dont la source est dans les profondeurs de l'âme. On se trompe si l'on croit que les *conquistadores* ont été guidés uniquement par l'amour de l'or ou par le fanatime religieux. Les dangers élèvent toujours la poésie de la vie, et de plus l'époque vigoureuse, dont nous cherchons en ce moment l'influence sur le développement de l'idée du monde, donnait à toutes les entreprises et aux impressions de la nature que procurent les voyages lointains un charme qui commence à s'épuiser dans notre époque savante, au milieu des facilités sans nombre qui ouvrent l'accès de toutes les contrées : je veux dire le charme de la nouveauté et de la surprise. Il ne s'agissait pas seulement d'un hémisphère; près des deux tiers du globe formaient encore un monde nouveau et inexploré, un monde qui jusque-là avait échappé aux regards, comme cette face de la lune dérobée éternellement aux yeux des habitants de la terre, en vertu des lois de la gravitation. Notre siècle, plus investigateur et maître d'un plus riche fonds d'idées, a trouvé une compensation à la perte des jouissances que faisait éprouver autrefois aux spectateurs surpris la masse imposante des phénomènes de la nature; compensation vaine, il est vrai, pour la foule, et dont longtemps encore pourra seul profiter le petit nombre d'hommes qui se tient à la hauteur des découvertes récentes en physique. Cette conquête des temps modernes a pour garant l'observation de plus en plus pénétrante qui s'applique au jeu régulier des forces de la nature, soit qu'il s'agisse de l'électro-magnétisme, de la polarisation de la lumière, des effets produits par les substances diathermanes, ou des phénomènes physiologiques que présentent les organismes vivants. Vaste ensemble de merveilles qui se déroulent à nos regards comme un monde nouveau dont nous touchons à peine le seuil !

C'est encore à la première moitié du XVIe siècle qu'appartient la découverte des îles Sandwich, du pays des Papouas, et de quelques parties de la Nouvelle-Hollande (85). Ces découvertes préparèrent à celles de Cabrillo, de Sébastien Vizcaino, de Mendaña (86), et enfin de Quiros dont l'île Sagittaria n'est autre que Tahiti, dont l'archipelago del Espiritu Santo est le même que les nouvelles Hébrides du capitaine Cook.

Quiros était accompagné du hardi navigateur qui plus tard donna son nom au détroit de Torres. La mer du Sud n'était plus alors ce désert qu'avait cru contempler Magellan; elle apparaissait animée par des îles qui à la vérité, faute de précision dans les déterminations astronomiques, semblaient mal enracinées et flottaient çà et là sur les cartes. La mer du Sud resta longtemps le seul théâtre des expéditions entreprises par les Portugais et les Espagnols. Le grand archipel de la Malaisie, situé au sud de l'Inde et confusément décrit par Ptolémée, par Cosmas et par Polo, se présentait avec des contours plus arrêtés, depuis l'établissement d'Albuquerque à Malaca (1511) et la traversée d'Antonio Abreu. C'est le mérite particulier de l'historien Portugais Barros, contemporain de Magellan et de Camoens, d'avoir si nettement distingué le caractère physique et ethnologique particulier aux îles, que, le premier, il proposa de mettre à part la Polynésie australe, comme une cinquième partie du monde. Ce fut seulement lorsque la puissance hollandaise devint dominante dans les Moluques, que l'Australie sortit pour la première fois des ténèbres et prit une forme distincte aux yeux des géographes (87). Alors commença la grande époque, illustrée par Abel Tasman. Notre intention n'est pas de faire en particulier l'histoire de toutes les découvertes géographiques; nous nous bornons à rappeler les faits principaux, résultats d'une aspiration soudaine vers tout ce qui est vaste, inconnu et lointain, et dont l'enchaînement étroit a amené, en un court espace de temps, la révélation des deux tiers de la surface terrestre.

A cette connaissance agrandie des espaces de la terre et de la mer, répondirent aussi des vues plus larges sur l'existence et les lois des forces de la nature, sur la distribution de la chaleur à la surface de la terre, sur la variété des organismes et les limites de leur propagation. Les progrès qu'avait faits chaque science en particulier, à la fin de ce moyen âge, trop sévèrement jugé sous le rapport scientifique, hâtèrent le moment où les sens purent comparer, où l'esprit put embrasser dans leur ensemble une quantité infinie de phénomènes physiques qui se trouvaient tout d'un coup offerts à l'observation. Les impressions furent d'autant plus profondes, elles provoquèrent d'autant mieux à la recherche des lois de l'univers, que déjà avant le milieu du XVIe siècle, les peuples occidentaux de l'Europe avaient exploré le nouveau continent, du moins dans les parties voisines des côtes, sous les latitudes les plus diverses des deux hémisphères, et que dès leur arrivée, ils avaient pris possession de la région équatoriale proprement dite, où grâce à la configuration particulière des montagnes qui caractérisent ces contrées, les oppositions les plus saisissantes de climats et de formes végétales s'étaient déployées à leurs regards, dans des espaces très-restreints. Si je me trouve ramené de nouveau à faire ressortir l'attrait que présentent pour l'imagination les pays de montagnes, sous la zone équinoxiale, j'ai pour excuse cette remarque souvent exprimée déjà, que les habitants de ces contrées sont les seuls auxquels ils soit donné de contempler tous les astres du firmament et presque toutes les familles du monde végétal; mais contempler n'est pas observer, c'est-à-dire comparer et combiner.

Si chez Colomb, malgré le manque absolu de connaissances en histoire naturelle, le sens observateur se développa dans des directions diverses, comme je crois l'avoir démontré ailleurs, par le seul effet du contact avec les grands phénomènes de la nature, il faut bien se garder de supposer un développement analogue dans la foule guerrière et peu civilisée des *conquistadores*. Ce n'est pas à eux que l'on doit faire honneur des progrès scientifiques qui ont incontestablement leur principe dans la découverte du nouveau continent et sont venus agrandir les connaissances des Européens, sur la composition de l'atmosphère et ses rapports avec l'organisation humaine; sur la distribution des climats au penchant des Cordillères; sur les neiges éternelles dont la hauteur varie dans les deux hémisphères, suivant les différents degrés de latitude; sur la liaison des volcans; sur la circonscription des zones d'ébranlement dans les tremblements de terre; sur les lois du magnétisme, la direction des courants pélagiques et la gradation de formes nouvelles, animales et végétales. Ces progrès sont l'œuvre de voyageurs plus pacifiques; ils sont dus à un petit nombre d'hommes distingués, fonctionnaires municipaux, ecclésiastiques et médecins. Habitant d'anciennes villes indiennes, dont quelques-unes étaient situées à 12000 pieds au dessus de la mer, ces hommes pouvaient observer de leurs propres yeux la nature qui les entourait, vérifier et combiner, pendant un long séjour, ce que d'autres avaient vu ou recueilli des productions de la nature, les décrire et les envoyer à leurs amis d'Europe. Il suffit de nommer ici Gomara, Oviedo, Acosta et Hernandez. Déjà Colomb avait rapporté de son premier voyage de découverte quelques objets naturels, tels que des fruits et des peaux de bêtes. Dans une lettre écrite de Ségovie, au mois d'août 1494, la reine Isabelle prie l'amiral de continuer ses collections; elle lui demande surtout « les oiseaux qui peuplent les forêts et les rivages, dans ces pays où règnent un autre climat et d'autres saisons. » On a fait jusqu'ici peu d'attention à ce fait que de la même côte occidentale de l'Afrique, d'où, deux mille ans plus tôt, Hannon rapportait, pour les suspendre dans un temple, « des peaux tannées de femmes sauvages », qui ne sont autres que les grands singes Gorilles, un ami de Martin Behaim, Cadamosto, avait recueilli, pour l'infant Dom Henri le Navigateur, des poils d'éléphant longs d'une palme et demie. Hernandez, médecin de Philippe II, envoyé par ce monarque à Mexico, pour faire reproduire dans de magnifiques dessins toutes les curiosités végétales et zoologiques du pays, put enrichir ses collections, en prenant copie de plusieurs peintures qui représentaient des objets d'histoire naturelle, et avaient été exécutées avec beaucoup de soin par les ordres d'un roi de Tezcouco, Nezahoualcoyotl, un demi-siècle avant l'arrivée des Espagnols (88). Hernandez mit aussi à profit une collection de plantes médicinales qu'il avait trouvées encore vivantes dans l'ancien jardin mexicain de Houaxtepec. Les *conquistadores* n'avaient pas ravagé ce jardin, par respect pour un hôpital espagnol qu'on venait d'établir auprès (89). En même temps ou peu s'en faut, on rassemblait et on décrivait ces ossements fossiles des mastodontes trouvés sur les plateaux de Mexico, de la Nouvelle-Grenade et du Pérou, qui plus tard acquirent une si grande importance pour la théorie du soulèvement successif des chaînes de montagnes. Les dénominations d'*ossements des géants* et de *champs des géants* (Campos de Gigantes), montrent la part de l'imagination dans les premières interprétations que l'on hasarda sur ce sujet.

Une chose qui, dans cette époque agitée, contribua aussi d'une manière notable au progrès des vues sur le monde, fut le contact immédiat d'une masse nombreuse d'Européens avec la nature exotique qui déployait librement ses magnificences dans les deux hémisphères. Le spectacle qu'offraient les plaines et les contrées montagneuses de l'Amérique, on put, à la suite de l'expédition de Vasco de Gama, le contempler sur les côtes orientales de l'Afrique et dans l'Inde méridionale. Dès le commencement du XVIe siècle, un médecin portugais, Garcia de Orta, avait, avec l'appui du noble Martin Alfonso de Souza, établi dans cette contrée, sur l'emplacement occupé aujourd'hui par la ville de Bombay, un jardin botanique où il cultivait les plantes médicinales des environs. La muse de

Camoens lui a payé le tribut d'un éloge patriotique. L'impulsion était donnée; chacun dès lors sent le désir d'observer par lui-même, tandis que les ouvrages cosmographiques du moyen âge étaient moins le produit d'une contemplation immédiate que des compilations où reparaissent uniformément les opinions des écrivains classiques de l'antiquité. Deux des plus grands hommes du XVIe siècle, Conrad Gesner et Andreas Cæsalpinus ont glorieusement frayé une route nouvelle en zoologie et en botanique.

Afin de retracer d'une manière plus saisissante les progrès soit physiques, soit astronomiques, qui, à la suite des découvertes faites dans l'océan, agrandirent la science de la navigation, je dois, à la fin de ce tableau, appeler l'attention sur quelques points lumineux qui commencent déjà à briller dans les relations de Colomb. Ces lueurs, faibles encore, méritent d'autant mieux d'être remarquées, qu'elles contiennent le germe de vues générales sur la nature. J'omets les preuves des résultats que j'indique ici, parce que je les ai fournies abondamment dans un autre ouvrage, dans l'*Examen critique de l'Histoire de la Géographie du nouveau continent et des progrès de l'Astronomie nautique aux* XVe *et* XVIe *siècles*. Pour échapper cependant au soupçon de changer l'ordre des temps et d'appuyer les observations de Colomb sur les principes de la physique moderne, je traduirai littéralement quelques lignes d'une lettre que l'amiral écrivait d'Haïti, au mois d'octobre 1498 : « Chaque fois que, quittant les côtes d'Espagne, je me dirige vers l'Inde, je sens, dès que j'ai fait cent mille marins à l'ouest des Açores, un changement extraordinaire dans le mouvement des corps célestes, dans la température de l'air et dans l'état de la mer. En observant ces changements avec une attention scrupuleuse, j'ai reconnu que l'aiguille aimantée (agujas de marear), dont la déclinaison avait lieu jusque-là dans la direction du nord-est, passait au nord-ouest; et après avoir franchi cette ligne (raya), comme on gravit le dos d'une colline (como quien traspone una cuesta), j'ai trouvé la mer couverte d'une telle quantité d'herbes marines, semblables à de petites branches de pins et portant pour fruits des pistaches, que les vaisseaux semblaient devoir manquer d'eau et échouer sur un bas-fond. Avant la limite dont je viens de parler, nous n'avions trouvé aucune trace de ces herbes marines. Je remarquai aussi en arrivant à cette ligne de démarcation, placée, je le répète, à cent milles vers l'ouest des Açores, que la mer s'apaise subitement, et que presque aucun vent ne l'agite plus. Lorsque nous descendîmes des îles Canaries jusqu'au parallèle de Sierra Leone, il nous fallut souffrir une chaleur horrible; mais dès que nous eûmes franchi la limite que j'ai indiquée, le climat changea, l'air s'adoucit, et la fraîcheur augmenta à mesure que nous avancions vers l'ouest. »

Cette lettre, éclaircie par plusieurs autres passages des écrits de Colomb, contient des aperçus sur la connaissance physique de la terre, des remarques sur la déclinaison de l'aiguille aimantée subordonnée à la longitude géographique, sur la flexion des bandes isothermes, depuis les côtes occidentales de l'ancien continent jusqu'aux côtes orientales du nouveau, sur la situation du grand banc de Sargasso dans le bassin de la mer Atlantique, enfin sur les rapports existant entre cette zone maritime et la partie correspondante de l'atmosphère. Colomb, peu familier avec les mathématiques, fut, dès son premier voyage, amené par de fausses observations, faites dans le voisinage des Açores sur le mouvement de l'étoile polaire (90), à croire que la sphère terrestre était irrégulière. Selon lui, « le globe est plus renflé dans l'hémisphère occidental, et les vaisseaux, en approchant de la ligne maritime, où l'aiguille aimantée se dirige exactement vers le nord, se trouvent insensiblement portés à une moindre distance du ciel. C'est cette élévation (cuesta) qui cause le rafraîchissement de la température. » La réception solennelle de l'amiral à Barcelone date du mois d'avril 1493, et dès le mois de mai de la même année, fut signée par le pape Alexandre VI la bulle célèbre qui fixe, pour toute la durée des temps, la ligne de démarcation entre les possessions espagnoles et portugaises, à la distance de cent milles à l'ouest des Açores (91). Si l'on considère en outre que Colomb, revenant de son premier voyage, avait déjà le projet d'aller à Rome, afin de présenter au pape comme il le dit lui-même, un état de ses découvertes ; si l'on songe à l'importance que les contemporains de Colomb attachaient à la découverte de *la ligne magnétique sans déclinaison*, on pourra bien croire justifiée l'assertion historique que j'ai hasardée ailleurs, à savoir, que l'amiral, à l'apogée de sa faveur, s'efforça de faire changer une division *naturelle* en une division *politique*.

Le meilleur moyen de comprendre l'influence que la découverte de l'Amérique et les expéditions qui s'y rattachent exercèrent si vite sur l'ensemble des connaissances physiques et astronomiques, c'est de se rappeler les premières impressions des contemporains et ce vaste ensemble d'efforts scientifiques, dont la plus grande partie tombe dans la première moitié du XVIe siècle. Christophe Colomb n'a pas seulement le mérite incontestable d'avoir le premier découvert *une ligne magnétique sans déclinaison*, mais aussi d'avoir propagé en Europe l'étude du magnétisme terrestre, par ses considérations sur l'accroissement progressif de la déclinaison vers l'ouest, à mesure qu'il s'éloignait de cette ligne. Le fait général que presque partout les extrémités d'une aiguille aimantée mobile ne se dirigent pas exactement vers les pôles géographiques eût pu, malgré l'imperfection des instruments, être facilement constaté dans la mer Méditerranée et dans tous les lieux où, au XIIe siècle, la déclinaison n'allait pas à moins de 8 ou 10 degrés. Mais il n'est pas invraisemblable que les Arabes ou les Croisés qui furent en contact avec l'orient, de l'an 1096 à l'an 1270, en répandant l'usage de la boussole chinoise et indienne, aient signalé la déclinaison que subit l'aiguille aimantée vers le nord-est ou le nord-ouest, suivant les différents pays, comme un phénomène connu depuis longtemps. Le *Penthsaoyan* chinois, composé sous la dynastie des Song, entre 1111 et 1117, nous apprend en effet d'une manière positive qu'à cette époque on savait depuis longtemps mesurer la déclinaison occidentale (92). Ce qui appartient à Colomb, ce n'est pas d'avoir observé le premier l'existence de cette déclinaison, qui se trouve déjà indiquée, par exemple, sur la carte d'Andrea Bianco, tracée en 1436; c'est d'avoir fait, le 13 septembre 1492, la remarque, que, à 2° 1/2 vers l'est de l'île Corvo, la déclinaison magnétique change et passe du nord-est au nord-ouest.

Cette découverte d'une *ligne magnétique sans déclinaison* marque un point mémorable dans l'histoire de l'astronomie nautique. Elle a été justement célébrée par Oviedo, Las Casas et Herrera. Ceux qui, avec Livio Sanuto, attribuent cette découverte à Sébastien Cabot, oublient que le premier voyage de ce célèbre navigateur, entrepris aux frais des commerçants de Bristol, et qui fut couronné par la prise de possession du continent américain, est de cinq ans postérieur à la première expédition de Colomb. Colomb n'a pas seulement découvert dans l'océan Atlantique une contrée où le méridien magnétique coïncide avec le méridien géographique, il a fait de plus cette ingénieuse remarque, que la déclinaison magnétique peut servir à déterminer le lieu d'un vaisseau relativement à la longitude. Dans le journal de son second voyage (avril 1496), nous voyons l'amiral s'orienter réellement d'après la déclinaison de l'aiguille aimantée. On ne soupçonnait pas encore, à la vérité, les difficultés que rencontre la détermination de la longitude par cette méthode, surtout dans les parages où les lignes magnétiques de déclinaison fléchissent à tel point que, pendant des espaces considérables, elles ne suivent plus la direction du méridien, mais bien celle des parallèles. On chercha, avec une ardeur inquiète, des méthodes magnétiques et astronomiques, pour déterminer sur terre et sur mer les points par lesquels passait la ligne de démarcation imaginaire. L'état de la science, et l'imperfection de tous les instruments qui servaient sur mer à mesurer le temps ou l'espace, ne permettaient pas encore, en 1493, la solution pratique d'un problème aussi compliqué. Dans cet état de choses, le pape Alexandre VI, en s'arrogeant le droit de partager un hémisphère entre deux puissants empires, rendit sans le savoir des services signalés à l'astronomie nautique et à la théorie physique du magnétisme terrestre. De ce moment aussi, les puissances maritimes furent assaillies d'une foule de projets inexécutables. Sébastien Cabot, au rapport de son ami Richard Eden, se vantait encore, sur son lit de mort, d'une méthode infaillible pour déterminer la longitude géographique, et qui lui avait été inspirée par une révélation du ciel. La méthode de Cabot reposait sur la conviction arrêtée que la déclinaison magnétique changeait régulièrement et rapidement avec les méridiens. Le cosmographe Alonso de Santa Cruz, l'un des maîtres de

Charles-Quint, entreprit dès l'an 1530, un siècle et demi par conséquent avant Halley, de dresser la première carte générale des variations magnétiques (93). Il est vrai de dire qu'il ne s'appuyait encore que sur des observations très-incomplètes.

Le déplacement des lignes magnétiques, dont on attribue d'ordinaire la découverte à Gassendi, était encore un secret pour William Gilbert lui-même, tandis qu'avant lui Acosta, instruit par des marins portugais, reconnaissait sur toute la surface de la terre quatre lignes sans déclinaison (94). A peine la boussole d'inclinaison avait-elle été inventée en Angleterre par Robert Norman (1576), que Gilbert se vantait de pouvoir avec cet instrument déterminer le lieu d'un vaisseau, au milieu d'une nuit sans étoiles (aere caliginoso) (95). Dès mon retour en Europe, j'ai montré, en m'appuyant sur des observations personnelles, faites dans la mer du Sud, comment, en certaines localités particulières, par exemple sur les côtes du Pérou, pendant la saison des brouillards continuels (garua), on peut, à l'aide de l'*inclinaison*, déterminer la latitude, avec une exactitude suffisante pour les besoins de la navigation. Je me suis arrêté à dessein sur ces détails, afin de faire voir, en approfondissant un sujet important pour l'histoire du Cosmos, comment, au XVIe siècle, s'agitaient déjà toutes les questions qui occupent encore aujourd'hui les physiciens, si l'on excepte l'intensité de la force magnétique et les variations horaires de la déclinaison que l'on ne songeait pas alors à mesurer. Dans la remarquable carte de l'Amérique, jointe à l'édition de la géographie de Ptolémée qui fut publiée à Rome en 1508, le pôle magnétique est figuré par une île volcanique située au nord du Gruentland (Groenland), que l'on représente comme une dépendance de l'Asie. Martin Cortès, dans le *Breve Compendio de la Sphera* (1545), et, après lui, Livio Sanuto, dans la *Geographia di Tolomeo* (1588), placent le pôle magnétique plus au sud. Livio Sanuto nourrissait déjà cette pensée que « si l'on était assez heureux pour toucher au pôle magnétique lui-même (il calamitico), il fallait s'attendre à quelque effet miraculeux (alcun miracoloso stupendo effetto). »

En ce qui concerne la distribution de la chaleur et la météorologie, l'attention était déjà éveillée, à la fin du XVe siècle et au commencement du XVIe, sur l'affaiblissement de la chaleur qui décroît avec la longitude occidentale, c'est-à-dire, sur les sinuosités des lignes isothermes (96); sur la loi de rotation des vents, généralisée par Bacon de Verulam (97); sur la diminution produite par le déboisement dans l'humidité atmosphérique et dans la quantité de pluie annuelle (98); sur la dépression de la température, à mesure que l'on s'élève au-dessus du niveau de la mer; enfin sur la limite inférieure des neiges éternelles, Pierre Martyr Anghiera remarqua pour la première fois, en 1510, que cette limite est une fonction de la latitude géographique. Alonso de Hojeda et Amerigo Vespucci avaient vu, dès l'an 1500, les montagnes couvertes de neige de Santa Maria (Tierras nevadas de Citarma). Rodrigo Bastidas et Juan de la Cosa les observèrent de plus près en 1501 ; mais ce fut seulement après les communications faites par le pilote Jean Vespucci, neveu d'Amerigo Vespucci, à son protecteur et son ami Anghiera, touchant l'expédition de Colmenarès, que la région des neiges tropicales, sur les côtes montagneuses de la mer des Antilles, prit une importance qu'on pourrait appeler cosmique. On rattacha alors la limite inférieure des neiges aux influences générales de la température et des climats. Hérodote cherchant, dans le 22ᵉ chapitre de son IIᵉ livre, à expliquer les débordements du Nil, nie d'une manière absolue qu'il puisse y avoir de la neige sur les montagnes, au sud du tropique du Cancer. L'expédition d'Alexandre conduisit, il est vrai, les Grecs jusqu'aux pics couverts de neige de l'Hindou-kho (ὄρη ἀγάννιφα); mais ces pics sont situés entre le 34ᵉ et le 36ᵉ degré de latitude nord. Une seule fois, à ma connaissance, il a été fait mention de neiges dans la zone équatoriale, avant la découverte de l'Amérique et l'an 1500 ; ce détail fort négligé des physiciens se trouve dans la célèbre inscription d'Adulis, que Niebhur croit antérieure aux temps de Juba et d'Auguste. La certitude acquise que la limite inférieure des neiges dépend de la distance aux pôles (99), la première notion de la loi en vertu de laquelle la chaleur décroît verticalement, d'où l'on peut conclure l'existence d'une couche d'air, à peu près également froide dans toutes ses parties, qui va en s'abaissant de l'équateur vers les pôles, marquent dans l'histoire de nos connaissances physiques une époque qui ne laisse pas d'avoir son importance.

Si l'essor de ces connaissances fut favorisé par des expériences dues au hasard, qui n'eurent originairement rien de scientifique, d'autre part, le siècle dont nous traçons le tableau fut privé, par suite d'accidents particuliers, d'un secours plus légitime et d'une impulsion plus rationnelle. Le plus grand physicien du xve siècle, un homme qui, avec des connaissances fort rares en mathématiques, unit à un degré surprenant la faculté de plonger ses regards dans les profondeurs de la nature, Léonard de Vinci, était le contemporain de Colomb, et mourut trois ans après lui. Le glorieux artiste s'était livré à l'étude de la météorologie, aussi bien qu'à celle de l'hydraulique et de l'optique. Il exerça de l'influence pendant sa vie par ses grandes créations artistiques et par le prestige de sa parole, mais non par ses écrits. Si les idées de Léonard de Vinci sur la physique ne fussent pas restées ensevelies dans ses manuscrits, le champ de l'observation ouvert par le Nouveau Monde eût été exploré scientifiquement dans un grand nombre de ses parties, avant la grande époque de Galilée, de Pascal et de Huygens. Comme François Bacon, et au moins un siècle plus tôt, Léonard de Vinci tenait l'induction pour la seule méthode légitime dans la science de la nature : « Dobbiamo cominciare dall' esperienza, e per mezzo di questa scoprirne la ragione (100). »

De même que, sans connaître encore l'usage des instruments de mesure, on chercha souvent, dans les relations des premiers voyages de terre, à évaluer les conditions climatologiques des pays montagneux situés sous la zone tropicale, en se guidant d'après la distribution de la chaleur, les degrés extrêmes de la sécheresse atmosphérique et la fréquence des explosions électriques ; de bonne heure aussi, les navigateurs se formèrent des notions exactes sur la direction et la rapidité des courants qui, comparables à des fleuves d'une largeur très-irrégulière, traversent l'océan Atlantique. Quant au courant nommé proprement équatorial, c'est-à-dire au mouvement des eaux entre les tropiques, c'est Colomb qui l'a décrit le premier. Il s'explique à ce sujet d'une manière très-positive à la fois et très-générale, dans la relation de son troisième voyage : « Les eaux se meuvent, dit-il, comme la voûte du ciel (con los cielos), de l'est à l'ouest. » La direction de quelques masses flottantes d'herbes marines venait encore à l'appui de cette croyance (1). Colomb, trouvant à la Guadeloupe un petit vase de tôle entre les mains des habitants, fut amené à supposer que ce vase pouvait bien être d'origine européenne et avoir été recueilli dans les débris d'un navire naufragé, qui aurait été poussé par le courant équatorial des côtes de l'Ibérie sur celles de l'Amérique. Dans ses hypothèses géognostiques, Colomb considérait la rangée transversale des petites Antilles et la forme des grandes Antilles, dont les côtes sont parallèles aux degrés de latitude ; comme un effet du mouvement des flots qui se meuvent de l'est à l'ouest sous les tropiques.

Lorsque, dans son quatrième et dernier voyage, l'amiral reconnut la direction des côtes, allant droit du nord au sud depuis le promontoire de Gracias à Dios jusqu'à la lagune de Chiriqui, il sentit les effets d'un courant violent dirigé vers le nord et le nord-nord-ouest, et produit par le choc du fleuve équatorial qui va de l'est à l'ouest et se brise contre la côte opposée. Anghiera survécut assez longtemps à Colomb pour embrasser dans son ensemble le mouvement des eaux de l'Océan, pour reconnaître le tourbillonnement du golfe du Mexique, et l'agitation qui se prolonge jusqu'à la Tierra de los Bacallaos (Terre-Neuve) et à l'embouchure du fleuve Saint-Laurent. J'ai exposé ailleurs avec détail combien l'expédition de Ponce de Léon, en 1512, a servi à fixer et à préciser les idées, et j'ai dit à cette occasion que, dans un écrit de sir Humphrey Gilbert, composé entre 1567 et 1576, le mouvement des eaux de la mer Atlantique depuis le cap de Bonne-Espérance jusqu'au banc de Terre-Neuve, est traité d'après des vues presque entièrement conformes à celles de mon excellent ami, feu le major Rennel.

Avec la connaissance des courants se répandit aussi celle des grands bancs d'herbes marines (Fucus natans), de ces prairies océaniques qui offrent le merveilleux spectacle d'un amas de plantes entremêlées, près de sept fois égal à la surface de la France. Le grand banc de Fucus, proprement appelé Mar de Sargasso, s'étend entre le 19e et le 34e degré de latitude nord. Son axe principal passe environ sept degrés à l'ouest de l'île Corvo. Le petit banc de Fucus est plus rapproché du continent et situé dans l'espace compris entre les îles Bermudes et celles de Bahama. Les vents et les courants partiels influent irrégulièrement, suivant les années, sur la position et le contour de ces prairies atlantiques. Aucune autre mer, dans les deux hémisphères, n'offre sur une aussi vaste étendue ces agroupements de plantes étroitement unies les unes aux autres (2).

La période des découvertes dans les espaces terrestres, l'ouverture soudaine d'un continent inconnu n'ont pas ajouté seulement à la connaissance du globe; elles ont agrandi l'horizon du monde, ou pour m'exprimer avec plus de précision, elles ont élargi les espaces visibles de la voûte céleste. Puisque l'homme, en traversant des latitudes différentes, voit changer en même temps « la terre et les astres, » suivant la belle expression du poëte élégiaque Garcilaso de la Vega (3), les voyageurs devaient, en pénétrant vers l'équateur, le long des deux côtes de l'Afrique et jusque par delà la pointe méridionale du Nouveau Monde, contempler avec admiration le magnifique spectacle des constellations méridionales. Il leur était permis de l'observer plus à l'aise et plus fréquemment que cela n'était possible au temps d'Hiram ou des Ptolémées, sous la domination romaine et sous celle des Arabes, quand on était borné à la mer Rouge ou à l'océan Indien, c'est-à-dire à l'espace compris entre le détroit de Bal-el-Mandeb et la presqu'île occidentale de l'Inde. Au commencement du XVIe siècle, Amerigo Vespucci dans ses lettres, Vicente Yañez Pinzon, Pigafetta, compagnon de Magellan et d'Elcano, et Andrea Corsali, lors de son voyage à Cochin dans les Indes orientales, ont décrit les premiers, et sous les couleurs les plus vives, l'aspect du ciel du Midi, au-delà des pieds du Centaure et de la brillante constellation du navire Argo. Amerigo, littérairement plus instruit, mais aussi moins véridique que les autres, célèbre, non sans grâce, la lumière éclatante, la disposition pittoresque et l'aspect étrange des étoiles qui se meuvent autour du pôle sud, lui-même dégarni d'étoiles. Il affirme, dans sa lettre à Pierre-François de Médicis, que, dans son troisième voyage, il s'est soigneusement occupé des constellations méridionales, qu'il a mesuré la distance des principales d'entre elles au pôle et qu'il en a reproduit la disposition. Les détails dans lesquels il entre à ce sujet font peu regretter la perte de ces mesures.

Les taches énigmatiques, vulgairement connues sous le nom de *sacs de charbon* (coalbags), paraissent avoir été décrites pour la première fois par Anghiera, en 1510. Elles avaient déjà été remarquées par les compagnons de Vicente Yañes Pinzon, pendant l'expédition qui partit de Palos, et prit possession du cap Saint-Augustin, dans le Brésil (4). Le Canopo fosco (Canopus niger) d'Amerigo Vespucci est vraisemblablement aussi un de ces coalbags. L'ingénieux Acosta les compare avec la partie obscure du disque de la lune, dans les éclipses partielles, et semble les attribuer à l'absence des étoiles et au vide qu'elles laissent dans la voûte du ciel. Rigaud a fait voir comment ces taches, dont Acosta dit nettement qu'elles sont visibles au Pérou et non en Europe, et qu'elles se meuvent, comme des étoiles, autour du pôle sud, ont été prises par un célèbre astronome pour la première ébauche des taches du soleil (5). La découverte des deux *Nuées Magellaniques* a été faussement attribuée à Pigafetta. Je trouve qu'Anghiera, se fondant sur les observations de navigateurs portugais, avait déjà fait mention de ces nuages, huit ans avant l'achèvement du voyage de circumnavigation accompli par Magellan. Il compare leur doux éclat à celui de la voie lactée. Il est vraisemblable au reste que le grand nuage (nubecula major) n'avait pas échappé à l'observation pénétrante des Arabes; c'est très-probablement le Bœuf blanc, *el Bakar*, visible dans la partie méridionale de leur ciel, c'est-à-dire la *Tache blanche* dont l'astronome Abdourrahman Sofi dit qu'on ne peut l'apercevoir à Bagdad ni dans le nord de l'Arabie, mais qu'elle est visible à Tehama et dans le parallèle du détroit de Bab-el-Mandeb. Les Grecs et les Romains ont parcouru la même route sous les Lagides et plus tard; ils n'ont rien remarqué, ou du moins il n'est resté dans les ouvrages conservés jusqu'à nous aucune trace de ce nuage lumineux qui pourtant, placé entre le 11ᵉ et le 12ᵉ degré de latitude nord, s'élevait, au temps de Ptolémée, à 3 degrés, et en l'an 1000, du temps d'Abdourrahman, à plus de 4 degrés au-dessus de l'horizon (6). Aujourd'hui la hauteur méridienne de la nubecula major, prise au milieu, peut avoir 5 degrés près d'Aden. Si d'ordinaire les navigateurs ne commencent à apercevoir clairement les nuages magellaniques que sous des latitudes très-rapprochées du midi, sous l'équateur ou même plus loin vers le sud, cela s'explique par l'état de l'atmosphère et par les vapeurs qui réfléchissent une lumière blanche à l'horizon. Dans l'Arabie méridionale, en pénétrant à l'intérieur des terres, l'azur profond de la voûte céleste et la grande sécheresse de l'air doivent aider à reconnaître les nuages magellaniques. La facilité avec laquelle, sous les tropiques et sous les latitudes très-méridionales on peut, dans les beaux jours, suivre distinctement le mouvement des comètes, est un argument en faveur de cette conjecture.

La distribution en constellations nouvelles des étoiles situées près du pôle antarctique appartient au XVIIe siècle. Le résultat des observations faites, avec des instruments imparfaits, par les navigateurs hollandais Petrus Theodori de Emden et Frédéric Houtmann, qui vécut de 1596 à 1599, à Java et à Sumatra, prisonnier du roi de Bantam et d'Atschin, a été consigné dans les cartes célestes de Hondius Bleaw (Jansonius Cæsius) et de Bayer.

La zone du ciel, située entre 50° et 80° de latitude sud, où se pressent en si grand nombre les nébuleuses et les groupes étoilés, emprunte à la répartition inégale des masses lumineuses un caractère particulier, un aspect qu'on peut dire pittoresque, un charme infini dû au groupement des étoiles de première et de seconde grandeur, et à leur séparation par des régions qui, à l'œil nu, semblent désertes et sans lumière. Ces contrastes singuliers, l'éclat plus vif dont brille la voie lactée dans plusieurs points de son développement, les nuées lumineuses et arrondies de Magellan qui décrivent isolément leur orbite, enfin ces taches sombres, dont la plus grande est si voisine d'une belle constellation, augmentent la variété du tableau de la nature et enchaînent l'attention des observateurs émus aux régions extrêmes qui bornent l'hémisphère méridional de la voûte céleste. Depuis le commencement du XVIe siècle, l'une de ces régions, par des motifs qui tiennent à des croyances religieuses, a pris de l'importance aux yeux des navigateurs chrétiens qui parcourent les mers situées sous les tropiques ou au delà des tropiques, et des missionnaires qui prêchent le christianisme dans les deux presqu'îles de l'Inde; c'est la région de la *Croix du Sud*. Les quatre étoiles principales dont se compose cette constellation sont confondues dans l'*Almageste*, par conséquent à l'époque d'Adrien et d'Antonin le Pieux, avec les pieds postérieurs du Centaure (7). Si l'on considère la forme distincte de la Croix qui s'isole dans son individualité, non moins que le grand et le petit Chariot, le Scorpion, Cassiopée, l'Aigle, le Dauphin, il est presque incroyable que ces quatre étoiles n'aient pas été plus tôt mises à part de l'ancienne et puissante constellation du Centaure. Cette confusion est d'autant plus singulière, que le Persan Kazwini et d'autres astronomes mahométans, s'étaient composé à grand'peine une *Croix* particulière avec le Dauphin et le Dragon. On a dit, sans le démontrer, que la flatterie courtisanesque des savants alexandrins qui avaient changé l'étoile de Canopus en un *Ptolemæon*, avait aussi rattaché, pour faire honneur à Auguste, les étoiles dont se compose la Croix du sud à un *Cæsaris Thronon*, constamment invisible en Italie (8). Du temps de Claude Ptolémée, la belle étoile placée au pied de la Croix s'élevait encore à Alexandrie, dans son passage au méridien, jusqu'à 6° 10′ de hauteur, tandis qu'aujourd'hui, dans le même lieu, son point culminant reste de plusieurs degrés au-dessous de l'horizon. Pour voir actuellement α de la Croix à 6° 10′ de hauteur, il faudrait, en tenant compte de la réfraction des rayons, se placer à 10° au sud d'Alexandrie, sous 21° 43′ de latitude nord. Les anachorètes chrétiens du IVe siècle pouvaient voir encore la Croix à 10° de hauteur, dans les déserts de la Thébaïde. Je ne suppose pas cependant que ce soient eux qui aient donné son nom à cette constellation, car Dante ne le cite pas dans le passage célèbre du *Purgatoire :*

> Io mi volsi a man destra, e posi mente
> All' altro polo, e vidi quattro stelle
> Non viste mai fuor ch' alla prima gente.

Et de même, Amerigo Vespucci qui, dans son troisième voyage, se reportait à ces vers, en contemplant le ciel étoilé des régions du sud, et se vantait d'avoir vu « les quatre étoiles que le premier couple humain avait pu seul apercevoir, » ne connaît pas la dénomination de Croix du sud. Amerigo dit simplement : les quatre étoiles forment une figure rhomboïdale (una mandorla); et cette remarque est de l'an 1501. Lorsque les voyages maritimes se multiplièrent autour du cap de Bonne-Espérance et dans la mer du Sud, à travers les voies frayées par Gama et Magellan, à mesure que les missionnaires chrétiens purent pénétrer, par suite des découvertes nouvelles, dans les contrées tropicales de l'Amérique, cette constellation devint de plus en plus célèbre. Je la trouve mentionnée, pour la première fois, comme une croix merveilleuse (croce maravigliosa), « plus belle que toutes les constellations qui brillent dans la voûte du ciel, » par le florentin Andrea Corsali, en 1517, et un peu plus tard, en 1520, par Pigafetta. Corsali, qui avait plus de lecture que Pigafetta, admire l'esprit prophétique de Dante sans se douter que ce grand poëte faisait preuve en cela d'érudition autant que d'imagination. Dante avait vu les globes célestes des Arabes, et s'était trouvé en rapport avec un grand nombre de Pisans qui avaient visité les contrées orientales (9). Acosta remarque déjà dans son *Historia natural y moral de las Indias*, que les premiers colons espagnols établis dans l'Amérique tropicale se servaient volontiers, comme on le fait encore aujourd'hui, de la Croix du sud en guise d'horloge céleste, suivant sa position verticale ou le degré de son inclinaison (10).

Par suite de la rétrogradation des points équinoxiaux, l'aspect du ciel étoilé change sur chaque point de la terre. L'ancienne race humaine a pu voir se lever dans les hautes régions du nord, les magnifiques constellations du midi, qui, longtemps invisibles, reviendront après des milliers d'années. Déjà, au temps de Colomb, Canopus était à 1°20′ au-dessus de l'horizon de Tolède, située par 39° 54′ de latitude; aujourd'hui il s'élève presque autant au-dessus de l'horizon de Cadix. Pour Berlin et en général pour les contrées du nord, les étoiles de la Croix du sud, de même que α et β du Centaure, s'éloignent de plus en plus, tandis que les nuages magellaniques se rapprochent peu à peu de nos latitudes. Canopus a été dans les dix derniers siècles aussi rapproché qu'il lui est possible du nord, et maintenant il s'éloigne vers le sud, bien qu'avec une extrême lenteur, à cause du peu de distance qui le sépare du pôle sud de l'écliptique. A 52° 1/2 de latitude nord, la Croix a commencé à devenir invisible 2900 ans avant notre ère, tandis que, suivant Galle, elle avait pu s'élever auparavant à plus de 10° au-dessus de l'horizon. Lorsqu'elle disparut pour les observateurs placés aux environs de la mer Baltique, la grande pyramide de Cheops était déjà bâtie en Égypte depuis 500 ans. Ce fut 700 ans plus tard que s'accomplit l'invasion des Hycsos. L'antiquité semble se rapprocher de nous quand nous lui appliquons la mesure des grands événements.

En même temps que s'agrandissait la connaissance

plus contemplative que scientifique des espaces célestes, des progrès s'accomplissaient dans l'astronomie nautique, c'est-à-dire que se perfectionnaient les méthodes à l'aide desquelles se détermine le lieu d'un vaisseau ou, en d'autres termes, sa latitude et sa longitude géographiques. Tout ce qui, dans la suite des temps, a pu favoriser le développement de la navigation, à savoir : l'invention de la boussole et une étude plus sérieuse de la déclinaison magnétique ; l'évaluation de la vitesse, grâce à une meilleure disposition du loch, à l'usage des chronomètres et à la mesure des distances lunaires ; les améliorations apportées à la construction des vaisseaux ; la force du vent remplacée par une force nouvelle ; mais avant tout l'heureuse application de l'astronomie à l'art nautique ; tout cela doit être considéré comme ayant efficacement contribué à l'ouverture des espaces terrestres, à la rapidité des communications entre les peuples, et à la découverte des rapports qui unissent les différentes parties du monde. A ce point de vue, nous devons rappeler ce que nous avons dit déjà, que dès le milieu du XIIIe siècle, les marins de la Catalogne et de l'île Majorque se servaient d'instruments nautiques, pour mesurer le temps d'après la hauteur des étoiles, et que l'astrolabe décrit par Raymond Lulle, dans son *Arte de Navegar*, a précédé de près de deux siècles celui de Behaim. L'importance des méthodes astronomiques fut si bien reconnue en Portugal que, vers l'an 1484, Behaim fut nommé président d'une *Junta de Mathematicos* qui devait calculer les tables de la déclinaison du soleil et enseigner aux pilotes, selon les expressions de Barros, « la maniera de navegar por altura do sol (11). » Ce mode de navigation, d'après la hauteur méridienne du soleil, fut dès lors nettement distingué de la navigation « por la altura del este-oeste, » c'est-à-dire par la détermination des longitudes (12).

La nécessité de trouver la position réelle de la ligne de démarcation indiquée par le pape Alexandre VI, et de marquer dans le Brésil nouvellement découvert et dans les îles voisines des Indes méridionales, la limite légitime entre les possessions des couronnes espagnole et portugaise fit, ainsi que nous l'avons remarqué déjà, chercher avec plus d'ardeur des méthodes pratiques pour déterminer la longitude. On sentait combien étaient rares les occasions auxquelles pouvait s'appliquer l'ancienne et imparfaite méthode des éclipses de lune, due à Hipparque. Dès l'an 1514, l'usage des distances lunaires fut recommandé par l'astronome nurenbergeois Jean Werner, et bientôt après par Oronce Finée et Gemma Frisius. Malheureusement cette méthode devait longtemps encore demeurer stérile, jusqu'à ce que, après de nombreuses tentatives faites inutilement avec les instruments de Bienewitz (Peter Apianus) et de Alonzo de Santa Cruz, Newton inventa en 1700 le sextant à réflexion, et que Hadley en répandit l'usage parmi les marins, en 1731.

L'influence des astronomes arabes agissait aussi, du fond de l'Espagne, sur les progrès de l'astronomie nautique. On fit, il est vrai, pour arriver à la détermination des longitudes, beaucoup d'essais infructueux, et souvent on aima mieux attribuer le mauvais succès à des fautes d'impression dans les Éphémérides astronomiques de Regiomontanus, alors en usage, qu'à l'inexactitude des observations. Les Portugais suspectaient les résultats fournis par les Espagnols, et les accusaient d'avoir altéré les tables pour des motifs politiques (13). Le besoin subitement éveillé des secours que promettait, théoriquement du moins, l'astronomie nautique, est exprimé avec une vivacité singulière dans les relations de Colomb, d'Amerigo Vespucci, de Pigafetta et de André de Saint-Martin, célèbre pilote qui dirigea l'expédition de Magellan, et possédait les méthodes de longitude de Ruy Falero. Les oppositions des planètes, l'occultation des étoiles, les différences de hauteur entre la lune et Jupiter, les variations de la déclinaison de la lune furent étudiées avec plus ou moins de succès. Nous possédons des observations de conjonctions faites par Colomb, à Haïti, pendant la nuit du 13 janvier 1493. La nécessité d'adjoindre à toutes les grandes expéditions un homme spécialement versé dans l'astronomie était si généralement comprise, que la reine Isabelle écrivait à Colomb, le 5 septembre 1493 : « bien que vous ayez assez montré dans votre expédition que vous en savez plus qu'aucun autre mortel (que ninguno de los nacidos), je vous conseille cependant de prendre avec vous Fray Antonio de Marchena, savant en astronomie et d'un bon caractère. » Colomb dit dans la relation de son quatrième voyage : « Il n'y a qu'un mode de calcul infaillible pour la navigation, c'est celui des astronomes ; quiconque en a l'intelligence peut se tenir content. Les résultats qu'il garantit équivalent à une vision prophétique (14). Nos pilotes ignorants ne savent plus où ils sont, dès qu'ils restent sans voir les côtes quelques jours. Ils seraient hors d'état de retrouver les pays que j'ai découverts. Il faut pour naviguer *compas y arte*, c'est-à-dire la boussole et la science, qui est l'art des astronomes. »

J'ai mentionné ces détails caractéristiques, parce qu'ils font voir comment l'astronomie nautique qui, en parant aux dangers de la navigation, a facilité l'accès vers toutes les parties de la terre, a reçu son premier développement dans la période dont je trace en ce moment le tableau ; comment, dans le mouvement général des esprits, on sentit de bonne heure la possibilité de méthodes qui ne pouvaient devenir d'une application générale qu'après le perfectionnement des chronomètres, des instruments propres à mesurer les angles, et des tables solaires et lunaires. S'il est vrai, comme on l'a dit, que ce qui fait le caractère d'un siècle, c'est le progrès plus ou moins rapide de l'esprit humain dans un laps de temps déterminé, le siècle de Colomb et des grandes découvertes maritimes, en augmentant d'une manière inattendue les objets de la science et de la contemplation, a donné une impulsion nouvelle et plus puissante aux siècles qui l'ont suivi. C'est là le propre des découvertes considérables, d'agrandir à la fois le cercle des conquêtes et l'horizon du champ qui reste encore à conquérir. Dans chaque époque, il y a des esprits faibles disposés à croire complaisamment que l'humanité est arrivée à l'apogée de son développement intellectuel. Ils oublient que, par l'effet de la liaison intime qui unit tous les phénomènes de la nature, le champ s'élargit à mesure que l'on avance, et que la limite qui le borde à l'horizon recule incessamment devant l'observateur.

Où l'histoire des peuples peut-elle nous montrer une époque comparable à celle dans laquelle des événements aussi gros de conséquences que la découverte et la première colonisation de l'Amérique, la traversée aux Indes orientales par le cap de Bonne-Espérance, et le premier voyage de circumnavigation de Magellan, se trouvent réunis avec l'épanouissement de l'art, le triomphe de la liberté intellectuelle et religieuse, et les progrès imprévus de la connaissance du ciel et de la terre. Une telle époque n'a pas besoin, pour que sa grandeur nous frappe, du prestige de l'éloignement dans lequel elle nous apparaît. Si elle se présente à nous à travers des souvenirs historiques, et dégagée de la réalité importune du temps présent, elle doit peu de chose à cette circonstance. Malheureusement ici, comme dans toutes les affaires humaines, à l'éclat du succès se trouvent associés de déplorables désastres. Les progrès de la science du monde ont été achetés au prix de toutes les violences et de toutes les cruautés que les conquérants, soi-disant civilisateurs, ont portées d'un bout à l'autre de la terre, mais c'est une prétention trop téméraire que de vouloir, en suivant pas à pas le développement de l'humanité, établir d'une manière dogmatique la balance du bien et du mal. Il ne sied pas à l'homme de juger les événements qui intéressent le monde entier, et qui longtemps préparés dans le sein fécond du temps, n'appartiennent que pour une part au siècle dans lequel nous les plaçons arbitrairement.

La première découverte, faite par les Scandinaves, de la partie centrale et méridionale des États-Unis, coïncide presque avec l'apparition mystérieuse de Manco Capac sur le plateau du Pérou; elle est de 200 ans postérieure à l'arrivée des Aztèques dans la vallée du Mexique. La capitale de ce royaume, Tenochtitlan, fut fondée 325 ans plus tard. Si les colonisations normandes avaient eu des suites plus durables, si elles avaient été entretenues et protégées par une métropole puissante, jouissant de l'unité politique, les races germaines, en pénétrant dans ces contrées, auraient encore rencontré des hordes de chasseurs nomades errant çà et là, sur les lieux mêmes où les conquérants espagnols trouvèrent des laboureurs attachés au sol qu'ils cultivaient (15).

Les temps de la *conquista*, la fin du XVe siècle et le commencement du XVIe, sont marqués par une réunion prodigieuse de grands événements accomplis dans la vie politique et morale des nations européennes. Le même mois où Fernand Cortès, après la bataille d'Otumba, se rendait à Mexico pour en faire le siége, Martin Luther brûlait, à Wittemberg, la bulle du pape, et fondait cette Réforme qui promettait à l'esprit l'indépendance et un essor nouveau dans des voies presque entièrement inconnues (16). Déjà à ce moment étaient sortis de leurs tombeaux les plus brillants chefs-d'œuvre de l'art grec, le Laocoon, le Torse, l'Apollon du Belvédère et la Vénus de Médicis. En Italie florissaient Michel-Ange, Léonard de Vinci, Titien et Raphaël; en Allemagne Holbein et Albert Durer. Le système du monde avait été trouvé par Copernic, bien qu'il n'ait été divulgué que plus tard, dans l'année même où mourut Christophe Colomb, 14 ans après la découverte du Nouveau Monde.

L'importance de cette découverte et des premiers établissements fondés par les Européens, ne porte pas seulement sur les questions qui font la matière de ce livre; elle s'étend jusqu'aux influences intellectuelles et morales que l'agrandissement subit de la masse des idées acquises a exercées sur l'amélioration de l'état social. C'est à partir de cette époque critique, que l'esprit et le cœur ont vécu d'une vie nouvelle et plus active, que des vœux hardis et d'opiniâtres espérances ont pénétré peu à peu dans toutes les classes de la société civile. A la suite aussi de cet événement, la rareté de la population répandue sur une moitié de la terre, en particulier sur les côtes placées à l'opposite de l'Europe, a pu faciliter l'établissement de colonies que leur étendue et leur situation ont sollicitées à se transformer en états indépendants et ne subissant aucune entrave dans le libre choix de leur constitution politique. Joignons-y enfin la réforme religieuse, prélude des grandes révolutions politiques, qui devait parcourir toutes les phases de son développement dans une contrée devenue l'asile de toutes les croyances et des sentiments les plus divers sur les choses divines. La hardiesse du navigateur génois est le premier anneau dans la chaîne sans fin de ces mystérieux événements; et si l'Amérique ne porte point son nom, du moins c'est au hasard, ce n'est point à la fraude ni à l'intrigue qu'il faut s'en prendre (17). Rapproché, depuis un demi-siècle, de l'Europe par les relations commerciales et les progrès de la navigation, le Nouveau Monde a exercé une influence considérable sur les institutions politiques, sur les idées et les tendances des peuples placés à la limite orientale de cette vallée de l'océan Atlantique, qui semble se rétrécir de jour en jour (18).

VII

INFLUENCE EXERCÉE

PAR LE PROGRÈS DES SCIENCES

SUR LE DÉVELOPPEMENT DE L'IDÉE DU COSMOS

AU XVIIe ET AU XVIIIe SIÈCLE.

GRANDES DÉCOUVERTES DANS LES ESPACES CÉLESTES A L'AIDE DU TÉLESCOPE. — ÉPOQUE BRILLANTE DE L'ASTRONOMIE ET DES MATHÉMATIQUES, DEPUIS GALILÉE ET KÉPLER JUSQU'A NEWTON ET LEIBNITZ. — LOIS DU MOUVEMENT DES PLANÈTES ET THÉORIE DE LA GRAVITATION UNIVERSELLE. — PHYSIQUE ET CHIMIE.

En cherchant à énumérer les phases principales dans lesquelles se divise l'histoire de la contemplation du monde, nous avons, en dernier lieu, esquissé l'époque où les peuples civilisés de l'ancien monde ont appris à connaître le nouveau. Au siècle des grandes découvertes accomplies sur la surface de notre planète, succède immédiatement la prise de possession par le télescope d'une partie considérable du domaine céleste. L'application d'un instrument qui a la puissance de pénétrer l'espace, je pourrais dire la création d'un organe nouveau, évoque tout un monde d'idées inconnues. Une ère brillante s'ouvre, à partir de ce moment, pour l'astronomie et les mathématiques. Alors commence cette série de mathématiciens profonds, prolongée jusqu'à Léonard Euler, qui, comme on l'a dit, transforma toutes choses, et dont la naissance arrivée en 1707 touche de si près à la mort de Jacques Bernouilli.

Un petit nombre de noms peut suffire à rappeler les pas de géant que l'esprit humain, en vertu de sa propre force et sans excitation extérieure, a faits au XVIIe siècle, surtout dans le développement de la pensée mathématique. Les lois qui président à la chute des corps et au mouvement des planètes sont proclamées. La pression atmosphérique, la propagation, la réfraction et la polarisation de la lumière, deviennent l'objet de recherches approfondies. L'étude mathématique de la nature est fondée sur des bases solides. Enfin l'invention du calcul infinitésimal signale les dernières années du siècle; et munie de cette force nouvelle, l'intelligence humaine peut s'essayer avec succès, pendant les cent cinquante années qui suivent, à la solution des problèmes que présentent les perturbations des corps célestes, la polarisation et l'interférence des ondes lumineuses, la chaleur rayonnante, l'action circulaire des courants électro-magnétiques, la vibration des cordes et des surfaces, l'attraction capillaire dans les tubes étroits, et tant d'autres phénomènes naturels.

Dès ce moment, le travail se continue sans interruption dans le monde de la pensée, et toutes les forces de l'intelligence se prêtent un mutuel secours. Aucun des germes déjà éclos n'est étouffé. L'accroissement des matériaux scientifiques, la rigueur des méthodes et le perfectionnement des instruments, tout marche de concert. Nous nous en tenons ici au XVIIe siècle, si harmonieux dans son ensemble, au siècle de Képler, de Galilée et de Bacon, de Tycho, de Descartes et de Huygens, de Fermat, de Newton et de Leibnitz. Les services de tels hommes sont si généralement connus, qu'il suffit de légères indications pour faire ressortir la part brillante qu'ils ont prise à l'agrandissement des vues sur le monde.

Nous avons déjà démontré (19) comment l'œil, organe de la contemplation physique, avait emprunté à la seconde vue du télescope une puissance dont la limite est loin d'être atteinte, et qui, dès son début, quand l'instrument faible encore pouvait à peine grossir trente-deux fois les objets (20), pénétrait cependant dans l'espace à des profondeurs qui n'avaient pas été sondées jusque-là. La connaissance exacte d'un grand nombre des corps célestes dont notre système solaire est composé, l'observation des lois éternelles d'après lesquelles ils décrivent leurs orbites, tous les secrets de la structure du monde dévoilés, telles sont les plus brillantes conquêtes de l'époque dont nous cherchons à reproduire les traits essentiels. Les découvertes qui datent de cette période forment ce qu'on peut appeler les contours principaux du grand tableau de la nature; elles ajoutent aux espaces de la terre nouvellement explorés le contenu ignoré jusque-là des espaces célestes, du moins en ce qui concerne l'admirable ordonnance de notre système planétaire. Pour nous, toujours à la recherche des idées générales, nous nous contentons de marquer les résultats les plus importants des observations astronomiques au XVIIe siècle, en ayant soin d'indiquer comment ces travaux ont amené à l'improviste des découvertes mathématiques d'une haute portée, comment ils ont agrandi et élevé la contemplation du monde.

Nous avons fait remarquer déjà par quelle heureuse fortune tant de grands événements, tels que le réveil de la liberté religieuse, le développement d'un sentiment plus noble de l'art, et la propagation du système de Copernic, ont signalé, concurremment avec les grandes entreprises maritimes, le siècle de Colomb, de Gama et de Magellan. Nicolas Copernic ou Koppernik, comme il se nomme lui-même dans deux lettres qui existent encore, avait atteint sa vingt et unième année, et faisait des observations à Cracovie avec l'astronome Albert Brudzewski, lorsque Colomb découvrit l'Amérique. Dans l'année qui suivit la mort du grand navigateur, nous le retrouvons à Cracovie, occupé à bouleverser toutes les idées reçues en astronomie, après un séjour de six ans dans les villes de Padoue, de Bologne et de Rome. Nommé en 1510 chanoine à Frauenbourg, par la protection de son oncle, Lucas Waisserolde de Allen, évêque de Ermeland (21), il y travailla encore trente-trois ans à achever son ouvrage : *de Revolutionibus orbium cœlestium*. Le premier exemplaire imprimé lui fut apporté quand déjà, paralysé de corps et d'esprit, il se préparait à mourir. Il vit le volume, il put encore le toucher; mais sa pensée n'était plus aux choses temporelles. Il mourut non pas, comme le raconte son biographe Gassendi, quelques heures, mais quelques jours plus tard, le 24 mai 1543 (22). Deux ans auparavant, une partie importante de sa doctrine avait été déjà répandue dans le public, par une lettre imprimée de l'un de ses plus ardents disciples, Joachim Rhæticus, à Jean Schoner, professeur de Nurenberg. Ce n'est pourtant ni le succès du système de Copernic, ni la théorie renouvelée du soleil central et du double mouvement que décrit la terre, qui, un peu plus de cinquante ans après, conduisirent aux brillantes découvertes astronomiques par lesquelles s'ouvre le XVIIe siècle. Ces découvertes, qui complétèrent et agrandirent le système de Copernic, ont pour cause l'invention fortuite du télescope. Mais, fortifiés et élargis par les résultats de l'astronomie physique, tels que les observations faites sur le système des satellites de

Jupiter et sur les phases de Vénus, les principes de Copernic ont frayé à l'astronomie théorique des voies qui devaient conduire à un but plus sûr et provoquer la recherche de problèmes, dont la solution exigeait le perfectionnement du calcul analytique. De même que George Peurbach et Jean Muller, qui emprunta de sa ville natale, Kœnigsberg en Franconie, le nom de Regiomontanus, ont eu une heureuse influence sur Copernic et ses disciples Rhæticus, Reinhold et Mœstlin, ceux-ci à leur tour agirent sur les travaux de Képler, de Galilée et de Newton, bien qu'ils en soient séparés par un plus long espace de temps. Ainsi, un lien intellectuel rattache le XVIIe siècle au XVIe; et l'on ne peut retracer l'agrandissement que la contemplation du monde a dû, dans le XVIIe siècle, à l'astronomie, sans rechercher l'impulsion que cette période avait reçue de la précédente.

C'est une opinion erronée et malheureusement très-répandue encore de nos jours, que Copernic, par faiblesse et pour échapper à la persécution des prêtres, présenta le mouvement planétaire de la terre et la position du soleil au centre du système comme une pure hypothèse, ayant pour but de faciliter l'application du calcul au mouvement des corps célestes, mais qui « n'était pas nécessairement vraie, ni même vraisemblable (23). » On ne peut nier que ces mots étranges se lisent dans la préface anonyme placée en tête de l'ouvrage de Copernic, et qui a pour titre : *de Hypothesibus hujus Operis* (24); mais cette déclaration est complétement étrangère à Copernic et en opposition directe avec la dédicace qu'il adressa au pape Paul III. L'auteur de la préface est, ainsi que le dit Gassendi de la manière la plus positive dans la Vie de Copernic, un mathématicien qui vivait alors à Nurenberg, Andreas Osiander, chargé de diriger avec Schoner l'impression du livre : *de Revolutionibus*, et qui, sans manifester expressément des scrupules religieux, jugea prudent de présenter les idées nouvelles comme une hypothèse et non, ainsi que l'avait fait Copernic, comme une vérité démontrée.

L'homme que l'on peut appeler le fondateur du nouveau système du monde, car à lui appartiennent incontestablement les parties essentielles de ce système et les traits les plus grandioses du tableau de l'univers, commande moins encore peut-être l'admiration par sa science que par son courage et sa confiance. Il méritait bien l'éloge que lui décerne Képler, quand, dans son introduction aux *Tables Rudolphines*, il l'appelle un esprit libre, « vir fuit maximo ingenio et quod in hoc exercitio (c'est-à-dire dans la lutte contre les préjugés) magni momenti est, animo liber. » Lorsque Copernic, dans sa dédicace au pape, raconte l'histoire de son ouvrage, il n'hésite pas à traiter de conte absurde la croyance à l'immobilité et à la position centrale de la terre, croyance répandue généralement chez les théologiens. Il attaque sans crainte « la stupidité de ceux qui s'attachent à des opinions aussi fausses. » Il dit que « si jamais d'insignifiants bavards, étrangers à toute notion mathématique, avaient la prétention de porter un jugement sur son ouvrage, en torturant à dessein quelque passage des saintes Écritures (propter aliquem locum Scripturæ male ad suum propositum detortum), il méprisera ces vaines attaques. Tout le monde sait, ajoute-t-il encore, que le célèbre Lactance a disserté d'une manière puérile sur la forme de la terre, et s'est raillé de ceux qui la regardaient comme un sphéroïde; mais lorsqu'on traite des sujets mathématiques, c'est pour les mathématiciens qu'il faut écrire. Afin de prouver que, quant à lui, profondément pénétré de la justesse de ses résultats, il ne redoute aucun jugement, du coin de terre où il est relégué, il en appelle au chef de l'Église et lui demande protection contre les injures des calomniateurs. Il le fait avec d'autant plus de confiance, que l'Église elle-même peut tirer avantage de ses recherches sur la durée de l'année et sur les mouvements de la lune. » L'astrologie et la réforme du calendrier furent longtemps seules à protéger l'astronomie auprès des puissances temporelles et spirituelles, de même que la chimie et la botanique furent, dans le principe, entièrement au service de la pharmacologie.

On le voit, le libre et mâle langage de Copernic contredit manifestement cette vieille assertion, qu'il aurait donné le système auquel est attaché son nom immortel, comme une hypothèse propre à faciliter les calculs de l'astronomie mathématique, mais qui pouvait bien être sans fondement. « Par aucune autre combinaison, s'écrie-t-il avec enthousiasme, je n'ai pu trouver une symétrie aussi admirable dans les diverses parties du grand tout, une union aussi harmonieuse entre les mouvements des corps célestes, qu'en plaçant le flambeau du monde (lucernam mundi), ce soleil qui gouverne toute la famille des astres dans leurs évolutions circulaires (circumagentem gubernans astrorum familiam) sur un trône royal, au milieu du temple de la nature (25). » L'idée de la gravitation universelle ou de l'attraction (appetentia quædam naturalis partibus indita) qu'exerce le soleil, comme centre du monde (centrum mundi), paraît aussi s'être présenté à l'esprit de ce grand homme, comme une application des effets de la pesanteur dans les corps sphériques. C'est ce que prouve un passage remarquable du traité : *de Revolutionibus*, au chapitre 9 du livre premier (26).

Si l'on parcourt les phases diverses de la contemplation du monde, on voit que l'attraction des grandes masses et la force centrifuge ont été pressenties dès les temps les plus reculés. Jacobi, dans ses recherches, laissées malheureusement à l'état de manuscrit, sur les connaissances mathématiques des Grecs, fait ressortir avec raison « les vues profondes d'Anaxagore, chez lequel nous ne pouvons voir sans étonnement que la lune, si la vitesse acquise venait à cesser, tomberait sur la terre comme une pierre lancée par la fronde (27). » J'ai déjà mentionné ailleurs, à l'occasion de la chute des aérolithes, des conjectures analogues de la part du philosophe de Clazomène et de

Diogène d'Apollonie sur la cessation brusque du mouvement circulaire (28). L'attraction exercée par le centre de la terre sur toutes les masses pesantes que l'on en sépare offrait certainement à l'esprit de Platon une notion plus claire qu'à celui d'Aristote, qui connaissait à la vérité, ainsi qu'Hipparque, la force accélératrice qui règle la chute des corps, mais sans en bien comprendre le principe. Cependant, chez Platon comme chez Démocrite, l'attraction est réduite à l'affinité, c'est-à-dire à l'effort que font, pour se réunir, les substances moléculaires analogues (29). Seul l'Alexandrin Jean Philopon, disciple d'Ammonius fils d'Hermeas, qui vraisemblablement n'est pas antérieur au VIe siècle, explique le mouvement des sphères célestes par une impulsion primitive, et rattache cette idée à celle de la chute des corps et à l'effort par lequel toutes les substances, ou légères ou pesantes, tendent à se rapprocher de la terre (30). Les vérités que soupçonnait Copernic, que Képler a exprimées plus clairement dans son admirable ouvrage : *de Stella Martis*, en les appliquant même au flux et reflux de l'océan, ont reçu en 1666 et 1674 une vie et une fécondité nouvelle, grâce à la pénétration de l'ingénieux Robert Hooke (31). C'est après de tels préliminaires que la grande théorie de Newton sur la gravitation universelle vint fournir le moyen de transformer toute l'astronomie physique en une véritable mécanique du ciel (32).

Copernic connaissait assez complétement, comme on le voit non-seulement dans sa dédicace au pape, mais en divers passages de son livre, les images sous lesquelles les anciens se représentaient la structure du monde. Cependant, pour les temps antérieurs à Hipparque, il ne cite que Hicetas de Syracuse qu'il nomme toujours Nicetas, Philolaüs le Pythagoricien, Timée (celui que fait parler Platon), Ecphantus, Héraclide de Pont et le grand géomètre Apollonius de Perge. Des deux mathématiciens qui se rapprochent le plus de son système, Aristarque de Samos et Séleucus de Babylone, il nomme le premier sans le caractériser d'aucune manière, et ne cite pas même le second (33). On a souvent affirmé qu'il n'a pas connu l'opinion d'Aristarque de Samos sur la position centrale du soleil et sur le mouvement de la terre, parce que l'*Arenarius* et tous les ouvrages d'Archimède ne parurent qu'une année après sa mort, c'est-à-dire un siècle entier après l'invention de l'imprimerie; mais on oublie que Copernic, dans sa dédicace au pape Paul III, cite un long passage, extrait du traité de Plutarque *de Placitis philosophorum* (lib. III, cap. 13) sur Philolaüs, Ecphantus et Héraclide de Pont, et que, dans le même ouvrage, au 24e chapitre du IIe livre, il avait pu lire comment Aristarque de Samos rangeait le soleil parmi les fixes. De tous les témoignages de l'antiquité, ceux qui paraissent avoir le plus agi sur la direction et le développement progressif des idées de Copernic sont, d'après Gassendi, un passage de l'encyclopédie à demi barbare de Martianus Mineus Capella, natif de Madaure, et le système du monde d'Apollonius de Perge. D'après le sentiment de Martianus Mineus, que l'on a fait remonter, avec trop d'assurance, tantôt aux Égytiens et tantôt aux Chaldéens, la terre reste immobile au centre du monde (34); mais le soleil décrit son orbite, entouré de deux satellites, Mercure et Vénus. Un tel aperçu sur la structure du monde semble, il est vrai, préparer à l'idée de la force centripète du soleil; mais rien ni dans l'*Almageste* et en général dans les écrits des anciens, ni dans le traité de Copernic *de Revolutionibus*, n'autorisait Gassendi à affirmer si nettement la ressemblance absolue du système de Tycho avec celui que l'on a voulu attribuer à Apollonius de Perge. Quant à la confusion que l'on a essayé d'établir entre le système de Copernic et celui du pythagoricien Philolaüs, dans lequel la terre, privée de son mouvement de rotation (car ce que Philolaüs appelle ἀντίχθων n'est pas une planète distincte, mais bien un hémisphère de celle que nous habitons), tourne, ainsi que le soleil, autour du foyer du monde ou feu central, c'est-à-dire autour de la flamme qui donne la vie à tout notre système planétaire, c'est une conjecture dont il ne peut être question, depuis que M. Bœchk a publié ses concluantes recherches sur ce sujet.

La révolution scientifique dont Nicolas Copernic est l'auteur a eu cette rare fortune que, si l'on excepte la courte suspension produite par l'hypothèse rétrograde de Tycho, elle a tendu constamment au but, c'est-à-dire vers la découverte de la véritable structure du monde. Le riche fonds d'observations précises que fournit lui-même l'ardent adversaire de Copernic, Tycho, a servi aussi à faire découvrir ces lois éternelles du système planétaire, qui ont répandu plus tard sur le nom de Képler un éclat impérissable, et qui, interprétées par Newton, démontrées par lui théoriquement et comme un résultat nécessaire, ont été transportées dans la sphère lumineuse de la pensée, et ont fondé la connaissance rationnelle de la nature. On a dit ingénieusement, mais peut-être sans rendre encore assez de justice au libre génie qui a créé par ses propres forces la théorie de la gravitation : « Képler a écrit un *Code* et Newton *L'Esprit des Lois* » (35).

Les allégories poétiques dont Pythagore et Platon ont semé leurs tableaux du monde, allégories changeantes comme la fantaisie qui leur donna naissance (36), se reflètent encore en partie dans les écrits de Képler. Elles ont échauffé et rendu plus sereine son âme souvent assombrie; mais elles ne l'ont pas détourné du but sérieux qu'il poursuivait et qu'il atteignit douze ans avant sa mort, dans la nuit mémorable du 15 mai 1618 (37). Copernic avait donné, par la rotation diurne de la terre, une explication satisfaisante du mouvement apparent des étoiles fixes ; par la révolution annuelle de la terre autour du soleil, il avait également résolu le problème des mouvements apparents les plus remarquables des planètes (*stations et rétrogradations*), et ainsi il avait trouvé le véritable fondement de ce que l'on a nommé la *seconde inégalité* des planètes. Quant à la *première inégalité*, c'est-à-dire au mouvement non uniforme par lequel les planètes décrivent leur orbite, il laissa ce point sans éclaircissements. Fidèle à l'ancien principe pythagoricien de la perfection inhérente aux mouvements circulaires, Copernic sentait encore le besoin de faire entrer dans la composition du monde des cercles *excentriques*, dont aucun corps n'occupait le centre, et quelques-uns des *épicycles* d'Apollonius de Perge. Si hardie que fût la voie où l'on était entré, on ne pouvait se dégager en une fois de tous les anciens errements.

La distance toujours égale à laquelle restent les étoiles, les unes par rapport aux autres, tandis que toute la voûte céleste se meut de l'orient à l'occident, avait conduit à l'hypothèse d'un firmament, d'une sphère transparente et solide, à laquelle, suivant Anaximène, qui ne paraît pas avoir été de beaucoup postérieur à Pythagore, les étoiles étaient attachées comme des clous (38). Geminus de Rhodes, contemporain de Cicéron, supposait que les astres sont fixés sur une surface plane, les uns plus haut, les autres plus bas. On étendit aux planètes ce que l'on avait imaginé pour les étoiles fixes, et ainsi prit naissance la théorie des sphères excentriques, engagées les unes dans les autres, théorie défendue par Eudoxe, Ménechme et Aristote, qui inventa les sphères *réagissantes*. La théorie des épicycles, dont le mécanisme s'appliquait plus facilement à la représentation et au calcul des mouvements planétaires, ruina, après un siècle, grâce à la pénétration d'Apollonius, l'hypothèse des sphères solides. Quant à savoir s'il est vrai, ainsi que le croyait Ideler, que l'on commença seulement depuis la fondation du musée d'Alexandrie, à admettre comme possible le libre mouvement des planètes dans l'espace, ou si déjà avant cette époque, on se représentait en général les sphères transparentes qui se coupent, et qu'Eudoxe admettait au nombre de 27, Aristote au nombre de 55, aussi bien que les épicycles transmis au moyen âge par Hipparque et Ptolémée, non pas comme des sphères solides et matériellement existantes, mais bien comme des conceptions imaginaires, c'est une question que je n'ose prendre sur moi de décider, bien je que penche vers le parti des conceptions imaginaires. Ce qui est plus certain c'est que, au milieu du XVI° siècle, lorsque fut accueillie la théorie des 77 sphères homocentriques, proposée par le savant polygraphe Girolamo Fracastor, et quand plus tard les adversaires de Copernic mirent tout en œuvre pour défendre le système de Ptolémée, la croyance à l'existence des sphères, des cercles et des épicycles solides, que les Pères de l'Église avaient particulièrement favorisée, était encore fort répandue. Tycho-Brahé se vante expressément d'avoir le premier, par ses considérations sur les orbites des comètes, démontré l'impossibilité des sphères solides, et d'avoir renversé cet échafaudage ingénieux. Il remplissait d'air les espaces du ciel, et pensait que ce milieu, ébranlé par le mouvement des corps celestes, opposait une résistance d'où naissaient des sons harmonieux. Rothman, dont l'organisation était peu poétique, crut nécessaire de réfuter ce mythe de l'harmonie, renouvelé de Pythagore.

La grande découverte de Képler, que toutes les planètes décrivent des ellipses autour du soleil et que le soleil occupe l'un des foyers de ces ellipses, a enfin dégagé le système de Copernic des cercles excentriques et de tous les épicycles qui l'encombraient à son origine (39). La structure du monde planétaire apparut alors dans sa réalité objective et dans sa noble simplicité, comme une œuvre d'une admirable architecture. Mais il était réservé à Newton de dévoiler le jeu et la connexion des forces intérieures qui animent et conservent le système du monde. Les hommes qui ont suivi le développement progressif de la connaissance humaine ont eu souvent occasion de remarquer que les grandes découvertes, en apparence fortuites, se pressent dans un étroit espace de temps, et que les grands esprits aiment en quelque sorte à se présenter de front. Ce phénomène se reproduit de la manière la plus frappante dans les dix premières années du XVIIe siècle. Tycho, le fondateur de l'astronomie mathématique, Képler, Galilée et Bacon de Verulam sont contemporains. Tous, à l'exception de Tycho, ont pu connaître dans les années de leur maturité, les travaux de Descartes et de Fermat. Les principes de Bacon, consignés dans l'*Instauratio magna*, parurent en anglais dès l'an 1605, quinze ans avant la publication du *Novum Organon*. L'invention du télescope et les plus grandes découvertes de l'astronomie physique, telles que celles des satellites de Jupiter, des taches du soleil, des phases de Vénus et de la figure singulière de Saturne, tombent entre les années 1609 et 1612. Les spéculations de Képler sur l'orbite elliptique de Mars commencent en 1601 et deviennent la matière de l'*Astronomia nova seu Physica cœlestis*, qui fut achevée huit ans plus tard (40). « C'est, écrit Képler, en étudiant l'orbite de Mars, que nous devons approfondir les mystères de l'astronomie, ou il faut renoncer à les connaître. J'ai pu, enfin, par un travail opiniâtre, soumettre à une loi naturelle les irrégularités que l'on remarque dans le mouvement de cette planète. » C'est en généralisant la même pensée, que cet homme d'une imagination si brillante est parvenu à deviner les grandes vérités exposées par lui, dix ans plus tard, dans les cinq livres de son *Harmonie du Monde*. « Je crois, dit-il encore très-judicieusement, dans une lettre à l'astronome danois Longomontanus, l'astronomie et la physique si étroitement unies entre elles, que l'une ne saurait être parfaite sans l'autre. » Les résultats de ses travaux sur la structure de l'œil et sur la théorie de la vision parurent aussi, en 1604, dans les *Paralipomènes à Vitellion*; enfin, la *Dioptrique* elle-même fut publiée en 1611 (41). Ainsi se répandait la connaissance des plus importants phénomènes des espaces célestes, avec l'art de saisir ces phénomènes par la création de nouveaux organes; et tout cela se passait dans les dix ou douze premières années d'un siècle qui venait de s'ouvrir avec

Galilée et Képler, pour finir avec Newton et Leibnitz.

Il est vraisemblable que la découverte accidentelle du télescope fut connue pour la première fois en Hollande vers la fin de l'année 1608. D'après les dernières recherches que l'on a faites dans les archives de la science (42), les hommes qui peuvent prétendre à la gloire de cette invention sont Hans Lippershey, né à Wesel et fabricant de lunettes à Middlebourg, Jacob Adriaansz, surnommé Metius, qui passe aussi pour avoir tenté de substituer la glace au métal dans la composition des miroirs ardents ; enfin Zacharias Jansen. Le premier est toujours nommé Laprey, dans l'intéressante lettre de l'envoyé hollandais Boreel au médecin Borelli, auteur du Mémoire publié en 1655 *de vero Telescopii inventore*. Si l'on veut trancher la question de priorité d'après les époques où les présentations furent faites aux États-Généraux, Hans Lippershey est le premier en date. C'est le 2 octobre 1608 qu'il soumit aux magistrats trois instruments « avec lesquels on peut voir dans le lointain. » Metius ne fit valoir ses droits que le 17 octobre de la même année, mais il dit expressément dans sa supplique que « ses combinaisons et son travail opiniâtre l'ont amené déjà depuis deux ans à construire des instruments semblables. » Zacharias Jansen, comme Lippershey fabricant de lunettes à Middlebourg, inventa vraisemblablement vers 1590, en société avec son père Hans Jansen, le microscope composé, qui a pour oculaire un verre divergent ; mais ce fut seulement en 1610, selon le témoignage de Boreel, qu'il trouva le télescope; encore lui et ses amis dirigeaient-ils cet instrument vers des points de la terre éloignés et non vers le ciel. Le secours que l'on trouva dans le microscope pour approfondir la nature de tous les corps organiques, en étudiant leur forme et le mouvement de leurs parties, l'influence exercée par le télescope sur l'ouverture soudaine des espaces du monde, ont été si fort au delà de tout ce qu'on pourrait croire, que l'histoire de ces inventions méritait sans doute d'être traitée avec quelques détails.

Lorsque l'annonce de la découverte faite en Hollande d'une vue nouvelle par le télescope, se répandit, au mois de mai 1609, dans la ville de Venise, où Galilée se trouvait par hasard, il devina tout ce qu'il y avait d'essentiel dans la composition de cet instrument et en établit un lui-même à Padoue (43). Il le dirigea d'abord sur les montagnes de la lune, enseigna le moyen de mesurer la hauteur de leurs sommets, et expliqua, ainsi que l'avaient déjà fait Léonard de Vinci et Mœstlin, la couleur cendrée de la lune par la lumière que le soleil envoie à la terre et que la terre renvoie à son satellite. Il observa, avec des instruments d'une moindre puissance, le groupe des pléiades, l'amas stellaire qui forme la Crèche dans l'Écrevisse, la voie lactée et le groupe d'étoiles de la tête d'Orion. Alors se succédèrent rapidement les grandes découvertes des quatre satellites de Jupiter, des deux anses de Saturne, ou, en d'autres termes, de cet anneau qu'on n'avait vu encore que confusément et sans en bien saisir la nature, des taches du soleil et du croissant de Vénus.

Les lunes de Jupiter, les premières de toutes les planètes secondaires qui aient été découvertes à l'aide du télescope, furent reconnues presque simultanément et sans aucune communication entre les observateurs, le 29 décembre 1609, par Simon Marius, à Ansbach, et le 7 janvier 1610, par Galilée, à Padoue. Galilée prit les devants sur le *Mundus Jovialis* de Simon Marius, en publiant le *Nuncius Sidereus* (1610), dans lequel cette découverte est consignée (44). Marius avait proposé pour les satellites de Jupiter le nom de *Sidera Brandenburgica;* Galilée préféra les noms de *Sidera Cosmica* ou *Medicea*, dont le dernier trouva naturellement plus de faveur à la cour de Florence. Mais ce nom collectif ne parut pas encore une assez humble flatterie. Au lieu de désigner chacun des satellites par des chiffres, comme nous le faisons aujourd'hui, Marius les nommait Io, Europe, Ganymède, Callisto; à la place de ces êtres mythologiques, figurèrent dans la nomenclature de Galilée les divers membres de la famille des Médicis, Catharina, Maria, Cosimo l'aîné et Cosimo le jeune.

La connaissance des satellites de Jupiter et des phases de Vénus eut la plus grande influence sur l'établissement et la propagation du système de Copernic. Le petit *Monde de Jupiter* (*Mundus Jovialis*) offrait à l'intelligence une image complète du grand système planétaire et solaire. On reconnut que les satellites obéissent aux lois découvertes par

Képler, et d'abord que les carrés des temps nécessaires à leur révolution sont proportionnels aux cubes des distances moyennes qui séparent les planètes secondaires de la planète principale. Aussi Képler s'écrie-t-il dans le livre de l'*Harmonie du monde*, avec cette ferme confiance et cette sécurité qu'inspirent à un Allemand les libres spéculations de la philosophie : « Quatre-vingts ans se sont écoulés depuis qu'on peut lire sans obstacle la doctrine de Copernic sur le mouvement de la terre et l'immobilité du soleil (45), parce qu'on a cru enfin pouvoir se permettre de disputer des choses naturelles et d'éclairer les œuvres de Dieu ; et maintenant que de *nouveaux documents*, inconnus aux juges ecclésiastiques, ont été découverts *à l'appui de cette doctrine*, il est interdit chez vous de propager le véritable système du monde ! » Même dans les contrées protestantes de l'Allemagne, Képler avait pu faire de bonne heure l'épreuve de cette interdiction, suite de la vieille lutte engagée entre l'Église et la science de la nature (46).

La découverte des satellites de Jupiter marque pour l'histoire et les vicissitudes de l'astronomie une époque à jamais mémorable (47). Les éclipses des satellites, leur immersion dans l'ombre de Jupiter ont conduit à mesurer la vitesse de la lumière (1675) et par suite à expliquer l'ellipse d'aberration des étoiles fixes (1727), par laquelle se reflète pour ainsi dire dans la voûte du ciel le mouvement annuel de la terre autour du soleil. Ces découvertes de Rœmer et de Bradley ont été nommées avec raison la clef de voûte du système de Copernic, la démonstration matérielle du mouvement de translation qui emporte la terre.

Galilée reconnut aussi de bonne heure, dès le mois de septembre 1612, de quelle importance peuvent être les éclipses des satellites de Jupiter pour déterminer les longitudes sur la terre ferme. Il présenta d'abord cette méthode à la cour d'Espagne, en 1616, et plus tard aux États-Généraux de Hollande, en l'appliquant cette fois à la navigation (48), mais sans se préoccuper assez des difficultés insurmontables que rencontre la pratique d'une telle méthode sur un élément si mobile. Il se proposait de construire lui-même cent télescopes et de les porter en Espagne, ou d'y envoyer son fils Vicenzio; il demanda pour récompense « una croce di S. Jago, » avec un traitement de 4000 scudi, somme modique, dit-il, si l'on songe qu'on lui avait fait espérer d'abord, dans la maison du cardinal Borgia, une rente de 6000 ducats.

Après la découverte des lunes de Jupiter, on observa bientôt la prétendue triplicité de Saturne (planeta tergeminus). Dès le mois de novembre 1610, Galilée faisait savoir à Képler que « Saturne se compose de trois étoiles qui se touchent respectivement. » Dans cette observation était contenue en germe la découverte de l'anneau de Saturne. Hevelius décrivit, en 1656, les variations que subit la forme de cette planète, l'inégale ouverture des anses et leur disparition complète à certaines époques. Toutefois le mérite d'avoir expliqué scientifiquement toutes les apparences de l'anneau de Saturne, appartient à Huygens (1655), qui, partageant la méfiance en usage de son temps, voila sa découverte sous un anagramme composé de 88 lettres. Le premier, Dominique Cassini vit la ligne noire qui divise l'anneau, et reconnut qu'il se partage au moins en deux anneaux concentriques (1684). Je réunis ici toutes les observations auxquelles a fourni matière, pendant la durée d'un siècle, celui des corps célestes qui offre la forme la plus singulière et la plus inattendue, et dont la connaissance a pu conduire à d'ingénieuses conjectures sur la formation originaire des planètes et de leurs satellites. Les taches du soleil furent observées, pour la première fois, à l'aide du télescope, par Jean Fabricius, habitant de la Frise orientale, et par Galilée, à Padoue ou à Venise, suivant le récit le plus accrédité. Fabricius prit acte de sa découverte au mois de juin 1611 et devança certainement d'un an Galilée, qui fit seulement connaître la sienne le 4 mai 1612, dans une lettre adressée au bourgmestre Marcus Welser. Les premières observations de Fabricius datent, suivant un minutieux examen de M. Arago, du mois de mars 1611 (49); elles commencèrent à la fin de 1610, si l'on en croit sir David Brewster. Christophe Scheiner ne fait pas remonter les siennes au delà du mois d'avril 1611, et selon toute vraisemblance ne se livra d'une manière sérieuse à cette recherche qu'au mois d'octobre de la même année. Au sujet de Galilée nous ne possédons que des renseignements fort obscurs et peu concordants. Il est probable qu'il reconnut les taches du soleil au mois d'avril 1611, car il les fit voir publiquement, sur le mont Quirinal, dans le jardin du cardinal Bandini, au mois d'avril et de mai de la même année. Harriot qui, si l'on en croyait le baron de Zach, aurait découvert les taches du soleil le 16 janvier de l'année précédente, remarqua, il est vrai, trois de ces taches le 23 décembre 1610, et en indiqua la place dans un registre d'observations, mais sans se douter qu'il avait vu les taches du soleil, pas plus que Flamstead et Tobie Mayer ne se doutèrent, l'un le 23 décembre 1690, l'autre le 25 septembre 1756, qu'ils avaient vu une planète, lorsque Uranus passa dans le champ de leurs lunettes. C'est le 1er décembre 1611 que, pour la première fois, Harriot reconnut reellement les taches du soleil, cinq mois par conséquent après que Fabricius eut rendu publique sa découverte. Galilée remarque déjà que les taches du soleil, « dont plusieurs dépassent en étendue la mer Méditerranée et même l'Afrique et l'Asie, » se montrent sur une zone déterminée du disque du soleil. Il voit quelquefois revenir les mêmes taches; il est convaincu qu'elles appartiennent au corps même du soleil. La différence de leurs dimensions au centre de cet astre et près du bord où elles vont disparaître, fixe particulièrement son attention. Cependant je ne trouve rien, dans la remarquable lettre qu'il écrivit à Marcus Welser, le 14 août 1612, d'après quoi l'on puisse supposer qu'il ait observé l'inégalité de la pénombre, aux deux côtés du noyau noir. Cette belle remarque était réservée à Alexandre Wilson, et date seulement de l'année 1773. Le chanoine Tarde en 1620 et Maupertuis en 1633 attribuaient toutes les taches du soleil à de petits corps célestes qui, en se mouvant autour de lui, en interceptaient la lumière et qu'ils nomment les astres de Bourbon et d'Autriche (Borbonia et Austriaca sidera) (50). Fabricius admettait, comme Galilée, que les taches appartiennent au corps même du soleil (51). Il avait remarqué aussi que celles qu'on avait vues d'abord disparaissaient et qu'elles revenaient plus tard. Ces alternatives l'amenèrent à connaître la rotation du soleil, soupçonnée déjà par Képler, avant la découverte des taches. Cependant les déterminations les plus précises sur la durée de la rotation appartiennent à Scheiner. Depuis que l'on a reconnu que la substance, dans l'état de l'ignition la plus intense que les hommes aient pu produire jusqu'ici, la chaux vive en ignition dans la lampe de Drummond, apparaît noire comme une tache d'encre, lorsqu'elle est projetée sur le disque du soleil, on ne peut plus s'étonner que Galilée qui, sans aucun doute a décrit le premier les grandes *facules* du Soleil, ait tenu la lumière du noyau formé au centre des taches solaires pour plus intense que celle de la pleine lune ou de l'atmosphère qui entoure le disque du soleil (52). On trouve déjà dans les écrits du cardinal Nicolas de Cusa, au milieu du xvᵉ siècle, des hypothèses sur les atmosphères successives d'air, de nuages et de lumière qui entourent le noyau solide et pour ainsi dire terrestre du soleil (53).

Pour fermer le cycle de ces admirables découvertes, cycle qui embrasse à peine deux annés et au milieu duquel brille le nom immortel du grand Florentin, je dois mentionner encore les phases de Vénus. Dès le mois de février 1610, Galilée vit cette planète sous la forme d'un croissant et, selon la mode que nous avons signalée plus haut, il cacha, le 11 décembre 1610, cette importante découverte dans un anagramme dont Képler a parlé en tête de sa Dioptrique. Il croit aussi, malgré l'insuffisance de sa lunette, avoir entrevu quelque chose des phases de Mars, ainsi qu'il l'écrit à Benedetto Castelli, le 30 décembre 1610. Ce phénomène de Vénus apparaissant, comme la lune, sous la forme d'un croissant, assura le triomphe du système de Copernic. La nécessité des phases ne pouvait certainement pas échapper à ce grand astronome; il discute en détail, dans le 10ᵉ chapitre de son premier livre, les doutes que les modernes adhérents des opinions platoniciennes soulevèrent, au sujet des phases, contre les principes de Ptolémée sur la structure du monde; mais, dans le développement de son propre système, Copernic ne s'explique pas en particulier sur les phases de Vénus, quoiqu'en dise Thomas Smith, dans son Optique.

Les accroissements apportés à la science du monde, dont le tableau par malheur ne peut être dégagé tout à fait de querelles fâcheuses sur la propriété des découvertes, et en particulier les conquêtes de l'astronomie physique, rencontrèrent d'autant plus de faveur, que, avant l'invention du télescope (1608) de graves événements venaient de s'accomplir dans le ciel. 36 ans, 8 ans et 4 ans auparavant, l'apparition et l'extinction subite de trois astres nouveaux dans Cassiopée (1572), dans le Cygne (1600), et au pied du Serpentaire (1604), avaient excité l'étonnement et l'attente des peuples. Tous ces astres étaient plus brillants que les étoiles de première grandeur, et celui que Képler observa dans le Cygne resplendit vingt et un ans à la voûte du ciel, pendant toute la période des découvertes de Galilée. Près de trois cent cinquante ans se sont écoulés depuis, et il n'a paru aucune étoile nouvelle de première ou de seconde grandeur; car le remarquable phénomène, dont sir John Herschel a été témoin, en 1837, dans l'hémisphère du sud, n'est qu'un développement excessif dans l'intensité lumineuse d'une étoile de seconde grandeur, η d'Argo, que l'on connaissait depuis longtemps, sans avoir observé qu'elle fût changeante (54). Avec quelle puissance l'aspect des astres nouveaux qui apparurent de 1572 à 1604 sollicitèrent la curiosité, accrurent l'intérêt des découvertes astronomiques, et provoquèrent même des combinaisons dont l'imagination faisait les frais, c'est ce qu'on peut voir dans les écrits de Képler, et ce dont il est permis de juger d'ailleurs par tous les bruits auxquels donnent lieu les comètes visibles à l'œil nu. Il en est de même des phénomènes qui se produisent à la surface du globe, comme les tremblements de terre dans les contrées où l'on en sent très-rarement les effets, l'éruption de volcans qui reposaient depuis de longues années, le bruit des aérolithes qui sillonnent notre atmosphère et y prennent feu. Tous ces accidents viennent renouveler de temps à autre l'intérêt qu'inspirent des problèmes encore un peu plus inexplicables pour la foule que pour les physiciens à systèmes.

Si dans ces considérations sur les effets de la contemplation physique, j'ai nommé de préférence Képler, c'est afin de rappeler combien chez ce grand homme, doué de facultés merveilleuses, la tendance vers les combinaisons de la fantaisie se trouva unie avec un remarquable talent d'observation, une méthode d'induction sévère, une puissance de calcul presque sans exemple, enfin avec une profondeur mathématique qui, manifestée dans la *Stereometria doliorum*, influa heureusement sur Fermat, et par lui sur la découverte du calcul infinitésimal (55). Par la richesse et la rapidité de ses idées, par la hardiesse de ses divinations cosmologiques, un tel esprit était fait surtout pour répandre la vie autour de lui, et accélérer le mouvement qui emportait sans relâche le XVIIe siècle vers le noble but de la contemplation et de l'agrandissement du monde (56).

Les huit comètes qui devinrent visibles, à partir de 1577, jusqu'à celle de Halley, en 1607, ainsi que l'apparition subite et l'extinction de trois étoiles nouvelles, survenue presque dans la même période, attirèrent l'attention des savants sur l'origine de ces corps, composés d'une matière vaporeuse et de la nébulosité cosmique universellement répandue dans l'espace. Képler croyait, comme Tycho, que les nouvelles étoiles avaient été formées par la condensation de cette nébulosité, et qu'elles se résoudraient un jour en la même substance (57). Dans son Discours écrit en allemand *sur la nature, le mouvement et la signification des comètes* (1608), ces corps qu'il se représentait, avant d'avoir démontré le mouvement elliptique des planètes, comme se mouvant en ligne droite, au lieu de revenir sur elles-mêmes et de décrire une orbite fermée, sont engendrées par l'air céleste. Il ajoutait, en remontant aux vieilles hypothèses sur la production *sans mère*, que les comètes naissent « comme sur chaque motte de terre l'herbe croît sans semence, comme dans l'eau salée les poissons sont produits en vertu d'une génération spontanée. »

Plus heureux dans d'autres conjectures, Képler se hasardait à poser les principes suivants : toutes les étoiles fixes sont des soleils comme le nôtre et sont entourées de systèmes planétaires; notre ciel est enveloppé d'une atmosphère qui se manifeste, dans les éclipses totales de soleil, par une blanche couronne de lumière; notre soleil est jeté comme une île dans l'océan des mondes, de manière à former le centre de cette zone d'étoiles pressées que l'on appelle la voie lactée (58). Képler avait conjecturé aussi que le soleil dont on n'avait pas encore reconnu les taches, que les planètes et toutes les étoiles fixes accomplissent un mouvement de rotation autour de leur axe. On découvrira, disait-il, autour de Saturne (à quoi tient-il qu'il n'ait pas ajouté et autour de Mars?) des satellites comme ceux que Galilée a découverts autour de Jupiter. Dans l'intervalle, beaucoup trop considérable, qui sépare Mars de Jupiter, et dans lequel nous connaissons aujourd'hui sept astéroïdes (59), Képler avait pressenti qu'il devait se mouvoir des planètes que leur petitesse dérobait aux regards. Il est vrai qu'il a dit la même chose pour la distance comprise entre Vénus et Mercure. Ces divinations, confirmées plus tard en grande partie, éveillèrent un intérêt universel, tandis qu'au contraire la découverte des trois lois qui, depuis Newton et la théorie de la gravitation, ont rendu le nom de Képler immortel, n'est mentionné par aucun des contemporains, sans en excepter même Galilée, avec le tribut d'éloges qu'elle mérite (60). Souvent alors, comme cela arrive encore aujourd'hui, des aperçus sur le monde, fondés, non pas même sur l'observation, mais sur des analogies hasardeuses, s'emparaient plus vivement de l'attention que les résultats les plus considérables de l'astronomie mathématique.

Après avoir tracé le tableau des importantes découvertes qui, en un si petit nombre d'années, ont agrandi la connaissance des espaces célestes, je ne puis oublier non plus les progrès accomplis dans l'astronomie physique, qui ont illustré la seconde moitié du grand siècle. Le perfectionnement du télescope amena la découverte des satellites de Saturne. Huygens, à l'aide d'un objectif qu'il avait taillé lui-même, signala pour la première fois, le 25 mars 1655, quarante-cinq ans après que l'on eut reconnu l'existence des satellites de Jupiter, le sixième satellite de Saturne. Partageant avec plusieurs astronomes de son temps ce préjugé, que les satellites ne peuvent surpasser en nombre les planètes, il ne tenta pas de pousser plus loin ses recherches (61). Les quatre lunes de Saturne, qui reçurent le nom de Sidera Lodovicea, furent découvertes par Dominique Cassini dans l'ordre suivant ; en 1671 la 7e, c'est-à-dire la plus reculée, qui offre de grandes variations dans l'intensité de sa lumière ; en 1672 la 5e ; la 4e et la 3e en 1684, avec des objectifs de Campani qui n'avaient pas moins de 100 à 136 pieds de foyer. William Herschel trouva, à l'aide de son gigantesque télescope, les deux plus intérieures, c'est-à-dire la 1re et la 2e, plus d'un siècle après, en 1788 et en 1789. Parmi les satellites de Saturne, le dernier que nous venons de nommer offre ce phénomène remarquable, qu'il décrit sa révolution autour de la planète principale en moins d'un jour.

Peu de temps après qu'Huygens eut découvert l'un des satellites de Saturne, Childrey observa, de 1658 à 1661, la lumière zodiacale ; mais ce fut Dominique Cassini qui le premier en détermina le lieu et l'étendue. Cassini ne croyait pas que cette lumière fît partie de l'atmosphère solaire. Ainsi que l'ont pensé depuis Schubert, Laplace et Poisson, il la regardait comme un anneau nébuleux tournant isolément autour du soleil (62). Après la découverte des planètes secondaires et de l'anneau divisé concentriquement qui entoure Saturne sans le toucher, les conjectures sur l'existence probable de l'anneau nébuleux du zodiaque méritent d'être comptées parmi les causes qui ont le plus contribué à agrandir les vues sur le système planétaire, si simple en apparence jusque-là. De nos jours, les orbites entrelacées des petites planètes comprises entre Mars et Jupiter, les comètes intérieures, dont la propriété caractéristique a été signalée pour la première fois par Encke, et les pluies d'étoiles filantes qui tombent à des jours déterminés (si l'on veut toutefois les considérer comme de petits corps célestes se mouvant avec une vitesse planétaire), ont ajouté de nouveaux objets d'observations, et jeté sur ces vues cosmologiques le charme d'une merveilleuse diversité.

Les idées sur la nature des espaces du monde, par delà le cercle extrême des planètes et les orbites des comètes les plus reculées, et sur la distribution de la matière, de la *Création*, comme on a coutume de nommer tout ce qui est et se développe, furent aussi considérablement agrandies au siècle de Képler et de Galilée. Dans la période qui s'étend de 1572 à 1604, durant laquelle apparurent subitement trois étoiles nouvelles de première grandeur, dans Cassiopée, dans le Cygne et dans le Serpentaire, David Fabricius, pasteur à Ostell dans la Frise orientale et père de celui qui découvrit les taches du soleil, et Jean Bayer d'Augsbourg observèrent, au col de la Baleine, le premier en 1596, le second en 1603, une étoile qui disparut plus tard et dont les variations ont été reconnues, pour la première fois, en 1638 et 1639, par Jean Phocylides Holvarda, professeur à Franeker, ainsi que l'a montré M. Arago, dans un Mémoire fort important pour l'histoire des découvertes astronomiques (68). Ce phénomène ne se produisit pas isolément; on découvrit encore, durant la seconde moitié du XVIIe siècle, des étoiles soumises à des changements périodiques dans la tête de Méduse, dans le Serpentaire et dans le Cygne. M. Arago a fait voir aussi d'une manière très-ingénieuse, comment des observations précises sur les phases d'Algol pourraient conduire à déterminer directement la vitesse avec laquelle se meut la lumière de cette étoile.

L'usage du télescope engagea encore les astronomes à observer plus attentivement une classe de phénomènes dont quelques-uns ne pouvaient échapper même à l'œil nu. Simon Marius décrivit en 1612 la nébuleuse d'Andromède; Huygens, en 1656, traça l'image de celle qui se remarque à l'épée d'Orion. Ces deux nuages pouvaient être regardés comme des exemples d'une condensation plus ou moins avancée de la matière vaporeuse et de la nébulosité cosmique. Marius, en comparant la nébuleuse d'Andromède à la lumière d'une chandelle que l'on aperçoit à travers un corps à demi transparent, indique très-bien par là la différence qui existe entre les nébuleuses proprement dites et les amas d'étoiles plus ou moins distinctes qu'observa Galilée, telles que les pléiades et la crèche dans le Cancer. Déjà, au commencement du XVIe siècle, des navigateurs espagnols et portugais avaient admiré, sans le secours du télescope, les nuages Magellaniques qui tournent autour du pôle Sud, et dont l'un n'est autre, comme je l'ai déjà dit ailleurs, que la *Tache blanche* ou le *Bœuf* de l'astronome Abdourrhaman Soufi qui vivait en Perse au milieu du xe siècle. Galilée, dans le *Nuncius sidereus*, applique en particulier les dénominations de Stellæ nebulosæ et de Nebulosæ aux amas d'étoiles qui, selon ses expressions, *ut areolæ sparsim per æthera subfulgent*. Ne jugeant pas que la nébuleuse d'Andromède, visible, il est vrai à l'œil nu, mais dans laquelle on n'a pu jusqu'ici découvrir d'étoiles avec les instruments les plus puissants, mérite une attention particulière, il tient tout ce qui a l'apparence de nuage, toutes ses Nebulosæ et la voix lactée elle-même, pour des amas lumineux d'étoiles pressées les unes contre les autres. Il ne distingue pas ce qui est nuage de ce qui est étoiles, comme a fait Huygens dans la nébuleuse d'Orion. Tels sont les faibles commencements des grands travaux sur les nébuleuses, qui ont glorieusement occupé, dans les deux hémisphères, les premiers astronomes de notre temps.

Bien que le xviie siècle ait dû la plus grande partie de sa gloire, d'abord à l'agrandissement soudain que reçut de Galilée et de Képler la connaissance des espaces célestes, et plus tard aux progrès accomplis dans les mathématiques pures par Newton et Leibnitz, on ne négligea pas cependant de traiter et de féconder, pour ainsi dire, par une culture salutaire, la plupart des problèmes de physique qui nous occupent aujourd'hui. Pour ne pas enlever à l'histoire de la contemplation du monde le caractère qui lui appartient, je me borne ici à mentionner les travaux qui ont eu sur l'idée du Cosmos une influence directe et générale. Les théories de la chaleur, de la lumière et du magnétisme rappellent tout d'abord les noms de Huygens, de Galilée et de Gilbert. Huygens, en étudiant dans un cristal d'Islande la double réfraction, c'est-à-dire la bifurcation des rayons lumineux, découvrit aussi, en 1678, le mode de polarisation de la lumière, qui a reçu son nom. Cette découverte, qui ne portait encore que sur un phénomène isolé, fut rendue publique en 1690, cinq années seulement avant la mort de l'auteur, et plus d'un siècle se passa avant qu'elle fût suivie des grandes découvertes de Malus, de MM. Arago et Fresnel, Brewster et Biot. Malus trouva, en 1808, la polarisation par réflexion, M. Arago la polarisation chromatique en 1811. Dès lors la théorie des ondes lumineuses, modifiées de mille manières et enrichies de propriétés inconnues, découvrit aux regards tout un monde de merveilles. Un rayon de lumière qui, partant des régions les plus reculées du ciel, vient frapper notre œil, après un trajet de plusieurs milliers de lieues, annonce comme de lui-même, dans le polariscope de M. Arago, s'il est réfléchi ou réfracté, s'il émane d'un corps solide, liquide ou gazeux, et quel est le degré de son intensité (65). En suivant cette voie frayée dès le XVIIe siècle par Huygens, nous apprenons à connaître la constitution du soleil et de son enveloppe, à distinguer dans les queues des comètes et dans la lumière zodiacale la lumière réfléchie et la lumière propre, à déterminer les propriétés optiques de notre atmosphère, et les quatre points neutres de polarisation, découverts par MM. Arago, Babinet et Brewster (66). Ainsi l'homme se crée à lui-même des organes qui, appliqués avec intelligence et pénétration, lui ouvrent de nouveaux horizons sur l'univers.

A côté de la polarisation de la lumière, il est nécessaire encore de mentionner le plus surprenant de tous les phénomènes que présente l'optique, les *interférences* dont déjà, au XVIIe siècle, Grimaldi et Hooke avaient signalé quelques faibles traces, mais sans comprendre dans quelles conditions elles se produisaient (67). La découverte de ces conditions, l'intelligence claire des lois d'après lesquelles des rayons de lumière non polarisée se détruisent et produisent l'obscurité, lorsque, émanés d'une même source, ils parcourent des distances inégales, est une conquête des temps modernes, due à la pénétration de Thomas Young. Les lois de l'interférence, appliquées à la lumière polarisée, ont été reconnues en 1816 par Arago et Fresnel. Grâce à ces découvertes, la théorie des ondulations, émise par Huygens et Hooke, et défendue par Euler, reposa enfin sur un fondement stable.

Si la seconde moitié du XVIIe siècle, en dévoilant le secret de la double réfraction de la lumière, eut de l'importance pour les progrès de l'optique, elle a emprunté un éclat bien plus vif encore aux recherches expérimentales de Newton et à la découverte d'Olaüs Rœmer sur la vitesse mesurable de la lumière (1675). Un demi-siècle plus tard (1728), cette découverte permit à Bradley de considérer les variations qu'il avait constatées dans les positions apparentes des étoiles, comme un effet du mouvement de la terre combiné avec la propagation successive de la lumière. L'ouvrage capital de Newton, son *Optique*, ne parut, en anglais, pour des causes particulières, qu'en 1704, deux ans après la mort de Hooke ; mais on assure que, dès les années 1666 et 1667, ce grand homme était en possession du plus important de ses principes d'optique, de la théorie de la gravitation et du calcul différentiel (*Method of fluxions*) (68).

Pour ne pas rompre le lien commun qui rattache entre elles toutes les manifestations générales et primitives de la matière, nous ferons suivre la mention succincte des découvertes de Huygens, de Grimaldi et de Newton en optique, par des considérations sur le magnétisme terrestre et la chaleur de l'atmosphère. Ces deux parties de la science, en effet, ont été fondées dans le courant du siècle dont nous traçons le tableau. L'ingénieux et important ouvrage de William Gilbert sur les forces magnétiques et électriques : *Physiologia nova de magnete*, parut en 1600. J'ai eu souvent déjà l'occasion d'en parler (69). L'auteur, dont la pénétration émerveillait Galilée, devine un grand nombre des choses que nous savons aujourd'hui (70). Il tient le magnétisme et l'électricité pour deux manifestations d'une force unique, inhérente à toute matière. Aussi traite-t-il de ces deux propriétés à la fois. Ces pressentiments confus des effets que produit l'aimant sur le fer et de l'attraction qu'exerce sur des pailles sèches l'ambre, *animée*, comme dit Pline, par la chaleur et le frottement, appartiennent, nous devons le dire, à tous les temps et à toutes les races. Les philosophes de l'école ionienne y avaient été conduits par l'analogie, aussi bien que les physiciens chinois (71). Ce qui est propre à Gilbert, c'est qu'il regarde la terre elle-même comme un aimant, et explique les courbures des lignes d'égale inclinaison et d'égale déclinaison, par la distribution, la forme et l'étendue des continents et des mers qui séparent ces masses solides. Les changements périodiques qui affectent les trois systèmes de lignes par lesquelles peuvent se représenter graphiquement les effets magnétiques, c'est-à-dire les lignes *isocliniques*, les lignes *isogoniques* et les lignes *isodynamiques*, se concilient difficilement avec une théorie qui établit un rapport rigoureux entre la distribution de la force magnétique et celle des masses de terre et d'eau, si l'on ne se représente pas l'attraction de la matière comme modifiée aussi par des changements également périodiques dans la température du globe terrestre.

Dans la théorie de Gilbert, aussi bien que pour la loi de la gravitation, il est tenu compte uniquement de la quantité des parties matérielles, sans avoir égard à l'hétérogénéité spécifique des substances. Grâce à cette particularité, son ouvrage a pris, au temps même de Galilée et de Képler, un caractère de grandeur qui en a fait un événement dans l'histoire du Cosmos. La découverte inattendue du magnétisme de rotation, par M. Arago (1825), a démontré en fait que toute matière indistinctement est capable de force magnétique, et les derniers travaux de M. Faraday sur les substances diamagnétiques ont confirmé encore cet important résultat, en le subordonnant toutefois à certaines conditions, soit dans la direction méridienne ou équatoriale, soit dans l'état solide, liquide ou gazeux des corps. Gilbert avait une idée si nette de la distribution du magnétisme terrestre, que déjà il attribuait à cette influence l'état magnétique des barres de fer placées en croix sur les vieilles tours des églises(72).

Malgré l'activité croissante de la navigation jusque sous les latitudes les plus lointaines, malgré le perfectionnement des instruments magnétiques, auxquels s'ajoutait, dès l'an 1576, l'aiguille d'inclinaison (inclinatorium) construite par Robert Norman de Ratcliffe, ce ne fut que dans le cours du XVIIe siècle qu'on commença à connaître généralement le déplacement régulier d'une partie des courbes magnétiques, c'est-à-dire des *lignes sans déclinaison*. La situation de l'équateur magnétique, longtemps réputé le même que l'équateur géographique, ne fut l'objet d'aucune recherche. Dans quelques villes seulement de l'ouest et du midi de l'Europe, on fit des observations sur l'inclinaison. Quant à l'intensité du magnétisme terrestre, également variable suivant les lieux et les temps, Graham tenta, il est vrai, de la mesurer à Londres, en 1723, par les oscillations de l'aiguille aimantée; mais cette expérience était incomplète et fut suivie d'une autre non moins stérile, faite par Borda en 1776, dans son dernier voyage aux îles Canaries. En définitive, c'est à Lamanon que revient l'honneur d'avoir le premier comparé, dans l'expédition de La Pérouse, en 1785, l'intensité du magnétisme terrestre sous des zones différentes.

Prenant pour base la masse considérable d'observations déjà faites sur la déclinaison par Baffin, Hudson, James Hall et Schouten, bien que toutes fussent loin d'avoir la même valeur, Edmond Halley jeta en 1683, les bases de sa théorie des quatre pôles magnétiques ou points de convergence, et du déplacement périodique de la *ligne magnétique sans déclinaison*. Pour éprouver cette théorie et mettre l'auteur en état de la compléter par des observaions nouvelles et précises, le gouvernement anglais lui fit faire, de 1698 à 1702, trois voyages dans l'océan Atlantique, sur un vaisseau dont lui-même avait le commandement. Il poussa, dans l'une de ces expéditions, jusqu'à 52° de latitude méridionale. Son entreprise a fait époque dans l'histoire du magnétisme terrestre. Il en résulta une carte générale des *variations*, où étaient reliés entre eux, par des lignes courbes, les points sur lesquels les navigateurs avaient reconnu des déclinaisons égales. Jamais, je pense, jusqu'à ce moment, un gouvernement n'avait ordonné une expédition maritime, dont le succès inportait sans doute à la pratique de la navigation, mais qui, à vrai dire, avait un autre but, et devait être surtout considérée comme un moyen de hâter le progrès des connaissances mathématiques et physiques.

En vertu de ce principe qu'un observateur attentif ne peut étudier aucun phénomène, sans le considérer dans ses rapports avec quelque autre, Halley, au retour de ses voyages, hasarda la conjecture que la lumière boréale est un effet magnétique. J'ai déjà remarqué, dans le tableau général de la Nature, que la brillante découverte de M. Faraday, le développement de la lumière par l'action des forces magnétiques, a donné à cette hypothèse, émise en 1714, la valeur d'une certitude expérimentale.

Si l'on veut étudier les lois du magnétisme terrestre d'une manière approfondie, c'est-à-dire en embrassant le vaste ensemble des variations périodiques qui s'opèrent dans les trois sortes de courbes magnétiques, il ne suffit pas d'observer la marche journalière et régulière de l'aiguille aimantée, ou les perturbations qu'elle peut subir dans les observatoires magnétiques qui, depuis 1828, ont commencé au nord et au midi, à couvrir une partie considérable de la surface du globe (73); il faudrait encore envoyer, quatre fois par siècle, une division de trois vaisseaux chargés de rechercher l'état du magnétisme terrestre, autant qu'il est permis de le mesurer dans les régions du globe qui sont couvertes d'eau, et en laissant entre les expériences le moins d'intervalle possible. On ne devrait pas, pour déterminer l'équateur magnétique, c'est-à-dire la ligne courbe dans laquelle l'inclinaison est nulle, s'en rapporter uniquement à la longitude géographique des *nœuds*, autrement dit des points où cette ligne coupe l'équateur géographique; il faudrait changer incessamment la direction du vaisseau et ne jamais abandonner l'équateur magnétique tel qu'il existerait alors. Il serait nécessaire aussi de combiner avec une pareille entreprise des excursions dans les terres, et quand un continent ne pourrait être traversé en entier, de déterminer exactement par quel point du littoral passent les courbes magnétiques, surtout les lignes sans déclinaison. Une attention particulière serait due à deux systèmes isolés, fermés de toutes part, de forme ovale et composés de lignes de déclinaison presque concentriques, dont on a reconnu l'existence dans l'Asie orientale et dans la mer du Sud, sous le méridien des îles Marquises, afin d'en bien connaître les variations et la dissolution progressive (74). Depuis la célèbre expédition de sir James Clark Ross vers les régions antarctiques (1839-1843), dans laquelle ce voyageur, muni d'excellents instruments, répandit un si grand jour sur l'hémisphère méridional jusqu'à une courte distance du pôle, et détermina expérimentalement le pôle sud magnétique; depuis les efforts heureux de l'un des plus grands mathématiciens de notre siècle, mon honorable ami Frédéric Gauss, pour établir enfin une théorie générale du magnétisme terrestre, il est permis d'espérer que l'on voudra enfin satisfaire aux nécessités si nombreuses de la navigation et de la science, et qu'un jour viendra où le plan que j'ai proposé tant de fois sera mis à exécution. Puisse l'année 1850 servir de point de départ pour la collection de tous les matériaux nécessaires à une carte magnétique du monde; puissent les instituts scientifiques, dont l'existence est stable, se faire une loi de rappeler tous les vingt-cinq ans aux gouvernements, ayant à cœur les progrès de la navigation, l'importance d'une entreprise qui ne peut amener de résultats heureux pour la connaissance du monde qu'à la condition d'être renouvelée pendant une longue suite d'années!

Ce fut l'invention des instruments propres à mesurer la chaleur qui fit naître la première pensée d'étudier, par une série d'observations méthodiques et successives, les modifications de l'atmosphère. Je ne parle pas des thermoscopes construits par Galilée en 1593 et 1602, qui étaient à la fois subordonnés aux changements de la température et à la pression extérieure de l'air (75). Le journal de l'*Accademia del Cimento* qui, durant la courte durée de son influence, contribua avec tant de bonheur à accroître le goût des expériences régulières, nous apprend que, dans un grande nombre d'établissements, on institua dès l'année 1641, à l'aide de thermomètres à alcool semblables aux nôtres, des observations sur la température qui se renouvelaient cinq fois par jour (76). Ces expériences avaient lieu à Florence, dans le cloître *degli Angeli*, dans les plaines de la Lombardie et dans les montagnes qui entourent Pistoja, enfin sur le plateau d'Inspruck. Le grand-duc Ferdinand II chargea de ce travail des moines de plusieurs cloîtres répandus dans ses États (77). On détermina aussi, à la même époque, la température des sources minérales, ce qui donna naissance à un grand nombre de questions sur la température de la terre. Comme tous les phénomènes de la nature, tous les changements de la matière terrestre, sont liés aux variations de la chaleur, de la lumière et de l'électricité statique ou dynamique; comme d'autre part, les phénomènes de la chaleur, agissant sur les dimensions des corps, sont ceux qui sont le plus facilement soumis à l'appréciation des sens, il en résulte que les instruments destinés à mesurer la chaleur devaient marquer, ainsi que je l'ai déjà dit ailleurs, une époque importante dans le développement de la science générale de la nature. L'application du thermomètre et les conséquences rationnelles que l'on peut tirer des indications qu'il fournit, ont ouvert des horizons non moins vastes que le domaine même des forces de la nature, soit que ces forces s'exercent dans la mer atmosphérique, sur la terre ferme ou dans les couches superposées de l'océan, dans les matières inorganiques ou dans les organes vitaux des êtres organisés.

Les effets du calorique rayonnant furent observés aussi, plus d'un siècle avant les grands travaux de Scheele, par les membres florentins de l'*Accademia del Cimento*. On se servit pour ces expériences de miroirs sphériques, au foyer desquels étaient adaptés des corps chauffés, mais non enflammés, et des quartiers de glace pesant jusqu'à 500 livres (78). Mariotte, à la fin du XVIIe siècle, rechercha les proportions de la chaleur rayonnante, dans son passage à travers des lames de verre. Nous ne pouvons omettre ces expériences isolées, parce que plus tard la théorie du rayonnement de la chaleur répandit un grand jour sur le refroidissement du globe, sur la formation de la rosée et sur beaucoup d'autres phénomènes généraux qui modifient les climats; enfin parce que, grâce à la merveilleuse pénétration de Melloni, elle conduisit à reconnaître le contraste entre la diathermanéité du sel gemme et celle de l'alun.

Bientôt, aux recherches sur la chaleur de l'air, variable suivant les saisons, la latitude géographique et l'élévation du sol, s'en joignirent d'autres sur les changements de la pression atmosphérique, sur les vapeurs contenues dans l'air et sur la succession périodique ou la loi de rotation des vents, déjà tant de fois observée. Torricelli fut amené par les vues judicieuses de Galilée sur la pression de l'air, à construire un baromètre, un an après la mort de son maître. Quant à ce fait que le mercure descendait moins bas dans le tube de Torricelli, au pied d'une montagne ou d'une tour qu'au sommet, il fut remarqué pour la première fois à Pise par Claudio Beriguardi (79), et cinq ans plus tard en France, sur l'invitation de Pascal, par son beau-frère Périer qui gravit à cet effet le Puy-de-Dôme, plus haut de 840 pieds que le Vésuve. Dès lors l'idée d'appliquer le baromètre à la mesure des hauteurs s'offrit d'elle-même ; peut-être aussi fut-elle éveillée dans l'esprit de Pascal par la lecture d'une lettre de Descartes (80). Jusqu'à quel point le baromètre a-t-il contribué au progrès de la connaissance physique de la terre et de la météorologie, soit que le considérant comme un instrument hypsométrique, on le fasse servir à déterminer partiellement la configuration de la surface terrestre, soit qu'il aide à rechercher l'influence des courants atmosphériques, c'est ce qu'il n'est pas nécessaire de discuter ici. La théorie des courants atmosphériques fut aussi constituée dans ses principes fondamentaux, avant la fin du XVIIe siècle. Bacon a eu le mérite, dans son célèbre ouvrage intitulé *Historia naturalis et experimentalis de Ventis* (1664), de considérer la direction des vents, dans leurs rapports avec la température et les hydrométéores (81) ; mais niant, à l'aide d'arguments peu mathématiques, la légitimité du système de Copernic, il imagina de dire que « notre atmosphère pouvait bien, comme le ciel, se mouvoir journellement autour de la terre, et ainsi donner naissance aux vents de l'est qui soufflent sous les tropiques. »

Ce fut encore le génie universel de Hooke qui apporta ici l'ordre et la lumière (82). Il reconnut l'influence de la rotation du globe et distingua les courants d'air chaud et d'air froid, l'un supérieur qui se porte de l'équateur aux pôles, l'autre inférieur qui revient des pôles à l'équateur. Galilée, dans son dernier *Dialogo*, avait déjà, il est vrai, considéré les vents alisés comme un effet de la rotation de la terre ;

mais il expliquait l'immobilité des parties de l'atmosphère qui sous l'équateur résistent au mouvement du globe, par la pureté de l'air qu'aucune vapeur n'altère dans les régions intertropicales (83). Ce fut seulement au XVIIIe siècle que les vues plus justes de Hooke furent reprises par Halley, qui les présenta d'une manière plus détaillée et plus satisfaisante, en les rattachant aux effets produits par la vitesse de rotation particulière à chaque zone parallèle. Halley avait été engagé à s'occuper de ces questions par un long séjour dans la zone torride, et déjà en 1686 il avait publié un excellent travail expérimental sur la propagation géographique des vents alisés (trade-winds, monsoons). Il est surprenant que dans ses expéditions magnétiques, il n'ait jamais mentionné la loi de rotation des vents, si importante pour l'ensemble de la science météorologique, quand déjà elle avait été fixée dans ses traits généraux par Bacon et Jean Chrétien Stourm, d'Hippolstein, que Brewster regarde comme le véritable inventeur du thermomètre différentiel (84).

A l'époque brillante où la philosophie de la nature fut fondée sur la base des mathématiques, les tentatives pour étudier l'humidité de l'air dans ses rapports avec les changements de la température et la direction des vents ne firent pas non plus défaut. L'*Accademia del Cimento* avait eu l'heureuse pensée de déterminer la quantité de vapeur contenue dans l'air, à l'aide de l'évaporation et de la précipitation. Aussi le plus ancien hygromètre florentin fut-il un hygromètre condensateur, dans lequel on mesurait la quantité d'eau déposée sur les parois, à la suite du refroidissement (85). Outre cet hygromètre condensateur qui, modifié par le Roy, a conduit insensiblement aux méthodes psychrométriques de Dalton, de Daniel et d'Auguste, on possédait encore des hygromètres absorbants composés de substances animales et végétales et construits par Santori en 1625, par Torricelli en 1646, et par Molineux, à l'instar de celui dont se servait déjà Léonard de Vinci (86). Presqu'en même temps, on employa des cordes de boyau et des brins d'herbe. Ces instruments, dont le principe reposait sur l'absorption des vapeurs contenues dans l'air par des matières organiques, étaient pourvus d'aiguilles et de petits poids en équilibre, et avaient beaucoup de rapport, pour la construction, avec l'hygromètre à cheveu de Saussure et l'hygromètre à baleine de Deluc. Mais ce qui manquait aux instruments du XVIIe siècle, c'étaient des points fixes de sécheresse et d'humidité, si nécessaires à la comparaison et à l'intelligence des résultats, et que Regnault a fini par déterminer. C'était aussi que les substances hygrométriques ne perdissent pas leur sensibilité avec le temps, bien que cet inconvénient fût moins grave. Pictet a reconnu qu'un cheveu d'une momie gouanche de Ténériffe, vieille peut-être de mille ans, était encore assez sensible pour fonctionner dans un hygromètre de Saussure (87).

Le phénomène de l'électricité fut reconnu par William Gilbert comme l'effet d'une force particulière, bien que très-analogue à la force magnétique.

Le livre dans lequel est exprimée cette pensée, et où se rencontrent pour la première fois les mots de force électrique, de fluide électrique, d'attraction électrique, est un ouvrage dont nous avons souvent parlé, la *Physiologie de l'aimant et du globe terrestre considéré comme un grand aimant* (de magno magnete Tellure), qui parut l'an 1600 (88). « La propriété, dit Gilbert, d'attirer des matières légères ou réduites en poudre, de quelque nature qu'elles soient, n'est pas particulière à l'ambre, qui n'est autre qu'un suc minéral solidifié, roulé par les flots de la mer, et dans lequel des insectes ailés, des fourmis et des vers sont emprisonnés comme dans des sépulcres éternels (æternis sepulcris). Cette force d'attraction appartient à une classe entière de substances très-différentes, telles que le verre, le soufre, la cire à cacheter et toutes les résines, le cristal de roche et toutes les pierres précieuses, l'alun et le sel gemme. » Gilbert mesure la force de l'électricité obtenue à l'aide d'une petite aiguille d'une substance autre que le fer, qui se meut librement sur un pivot (versorium electricum), et est en tout point semblable à l'appareil dont se sont servis Haüy et Brewster, pour faire l'épreuve de la force électrique dans les minéraux frottés et chauffés. « Le frottement, dit encore Gilbert, produit des effets plus sensibles par un air sec que par un air humide. Les étoffes de soie sont celles dont le frottement a été reconnu le plus efficace. Le globe terrestre forme un tout dont les parties sont unies en vertu d'une force électrique (globus telluris per se electrice congregatur et cohæret) ; car l'électricité tend à amasser et à réunir la matière (motus electricus est motus coacervationis materiæ). » Dans ces axiomes obscurs, est exprimée la conception d'*une électricité terrestre*, d'une force qui, comme le magnétisme, appartient à la matière en tant que matière. Quant à la force répulsive et à la différence des corps conducteurs ou non conducteurs, il n'en est pas encore question.

L'ingénieux inventeur de la machine pneumatique, Otto de Guericke, ne se borna pas à observer de simples phénomènes d'attraction. En faisant des expériences avec un bâton de soufre frotté, il reconnut les effets de la répulsion et d'autres encore, qui amenèrent plus tard la découverte des lois d'après lesquelles s'exerce et se distribue l'électricité. Il entendit le premier bruit, il vit la première étincelle d'une détonation électrique qu'il avait provoquée lui-même. Ce fut dans une expérience tentée en 1675 par Newton que se manifestèrent les premières traces de la charge électrique, sur une surface de verre frottée (89). Nous nous sommes contenté de rechercher les germes d'où est sortie la science de l'électricité qui, dans son vaste et tardif développement, n'est pas devenue seulement une des branches les plus importantes de la météorologie, mais a jeté aussi un grand jour sur les ressorts intérieurs par lesquels sont mises en jeu les forces de la terre, du moment où l'on a reconnu que le magnétisme est simplement une des formes multiples de l'électricité.

Bien que déjà Wall en 1708, Étienne Gray en 1734,

et Nollet eussent soupçonné l'identité de l'éclair et de l'électricité produite par le frottement, ce fut seulement au milieu du XVIIIe siècle qu'on put obtenir sur ce point une certitude expérimentale, grâce aux heureux efforts du noble Benjamin Franklin. Dès ce moment, les phénomènes électriques sortirent du domaine trop étroit de la physique spéculative pour être rangés parmi les objets de la contemplation universelle du monde; ils quittèrent le cabinet du savant pour se produire au grand jour. Il en a été de l'électricité comme de l'optique et du magnétisme; il s'est écoulé de longues périodes qui n'ont presque pas amené de développements sensibles, jusqu'à ce que les travaux de Franklin et de Volta, de Thomas Young, de Malus, d'Œrsted et de Faraday eussent excité dans l'esprit des contemporains une activité merveilleuse pour ces trois sciences. C'est à de telles alternatives d'assoupissement et de réveil subit que sont attachés les progrès de la connaissance humaine.

Si, comme je l'ai expliqué plus haut, les conditions relatives de la température, les variations de la pression atmosphérique et les vapeurs contenues dans l'air, devinrent les objets spéciaux de recherches directes, grâce à l'invention d'instruments appropriés à ces expériences, bien que très-imparfaits encore, et à la pénétration de Galilée, de Torricelli et des membres de l'*Accademia del Cimento*, tout ce qui concerne la composition chimique de l'atmosphère resta, au contraire, enveloppé de ténèbres. Les principes de la chimie pneumatique avaient été posés, il est vrai, par Jean-Baptiste Van Helmont et Jean Rey, de 1600 à 1650 ; par Hooke, Mayow, Boyle et le systématique Becher, dans la seconde moitié du XVIIe siècle. On s'était fait une idée juste de phénomènes isolés qui avaient de l'importance en eux-mêmes, et c'était là déjà un grand pas; mais on manquait de vues d'ensemble. L'antique croyance à la simplicité élémentaire de l'air, qui agit à la fois sur la combustion, l'oxydation des métaux et la respiration, était un obstacle difficile à vaincre.

Les gaz inflammables ou ceux qui éteignent les corps en ignition dans les grottes et les excavations des montagnes (spiritus letales de Pline), l'exhalaison de ces gaz sous forme de bulles, dans les marais et dans les sources minérales (Grubenwetter et Brunnengeister), avaient déjà fixé l'attention d'un bénédictin d'Erfurdt, Basile Valentin, appartenant selon toute vraisemblance à la fin du XVe siècle, et celle d'un admirateur de Paracelse, de Libavius (1612). On comparait les observations que l'on avait pu faire par hasard, dans les laboratoires d'alchimie, avec les mélanges que l'on voyait tout préparés dans les grands ateliers de la nature, et surtout dans l'intérieur de la terre. L'exploitation des mines, principalement des mines de fer sulfuré, échauffées par l'oxydation et l'électricité directes, fit pressentir l'affinité chimique qui se manifeste, au contact de l'air extérieur, entre les métaux et l'oxygène. Déjà Paracelse, dont les rêveries coïncident avec la première conquête de l'Amérique, remarquait le dégagement des gaz pendant la dissolution du fer par l'acide sulfurique. Van Helmont, qui le premier employa le mot de gaz, distingue les gaz de l'air atmosphérique, et même des vapeurs, en raison de leur non-compressibilité. Les nuages sont pour lui des vapeurs; ils passent à l'état de gaz sous un ciel très-serein « par l'effet du refroidissement et de l'influence des astres. » Les gaz ne peuvent se fondre en eau qu'à la condition d'avoir été préalablement transformés en vapeurs. Tel était l'état des connaissances sur les phénomènes météorologiques, dans la première moitié du XVIIe siècle. Van Helmont ne connaît pas encore le moyen bien simple de recueillir et de mettre à part son *gas sylvestre*, nom sous lequel il comprend tous les gaz non inflammables qui ne peuvent entretenir ni la flamme ni la respiration, et sont distincts de l'air atmosphérique pur. Cependant, ayant fait brûler une lumière sous un vase qui plongeait dans l'eau, il observa, quand la lumière s'éteignit, que l'eau monta dans le vase et que le *volume de l'air* diminua. Van Helmont chercha aussi à prouver par des déterminations de densité, comme nous en trouvons déjà chez Jer. Cardan, que toutes les parties solides des substances végétales sont formées par l'eau.

Les conjectures proposées par les alchimistes du moyen âge sur la composition des métaux, sur l'altération produite dans leur éclat par la combustion au contact de l'air, c'est-à-dire par la transformation en *cendres*, en *terre* ou en *chaux*, donnèrent l'idée de rechercher quelles circonstances accompagnent ce phénomène, quels changements subissent dans ce cas les métaux et l'air qui se combine avec eux. Déjà Jer. Cardan avait observé, en 1553, l'augmentation de poids que reçoit le plomb en s'oxydant, et pénétré de cette fabuleuse théorie du *phlogistique*, il l'avait attribuée au dégagement d'une matière ignée et céleste, qui aurait la propriété d'alléger les corps. 80 ans plus tard seulement, un expérimentateur fort habile, Jean Rey de Bergerac, auteur d'observations très-précises sur l'accroissement de poids que reçoivent le plomb, l'étain et l'antimoine métalliques oxydés, exprima l'important résultat que cet accroissement est dû à la combinaison de l'air avec le métal qui s'oxyde. « Je responds et soustiens glorieusement, disait-il, que ce surcroît de poids vient de l'air qui dans le vase a esté espessi (90). »

On était enfin entré dans la voie qui devait conduire à la Chimie moderne, et par elle à la découverte d'un phénomène important pour la connaissance du monde, à la découverte de la relation qui existe entre l'oxygène contenu dans l'air et la vie des plantes. Mais le problème se présenta d'abord à l'esprit d'hommes éminents dans des termes singulièrement compliqués. Vers la fin du XVIIe siècle, se fit jour une croyance, confuse encore dans la *Micrographia* de Hooke (1665), mais qui se dessine plus nettement chez Mayow, en 1669, et chez Willis, en 1671. Cette croyance consistait à admettre dans l'air l'existence de particules salpêtrées (spiritus nitro-aëreus, pabulum nitrosum) identiques à celles qui forment la base du salpêtre, et qui devaient être l'élément essentiel dans le phénomène de la combustion. On commença alors à affirmer que l'extinction de la flamme, dans un espace fermé, ne tient pas à ce que l'air est saturé des vapeurs qui émanent du corps enflammé, mais résulte de l'absorption complète du spiritus nitro-aëreus ou principe salpêtré, contenu originairement dans l'air. L'inflammation subite qui se produit, lorsqu'on jette du salpêtre fondu sur des charbons, en raison de l'oxygène qui s'en dégage, et ce que l'on appelle la décomposition du salpêtre dans le creuset argileux en contact avec l'atmosphère, contribuèrent à propager cette opinion. Selon Mayow, les particules salpêtrées de l'air sont le principe de la respiration des animaux; elles ont pour effet la production de la chaleur animale et la purification du sang qui passe du noir au rouge. Ce sont elles encore qui rendent possibles la combustion de tous les corps et la calcination des métaux; enfin elles jouent à peu près le rôle de l'oxygène dans la chimie antiphlogistique. Le circonspect Robert Boyle confessait à la vérité que la combustion ne peut avoir lieu sans la présence de l'un des éléments qui concourent à former l'air atmosphérique, mais il n'osait déterminer si ce principe tient ou non de la nature du salpêtre.

L'oxygène était pour Hooke et Mayow un objet imaginaire, une fiction de l'esprit. Un chimiste pénétrant, versé en même temps dans la physiologie des plantes, Hales, fut le premier qui vit, dans l'année 1727, l'oxygène se dégager en grande quantité, sous la forme gazeuse, d'une masse de plomb qu'il avait chauffée à une très-haute température, pour la transformer en minium. Hales vit le gaz se dégager, sans en rechercher la nature, et sans remarquer quelle ardeur y pouvait puiser la flamme; il ne soupçonna pas l'importance de la substance qu'il avait préparée. Ce furent Priestley de 1772 à 1774, Scheele de 1774 à 1775, Lavoisier et Trudaine en 1775, qui observèrent les premiers l'intensité plus grande de la flamme dans le gaz oxygène, et les autres propriétés de ce fluide. Beaucoup de gens affirment que ces découvertes simultanées furent complétement indépendantes les unes des autres (91).

Nous avons retracé historiquement les débuts de la chimie pneumatique, parce que, aussi bien que ceux de la théorie de l'électricité, ils ont préparé les grands aperçus qui se sont produits, dans le siècle suivant, sur la constitution de l'atmosphère et les phénomènes météorologiques. L'idée de gaz spécifiquement distincts ne fut jamais bien claire au XVIIe siècle, pour les chimistes mêmes qui produisaient ces gaz. On recommença de nouveau à attribuer la différence qui existe entre l'air atmosphérique, d'une part, et l'air irrespirable ou inflammable, de l'autre, à l'accumulation de certaines vapeurs. En 1766, pour la première fois, Black et Cavendish démontrèrent que l'acide carbonique ou air fixe, et l'hydrogène ou air inflammable, sont des fluides aériformes spécifiquement distincts, tant il avait fallu de temps pour renverser l'obstacle qu'opposait aux progrès de la science l'antique croyance à la simplicité élémentaire de l'atmosphère. La solution définitive du problème concernant la composition chimique de l'air est une des plus brillantes découvertes de la météorologie moderne; et c'est à MM. Boussingault et Dumas que revient l'honneur d'avoir le plus exactement déterminé la quantité relative des différentes parties dont il se compose.

Ces progrès de la physique et de la chimie, que nous avons retracés partiellement, ne pouvaient rester sans influence sur le premier développement de la géognosie. Un grand nombre de questions géognostiques, dont on cherche encore aujourd'hui la solution, furent soulevées par un homme doué des connaissances les plus étendues, par le grand anatomiste danois Stenson (Nic. Steno), que le grand-duc de Toscane, Ferdinand II, appela à son service; par un médecin anglais, Martin Lister, et par « le digne rival de Newton, » Robert Hooke (92). J'ai traité en détail, dans un autre ouvrage, des services rendus par Stenson à la *géognosie de position ou de gisement* (93). Il est vrai que déjà, au xve siècle, Léonard de Vinci, probablement dans le temps où il faisait construire des canaux en Lombardie à travers des terrains de transport et des couches tertiaires; que Fracastor, en 1517, à l'occasion des roches contenant un grand nombre de poissons, qui furent découvertes par hasard dans le mont

Bolca, près de Vérone; enfin que Bernard Palissy, dans ses recherches sur les eaux vives en 1563, reconnurent les traces encore subsistantes d'un monde océanique qui avait cessé d'exister. Léonard de Vinci, qui avait le pressentiment d'une division plus philosophique des formes animales, nomme les coquillages « animali che hanno l'ossa di fuori. » En 1669, Stenson, dans son ouvrage sur les matières contenues dans les roches : *de Solido intra Solidum naturaliter contento*, distingue « les couches primitives qui se sont solidifiées avant la naissance des animaux et des plantes, et par conséquent ne contiennent jamais de débris organiques, des couches de sédiment superposées les unes aux autres (turbidi maris sedimenta sibi invicem imposita), qui recouvrent les restes d'organisations détruites. Toutes les couches contenant des fossiles étaient, dans le principe, disposées horizontalement; leur inclinaison fut causée plus tard, en partie par l'éruption des vapeurs souterraines que produit le foyer central de la terre (ignis in medio terræ), en partie par l'affaissement des couches inférieures trop faibles pour supporter ce fardeau (94). Les vallées sont le résultat de ce bouleversement.

La théorie de Stenson sur la formation des vallées est la même que celle de Deluc. Au contraire, selon Léonard de Vinci, d'accord en cela avec Cuvier, les vallées ont été creusées peu à peu par des torrents (95). Stenson reconnaît dans la constitution géognostique du sol de la Toscane la trace de révolutions qui doivent être rapportées à six grandes époques de la nature (sex sunt distinctæ Etruriæ facies, ex præsenti facie Etruriæ collectæ), c'est-à-dire que six fois, à des époques périodiques, la mer est sortie de son lit, et ne s'y est retirée qu'après un long séjour à l'intérieur des terres. Toutes les pétrifications cependant ne sont pas le fait de la mer; Stenson distingue les pétrifications pélagiques de celles qui sont produites par l'eau douce. Scilla a décrit, en 1670, les fossiles de la Calabre et de l'île de Malte. Parmi ces derniers, le grand anatomiste et zoologiste Jean Muller a reconnu la plus ancienne représentation des dents du gigantesque Hydrarchus d'Alabama (Zeuglodon cetoides d'Owen), l'un des mammifères de la grande famille des cétacés. La couronne de ces dents est conformée comme chez les phoques (96).

Lister fit, dès l'an 1678, la remarque importante que chaque espèce de roche est caractérisée par des fossiles différents, et que les espèces des genres Murex, Tellina et Trochus, qui se rencontrent dans les carrières du comté de Northampton, ressemblent, il est vrai, à celles qui habitent aujourd'hui les mers, mais qu'observées plus attentivement, elles présentent des différences spécifiques (97). L'état imparfait encore de la morphologie descriptive ne permettait pas de fournir des preuves rigoureuses à l'appui de ces belles divinations. Ainsi de bonne heure commençait à poindre la lumière, qui s'éteignit bientôt après pour resplendir de nouveau dans les grands travaux paléontologiques de Cuvier et d'Alexandre Brongniart, travaux qui renouvelèrent la partie de la géognosie relative à la formation des sédiments (98). Lister, attentif à la superposition régulière des couches, sentit le premier besoin de cartes géognostiques. Si cependant ces phénomènes et le lien qui les rattachait à une ou plusieurs inondations excitaient l'intérêt, si la science et la foi, se prêtant un mutuel secours, produisaient en Angleterre les systèmes de Rey, de Woodward, de Burnet, de Whiston, d'autre part l'impossibilité absolue de distinguer minéralogiquement les parties essentielles qui entrent dans la formation des roches composées, fit négliger tout ce qui se rapporte aux matières cristallisées et compactes, rejetées par les éruptions, et à la manière dont elles se transforment. Bien qu'on admît un foyer de chaleur dans le centre du globe, les tremblements de terre, les sources d'eau chaude et les éruptions volcaniques ne furent pas considérés comme produits par la réaction de la planète contre son écorce extérieure, mais comme des accidents locaux, dus, par exemple, à des couches de fer sulfuré qui se seraient enflammées d'elles-mêmes. Les puériles expériences de Lemery, en 1700, ont eu malheureusement une longue influence sur les théories volcaniques, bien que ces théories eussent pu être élevées déjà à un plus haut degré de généralité, grâce à un ouvrage où l'imagination a une grande part, à la *Protogæa* de Leibnitz (1680).

La *Protogæa*, plus poétique parfois que les nombreuses compositions en vers du même philosophe, qui viennent d'être récemment livrées au public (99), enseigne : « la scorification de l'écorce terrestre, caverneuse, brûlante et brillant jadis de sa lumière propre ; le refroidissement successif de la surface du globe, dont le calorique se disperse au milieu des vapeurs qui l'entourent ; le dépôt et la réduction en eau par un refroidissement progressif des vapeurs atmosphériques; l'abaissement du niveau de la mer, à la suite de l'invasion des eaux dans les cavités intérieures du globe ; enfin l'écroulement de ces cavités d'où est résultée la chute des couches terrestres, ou, en d'autres termes, leur inclinaison à l'horizon. » La partie physique de ce tableau fantastique et désordonné offre pourtant quelques traits qui ne paraissent pas à dédaigner pour les partisans des idées nouvelles en géognosie, malgré les progrès que cette science a faits depuis dans toutes les directions. De ce nombre sont : le mouvement de chaleur dans l'intérieure du corps terrestre, et le refroidissement de la terre par suite de la déperdition de la chaleur qui rayonne à travers sa surface ; l'existence d'une atmosphère de vapeurs ; la pression que ces vapeurs exercent sur la surface de la terre, tandis que s'opère la solidification des couches ; la double origine des masses fondues et solidifiées, ou déposées par les eaux. Quant au caractère typique et à la distinction minéralogique des diverses espèces de roches, c'est-à-dire à l'association de certaines substances, particulièrement des substances cristallines qui reparaissent dans les contrées les plus éloignées, il n'en est pas plus question dans la *Protogæa* que dans le système géognostique de Hooke. Chez ce géologue aussi, ce sont les spéculations physiques sur l'action des forces souterraines dans les tremblements de terres, sur le soulèvement subit du lit et des rivages de la mer, sur la formation des îles et des montagnes, qui occupent le premier rang. En observant les débris organiques d'un monde évanoui, il fut conduit à supposer que, dans des temps plus anciens, la zone tempérée a dû jouir du climat des tropiques.

Il me reste à mentionner le plus grand de tous les phénomènes géognostiques, j'entends la forme mathématique de la terre, dans laquelle se reflètent, de manière à ne pouvoir être méconnus, l'état du globe aux époques primitives, c'est-à-dire la fluidité de la masse, qui dès lors tournait sur elle-même, et sa solidification comme sphéroïde terrestre. A la fin du XVIIe siècle, on dessina l'image de la terre dans son aspect général, mais sans déterminer exactement le rapport numérique de l'axe des pôles à celui de l'équateur. La mesure du degré exécutée par Picard, en 1670, avec des instruments que lui-même avait perfectionnés, a eu d'autant plus d'importance, que, en fournissant à Newton le moyen de prouver comment l'attraction de la terre retient dans son orbite la lune emportée par la force centrifuge, elle fut, pour ce profond et heureux investigateur, l'occasion de reprendre avec une ardeur nouvelle la théorie de la gravitation, découverte dès l'an 1666, et plus tard laissée de côté. On suppose que l'aplatissement de Jupiter, connu depuis longtemps, avait aussi sollicité Newton à réfléchir sur les causes de cette dérogation à la forme sphérique (100). Les tentatives de Richer, à Cayenne, en 1673, et celles de Varin sur les côtes occidentales d'Afrique, pour mesurer la véritable longueur du pendule qui bat la seconde, avaient été précédées d'autres essais moins concluants, faits dans les villes de Londres, de Lyon et de Bologne, c'est-à-dire à 7° d'intervalle (1). Le décroissement de la pesanteur, du pôle à l'équateur, que Picard s'obstina longtemps encore à méconnaître, fut alors généralement admis. Newton constata l'aplatissement des pôles de la terre, vit dans la forme sphéroïdale une conséquence de la rotation, et osa même évaluer numériquement la dépression polaire, dans la supposition d'une masse homogène. Il fallait attendre le résultat de la comparaison entre les mesures de degré opérées aux XVIIIe et XIXe siècles, sous l'équateur, près des pôles et dans les zones tempérées des deux hémisphères du nord et du midi, pour déterminer avec précision la valeur de l'aplatissement et par conséquent la véritable figure de la terre. L'existence seule de l'aplatissement révèle, comme je l'ai dit dans le premier volume de cet ouvrage (2), la plus ancienne des données géognostiques, c'est-à-dire la fluidité primitive et la solidification progressive de notre planète.

Nous avons commencé le tableau du grand siècle

qu'ont illustré Galilée et Kepler, Newton et Leibnitz, par l'histoire des découvertes accomplies dans les espaces célestes, grâce à l'invention récente du télescope; nous le terminons en faisant voir comment la connaissance de la forme de la terre est sortie, par voie de déduction, de raisonnements théoriques. « Newton, dit M. Bessel, a pu dévoiler le système du monde, parce qu'il a réussi à découvrir la force dont les lois de Képler sont la conséquence nécessaire, et qui devait être en rapport avec les phénomènes comme ces lois mêmes qui, en donnant la formule des faits, annonçaient à l'avance le principe universel d'où elles découlent (3). » La découverte de la force dont Newton a developpé l'essence, dans son livre immortel des *Principes*, cette théorie générale de la nature, a presque coïncidé avec l'essor nouveau donné aux recherches mathématiques par le calcul infinitésimal. Le travail de l'esprit se montre avec toute son élévation et sa grandeur, là où sans avoir besoin de moyens extérieurs et matériels, il emprunte tout son éclat au développement mathématique de la pensée, à la pure abstraction. Il y a un charme qui captive et qui a été célébré par toute l'antiquité, dans la contemplation des vérités mathématiques, dans ces éternels rapports du temps et de l'espace qui se manifestent dans les sons, dans les nombres, dans les lignes (4). En se perfectionnant, l'instrument purement intellectuel de l'analyse a développé à son tour dans les idées une fécondité non moins précieuse par elle-même que par les richesses qu'elle enfante. Grâce à cet instrument, la contemplation physique du monde a pu dévoiler les causes des fluctuations périodiques qui se produisent à la surface des mers, aussi bien que celles des perturbations planétaires, et découvrir dans les sphères de la terre et du ciel de nouveaux horizons sans mesure et sans limite.

VIII

RESUMÉ.

COUP D'ŒIL RÉTROSPECTIF SUR LA SUITE DES PÉRIODES PARCOURUES. — INFLUENCE DES ÉVÉNEMENTS EXTÉRIEURS SUR LE DÉVELOPPEMENT DE L'IDÉE DU COSMOS. — DIVERSITÉ ET ENCHAÎNEMENT DES EFFORTS SCIENTIFIQUES DANS LES TEMPS MODERNES.—L'HISTOIRE DES SCIENCES PHYSIQUES SE CONFOND PEU A PEU AVEC L'HISTOIRE DU COSMOS.

J'arrive à la fin d'une entreprise hasardeuse et qui offrait de grandes difficultés. Plus de deux mille ans ont été passés en revue, depuis les premiers développements de la civilisation chez les peuples qui habitaient autour du bassin de la Méditerranée et dans les contrées occidentales de l'Asie, fécondées par le cours des fleuves, jusqu'au commencement du dernier siècle, jusqu'à une époque par conséquent dont les sentiments et les idées se confondent déjà avec les nôtres. Je crois avoir retracé dans sept chapitres, qui forment une série de tableaux distincts, l'*Histoire de la Contemplation physique du Monde*, c'est-à-dire le développement progressif de l'idée du Cosmos. Ai-je réussi à dominer un si vaste amas de matériaux, à saisir le caractère des phases principales, à marquer les voies par lesquelles les peuples ont reçu des idées nouvelles et une moralité plus haute, c'est ce que je n'ose décider, pénétré d'une juste défiance dans les forces qui me restent. Je l'avouerai même, au milieu du vaste plan que je me proposais de suivre, seuls les traits généraux m'apparaissaient clairement à l'esprit.

Dans l'introduction à la période de la domination arabe, lorsque j'ai commencé à décrire l'influence puissante qu'exerça cet élément étranger mêlé à la civilisation européenne, j'ai essayé de marquer les limites au delà desquelles l'histoire du Cosmos se confond avec celle des sciences physiques. Les agrandissements successifs qu'a reçus la science de la nature, dans la double sphère de la terre et du ciel, se divisent, selon moi, en périodes distinctes. La connaissance historique de ces progrès se rattache à des événements déterminés qui, par les conséquences qu'ils ont produites à la fois dans l'espace et dans l'intelligence humaine, ont donné à chaque époque un caractère et une couleur propres. Telles furent les entreprises qui conduisirent dans le Pont-Euxin les vaisseaux des Phéniciens, et firent soupçonner un autre rivage au delà du Phase ;

les expéditions dans les contrées tropicales d'où l'on tirait l'or et l'encens, et le passage à travers le détroit occidental ou l'ouverture de cette grande route maritime sur laquelle furent découvertes, à de longs intervalles de temps, Cerne et les Hespérides, les îles septentrionales qui produisaient l'étain et l'ambre, les Açores volcaniques et le nouveau continent de Colomb, au sud des anciens établissements scandinaves. Après les mouvements qui partirent du bassin de la Méditerranée et de l'extrémité septentrionale du golfe Arabique, après les voyages au Pont-Euxin et à la terre d'Ophir, viennent, dans ce tableau historique, le récit de l'expédition macédonienne et la tentative d'Alexandre pour amener la fusion de l'orient et de l'occident ; les heureux effets du commerce maritime des Hindous et des instituts scientifiques qui fleurirent à Alexandrie, sous les Lagides ; la domination des Romains au temps des Césars ; la tendance féconde des Arabes à se mettre en communication avec les forces de la nature et leurs dispositions pour l'astronomie, les mathématiques et les applications de la chimie. Avec la prise de possession de tout un continent qui était demeuré caché jusque-là, avec les plus grandes découvertes qu'il ait été donné aux hommes d'accomplir dans l'espace, se ferme pour moi la série des événements qui ont agrandi par secousses l'horizon des idées, qui ont sollicité les esprits à la recherche des lois physiques, et ont entretenu les efforts tentés pour embrasser définitivement l'ensemble du monde. Désormais, ainsi que cela a été dit plus haut, l'intelligence n'aura plus besoin, pour faire de grandes choses, de l'excitation des événements; elle se développera dans toutes les directions par le seul effet de la force intérieure qui l'anime.

Parmi les instruments ou, si l'on veut, les organes nouveaux que l'homme s'est créés et qui ont multiplié en lui la puissance de la perception sensible, il en est un cependant qui a eu toutes les conséquences d'un événement soudain. Grâce à la propriété qu'a le télescope de pénétrer dans l'espace, une partie considérable du ciel est explorée, de nouveaux corps célestes sont découverts ; on tente de déterminer leur forme et leur orbite, et tout cela presque d'un coup. Alors pour la première fois, l'humanité entre en possession de la sphère céleste du Cosmos. Il valait donc bien la peine, pour montrer l'importance de ces découvertes et l'unité des efforts provoqués par l'usage du télescope, d'établir une septième division dans l'histoire de la contemplation du monde. Mais si maintenant nous essayons de comparer avec cette découverte une autre plus récente, celle de la pile de Volta; si nous recherchons l'influence que la pile a exercée sur l'ingénieuse théorie de l'électro-chimie, sur la connaissance des métaux alcalins et des métaux alcalins-terreux, enfin sur la découverte longtemps attendue de l'électro-magnétisme, nous sommes amenés à un enchaînement de phénomènes qu'il nous est loisible d'évoquer à volonté, qui par beaucoup de côtés se rattachent au déploiement général des forces de la nature, mais qui cependant réclament plutôt une place dans l'histoire des sciences physiques que dans celle de la contemplation du monde. D'ailleurs la variété de la science moderne et l'enchaînement des diverses parties rendent bien difficile de distinguer et de limiter les faits particuliers. Tout récemment encore, nous avons vu l'électro-magnétisme agir sur la direction des rayons polarisés et produire des modifications analogues à celles des mélanges chimiques. Lorsque, grâce à l'activité d'esprit qui est le caractère de notre siècle, tout paraît en voie de progrès, il serait aussi dangereux de vouloir se jeter à la traverse de ce mouvement intellectuel, et de représenter comme définitivement accomplies des choses qui tendent encore vers un progrès incessant, que de se prononcer, avec la conscience de son insuffisance personnelle, sur l'importance relative des glorieux efforts tentés par des hommes qui sont encore de ce monde, ou qui viennent à peine de le quitter.

Dans les considérations historiques que j'ai présentées, j'ai, presque partout, en recherchant le germe de la science de la nature, indiqué le degré de développement qu'elle a atteint de nos jours, dans chacune de ses branches. La troisième et dernière partie de mon ouvrage contribuera à éclairer le tableau général de la nature, en fournissant les données de l'observation sur lesquelles est principalement fondé l'état actuel des opinions scientifiques. Beaucoup de choses que l'on pouvait s'étonner de ne pas trouver ici, en se faisant, sur la composition d'un *Livre de la Nature*, des idées différentes des miennes, trouveront place dans le troisième volume. Ébloui par l'éclat des découvertes nouvelles, nourri d'espérances auxquelles d'ordinaire on ne renonce que bien tard, chaque siècle se flatte d'être arrivé, dans la connaissance et l'intelligence de la nature, tout près du dernier terme. Je doute que, si l'on veut y songer, une pareille croyance aide à mieux jouir du temps présent. La conviction que le champ dont on s'est rendu maître est une faible partie de celui que la libre humanité doit conquérir dans les siècles futurs, par le progrès de son activité et le bienfait de plus en plus répandu de la civilisation, est plus féconde et mieux appropriée à la destinée de la race humaine. Chaque découverte n'est qu'un pas vers quelque chose de plus élevé, dans le cours mystérieux des choses.

Ce qui a souvent hâté, au XIXe siècle, le progrès de la science, et empreint cette époque de son caractère le plus frappant, c'est le zèle avec lequel chacun s'est efforcé de faire subir une épreuve rigoureuse aux idées antérieurement émises, et d'en mesurer la valeur et le poids, sans se borner aux conquêtes récentes; c'est le soin que l'on a pris de séparer des résultats certains ce qui n'est fondé que sur une analogie douteuse, et de soumettre à une critique uniforme et sévère toutes les parties de la science, l'astronomie physique, l'étude des forces terrestres de la nature, la géologie et la connaissance du monde antique. Ces procédés critiques ont surtout permis de déterminer les limites respectives des diverses sciences, et ont révélé la faiblesse de quelques-unes d'entre elles, où des opinions sans fondement ont pris la place des faits, où des mythes symboliques, consacrés par le temps, étaient réputés des théories incontestables. Le vague du langage, la confusion de la nomenclature transportée d'une science dans l'autre, ont conduit à des vues erronées et à des analogies trompeuses. Ainsi le progrès de la zoologie a longtemps été mis en question, parce que l'on croyait que, dans les classes inférieures du règne animal, comme dans les classes plus élevées, les mêmes fonctions vitales réclamaient toujours une conformation analogue des organes. La botanique surtout a eu à souffrir de ces préjugés. L'histoire du développement des végétaux dans la classe des Cormophytes Cryptogames, qui comprennent les mousses, les hépatiques, les fougères et les lycopodiacées, ou dans la classe moins élevée encore des Thallophytes, c'est-à-dire dans les algues, les lichens et les champignons, a été obscurcie par suite de l'illusion qui faisait voir partout des analogies avec la génération des animaux.

L'art réside au milieu du cercle magique tracé par l'imagination, et a sa source dans l'intérieur même de l'âme; pour la science, au contraire, le principe du progrès est dans le contact avec le monde extérieur. A mesure que les relations des peuples s'accroissent, la science gagne à la fois en variété et en profondeur. La création de nouveaux organes, car on peut appeler de ce nom les instruments d'observation, augmente la force intellectuelle et souvent aussi la force physique de l'homme. Plus rapide que la lumière, le courant électrique à circuit fermé porte la pensée et la volonté dans les contrées les plus lointaines. Un jour viendra où des forces qui s'exercent paisiblement dans la nature élémentaire, comme dans les cellules délicates du tissu organique, sans que nos sens aient pu encore les découvrir, reconnues enfin, mises à profit et portées à un plus haut degré d'activité, prendront place dans la série indéfinie des moyens, à l'aide desquels, en nous rendant maîtres de chaque domaine particulier dans l'empire de la nature, nous nous élevons à une connaissance plus intelligente et plus animée de l'ensemble du monde.

NOTES

On a supprimé le chiffre des centaines dans l'indication numérique des notes; au lieu de 115, par exemple, on a mis simplement 15. Cette suppression n'occasionnera point d'incertitude, attendu qu'au numéro du renvoi est toujours joint le chiffre exact de la page correspondante.

NOTES

DE LA PREMIÈRE PARTIE.

---

(1) [page 2]. *Cosmos*, t. I, p. 50.

(2) [page 3]. En particulier, les côtes de l'Italie et de la Grèce, les rivages de la mer Caspienne et de la mer Rouge. Voy. A. de Humboldt, *Relation historique du Voyage aux régions équinoxiales*, t. I, p. 208.

(3) [page 3]. Dante, *Purgatorio*, canto I, v. 25-28.

> Goder pareva il ciel di lor fiammelle :
> O settentrional vedovo sito,
> Poi che privato se' di mirar quelle!

(4) [page 5]. Schiller, *Sæmmtliche Werke*, 1826, t. XVIII, p. 231, 473, 480 et 486; Gervinus, *Neuere Geschichte der poetischen National-Litteratur der Deutschen*, 1840, t. I, p. 135. Adolphe Becker, *Chariclès*, 1re part., p. 219. Comp. Éd. Muller, *Ueber Sophokleische Naturanschauung und die tiefe Naturempfindung der Griechen*, 1842, p. 10 et 26.

(5) [page 7]. Schnaase, *Geschichte der bildenden Künste bei den Alten*, 1843, t. II, p. 128-138.

(6) [page 7]. Plutarque, *de EI apud Delphos*, c. 9. Comp. ce que dit sur un passage d'Apollonius Dyscole (*Mirab. hist.*, c. 40), Otfried Müller dans son dernier ouvrage, *Geschichte der griechischen Litteratur*, 1845, t. I, p. 31.

(7) [page 7]. Hésiode, *Œuvres et Jours*, v. 502-561. Voy. Gœttling, *in Hesiodi Carmina*, 1843, p. XXXVI; Ulrici, *Geschichte der hellenischen Dichtkunst*, 1re part., 1835, p. 337; Bernhardy, *Grundriss der griech. Litteratur*, 2e part., p. 176. Cependant, d'après l'opinion de Gottf. Hermann (*Opuscula*, t. VI, p. 239), la description pittoresque qu'Hésiode donne de l'hiver porte toutes les traces d'une haute antiquité.

(8) [page 7]. Hésiode, *Théogonie*, v. 233-264. — Peut être aussi la Néréide Mæra (*Odyssée*, l. XI, v. 326. *Iliade*, XVIII, 48) désigne-t-elle les lueurs phosphorescentes qui brillent à la surface de la mer, comme déjà ce même nom μαῖρα sert à exprimer la constellation scintillante de Sirius.

(9) [page 8]. Voy. Jacobs, *Leben und Kunst der Alten*, t. I, 1re part., p. VII.

(10) [page 9]. *Iliade*, l. VIII, v. 555-559; IV, 452-455; XI, 115-119; Voy. aussi les peintures vivantes, bien qu'un peu accumulées, qu'Homère a faites de différentes espèces d'animaux, au début du catalogue des vaisseaux, II, 458-475.

(11) [page 9]. *Odyssée*, l. XIX, v. 431-445; VI, 290; IX, 115-199. — Lisez aussi la description des verts ombrages qui entourent la grotte de Calypso, « sous lesquels un immortel même s'arrêterait frappé d'admiration et se réjouirait dans son cœur (v. 55-73); » la peinture des écueils qui bordent l'île des Phéaciens (V, 400-442), et les jardins d'Alcinoüs (VII, 113-130). — Sur le dithyrambe du *Printemps* de Pindare, voy. Bœckh, *Pindari Opera*, t. II, 2e part., p. 575-579.

(12) [page 11] *Œdipe à Colone*, v. 668-719. Parmi les descriptions de paysages où respire un profond sentiment de la nature, je dois encore signaler ici, dans les *Bacchantes* d'Euripide, v. 1045, la peinture du Cithéron que gravit le messager, en quittant la vallée de l'Asopus (voy. Leake, *North. Greece*, t. II, p. 370); un tableau du coucher du soleil dans la vallée

de Delphes, dans l'*Ion* du même poëte, v. 82; une vue de l'île sacrée de Délos, « autour de laquelle voltigent les mouettes et que battent les flots orageux, » dans l'*Hymne à Délos* de Callimaque, v. 11.

(13) [page 11]. Voy. Strabon, qui accuse Euripide d'une erreur géographique, au sujet des frontières de l'Élide (l. VIII, p. 366, édit. de Casaubon). Ce beau passage est tiré du *Cresphonte*. L'éloge de la Messénie se rattachait naturellement à l'exposition des circonstances politiques, c'est-à-dire du partage du Péloponèse entre les Héraclides. Ici donc encore, selon l'ingénieuse remarque de Bœckh, la reproduction de la nature est intimement liée à l'action humaine.

(14) [page 13]. Meleagri *Reliquiæ*, edid. Manso, p. 5. Comp. Jacobs, *Leben und Kunst der Alten*, t. I, 1re part., p. XV; 2e part., p. 150-190. Zenobetti (Meleagri Gadareni *in Ver Idyllion*, p. 5), croyait avoir découvert le premier l'*Hymne au Printemps* de Méléagre, en 1759. Voy. Brunck, *Analecta*, t. III, *Lect. et Emend.*, p. 104.—Il y a deux belles pièces de Marianus sur les forêts, dans l'Anthologie grecque, l. II, 511 et 512. On trouve dans les *Eclogæ* du sophiste Himérius, qui enseignait la rhétorique à Athènes sous le règne de Julien, un éloge du printemps qui contraste avec le poëme de Méléagre; le style en est en général froid et affecté; mais, dans quelques passages descriptifs, l'auteur se rapproche fort du sentiment avec lequel les modernes observent la nature (Himerii Sophistæ *Eclogæ et Declamationes*, edid. Wernsdorf, 1790, orat. III, 3-6, et XXI, 5). Il est extraordinaire que l'admirable situation de Constantinople n'ait inspiré à Himérius aucun enthousiasme. Voy. Orat. VII, 5-7; XVI, 3-8.—Les passages de Nonnus, indiqués dans le texte, se trouvent dans l'édition de Petrus Cunæus (1610), l. II, p. 70; VI, p. 199; XXIII, p. 16 et 619; XXVI, p. 694. Voy. aussi Ouvaroff, *Nonnos von Panopolis, der Dichter*, 1817, p. 3, 16 et 21. (Dissertation réimprimée dans ses *Opuscules de Philosophie et de Critique*, Saint-Pétersbourg, 1843.)

(15) [page 13]. Ælien, *Variæ. Histor. et Fragm.*, l. III, c. 1, p. 139, édit. Kühn. Voy. aussi A. Buttmann, *Quæst. de Dicæarcho*, Naumb., 1832, p. 32, et *Geographi græci min.*, edid. Gail. t. II, p. 140-145. — On trouve chez un poëte tragique, Chærémon, un goût remarquable pour la nature, et surtout un amour pour les fleurs, que William Jones a déjà comparé au même sentiment chez les poëtes indiens. Voy. Welcker, *Griechische Tragœdien*, 3e part., p. 1088.

(16) [page 13]. Longi *Pastoralia* (*Daphnis et Chloe*), l. I, 9; III, 12; IV, 1-3; p. 92, 125 et 137, edid. Seiler, 1843. Voy. Villemain, *Essai sur les Romans grecs*, dans ses *Mélanges de Littérature*, 1827, t. II; et particulièrement le passage où Longus est comparé à Bernardin de Saint-Pierre (p. 431-438).

(17) [page 14]. Pseudo-Aristote, *de Mundo*, c. 3, § 14-20, p. 392, édit. de Bekker.

(18) [page 14]. Voy. Osann, *Beitræge zur griechischen und rœmischen Litteraturgeschichte*, 1835, t. I, p. 194-266.

(19) [page 14]. Voy. Stahr, *Aristoteles bei den Rœmern*, 1831, p. 173-177; Osann, *Beitræge*, etc., p. 165-192. Stahr (p. 172) conjecture, comme Heumann, que le texte grec que nous possédons aujourd'hui est une traduction du texte latin d'Appulée. Mais Appulée (*de Mundo*, p. 250, édit. des Deux-Ponts) dit expressément qu'il a suivi pour guides, dans la composition de son livre, Aristote et Théophraste.

(20) [page 14]. *De Natura Deorum*, l. II, c. 37. Un passage de Sextus Empiricus, où est cité un développement analogue d'Aristote (*adversus Physicos*, l. IX, 22; p. 554, édit. de Fabricius), est d'autant plus digne d'attention, qu'un peu plus haut l'écrivain fait allusion à un autre ouvrage d'Aristote, également perdu pour nous, sur la Divination et les Songes.

(21) [page 15]. « Aristoteles flumen orationis aureum fun-

dens. » (Cicéron, *Acad. Quæst.*, l. II, c. 38.) Voy. Stahr, *Aristotelia*, 2e part., p. 161 ; et, dans le même ouvrage, le chapitre intitulé : *Aristoteles bei den Ræmern*, p. 53.

(22) [page 16]. Menandri Rhetoris *Comment. de Encomiis*, ex rec. Heeren. 1785, sect. I, c. 5, p. 38 et 39. Suivant le sévère critique, la poésie didactique appliquée à la nature est un genre froid (ψυχρότερον), dans lequel toutes les forces physiques sont dénaturées, où Apollon représente la lumière, Junon les phénomènes atmosphériques, Jupiter la chaleur. Plutarque (*de Audiendis poetis*, p. 27, édit. de H. Estienne) raille aussi ces prétendues poésies de la nature, qui n'ont de la poésie que la forme. Déjà Aristote (*Poétique*, c. 1), avait dit qu'Empédocle est plutôt un physicien qu'un poëte, et n'a rien de commun avec Homère, si ce n'est la mesure des vers.

(23) [page 17]. Il peut sembler étrange, puisque la poésie se plaît avant tout à la forme, à la couleur et à la variété, de vouloir l'unir avec les idées les plus simples et les plus abstraites; et pourtant cette association n'en est pas moins légitime. En elles-mêmes, et d'après leur nature, la poésie, la science, la philosophie, l'histoire, ne sauraient être séparées. Elles ne font qu'un, à cette époque de la civilisation où toutes les facultés de l'homme sont encore confondues et lorsque, par l'effet d'une disposition vraiment poétique, il se reporte à cette unité première. » Guillaume de Humboldt, *Gesammelte Werke*, t. I, p. 98-102. Comp. Bernhardy, *Ræmische Litteratur*, p. 215-218, et Frédéric Schlegel, *Sæmmtliche Werke*, t. I, p. 108-110. — Cicéron, dans une lettre à Quintus (l. II, 11), se montre bien sévère, pour ne pas dire injuste, envers Lucrèce, que Virgile, Ovide et Quintilien ont porté si haut, quand il reconnaît en lui plus d'art que de génie. « Non multis luminibus ingenii, multæ tamen artis. »

[Récemment, M. Théod. Bergk, dans un programme publié à Marbourg, 1846, a tenté de démontrer que le passage de Cicéron est corrompu, et qu'il faut lire : *Multis luminibus ingenii, non multæ tamen artis.* Déjà, dans la collection des Œuvres de Cicéron, M. J.-V. Leclerc avait supprimé tout à fait la négation que M. Bergk se contente de déplacer. Tel est aussi l'avis de M. C.-F. Hermann, de Gœttingue. — C. G.]

(24) [page 17]. Lucrèce, l. V, v. 930-1455.

(25) [page 17]. Platon, *Phèdre*, p. 230; Cicéron, *de Legibus*, l. I, c. 5; II, 1. Comp. Wagner, *Comment. perp. in Ciceronis de Legibus*. 1804, p. 6. Cicéron, *de Oratore*, l. I, c. 7.

(26) [page 17]. Voy. l'excellent écrit de Rudolph Abeken, recteur au gymnase d'Osnabruck, publié en 1835 sous le titre de : *Cicero in seinen Briefen*, p. 431-434. Une intéressante notice sur le lieu de naissance de Cicéron est due à H. Abeken, neveu de l'auteur, longtemps attaché comme prédicateur à l'ambassade de Prusse à Rome, aujourd'hui associé à l'importante expédition du professeur Lepsius en Égypte. Voy. aussi, sur le lieu où naquit Cicéron, Valery, *Voyage historique en Italie*, t. III, p. 421.

(27) [page 18]. Cicéron, *Epist. ad Atticum*, l. XII, 9 et 15.

(28) [page 19]. Les passages de Virgile, cités par Malte-Brun (*Annales des Voyages*, 1808, t. III, p. 235-266), comme descriptions de localités distinctes, prouvent seulement que le poëte connaissait les productions des diverses contrées, le safran du mont Tmolus, l'encens des Sabéens, les noms d'un grand nombre de petites rivières, et aussi les vapeurs méphitiques qui s'élèvent d'une gorge des Apennins, près d'Amsanctus.

(29) [page 19]. Virgile, *Géorgiques*, l. I, v. 356-392; III, 349-380; *Énéide*, III, 192-211, 570-580; IV, 522-528; XII, 684-689.

(30) [page 20]. *Cosmos*, t. I, p. 275 et 531. Voy. dans Ovide la description de quelques phénomènes naturels : *Métamorphoses*,

. I, 568-576; III, 155-164, 407-412; VII, 180-188; XV, 296-306. *Tristes*, l. I, élég. 3, v. 60; III, éleg. 4, v. 49; éleg. 12, v. 15. *Pontiques*, l. III, ep. 7-9. A ces rares exemples de descriptions individuelles, et qui paraissent faites d'après nature, il faut joindre, ainsi que Ross l'a fait voir, la gracieuse peinture d'une source sur le mont Hymette, commençant par ce vers : « Est prope purpureos colles florentis Hymetti, etc. (*De Arte amandi*, l. III, v. 687.) » Le poëte y décrit la source qui coule au flanc occidental de la montagne, peu arrosée d'ailleurs. Aussi cette source était-elle en grand honneur chez les anciens, qui lui avaient donné le nom de *Kallia*, et l'avaient consacrée à Vénus. Voy. Ross, *Brief an Prof. Vuros in der griech. medicin. Zeitschrift*, juin, 1837.

(31) [page 21]. Tibulle, édit. de Voss, 1811, l. I, élég. 6, v. 21-34 (élég. 5, dans les édit. de Heyne et de Golbéry); l. II, élég. 1, v. 37-66.

(32) [page 21]. Lucain, *Pharsale*, l. III, v. 400-452.

(33) [page 21]. *Cosmos*, t. I, p. 328.

(34) [page 21]. *Cosmos*, t. I, p. 533. L'*Etna* de Lucilius, qui fit vraisemblablement partie d'un poëme plus considérable sur les curiosités naturelles de la Sicile, a été attribuée par Wernsdorf à Cornelius Severus. Les passages les plus dignes d'attention sont : un éloge général des sciences naturelles, que l'auteur appelle *les fruits de l'esprit* (illæ sunt animi fruges), v. 270-280; le débordement de la lave, v. 360-370 et 474-505; la formation de la pierre ponce, v. 415-425. Voy. p. XVI-XX, 32, 42, 46, 50 et 55 dans l'édit. de Jacob, 1826.

(35) [page 22]. Decii Magni Ausonii *Mosella*, v. 189-199, p. 15 et 44, édit. de Bœcking. Consultez aussi les détails intéressants, au point de vue de l'histoire naturelle, que donne le poëte sur les poissons de la Moselle (v. 85-150), et dont Va-

lenciennes a su tirer habilement parti. C'est un pendant au poëme d'Oppien (Voy. Bernhardy, *Griech. Litteratur*, 2e part., p. 1049). A ce genre si froid de la poésie didactique appartiennent deux ouvrages qui ne sont pas parvenus jusqu'à nous, l'*Ornithogonia* et les *Theriaca* d'Æmilius Macer, de Vérone, qui avait pris modèle sur Nicandre de Colophon. La description des côtes méridionales de la Gaule, contenue dans le poëme *de Reditu suo*, de Claudius Rutilius Namatianus, était sans doute plus intéressante que la *Moselle* d'Ausone. Rutilius était un homme d'État contemporain d'Honorius, qui, forcé de quitter Rome lors de l'invasion des Barbares, retourna dans les biens qu'il possédait en Gaule. Il ne s'est malheureusement conservé qu'un fragment du second livre, qui ne nous conduit pas au delà des carrières de Carrare. Voy. Rutilii Claudii Namatiani *de Reditu suo* (*e Roma in Galliam Narbonensem*), libri duo ex rec. A. W. Zumpt, 1840, p. XV, 31 et 219 (avec une belle carte de Kiepert); Wernsdorf, *Poetæ lat. min.*, t. V, p. 125.

(36) [page 23]. Tacite, *Annales*, l. II, c. 23-24; *Histoires*, V, 6. L'unique fragment que nous ait conservé Sénèque le rhéteur, de l'épopée où un ami d'Ovide, Pedo Albinovanus, célébrait les exploits des Germains, contient aussi la description de la navigation malheureuse de Germanicus sur l'Ems. Voy. Sénèque, *Suasoria*, 1, p. 11, édit. des Deux-Ponts; Pedo Albinovanus, *Elegiæ*, Amsterd., 1703, p. 172. Sénèque tient cette description de la mer orageuse pour plus pittoresque que tout ce qu'avaient écrit jusque-là les poëtes latins. Il est vrai qu'il ajoute : Latini declamatores in Oceani descriptione non nimis viguerunt; nam aut tumide scripserunt aut curiose.

(37) [page 23]. Quinte-Curce, l. VI, c. 4. Voy. aussi Droysen, *Geschichte Alexanders des Grossen*, 1833, p. 265. Dans les *Questions naturelles* de Sénèque, qui pèchent seulement par l'abus de la rhétorique, on trouve une description remarquable de l'un des déluges envoyés à la race humaine pour la punir d'avoir

perdu sa pureté primitive, depuis les mots : Cum fatalis dies diluvii venerit..., jusqu'à : peracto exitio generis humani exstinctisque pariter feris in quarum homines ingenia transierant... (l. III, c. 27-30). Voyez aussi la description des révolutions de la terre, lors du débrouillement du chaos, dans le Bhagavata-Purana, l. III, c. 17 (T. I, p. 141, edit. de Burnouf).

(38) [page 21]. Pline le Jeune, l. II, ep. 17; V, 6; IX, 7; Pline l'Ancien, l. XII, c. 6; Hirt, *Geschichte der Baukunst bei den Alten*, t. II, p. 241, 291 et 376. La villa que Pline le Jeune possédait à Laurentum était située près du lieu appelé aujourd'hui Torre di Paterno, sur le bord de la mer, dans la vallée nommée la Palombara, à l'est d'Ostie. Voy. *Viaggio da Ostia a la Villa di Plinio*, 1802, p. 9, et *le Laurentin*, par Haudelcourt, 1838, p. 62. Un profond sentiment de la nature éclate dans ces quelques lignes que Pline écrivait de Laurentum à Minutius Fundanus. « Mecum tantum et cum libellis loquor. Rectam sincerumque vitam! Dulce otium honestumque! O mare, o litus, verum secretumque μουσεῖον! quam multa invenitis, quam multa dictatis! » (l. I, ep. 9.) Hirt était convaincu que si le goût des jardins symétriques, nommés jardins français par opposition avec les parcs anglais qui se rapprochent davantage de la nature, se répandit en Italie au xve et au xvie siècle, il faut chercher la raison de cette faveur précoce pour le genre ennuyeux dans le désir d'imiter les descriptions de Pline le Jeune. Voy. *Geschichte der Baukunst*, etc., 2e part., p. 366.

(39) [page 25]. Pline le Jeune, l. III, ep. 19; VIII, 16.

(40) [page 26]. Suétone, *Vie de J. César*, c. 56. César, dans un poëme intitulé *Iter*, qui ne nous est pas parvenu, décrivait son voyage en Espagne, lorsque, pour dernier exploit, en vingt-quatre jours suivant Suétone, en vingt-sept d'après Strabon et Appien, il conduisit son armée de la campagne de Rome à Cordoue, pour détruire les débris du parti de Pompée qui s'étaient ralliés en Espagne.

(41) [page 26]. Silius Italicus, *Punica*, l. III, v. 477.

(42) [page 26]. Sil. Ital., l. IV, v. 348; VIII, 399.

(43) [page 27]. Voy., sur la poésie élégiaque, Nicolas Bach, dans l'*Allgemeine Schulzeitung*, 1829, n° 134, p. 1097.

(44) [page 28]. Minucius Felix, *Octavius*, ex recens. Gronovii, Rotterdam, 1743, c. 2, 3, 16, 17 et 18.

(45) [page 29]. Sur la mort de Naucratius arrivée dans l'an 357, voy. Basilii Magni *Opera omnia*, édit. de Paris, 1730, t. III, p. XLV. Deux siècles avant notre ère, les juifs de la secte des Esséniens vivaient déjà en anachorètes sur le rivage occidental de la mer Morte. Pline dit très-bien à leur sujet (l. V, c. 15) : « Mira gens, socia palmarum. » Les Thérapeutes, qui formaient une communauté plus étroite, habitèrent originairement une contrée charmante sur le lac Mœris. Voy. Neander, *Allgem. Geschichte der christl. Religion und Kirche*, 1842, t. I, 1re part., p. 73 et 103.

(46) [page 30]. Basilii Magni *Epistolæ*, ep. XIV, p. 93; CCXXIII, 339. Sur la belle lettre adressée à Grégoire de Nazianze et sur le sentiment poétique de saint Basile, voy. Villemain, *de l'Éloquence chrétienne dans le IVe siècle*, dans les *Mélanges historiques et littéraires*, 1827, t. III, p. 320-325. L'Iris, sur les bords duquel la famille de saint Basile possédait depuis longtemps un domaine patrimonial, prend sa source dans l'Arménie, arrose les campagnes du Pont et va se jeter dans la mer Noire, mêlé aux eaux du Lycus.

(47) [page 30]. Grégoire de Nazianze ne se laissa cependant pas séduire par la description que lui fit saint Basile de son ermitage sur le Liris; il préféra Arianzus dans la *Tiberina regio*, bien que son ami nomme sans ménagement ce lieu un impur βάραθρον. Voy. Basilii *Epistolæ*, ep. II, p. 70, et *Vita Sancti Basilii*, p. XLVI et LIX, t. III, édit. de 1730.

(48) [page 31]. Basilii *Homiliæ in Hexaemeron*, hom. VI, c. 1 et IV, 6 (t. I, p. 54 et 70, édit. des œuvres complètes publiées en 1839, par J. Garnier). Comparez à ce passage une belle pièce de vers de Grégoire de Nazianze, *de la Nature de l'Homme*, où respire la mélancolie la plus profonde (t. II, carm. 13, p. 86, édit. de Billy, Paris, 1630; p. 489, édit. de Caillau, Paris, 1840).

(49) [page 31]. Les passages de Grégoire de Nysse cités dans le texte sont fidèlement traduits de fragments pris çà et là. Voy. Gregorii Nysseni *Opera*, Paris, 1615, p. 49 C, 589 D, 210 C, 780 C; t. II, p. 860 B, 619 B et D, 324 D. « Soyez doux envers les mouvements de la mélancolie, » dit Thalassius dans des sentences qui ont été admirées de ses contemporains. (*Bibliotheca Patrum*, édit. de Paris, 1624, t. II, p. 1180 C.)

(50) [page 32]. Voy. Joannis Chrysostomi *Opera omnia*, édit. de Paris, 1838, t. IX, p. 687 A; t. II, p. 821 A et 851 E; t. I, p. 79. Voy. aussi Joannis Philoponi *in cap. I Geneseos de Creatione mundi libri septem*, Viennæ Austr., 1630, p. 192, 236 et 272, ainsi que Georgii Pisidæ *Mundi opificium*, édit. de 1596, v. 367-375, 560, 933 et 1248.

(51) [page 33]. Au sujet du concile de Tours, sous le pape Alexandre III, voy. Ziegelbauer, *Hist. rei litter. Ordinis S. Benedicti*, t. II, p. 248, édit. de 1754. Sur le concile de Paris (1209) et sur la bulle de Grégoire IX (1231), voy. A. Jourdain, *Recherches critiques sur les traductions d'Aristote*, 2ᵉ édit., publiée par C. Jourdain, 1843, p. 188–192. La lecture des ouvrages de physique d'Aristote fut défendue sous des peines sévères. Dans le concile de Latran (1139), on se contenta d'interdire aux moines l'exercice de la médecine. (*Sacrorum Concil. nova Collectio*, Venise, 1776, t. XXI, p. 528). Voy. aussi à ce sujet un agréable et savant écrit du jeune Wolfgang de Gœthe : *Der Mensch und die elementarische Natur*, 1844, p. 10.

(52) [page 35]. Frédéric Schlegel, *ueber nordische Dichtkunst*, dans la collection de ses œuvres complètes, t. X, p. 71 et 90. Sans sortir de l'époque de Charlemagne, on peut citer encore dans la Vie de ce prince par Angilbert, abbé de Saint-Riquier, la description poétique d'un parc situé près d'Aix-la-Chapelle, qui renfermait des bois et des prairies. Voy. Pertz, *Monumenta*, t. II, p. 393-403.

(53) [page 36]. Voy. dans Gervinus, *Geschichte der deutschen Litter.*, t. I, p. 354-381, la comparaison des deux épopées germaniques, des *Niebelungen*, où est racontée la vengeance de Chriemhild, épouse de Sigfried à la cuirasse de corne, et du poëme de *Gudrun*, fille du roi Hetel.

(54) [page 37]. Sur la description romantique de la Caverne des Amoureux, dans le *Tristan* de Gottfried de Strasbourg, voy. Gervinus, *Geschichte der deutschen Litter.*, t. I, p. 450.

(55) [page 39]. *Vridankes Bescheidenheit* par Guillaume Grimm, 1834, p. L et CXXVIII. Tout le jugement sur l'épopée populaire des Allemands et sur les chansons d'amour, exposé dans le *Cosmos* (p. 35-39), est extrait d'une lettre que m'a écrite Guillaume Grimm au mois d'octobre 1845. J'emprunte à un poëme anglo-saxon très-ancien sur les noms des Runes, que Hickes a fait connaître le premier, et qui n'est pas sans rapport avec les chants de l'Edda, une description caractéristique du bouleau (*Birke*). « Les branches du *beorc* sont belles; ses extrémités garnies de feuilles frémissent amoureusement sous le souffle des airs. » Le salut adressé au jour est d'une expression simple et noble. « Le jour est le messager du Seigneur, l'ami de l'homme, la brillante lumière de Dieu, la joie et la confiance des riches et des pauvres, un bienfait pour tous! » Voy. Guillaume Grimm, *ueber deutsche Runen*, 1821, p. 94, 225 et 234.

(5) [page 40]. Jacob Grimm, dans *Reinhart Fuchs*, 1834, p. CCXCIV. Voy. aussi Lassen, *indische Alterthumskunde*, t. I, 1843, p. 296.

(57) [page 41]. Voy. *Die Unæchtheit der Lieder Ossians und des Macpherson'schen Ossian's insbesondere*, publiée en 1840 sous le nom de Talvj, pseudonyme de la spirituelle traductrice des poésies populaires de la Serbie. La première publication d'Ossian par Macpherson est de 1760. Les chants de Finnian retentissent, il est vrai, parmi les Highlanders de l'Écosse aussi bien qu'en Irlande; mais, d'après O'reilly et Drummond, c'est de l'Irlande qu'ils ont été transportés en Écosse.

(58) [page 41]. Voy. Lassen, *indische Alterthumskunde*, t. I, p. 412-415.

(59) [page 42]. Sur les anachorètes indiens, les Vanaprasthes (sylvicolæ) et les Sramanes, nommés aussi par corruption Sarmanes et Garmanes, voy. Lassen, *de Nominibus quibus veteribus appellantur Indorum philosophi*, dans le *Rheinisches Museum für Philologie*, 1833, p. 178-180. Selon Guillaume Grimm, la description d'une forêt que le moine Lambrecht traça, il y a environ 1200 ans, dans son poëme d'*Alexandre*, imité exactement d'un modèle français, reproduit quelque chose de la couleur indienne. Le héros vient dans une forêt merveilleuse, où du calice de larges fleurs naissent des filles de grandeur naturelle et parées de tous les attraits, et il y reste jusqu'à ce que fleurs et filles se soient fanées. Voy. Gervinus *Gesch. der deutschen Litter.*, t. I, p. 282, et Massmann, *Denkmæler*, t. I, p. 16. Ces filles, qui formaient un objet de commerce, habitaient la plus orientale des îles enchantées d'Édrisi, nommée Vacvac; elles sont appelées, dans la traduction latine de Masoudi Khothbeddin, *puellæ Vasvakienses*. Voy. Humboldt, *Examen critique de la géographie*, t. I, p. 53.

(60) [page 43]. Kalidasa vivait à la cour de Vikramaditya, à peu près cinquante-six ans avant notre ère. Le *Ramayana* et le *Mahabharata* sont très-vraisemblablement de beaucoup antérieurs à l'apparition de Bouddha, c'est-à-dire au milieu du VIe siècle avant J.-C. Voy. E. Burnouf, édit. et trad. du *Bhaga-*

vata-Purana, t. I, p. CXI et CXVIII; Lassen, *indische Alterthumskunde*, t. I, p. 356 et 492. George Forster, en traduisant le drame de *Sakountala*, ou plutôt en transportant en allemand, 1791), avec un goût exquis, la traduction anglaise de William Jones, a contribué beaucoup à l'enthousiasme qui, vers cette époque, éclata en Allemagne pour la poésie indienne. J'aime à rappeler à ce sujet deux distiques de Gœthe qui parurent en 1792. « Veux-tu embrasser d'un seul nom les fleurs du printemps et les fruits de l'automne, tout ce qui charme et pénètre, tout ce qui rassasie et nourrit, le ciel et la terre, je te nomme *Sakountala*, et tout est dit. » La dernière traduction allemande du drame indien, faite d'après les textes originaux découverts par Brockhaus, est celle de Otto Bœhlingk, Bonn, 1842; il a été traduit en français par Chézy, Paris, 1830.

(61) [page 44]. Voy. dans mes *Tableaux de la nature* (Considérations sur les steppes et les déserts), t. I, p. 23-28 de la nouvelle traduction française publiée par MM. Gide et Baudry, 1851.

(62) [page 44]. Pour compléter le peu que j'ai pu dire de la littérature indienne, et en indiquer au moins les sources principales, comme je l'ai fait pour les littératures grecque et romaine, je citerai ici quelques considérations générales sur le sentiment de la nature chez les Hindous. Je les dois aux communications manuscrites que m'a faites obligeamment un savant distingué, très-versé dans la connaissance philosophique de la poésie indienne, M. Théod. Goldstucker. « De toutes les influences qui ont aidé au développement intellectuel des Hindous, la première, selon moi, et la plus efficace, est celle qu'a exercée sur ces peuples la riche nature du pays qu'ils habitaient. Un sentiment très-profond de la nature a de tout temps été le trait caractéristique du génie indien. En cherchant à reconnaître les formes diverses sous lesquelles ce sentiment s'est manifesté, on peut marquer trois époques distinctes, dont chacune présente un caractère propre, fondé sur la vie et sur les tendances de ces peuples.

Quelques exemples suffiront pour faire comprendre l'activité de l'imagination indienne, que n'a pu épuiser un travail de près de trois mille ans. La première époque est signalée par les *Védas*. Nous pourrions citer les descriptions à la fois simples et majestueuses de l'aurore et du soleil « aux mains d'or. » Voy. *Rigveda-Sanhitâ*, édit. de Rosen, 1838, hymne XXII, p. 31; XXXV, p. 65; XLVI, p. 88, XLVIII, p. 92; XCII, p. 184; CXIII, p. 233. Voy. aussi Hœfer, *indische Gedichte*, 1841, 1re part., p. 3. L'hommage rendu à la nature fut chez les Hindous, comme chez les autres peuples, la première forme du sentiment religieux; mais ce culte a dans les *Védas* une nuance particulière, en ce qu'il est toujours étroitement associé avec le sentiment de la vie extérieure et intérieure de l'homme. — La seconde époque est très-différente de la première; une mythologie populaire s'est formée, qui a pour but de développer les mythes des *Védas*, de les rendre plus saisissables aux hommes qui ont déjà perdu le sens de la naïveté primitive, et de les combiner avec des événements historiques transportés dans le domaine de la fable. A cette seconde époque appartiennent les deux grandes épopées indiennes. Le *Mahabharata*, moins ancien que le *Ramayana*, se propose aussi, comme but secondaire, d'assurer à la caste des brahmanes une influence dominante parmi les quatre castes établies par l'ancienne constitution de l'Inde. Aussi le *Ramayana* est-il plus beau et le sentiment de la nature y est-il plus saisissant; il est resté sur le vrai sol de la poésie, et n'a pas été forcé de recevoir des éléments étrangers ou même opposés à la poésie. Dans ces compositions épiques, la nature ne remplit plus le talbeau tout entier, comme dans les *Védas*; elle n'en forme qu'une partie. Deux points essentiels distinguent la conception de la nature, à cet âge du poëme héroïque, et le sentiment du monde extérieur tel qu'il se manifestait dans les *Védas*, sans parler même des différences inévitables entre le style des hymnes et celui du récit. En premier lieu, le poëte épique s'attache à décrire des sites déterminés. On peut lire, par exemple, dans la traduction du *Ramayana*, par G. de Schlegel, le premier livre intitulé *Balakanda*, et le second *Ayodhyakanda*. Voy. aussi sur la différence des deux grandes épopées indiennes Lassen, *indische Alterthumskunde*, t. I, p. 482. Le second point qui se rattache très-intimement au premier, consiste dans les objets nouveaux auxquels s'applique le sentiment de la nature. Il était dans le caractère de la légende et surtout de la narration historique d'introduire des descriptions individuelles de la nature à la place de vagues tableaux. Les créateurs des grandes formes épiques, soit Valmiki, qui chante les exploits de Rama, soit les auteurs du *Mahabharata*, que la tradition a confondus sous le nom collectif de Vyasa, tous se montrent dans leurs récits comme subjugués par un sentiment puissant de la nature. Le voyage de Rama qui se rend d'Ayodhya à la résidence royale de Dschanaka, sa vie dans la forêt, son départ pour Lanka (l'île de Ceylan), où habite le sauvage Ravana, le ravisseur de sa femme Sita, offrent au poëte enthousiaste, aussi bien que la vie solitaire des Pandavas, l'occasion de suivre les inspirations naturelles du génie indien et de rattacher aux exploits de ses héros de brillantes descriptions de la nature. Comp. *Ramayana*, édit. de Schegel, l. I, c. 26, v. 13-15 ; l. II, c. 56, v. 6-11 ; *Nalus*, édit. de Bopp, 1832, chant XII, v. 1-10. Il y a encore une autre différence, tenant également au sentiment de la nature extérieure, entre cette seconde époque et celle des *Védas*, c'est que la sphère de la poésie elle-même s'est agrandie. L'objet de la poésie n'est plus, comme précédemment, l'apparition des puissances célestes ; elle embrasse la nature entière, les espaces du ciel et de la terre, le monde des animaux et des plantes, dans leur luxuriante abondance et dans leur influence sur l'âme humaine. — Si l'on passe à la troisième époque de la littérature poétique des Hindous, en laissant de côté les *Pouranas*, destinés à développer l'élément religieux sous la forme de l'esprit de secte, la nature exerce un empire souverain ; mais la poésie descriptive est fondée sur une observation plus savante et plus précise. Parmi les grands poëmes de cette époque, nous mentionnerons ici le *Bhattikavya*, c'est-à-dire le poëme de Bhatti qui, comme le

Ramayana, a pour objets les exploits de Rama, et dans lequel se succèdent des tableaux imposants de la vie des forêts pendant un exil du héros, des descriptions de la mer, de ses charmants rivages et de l'aube du jour à Lanka. Voy. *Bhattikavya*, édit., de Calcutta, 1re part., chant 7, p. 432; ch. 10, p. 715; ch. 11, p. 814; comp. aussi Schütz, professeur à Bielefeld, *fünf Gesange des Bhatti-Kâvya*, 1837, p. 1-18. Nous mentionnons encore le poëme du *Sisoupalabadha*, par Magha, avec une agréable description des diverses parties du jour; celui du *Naischada-tscharita*, par Sri-Harscha, mais en faisant observer toutefois que, dans l'épisode de Nalus et de Damayanti, l'expression du sentiment de la nature passe les justes bornes. Ces excès font mieux sentir encore la noble simplicité du *Ramayana*, dans le passage où Visvamitra conduit son élève aux rives du Sona. Voy. *Sisoupalabadha*, édit. de Calc., p. 298 et 372, et comp. Schütz dans l'ouvrage cité plus haut, p. 25-28 ; *Naischada-tscharita*, édit. de Calc., 1re part., v. 77-129; *Ramayana*, édit. de Schlegel, l. I, c. 35, v. 15-18. Kalidasa, le célèbre auteur de *Sacountala*, est passé maître dans l'art de peindre l'influence de la nature sur l'âme des amants. La scène de la forêt, qu'il a tracée dans le drame de *Vikrama et Urvasi*, est une des plus belles productions de la poésie dans tous les temps. Voy. *Vikramorvasi*, édit. de Calc., 1830, p. 71, et la traduction de ce poëme par Wilson, *Select specimens of the Theatre of the Hindus*, Calc., 1827. t. II, p, 63, et par Langlois, *Chefs-d'œuvre du Théâtre indien*, 1828, t. I. p. 185. Dans le poëme *des Saisons*, particulièrement dans la Saison des pluies et dans celle du printemps, comme dans le *Nuage messager*, toutes créations de Kalidasa, l'influence de la nature sur les sentiments de l'homme est encore le sujet principal. (Voy. *Ritousanhâra*, édit. de Bohlen, 1840, p. 11-18 et 37-45, et la traduction allemande du même orientaliste, p. 80-88 et 107-114.) Le *Nuage Messager* (Meghadouta), publié par Wilson et Gildemeister, et traduit par Wilson et Chézy, décrit la tristesse d'un exilé sur le mont Ramagiri. Dans la douleur que lui cause l'absence de sa bien-aimée, il prie un nuage qui vient à passer au-dessus de sa tête, de porter le témoignage de ses regrets. Il trace au nuage la route qu'il doit prendre, et peint le paysage, tel qu'il se reflète dans une âme profondément agitée. Parmi les trésors que la poésie indienne, dans cette troisième période, doit au sentiment populaire de la nature, la mention la plus honorable appartient au *Gitagovinda* de Dchayadeva. Voy. Rückert, *Zeitschrift für die Kunde des Morgenlandes*, t. I, 1837, p. 129-173; *Gitagovinda Jayadevæ poetæ indici drama lyricum*, édit. de Lassen, 1836. Rückert a fait de ce poëme, l'un des plus gracieux mais aussi des plus difficiles de toute la littérature indienne, une excellente traduction en vers, qui rend avec une fidélité admirable l'esprit de l'original et cette conception intime de la nature qui en vivifie toutes les parties. »

(63) [page 45]. *Journ. of the royal Geogr. Society of London*, t. X, 1841, p. 2-3; Rückert, *Makamen Hariri's*, p. 261.

(64) [page 46]. Gœthe, *Commentar zum West-östlichen Divan*, t. VI, p. 73-78 et 111 de ses œuvres complètes (1828).

(65) [page 46]. Voy. le *Livre des Rois*, publié par Jules Mohl, t. I, 1838, p. 487.

(66) [page 47]. Voy. dans Joseph de Hammer, *Geschichte der schœnen Redekünste Persiens*, 1818, p. 96, le passage consacré à Ewhad-eddin Enweri, poëte du XIIe siècle, chez lequel on a découvert une allusion remarquable à l'attraction réciproque des corps célestes. On trouvera encore mentionnées (p. 183) le mystique Djelal-eddin Roumi; (p. 259) Djelal-eddin Adhad; et (p. 403) Feisi, qui se présenta à la cour d'Akbar comme défenseur de la religion de Brahma, et dont les *Gazelles* respirent toute la tendresse des sentiments indiens.

(67) [page 47]. « La nuit tombe quand l'encrier du ciel se

renverse, » c'est ainsi que s'exprime dans un poëme insipide Chodschah Abdallah Wassaf, qui a cependant le mérite d'avoir le premier décrit le grand observatoire de Meragha avec son haut gnomon. Hilali, d'Asterabad, fait « rougir de chaleur le disque de la lune, » et appelle la rosée « la sueur de la lune. » Voy. Joseph de Hammer, *ibid.*, p. 247 et 371.

(68) [page 47]. *Tûirja* ou *Touran* sont des dénominations dont on n'a pas encore découvert l'étymologie; cependant Eugène Burnouf (*Comment. sur le Yaçna*, t. I, p. 427-430) a appelé ingénieusement l'attention sur une satrapie de la Bactriane, nommée par Strabon (l. XI, p. 517, édit. de Casaubon) *Tourina* ou *Touriva*. Mais Du Theil et Groskurd proposent de lire *Tapyria*.

(69) [page 47]. *Ueber ein finnisches Epos*, par Jacob Grimm, 1845, p. 5.

[La poésie finlandaise a trouvé aussi des interprètes en France : il y a plusieurs années, M. X. Marmier avait écrit un article intéressant sur ce sujet dans la *Revue des Deux-Mondes* (1er octobre 1838); depuis, M. Léouzon Le Duc a publié le Kalewala, dans un livre intitulé : *la Finlande, son histoire, sa poésie épique avec la traduction complète du Kalewala*, 1845. — C. G.]

(70) [page 52]. Le CIIIe psaume dans les Bibles catholiques et le CIVe dans les Bibles protestantes. Voy. aussi ps. LXV, v. 7-14; LXXIV, 15-17. L'auteur et le traducteur de ce livre ont suivi l'excellente version de Moïse Mendelsohn. Voy. t. VI de ses Œuvres, p. 220, 238 et 280. On trouve encore, au XIe siècle, quelques nobles reflets de l'ancienne poésie hébraïque, dans des hymnes composés pour les synagogues par un poëte espagnol, Salomo ben Gabirol (Avicébron). Ces hymnes sont une paraphrase poétique du livre *de Mundo*, faussement attribué à Aristote. Voy. Michael Sachs, *Die religiœse Poesie der Juden in Spanien*, 1845, p. 7, 217 et 229. Mose ben Jakob ben Esra offre aussi des

traits empruntés à la vie de la nature, qui sont pleins de force et de grandeur. Voy. dans l'ouvrage ci-dessus p. 69, 77 et 285.

(71) [page 53]. Les passages extraits du livre de *Job* ont été empruntés par l'auteur du *Cosmos* à la traduction et au commentaire de Umbreit (1824, p. XXIX–XLII et 290-314). Comp. Gesenius, *Geschichte der hebræischen Sprache und Schrift*, p. 33, et Ilgen, *de Jobi antiquissimi carminis hebraici natura atque virtutibus*, p. 28. La description la plus longue et la plus caractéristique qu'offre le livre de Job est celle du crocodile (voy. c. XL et XLI); et cependant ce passage contient un des indices d'après lesquels on peut conclure que l'auteur du livre de Job était né dans la Palestine même. (Voy. Umbreit, p. XLI et 308). Mais comme on rencontrait autrefois les hippopotames et les crocodiles dans tout le Delta du Nil, il ne faut pas s'étonner que la connaissance de ces étranges animaux se fût répandue jusque dans la Palestine.

(72) [page 54]. Gœthe, *Commentar zum West-œstlichen Divan*, p. 8.

(73) [page 54]. *Antar, a bedoueen Romance translated from the Arabic*, by Terrick Hamilton, t. I, p. XXVI; Hammer, dans les *Wiener Jahrbücher der litteratur*, t. VI, 1819, p. 229; Rosenmuller, *Charakteren der vornehmsten Dichter aller Nationen*, t. V, p. 251.

(74) [page 55]. *Antara cum schol. Zuzenii*, édit. de Menil, 1816, v. 15.

(75) [page 55]. *Amrulkeisi Moallakat*, édit. de E. G. Hengstenberg, 1823; *Hamasa*, édit. de Freytag, 1828, 1re part., l. VII, p. 785. Voy. aussi le charmant ouvrage intitulé : *Amrilkaïs, der Dichter und Kœnig, übersetzt von Fr. Rückert*, 1843, p. 29 et 62, où deux fois les grandes pluies méridionales sont peintes avec une vérité frappante. Le roi-poëte avait visité, plusieurs années avant la naissance de Mahomet, la cour de l'em-

pereur Justinien, pour demander du secours contre ses ennemis. Voy. le *Diwan d'Amro'lkaïs*, avec une traduction par Mac Guckin de Slane, 1837, p. 111.

(76) [page 55]. *Nabega Dhobyani*, dans Silvestre de Sacy, *Chrestomathie Arabe*, 1826, t. II, p. 404. Comp., sur les commencements de la littérature arabe, Silvestre de Sacy, dans les *Mémoires de l'Académie des Inscriptions*, t. L; Weil, *Die poetische Litteratur der Araber vor Mohammed*, 1837, p. 15 et 90, et Freytag, *Darstellung der arabischen Verskunst*, 1830, p. 372-392, en attendant l'ouvrage de M. Caussin de Perceval sur le même sujet. Le grand poëte Fr. Rückert vient de publier en Allemagne une traduction du *Hamasa*, où est reproduit avec un rare bonheur l'ancien sentiment poétique des Arabes.

(77) [page 55]. *Hamasæ Carmina*, édit. de Freytag, 1re part., 1828, p. 788 : « Ici se termine, est-il dit expressément p. 796, le chapitre du voyage et de la somnolence. »

(78) [page 57]. Dante, *Purgatorio*, canto I, v. 115 :

L'alba vinceva l'ora mattutina
Che fuggia innanzi, si che di lontano
Conobbi il tremolar della marina...

(79) [page 57]. *Purgat.*, V, v. 109-127 :

Ben sai come nell' aer si raccoglie,
Quell' umido vapor, che in acqua riede,
Tosto che sale, dove 'l freddo il coglie...

(80) [page 57]. *Purgat.*, XXVIII, v. 1-24.

(81) [page 58]. *Parad.*, XXX, v. 61-69 :

E vidi lume in forma di riviera
Fulvido di fulgore intra due rive,
Dipinte di mirabil primavera.
Di tal fiumana uscian faville vive,
E d' ogni parte si mettean ne' fiori,
Quasi rubin, che oro circonscrive.
Poi, come inebriate dagli odori,

Riprofondavan se nel miro gurge,
E s' una entrava, un' altra n' uscia fuori.

Je ne cite rien de la *Vita nuova*, parce que les métaphores et les images qu'elle contient ne rentrent pas assez dans le domaine de la nature et de la réalité.

(82) [page 58]. Ces lignes font allusion au sonnet de Bojardo : « Ombrosa selva, che il mio duolo ascolti.... » et aux admirables stances de Vittoria Colonna, commençant par ces mots :

Quando miro la terra ornata e bella,
Di mille vaghi ed odorati fiori...

Fracastor, célèbre à la fois comme médecin, comme mathématicien et comme poëte, nous a laissé, dans son *Naugerius de poetica dialogus*, une belle et très-exacte description de sa maison de campagne, située sur la colline d'Incassi (mons Caphius), auprès de Vérone. Voy. dans les Œuvres de Fracastor, 1591, 1re part., p. 321-326. Voy. aussi, p. 636, un charmant passage sur la culture du citronnier en Italie. Je remarque au contraire avec étonnement qu'il n'existe dans les lettres de Pétrarque aucune trace du sentiment de la nature, pas même lorsque, en 1345, trois ans avant la mort de Laure, il sort de Vaucluse et tente de gravir le mont Ventoux, dans l'espoir que ses regards ardents pourront découvrir sa patrie, ou lorsqu'il visite, soit les rives du Rhin jusqu'à Cologne, soit le golfe de Baia. Pétrarque vivait plutôt dans les souvenirs classiques de Cicéron et des poëtes latins, ou dans les élans enthousiastes de sa mélancolie ascétique que dans le sein de la nature qui l'entourait. Voy. Petrarchæ *Epist. de rebus familiaribus*, l. IV, ep. 1 ; V, 3 et 4, p. 119, 156 et 161, édit. de Lyon, 1601. Il n'y a dans ces lettres de vraiment pittoresque que la description d'une grande tempête qu'il observa à Naples en 1343. Voy. l. V, ep. 5, p. 165.

(83) [page 61]. Humboldt, *Examen critique de l'Histoire de la Géographie du Nouveau Continent*, t. III, p. 227-248.

(84) [page 62]. Voy. plus haut *Cosmos*, t. I, p. 326 et 551.

(85) [page 63]. Journal de Christophe Colomb à son premier voyage, 29 octobre, 25-29 novembre, 7-16 décembre et 21 décembre 1492. Voy. aussi sa lettre à Doña Maria de Guzman, *ama del principe D. Juan*, décembre 1500, dans Navarrete : *Coleccion de los Viages que hiciéron por mar los Españoles*, t. I, p. 43, 65-72, 82, 92, 100 et 266.

(86) [page 63]. Voy. dans la même collection, p. 303-304, *Carta del Almirante á los Reyes, escrita en Jamaica á 7 de julio*, 1503; Humboldt, *Examen critique, etc.*, t. III, p. 231-236.

(87) [page 64]. *Tasso*, canto XVI, st. 9-16.

(88) [p. 64]. Voy. Frédéric Schlegel, *Sæmtliche Werke*, t. II, p. 96, et sur le mélange bizarre des fables anciennes avec les croyances chrétiennes, t. X, p. 54. Camoens a cherché à justifier ce dualisme mytique dans les stances 82-84, auxquelles on n'a pas assez fait attention. Téthys avoue d'une manière un peu naïve, mais avec un admirable élan poétique, « qu'elle-même, Saturne, Jupiter et tout le cortége des dieux ne sont que de pures fables, nées de l'illusion des mortels ; tous ne servent, dit-elle, qu'à donner du charme aux chants du poëte : « A sancta Providencia que em Jupiter aqui se representa.... »

(89) [page 65]. *Os Lusiadas* de Camoens, canto I, est. 19 ; VI, 71-82. Voy. aussi la comparaison dont se sert le poëte, dans la description de l'orage qui éclate au milieu d'une forêt, I, 35.

(90) [page 65]. Le feu St.-Elme : « O lume vivo, que a maritima gente tem por santo, em tempo de tormenta..... » canto V, est. 18. Si une flamme brille seule, c'est l'*Hélène* des marins grecs, elle porte malheur (Pline, l. II, c. 37); deux flammes, *Castor* et *Pollux*, apparaissant avec bruit, comme des oiseaux qui voltigent, sont au contraire d'heureux présages. Voy. Stobée, *Eclogæ physicæ*, l. I, p. 514; Sénèque, *Natur.*

Quæst., l. I, c. 1. Pour se faire une idée de la vérité saisissante dont sont empreintes chez Camoens les descriptions de la nature, on peut voir, dans la grande édit. de Paris, 1818, la *Vida de Camões*, par Dom Joze Maria de Souza, p. CII.

(91) [page 66]. Canto V, est. 19-22. La description de la trombe d'eau, dans Camoens, peut être comparée à la peinture également très-poétique et très-vraie de Lucrèce, l. VI, v. 423-442. Sur l'eau douce, qui vers la fin de l'apparition tombe visiblement de la partie supérieure de la trombe, voy. dans *Amer. Journ. of Sciences* de Silliman, t. XXIX, p. 254-260, un mémoire de Ogden, *On Water Spouts*, résultat d'observations faites en 1820, pendant un voyage de la Havane à Norfolk.

(92) [page 66]. Canto III, est. 7-21. Je suis toujours, pour Camoens, le texte de l'édition princeps de 1572, magnifiquement reproduit dans l'excellente édition de Dom Jose Maria de Souza-Botelho, Paris, 1818. Camoens se proposait avant tout dans son poëme la glorification de sa patrie. Ne serait-il pas digne d'une si grande gloire poétique et d'une telle nation, de faire à Lisbonne même ce qu'on a fait au château grand-ducal de Weimar, dans les salles de Schiller et de Gœthe, c'est-à-dire d'exécuter en fresque, sur des murs bien éclairés et dans de vastes dimensions, les douze compositions dues à un homme dont je m'honore d'avoir été l'ami, à Gérard, et qui ornent l'édition de Souza? Le rêve du roi Don Manoel, dans lequel lui apparaissent les fleuves de l'Indus et du Gange, le géant Adamastor planant au-dessus du cap de Bonne-Espérance (Eu sou aquelle occulto e grande Cabo, a quem chamais vós outros Tormentorio), le meurtre d'Inès de Castro et l'île gracieuse de Vénus, produiraient le plus brillant effet.

(93) [page 67]. Canto X, est. 79-90. Camoens, comme Vespucci, dit que la région du ciel voisine du pôle austral est dégarnie d'étoiles; voy. Canto V, est. 14. Il connaît aussi les glaces des mers antarctiques; voy. V, 27.

(94) [page 67]. Canto X, est. 91-141.

(94) [page 67]. Canto IX, est. 51-63. Comp. Louis Kriegk, *Schriften zur allgemeinen Erdkunde*, 1840, p. 338. Toute la description de *l'île de Vénus*, est un mythe allégorique, ainsi que cela est dit expressément est. 89. Au début seulement du rêve de don Manoel, le poëte a dépeint une contrée de l'Inde boisée et montagneuse; voy. Canto IV, est. 70.

(96) [page 69]. Par amour pour l'ancienne littérature espagnole, et pour le ciel enchanteur sous lequel le poëte Alonso de Ercilla y Zuñiga a composé l'Araucana, j'ai lu consciencieusement, et à deux reprises, cette épopée, qui n'a pas moins de 22000 vers. Je l'ai lue la première fois au Pérou; la seconde fois, tout récemment, à Paris, où, grâce à l'obligeance d'un savant voyageur, M. Ternaux-Compans, j'ai pu comparer avec le poëme d'Ercilla, un livre très-rare, imprimé, en 1596, à Lima, les dix-neuf chants de l'*Arauco domado compuesto por el licenciado Pedro de Oña, natural de los Infantes de Engol en Chile*. Les quinze premiers livres de cette épopée d'Ercilla, dans laquelle Voltaire voit une *Iliade* et Sismondi une *Gazette en vers*, ont été composés entre 1555 et 1563, et publiés dès l'année 1569; les derniers ne furent imprimés qu'en 1590, c'est-à-dire à peine six ans avant le malencontreux poëme de Pedro de Oña, qui porte le même titre que les chefs-d'œuvre dramatiques de Lope de Vega, et dans lequel le cacique Caupolican joue également le rôle principal. Ercilla est naïf et sincère, surtout dans les parties de son poëme qu'il écrivit en plein champ, le plus souvent sur des écorces d'arbres et des peaux de bêtes, faute de papier. Il cause une vive émotion, quand il retrace son indigence et l'ingratitude qu'il éprouva, lui aussi, à la cour du roi Philippe. La fin du 37e chant est particulièrement touchante :

Climas passé, mudé constelaciones,
Golfos inavegables navegando,
Estendiendo, Señor, Vuestra Corona
Hasta la austral frigida zona...

« C'en est fait du printemps de ma vie ; instruit trop tard, je veux dire adieu aux choses de la terre, pleurer et ne plus chanter. » Mais les descriptions, telles que le jardin de l'enchanteur, l'orage qu'Éponamon fait éclater, la peinture de la mer (1re part., p. 80, 135 et 173 ; 2e part., p. 130 et 161, édit. de 1733) sont dénuées de tout sentiment de la nature ; les indications géographiques (Canto XXVII) sont si bien accumulées, qu'il y a, en huit vers, 27 noms propres se suivant sans interruption. La deuxième partie de l'Araucana n'est pas d'Ercilla ; c'est une continuation en 20 chants, faite par Diego de Santistevan Osorio, qui se rattache aux 37 chants d'Ercilla.

(97) [page 69]. Voy. le *Romancero de Romances caballerescos é historicos*, ordenado por D. Agustin Duran, 1re part., p. 189, et 2e part., p. 237. J'ai surtout en vue ces belles strophes :

> Yba declinando el dia...
>
> Su curso y ligeras horas...

et la fuite du roi Rodrigue, qui commence par ces mots :

> Quando las pintadas aves
> Mudas estan y la tierra
> Atenta escucha los rios...

(98) [page 69]. Fray Luis de Leon, *Obras propias y traducciones*, dedicadas á Don Pedro Portocarero, 1681, p. 120 : *Noche serena*. Un profond sentiment de la nature se révèle parfois aussi chez les anciens poëtes mystiques des Espagnols, Fray Luis de Grenada, Santa Teresa de Jesus, Malon de Chaide ; mais ces images de la nature ne sont le plus souvent qu'un voile symbolique, sous lequel se cachent des conceptions idéales et religieuses.

(99) [page 70]. Voy. Caldéron, dans le *Prince constant*, au moment où s'approche la flotte espagnole, acte I, scène 1re, et sur la royauté des bêtes sauvages dans les forêts, acte III, scène 2e.

(100) [page 71]. Tout ce qui, dans le jugement sur Caldéron

et Shakspeare, est entre guillemets, est tiré d'une lettre inédite, adressée à l'auteur par M. Louis Tieck.

(1) [page 74]. Voici l'ordre dans lequel se sont succédés ces divers ouvrages : Jean-Jacques Rousseau, *Nouvelle Héloïse*, 1759 ; Buffon, *Époques de la Nature*, 1778 (l'*Histoire Naturelle* avait paru de 1749 à 1767); Bernardin de Saint-Pierre, *Études de la Nature*, 1784 ; *Paul et Virginie*, 1788 ; *la Chaumière indienne*, 1791 ; Georges Forster, *Reise nach der Südsee*, 1777 ; *kleine Schriften*, 1794. Plus de cinquante ans avant l'apparition de la *Nouvelle Héloïse*, Mme de Sévigné avait déjà exprimé dans ses lettres le sentiment de la nature, avec une vivacité que l'on rencontre rarement au siècle de Louis XIV. On peut voir notamment d'admirables descriptions dans les lettres du 20 avril, du 31 mai, du 15 août, du 16 septembre et du 6 novembre 1671, du 23 octobre et du 28 décembre 1689. Voy. aussi Aubenas, *Histoire de Mme de Sévigné*, 1842, p. 201 et 427. Si un peu plus loin (p. 76) j'ai rappelé le vieux poëte allemand, Paul Flemming, qui, de 1633 à 1639, accompagna Adam Olearius dans son voyage en Moscovie et en Perse, c'est que, selon le témoignage de mon ami Varnhagen d'Ense (*biographische Denkmæhler*, t. IV, p. 4, 75, et 129), ses poésies ont la fraîcheur de la santé, et que ses images de la nature sont à la fois vives et tendres.

(2) [page 77]. Lettre de l'Amiral, écrite de la Jamaïque le 7 juillet 1503 : « El mundo es poco ; digo que el mundo no es tan grande como dice el vulgo. » (Navarrete, *Coleccion de Viages españoles*, t. I, p. 300.)

(3) [page 80]. Voy. une fort belle description de Taïti, par Charles Darwin, *Journal and Remarks*, 1832-1836, dans l'ouvrage intitulé : *Narrative of the Voyages of the Adventure and Beagle*, t. III, p. 479-490.

(4) [page 84]. Sur les mérites de Georges Forster comme

homme et comme écrivain, voy. Gervinus, *Geschichte der deutschen Litteratur*, t. V, p. 390-392.

(5) [page 82]. Freytag, *Darstellung der arabischen Verskunst*, 1830, p. 402.

(6) [page 87]. Hérodote, l. IX, c. 88.

(7) [page 87]. Une partie des œuvres de Polygnote et de Mikon, au moins les peintures qui représentaient la bataille de Marathon dans le Pécile d'Athènes, existaient encore, d'après le témoignage d'Himerius, à la fin du IVe siècle de notre ère; ces œuvres, à cette époque, avaient environ 850 ans. Voy. Letronne, *Lettres sur la Peinture historique murale*, 1835, p. 202 et 453.

(8) [page 87]. *Philostratorum Imagines*, édit. de Jacobs et Welcker, 1825, p. 79 et 485. Les deux savants éditeurs défendent contre les soupçons dont elle a été l'objet cette description des tableaux qui ornaient l'ancienne Pinacothèque de Naples. Voy. Jacobs, p. XVII et XLVI, et Welcker, p. LV et LXVI. Otfried Muller suppose que les tableaux des Iles (II, 17), des Marais (I, 9), du Bosphore et des Pêcheurs (I, 12 et 13) avaient beaucoup de ressemblance avec la mosaïque de Palestrine. Platon fait aussi mention, dans l'introduction du *Critias*, p. 107, de la peinture appliquée à la reproduction des montagnes, des fleuves et des forêts.

(9) [page 87]. Cette amélioration fut introduite principalement par Agatharchus ou du moins d'après ses instructions. Voy. Aristote, *Poétique*, c. 4, § 16; Vitruve, l. V, c. 7, et la préface du livre VII (t. I, p. 292, et t. II, p. 56, édit. de Alois. Marini, 1836). Comp. Letronne, *Lettres sur la Peinture murale*, p. 271-280.

(10) [page 88]. Sur les objets de la *Rhopographia*, voy. Welcker, *Philostr. Imag.*, p. 397.

(11) [page 88]. Vitruve, l. VII, c. 5. (T. II, p. 91.)

(12) [page 88]. Hirt, *Geschichte der bildenden Künste bei den Alten*, 1833, p. 332, et Letronne, *Lettres sur la Peinture murale*, p. 262 et 468.

(13) [page 88]. Ludius qui primus (?) instituit amœnissimam parietum picturam. (Pline, *Histoire naturelle*, l. XXXV, c. 37.) Les *topiaria opera* de Pline et les *varietates topiorum* de Vitruve étaient de petits paysages qui servaient de décorations. — Le passage de Kalidasa, cité dans le texte, est extrait de *la Reconnaissance de Sacountola*, acte VI (p. 90 de la traduction de Chézy, 1830).

(14) [page 89]. Otfried Muller, *Archæologie der Kunst*, 1830, p. 600. Ayant signalé dans le texte les peintures découvertes à Pompéi et Herculanum comme les productions d'un art peu naturel, je dois mentionner ici quelques rares exceptions, qui sont des *paysages* dans le sens moderne du mot. Voy. *Pitture d'Ercolano*, t. II, tab. 45, et t. III, tab. 53. Voy. aussi, dans le t. IV, tab. 61, 62 et 63, des paysages servant de fond à de charmantes compositions historiques. Je ne parle pas ici d'un tableau remarquable, reproduit dans les *Monumenti dell' Instituto di Corrispondenza archeologica*, t. III, tab. 9, dont l'ancienneté a déjà été mise en doute par un habile archéologue, Raoul Rochette.

(15) [page 90]. Ad. de Hoff (*Geschichte der Verænderungen der Erdoberflæche*, 1824, 2ᵉ part., p. 195-199) s'est élevé contre cette opinion de Du Theil, que la ville de Pompéi était encore dans tout son éclat sous Adrien, et qu'elle ne fut complétement détruite qu'à la fin du vᵉ siècle.

(16) [page 90]. Voy. Waagen, *Kunstwerke und Künstler in England und Paris*, 1839, 3ᵉ part., p. 195-201, et surtout p. 217-224, où se trouve décrit le célèbre psautier du xᵉ siècle,

conservé dans la bibliothèque impériale de Paris ; ce livre prouve combien le goût antique s'est longtemps conservé à Constantinople. Lorsque je faisais des cours publics, en 1828, j'ai dû aux communications amicales du professeur Waagen, directeur de la galerie de tableaux à Berlin, et profondément versé dans toutes les questions de cette nature, d'intéressantes notices sur l'histoire de l'art, après la période de l'empire romain. Les indications que j'ai eu l'occasion de recueillir depuis, sur le développement successif de la peinture de paysage, ont été soumises, dans l'hiver de 1835, au célèbre auteur des *italienische Forschungen*, le baron de Rumohr, mort malheureusement avant l'âge, qui m'a fourni un grand nombre d'explications historiques, en m'autorisant à les publier tout au long, si la forme de mon livre le permettait.

(17) [page 91]. Waagen, *Kunstwerke und Künstler*, etc., 1re part., 1837, p. 59, et 3e part., 1839, p. 352-359.

(18) [page 92]. « Dans le belvédère du Vatican, Pinturicchio peignait déjà des paysages qui formaient à eux seuls tout le tableau ; ces peintures étaient riches et habilement composées. Pinturicchio a eu de l'influence sur Raphaël, dans les paysages duquel on remarque beaucoup de particularités qui ne sauraient venir du Pérugin. Chez Pinturicchio et ses amis, se trouvent déjà ces remarquables montagnes à pic, que, dans vos leçons, vous incliniez à regarder comme un souvenir du Tyrol et des cônes de dolomite, devenus si célèbres grâce à Léopold de Buch, et qui avaient pu faire impression sur les artistes voyageurs, toujours sur le chemin de l'Allemagne et de l'Italie. Je crois plutôt que ces montagnes des anciens paysages italiens sont des imitations conventionnelles, faites d'après des reliefs antiques et des études de fantaisie, ou une reproduction tronquée du Soracte et de quelque autre montagne isolée dans la campagne de Rome. » (Extrait d'une lettre adressée à A. de Humboldt par Frédéric de Rumohr, octobre 1832.) Pour se faire une

idée des montagnes coniques et des pics aigus dont il est ici question, on n'a qu'à se rappeler le paysage de fantaisie qui forme le fond de l'admirable portrait de la Mona Lisa, femme de Francesco del Giocondo, par Léonard de Vinci. — Parmi les peintres qui, dans l'école hollandaise, ont cultivé spécialement et avec succès le paysage, il faut citer encore le successeur de Patenier, Herry de Bles, dit Civetta, et plus tard les frères Matthæus et Paul Bril qui, dans leur séjour à Rome, mirent en faveur cette branche de l'art. En Allemagne, Albrecht Altdorfer, élève de Durer, cultiva le paysage un peu avant Patenier et avec plus de bonheur que lui.

(19) [page 92]. Peint pour l'église San Giovanni e Paolo, à Venise.

(20) [Page 93]. Guillaume de Humboldt, *gesammelte Werke*. t. IV, p. 37. Voy. aussi sur les différentes phases de la vie de la nature et sur les dispositions de l'âme produites par la vue du paysage, les spirituelles lettres de Carus, *ueber die Landschaftmalerei*, 1831, p. 45.

(21) [page 94]. Le grand siècle de la peinture de paysage réunit : Jean Breughel, 1569-1625; Rubens, 1577-1640; le Dominicain, 1581-1641 ; Philippe de Champaigne, 1602-1674; Nicolas Poussin, 1594-1655; Gaspard Poussin (Dughet), 1613-1675; Claude Lorrain, 1600-1682; Albert Cuyp, 1606-1672; Jean Both, 1610-1650, Salvator Rosa, 1615-1673; Everdingen, 1621-1675; Nicolas Berghem, 1624-1683; Swanevelt, 1620-1690; Ruysdael, 1635-1681; Minderhoot Hobbema; Jean Winants; Adrien Van de Velde, 1639-1672; Charles Dujardin, 1644-1687.

(22) [page 94]. Un vieux tableau de Cima da Conegliano, de l'école de Bellino, représente, sous une forme singulièrement capricieuse, des dattiers ayant un bouton au milieu de leur couronne de feuillage. Voy. *Galerie de Dresde*, 1835, n° 40.

(23) [page 95]. *Galerie de Dresde*, 1835, n° 917.

(24) [page 96]. Franz Post ou Poost était né à Harlem, en 1620; il y mourut en 1680. Son frère accompagnait aussi le prince Maurice de Nassau, en qualité d'architecte. On pouvait voir, dans la galerie de Schleisheim, quelques-uns de ses tableaux, représentant les rives du fleuve des Amazones. Il en existe d'autres à Berlin, à Hanovre et à Prague. Les gravures qui ornent le *Voyage du prince Maurice de Nassau*, par Barlæus, et celles qui se trouvent dans la collection de Berlin témoignent d'un sentiment vrai de la nature exotique. La forme des côtes, l'aspect du sol et celui de la végétation y sont heureusement saisis. On y voit des musacées, des cactus, des palmiers, des figuiers, avec ces excroissances qui garnissent le pied de l'arbre et sont plaquées comme des planches. Les vues pittoresques du Brésil se terminent assez bizarrement (pl. 55) par une forêt de pins allemands qui environne le château de Dillenburg. — La remarque faite dans le texte (p. 95) au sujet de l'influence que peut avoir exercée, vers le milieu du XVIe siècle, sur la connaissance des plantes tropicales et de leur physionomie caractéristique, l'établissement de jardins botaniques dans le nord de l'Italie, me donne l'occasion de rappeler un fait avéré : c'est qu'au XIIIe siècle, Albert le Grand, qui avait également à cœur la philosophie d'Aristote et la science de la nature, possédait une serre chaude à Cologne, dans le couvent des Dominicains. Cet homme célèbre, soupçonné déjà de magie pour son automate parlant, donna le 6 janvier 1249 une fête en l'honneur de Guillaume de Hollande, qui vint à passer par Cologne. La fête eut lieu dans le vaste jardin du couvent, où Albert le Grand entretenait durant l'hiver, au milieu d'une douce chaleur, des arbres fruitiers et des plantes en fleurs. Le récit, sans doute fort exagéré, de ce banquet se trouve dans la *Chronica* de Jean de Beka, qui date du milieu du XIVe siècle. Voy. Beka et Heda, *de Episcopis Ultrajectinis*, recogn. ab Arn. Buchelio, 1643, p. 79; Jourdain, *Recherches critiques sur les Traductions d'Aristote*, 2e édit., 1843, p. 304;

Buhle, *Geschichte der Philosophie*, t. V, p. 296. Bien que les anciens, comme le montrent quelques découvertes faites dans les fouilles de Pompéï, connussent les vitres de verre, rien ne prouve jusqu'à ce jour que les serres chaudes et les maisons de verre fussent en usage dans l'ancienne horticulture. La distribution de la chaleur dans les bains par les *caldaria* aurait pu leur en donner l'idée, mais la brièveté de l'hiver en Grèce et en Italie empêcha qu'on y songeât. Les jardins d'Adonis (κῆποι Ἀδώνιδος), qui indiquent si bien le sens des fêtes célébrées en l'honneur de ce héros, se composaient, d'après Bœckh, de plantations contenues dans de petits pots et représentant le jardin où Vénus s'unit à Adonis, symbole de la jeunesse trop tôt flétrie, de la croissance féconde et de la destruction. Les *Adonies* étaient par conséquent une sorte de fête funèbre à l'usage des femmes, une de ces fêtes dans lesquelles l'antiquité déplorait le deuil de la nature. De même que nous opposons les plantes nées en serres chaudes aux libres productions de la nature, les anciens se sont souvent servis proverbialement de ce mot *jardin d'Adonis*, pour désigner un développement trop hâtif, qui n'était pas venu à maturité et n'avait pas chance de vivre. Ce n'étaient pas des fleurs aux couleurs variées, qu'on faisait venir rapidement, à force de soins, c'étaient des laitues, du fenouil, de l'orge et du froment; on choisissait non pas l'hiver, mais l'été, et cela ne durait pas plus de huit jours. Creuzer, dans sa *Symbolik und Mythologie*, t. II, 1840, p. 427, 430, 479 et 481, croit cependant que, à part la chaleur naturelle, on hâtait aussi le développement des plantes qui composaient les jardins d'Adonis, dans des pièces artificiellement chauffées. — Le jardin du cloître des dominicains, à Cologne, rappelle un cloître de Saint-Thomas, situé au Groenland ou en Islande, dont le jardin était toujours dépourvu de neige, grâce à des sources naturelles d'eau bouillante, ainsi que le rapportent les frères Zeni, dans la relation des voyages qu'ils firent de 1388 à 1404, relation qui ne permet guère de déterminer les localités qu'ils parcoururent. Voy. Zurla, *Viaggiatori veneziani*, t. II, p. 63-69, et Humboldt,

Examen crit. de l'Hist. de la Géographie, t. II, p. 127. Dans nos jardins botaniques, l'établissement des serres proprement dites paraît être beaucoup plus récent qu'on ne le croit d'ordinaire. Ce fut à la fin du XVIIe siècle qu'on obtint pour la première fois des ananas mûrs. Voy. Beckmann, *Geschichte der Erfindungen*, t. IV, p. 287. Linné affirme, dans la *Musa Cliffortiana florens Hartecampi*, qu'on vit pour la première fois fleurir un bananier, en Europe, dans le jardin du prince Eugène, à Vienne, en 1731.

(25) [page 97]. Ces images de la végétation tropicale qui donnent une idée de ce que l'on entend par la *physionomie des plantes*, forment au Musée de Berlin, dans la division des miniatures, dessins et gravures, un trésor auquel jusqu'ici aucune autre collection ne saurait être comparée. Les feuilles publiées par le baron de Kittlitz portent pour titre : *Vegetations-Ansichten der Küstenländer und Inseln des stillen Oceans aufgenommen* 1827-1829 *auf der Entdeckunsreise der kais. russ. Corvette Senjawin*, Siegen 1844. On sent aussi une grande vérité dans les dessins de Karl Bodmer qui, gravés avec beaucoup d'art, décorent le Voyage du prince Maximilien de Wied dans l'intérieur de l'Amérique septentrionale.

(26) [page 102]. Voy. Humboldt, *Tableaux de la Nature*, 1851, t. II, p. 1—36, et deux ouvrages très-instructifs : Fr. de Martius, *Physiognomie des Pflanzenreiches in Brasilien*, 1824 ; et M. de Olfers, *allgemeine Uebersicht von Brasilien*, dans les Voyages de Feldner, 1828, 1re part., p. 18-23.

(27) [page 110]. Guillaume de Humboldt, *Briefwechsel mit Schiller*, 1830, p. 470.

(28) [page 112]. Diodore, l. II, c. 13. Cet historien ne donne au célèbre jardin de Semiramis que 12 stades de circuit. Les défilés du Bagistanus s'appellent encore aujourd'hui *l'Arc* ou *la Circonférence du Jardin* (Tauki bostan). Voy. Droysen, *Geschichte Alexanders des Grossen*, 1833, p. 553.

(29) [page 113]. On lit dans le *Schahnameh* de Firdousi : « Zerdouscht planta devant le temple du Feu, à Kischmer, dans le Khorasan, un cyprès élancé, né dans le Paradis. Il avait écrit sur ce haut cyprès : Gouschtasp (Hystaspe) s'est converti à la vraie doctrine ; il a pris à témoin l'arbre élancé ; ainsi Dieu répand la justice. Lorsque plusieurs années se furent écoulées, le haut cyprès se développa et devint si gros que le lacet du guerrier n'en pouvait pas embrasser le contour. Quand il fut couronné de nombreux rameaux, Gouschtasp l'enferma dans un palais d'or pur... et fit repandre partout ces paroles : Où y a-t-il sur la terre un cyprès comme celui de Kischmer? Dieu m'a envoyé cet arbre du Paradis en me disant : Pars de là vers le Paradis. » Lorsque le Chalife Motewekkil fit couper le cyprès vénéré des Mages, on lui attribuait 1450 ans d'existence. » Voy. Vullers, *Fragm. ueber die Religion des Zoroaster*, 1831 ; p. 71 et 114 (ouvrage traduit sur les fragments publiés par M. J. Mohl en 1829) ; Ritter, *Erdkunde von Asien*, t. VI, sect. 1, 1831, p. 242. M. Mohl a publié jusqu'à ce moment trois volumes de l'édition et de la traduction du *Schahnameh*, 1838-1846. Le cyprès (en arabe Arar, en persan Serw kohi) paraît être originaire des montagnes de Bousih à l'ouest d'Hérat. Voy. la *Géographie* d'Édrisi, traduite par Jaubert, 1836, t. I, p. 464. On lira aussi avec intérêt un mémoire de M. Lajard sur *le Culte du cyprès pyramidal*, inséré dans les *Annales de l'Institut Archéologique*, Paris, 1847.

(30) [page 113]. Achille Tatius, l. I, c. 25 ; Longus, *Pastoralia*, l. IV, p. 63, édit. de Seiler. « Gesenius, *Thesaurus linguæ hebraicæ*, t. II, p. 1124, établit fort bien, dit Buschman, que le mot *Paradis* appartient primitivement à l'ancienne langue persane. L'usage s'en est perdu dans la langue nouvelle. Firdousi, bien que son nom lui-même soit un dérivé de ce mot, ne se sert habituellement que du mot *Behischt ;* mais Pollux (*Onomast.*, l. IX, c. 3) et Xénophon (*Œconom.*, c. 4, § 13 et 21, *Anabas.*, l. I, c. 2, § 7, et I, 4, 10 ; *Cyrop.*, I, 4, 5) affirment expressément que *Paradis* appartient à l'ancienne langue persane. »

Dans le sens de jardin de plaisance ou simplement de jardin, ce mot est passé vraisemblablement du persan dans l'hébreu *Pardês* (*Cantique*, c. 4, v. 13; *Nehemias*, 2, 8, et *Eccles.*, 2, 5), dans l'arabe *Firdaus*, plur. *farâdis* (*Alcoran*, sur. 23, 11, et s. *Luc.*, c. 23, v. 43), dans le syriaque *fardaiso* (Castelli, *Lexicon syriacum*, 1788, p. 725), dans l'arménien *Partês* (Ciakciak, *Dizionario armeno*, 1837, p. 1194, et Schrœder, *Thes. ling. armen.*, 1711, præf., p. 56). On a voulu faire descendre le mot persan du sanscrit *pradêsa* ou *paradêsa*, cercle, contrée, région étrangère. Cette étymologie, indiquée déjà par Benfey dans son *griech. Wurzellexikon*, t. I, 1839, p. 138, par Bohlen et par Gesenius, peut sembler satisfaisante quant à la forme des mots, mais elle l'est moins pour le sens. »

(31) [page 113]. Hérodote, l. VII, c. 31. Ce platane était situé entre Kallatebos et Sardes.

(32) [page 113]. Ritter, *Erdkunde von Asien*, t. IV, sect. 2, 1836, p. 237, 251 et 681 ; Lassen, *indische Alterthumskunde*, t. I, p. 260.

(33) [page 114]. Pausanias, l. I, c. 21, § 9. Voy. aussi *Arboretum sacrum*, dans Meursii *Opera*, ex recens. Joann. Lami, Florence, 1753, t. X, p. 777-784.

(34) [page 114]. *Notice historique sur les jardins des Chinois*, dans les *Mémoires concernant les Chinois*, t. VIII, p. 309.

(35) [page 115]. Ibid., p. 318-320.

(36) [page 115]. Sir George Staunton, *Account of the Embassy of the Earl of Macartney to China*, t. II, p. 245.

(37) [page 115]. Le prince de Pueckler Muskau, *Andeutungen ueber Landschaftsgærtnerei*, 1834. Voy aussi les descriptions pittoresques des parcs anglais, anciens et nouveaux, et des jardins égyptiens de Schoubra.

(38) [page 116]. *Éloge de la ville de Moukden*, poëme composé par l'empereur Kien-Long et traduit par le P. Amiot, 1770, p. 18, 22-25, 37, 63-68, 73-87, 104 et 120.

(39) [page 117]. *Mémoires concernant les Chinois*, t. II, p. 643-650.

(40) [page 117]. Ph. Fr. de Siebold, *Kruidkundige Naamlijst van japansche en chineesche Planten*, 1844, p. 4. Quelle distance entre la variété de ces plantes, cultivées depuis tant de siècles dans la partie orientale de l'Asie, et la collection énumérée par Columelle dans son maigre poëme *de Cultu Hortorum* (v. 95-105, 174-176, 255-271, 295-306), qui formait cependant toutes les ressources des plus célèbres tresseuses de couronnes à Athènes. Ce fut sous les Ptolémées que pour la première fois, en Égypte et surtout à Alexandrie, on rechercha dans les jardins la variété des plantes, et qu'on s'efforça de les cultiver durant l'hiver. Voy. Athénée, l. V, p. 196.

NOTES

DE LA SECONDE PARTIE.

(1) [page 122]. *Kosmos*, t. I, p. 50-58.

(2) [page 129]. Niebuhr, *Histoire romaine*, traduite par Golbéry, t. I, p. 87 et 88; Droysen, *Geschichte der Bildung des hellenistischen Staatensystems*, 1843, p. 31-34, 567-573, Fr. Cramer, *de Studiis quæ Veteres ad aliarum gentium contulerunt linguas*, 1844, p. 2-13.

(3) [page 131]. En sanscrit le riz s'appelle vrîhi; le coton, karpâsa; le sucre, 'sarkara; le nard, nanartha; voy. Lassen, *indische Alterthumskunde*, t. I, 1843, p. 245, 250, 270, 289, 538. Sur les mots 'sarkara et kanda, d'où vient notre *sucre candi* (en allem. *Zuckerkand*), voy. Humbold, *Prolegomena de distributione geographica Plantarum*, 1817, p. 211 : « Confudisse videntur veteres saccharum verum cum Tebaschiro Bambusæ, tum quia utraque in arundinibus inveniuntur, tum etiam quia vox sanscradana *scharkara*, quæ hodie (ut pers. *schakar* et hindost. *schukur*) pro saccharo nostro adhibetur, observante Boppio, ex auctoritate Amarasinhæ, proprie nil dulce (*madu*) significat, sed quicquid lapidosum et arenaceum est, ac vel calculum vesicæ. Verisimile igitur, vocem *scharkara* initio duntaxat tebaschirum (*saccar mombu*) indicasse, posterius in saccharum nostrum humilioris arundinis (*ikschu*,

kandekschu, kanda) ex similitudine aspectus translatam esse. Vox Bambusæ ex *mambu* derivatur; ex *kanda* vox germanica *Zuckerkand*, gallica *sucre candi*. In *tebaschiro* agnoscitur Persarum *schir*, h. e. lac, sanscr. *kschiram*. » Le nom sanscrit du tabaschir est tvakkschîrâ, lait tiré de l'écorce des arbres (tvatsch). Voy. Lassen, *ibid.*, p. 271-274; Pott, *Kurdische Studien*, dans la *Zeitschrift für die Kunde des Morgenlandes*, t. VII, p. 163-166, et l'excellente dissertation de Carl Ritter, dans *Erdkunde von Asien*, t. VI, sect. 2, 1840, p. 232-237.

(4) [page 134]. Ewald, *Geschichte des Volkes Israel*, t. I, 1843, p. 332-334; Lassen, *indische Alterthumskunde*, t. I, p. 528. Voy. aussi sur les Chaldéens et sur les Kourdes, nommés par Strabon Kyrtiens, Rœdiger, *Zeitschrift für die Kunde des Morgenlandes*, t. III, p. 4.

(5) [page 134]. L'ancien pays du Zend, nommé Bordj, *nombril des eaux données par Ormuzd*, est situé vers l'endroit où l'extrémité occidentale des monts Célestes (Thian-chan) croise presque à angle droit le système du Bolor (Belourtagh), sous le nom de chaîne d'Asferah, au nord du plateau de Pamer (Upa-mêrou, pays situé au-dessus du Mérou). Comp. Burnouf, *Commentaire sur le Yaçna*, t. I, p. 239, et *Addit.*, p. CLXXXV, avec Humboldt, *Asie Centrale*, t. I, p. 163; t. II, p. 16, 377 et 390.

(6) [page 135]. Indications chronologiques, relatives à l'histoire de l'Égypte : 3900 av. J.-C., Ménès (cette date n'est certainement pas trop reculée et paraît être assez exacte); 3430, commencement de la IVe dynastie, comprenant les constructeurs de pyramides, Chephren-Schafra, Cheops-Choufou et Mycerinos ou Menkera; 2200, invasion des Hycsos, sous la XIIe dynastie, à laquelle appartient Amenemha III, fondateur du premier labyrinthe. Avant Ménès (3900 av. J.-C.), il faut encore supposer un millier d'années et peut-être davantage, pour le développement progressif de cette civilisation qui était arrivée à sa matu-

rité au moins 3430 ans avant notre ère, et dès cette époque peut-être s'était immobilisée en partie. (Extraits de différentes lettres adressées à l'auteur par le professeur Lepsius, au retour de sa brillante expédition en Égypte, mars 1846). Voy. aussi dans le spirituel et savant ouvrage de Bunsen, *Ægyptens Stelle in der Weltgeschichte*, 1835, t. I, p. 11-13, le passage où, distinguant *les commencements de l'humanité, les commencements des peuples*, et ce qu'on appelle d'ordinaire l'*histoire universelle*, il conclut ainsi : « Cette histoire, rigoureusement parlant, ne peut être que l'histoire de l'humanité *nouvelle*, ou l'histoire *nouvelle* de notre race, en supposant qu'il puisse y avoir une histoire de ces mystérieuses origines. » — La conscience historique et la chronologie régulière des Chinois remontent à 2400 ans, ou même à 2700 ans avant notre ère, c'est-à-dire bien au delà de Jou et jusqu'à Hoang-ti. On possède beaucoup de monuments littéraires du XIIIe siècle avant notre ère, et ce fut pendant le XIIe que Tscheou-Koung, d'après le livre du Tscheou-li, mesura la longueur de l'ombre du soleil au solstice, dans la ville de Lo-yang, bâtie au sud du fleuve Jaune, avec une telle précision que Laplace a trouvé cette longueur d'accord avec la théorie du changement d'obliquité de l'écliptique, qui fut établie pour la première fois à la fin du dernier siècle. Devant un pareil témoignage, il n'est plus permis de soupçonner qu'on ait antidaté des faits postérieurs. Voy. Édouard Biot, *Constitution politique de la Chine au* XIIe *siècle avant notre ère*, 1845, p. 3 et 9. La fondation de Tyr et de l'ancien temple de Melkarth (l'Hercule tyrien) doit, d'après le calcul présenté à Hérodote par les prêtres (l. II, c. 44), remonter à 2760 avant notre ère. Voy. Heeren, *de la Politique et du Commerce des peuples de l'antiquité*, t. II, p. 12, de la traduct. franç. Simplicius estime, d'après un témoignage de Porphyre, que les observations astronomiques des Babyloniens, qui étaient connues d'Aristote, datent de l'an 1903 avant Alexandre le Grand, et Ideler, qui a apporté dans l'étude de la chronologie tant de pénétration et de profondeur, regarde cette conjecture comme n'étant nullement invraisemblable. Voy. son *Handuch der Chronologie*, t. I, p. 207; les *Mémoires de l'Académie de Berlin*, année 1814, p. 217, et Boeckh, *metrologische Untersuchungen ueber die Masse des Alterthums*, 1838, p. 36. — On ne peut encore résoudre la question de savoir si, dans l'Inde, la certitude historique commence plus de 1200 ans avant notre ère. La chronique de Kachmir (*Radjatarangini*, trad. en franç. par Troyer, Paris, 1840), laisse elle-même subsister des doutes, tandis que Mégasthène, dans ses *Indica* (édit. de Schwanbeck, 1846, p. 50), compte, pour 153 rois de la dynastie de Magadha, depuis Manou jusqu'à Tchandragoupta, 60 et même 64 siècles, et que l'astronome Aryabhatta fait reculer l'ère indienne jusqu'à l'an 3102 av. J.-C. Voy. Lassen, *indische Alterthumskunde*, t. I, p. 473, 505, 507 et 510. — Afin de mieux faire sentir quelle haute portée les chiffres rassemblés dans cette note ont pour l'histoire de la civilisation humaine, nous rappellerons que, chez les Grecs, on place ordinairement la ruine de Troie à l'an 1184, Homère vers l'an 1000 ou 950, l'historien Cadmus de Milet vers 524 ans avant notre ère. Ce rapprochement montre à quels longs intervalles et avec quelle irrégularité est né, chez les peuples les plus susceptibles de culture, le besoin de noter d'une manière exacte les faits et les grandes entreprises, et nous remet involontairement en mémoire les paroles que Platon, dans le *Timée* (p. 22 B), fait dire aux prêtres de Saïs : « O Solon, Solon ! vous autres Hellènes, vous restez toujours des enfants ; il n'y a pas un vieillard en Grèce, vos âmes sont toujours jeunes, vous n'avez en vous aucune notion de l'antiquité, aucune vieille croyance, aucune science que le temps ait blanchie. »

(7) [page 135]. Voy. *Cosmos*, t. I, p. 94 et 174.

(8) [page 135]. Guillaume de Humboldt, *Werke*, t. I, p. 73.

(9) [page 139]. *Cosmos*, t. I, p. 340 et 389. *Asie centrale*, t. III, p. 24 et 143.

(10) [page 140]. Platon, *Phédon*, c. 58 (p. 109 B). Comp. Hérodote, l. II, c. 21. Cléomède creusait aussi la surface de la terre à la partie centrale, pour y faire tenir la mer Méditerranée. Voy. Voss, *kritische Blætter*, 1828, t. II, p. 144 et 150.

(11) [page 141]. J'ai développé cette idée pour la première fois dans la *Relation historique du Voyage aux régions équinoxiales*, t. III, p. 236, et dans l'*Examen critique de l'histoire de la Géographie*, t. I, p. 36-38. Voy. aussi Otfried Muller, dans les *Gœttingische gelehrte Anzeigen*, 1838, t. 1, p. 375. Le bassin le plus occidental, qu'on appelle d'une manière générale le bassin de la mer Tyrrhénienne, se compose, d'après Strabon, des mers d'Ibérie, de Ligurie et de Sardaigne; le bassin des Syrtes, à l'est de la Sicile, comprend la mer d'Ausonie ou de Sicile, la mer de Libye et la mer Ionienne. La partie de la mer Égée, située à l'ouest et au sud, portait les noms de mer de Crète, mer Saronique et mer de Myrtos. Le remarquable passage du Pseudo-Aristote *de Mundo*, c. 3 (p. 393, édit. de Bekker), a trait uniquement à la forme des côtes de la Méditerranée, arrondies en golfes, et aux effets qu'elles produisent sur l'océan, qui pénètre dans ces sinuosités.

(12) [page 141]. *Cosmos*, t. I, p. 277 et 533.

(13) [page 142]. Humboldt, *Asie centrale*, t. I, p. 67. Les deux remarquables passages de Strabon sont les suivants: 1° (l. II, p. 109) « Polybe distingue cinq promontoires, qui forment autant de prolongements à l'Europe; Ératosthène n'en compte que trois, dont l'un, aboutissant vers les colonnes d'Hercule, renferme l'Ibérie, tandis que le second, s'étendant vers le détroit de Sicile, se compose de l'Italie, et le troisième, terminé par le cap Malea, embrasse tous les pays situés entre la mer Adriatique, le Pont-Euxin et le Tanaïs. » 2° (l. II, p. 126) « Nous commencerons par l'Europe, et parce que cette partie de la terre est celle qui a la forme la plus variée, et parce que

son climat est le plus favorable à la civilisation et à la dignité morale des citoyens. L'Europe est partout habitée, excepté dans quelques contrées situées sur les bords du Tanaïs et désertes à cause de l'excès du froid. »

(14) [page 148]. Voy. Ukert, *Geographie der Griechen und Ræmer*, 1re part., sect. 2, p. 345-348, et 2e part., sect. 1, p. 194; Jean de Muller, *Werke*, t. I, p. 38; Humboldt, *Examen critique*, etc., t. I, p. 112 et 171; Otfried Muller, *Minyer*, p. 64, et dans les *Gœttingische gelehrte Anzeigen*, 1838, t. I, p. 372 et 383, où faisant de mes idées sur la géographie mythique des Grecs une critique, à laquelle je ne puis reprocher d'ailleurs qu'un excès de bienveillance, il a cependant marqué son désaccord. Voici dans quel sens je m'étais exprimé : « En soulevant des questions qui offriraient déjà de l'importance dans l'intérêt des études philologiques, je n'ai pu gagner sur moi de passer entièrement sous silence ce qui appartient moins à la description du monde réel qu'au cycle de la géographie mythique. Il en est de l'espace comme du temps : on ne saurait traiter l'histoire sous un point de vue philosophique, en ensevelissant dans un oubli absolu les temps héroïques. Les mythes des peuples, mêlés à l'histoire et à la géographie, n'appartiennent pas en entier au monde idéal. Si le vague est un de leurs traits distinctifs, si le symbole y couvre la réalité d'un voile plus ou moins épais, les mythes, intimement liés entre eux, n'en révèlent pas moins la souche antique des premiers aperçus de cosmographie et de physique. Les faits de l'histoire et de la géographie primitives ne sont pas seulement d'ingénieuses fictions; les opinions qu'on s'est formées sur le mode réel s'y reflètent. » Le grand antiquaire, dont la perte prématurée a été douloureusement sentie dans tout le domaine des études grecques, creusé par lui à une si grande profondeur et dans des directions diverses, croit au contraire qu'il ne faut nullement, ainsi qu'on se le figure surtout pour les légendes maritimes des Phéniciens, rapporter à des expériences réelles, que la crédulité et l'amour du mer-

veilleux auraient revêtues d'une forme fabuleuse, la majeure partie des récits sur la configuration de la terre, telle qu'elle est représentée dans la poésie grecque. Selon lui, ces images auraient leur véritable source dans des hypothèses que le sentiment suggéra à l'intelligence et qui ne reçurent que plus tard et peu à peu l'influence des connaissances positives; d'où il résulte que des créations purement subjectives, auxquelles l'imagination fut conduite par certaines idées, se lièrent presque insensiblement aux contrées réelles et aux objets clairement connus de la géographie scientifique. On peut conclure de ces considérations que toutes les images mythiques, ou qui se produisent du moins sous des formes mythiques, appartiennent proprement au monde des idées et n'eurent rien de commun, dans l'origine, avec l'agrandissement de la connaissance de la terre et le progrès de la navigation au delà des colonnes d'Hercule. Les premières vues d'Otfried Muller étaient plus d'accord avec mon sentiment : il disait, en effet, expressément dans les *Prolegomenen zu einer wissenschaftlichen Mythologie* (p. 68 et 109) que dans les légendes mythiques la science et l'imagination, le réel et l'imaginaire sont le plus souvent étroitement unis l'un à l'autre. On peut voir aussi, au sujet de l'Atlantide et de la Lyctonie, T. H. Martin, *Études sur le Timée de Platon*, t. I, p. 293-326.

(15) [page 144]. *Naxos*, par Ernest Curtius, 1846, p. 11; Droysen, *Geschichte der Bildung des hellenistischen Staatensystems*, 1843, p. 4-9.

(16) [page 145]. Léopold de Buch, *ueber die geognostischen Systeme von Deutschland*, p. XI; Humboldt, *Asie centrale*, t. I, p. 284-286.

(17) [page 145]. *Cosmos*, t. I, p. 563 et 564.

(18) [page 147]. Tout ce qui a rapport à la chronologie ou à l'histoire de l'Égypte et se trouve compris dans le texte entre

guillemets, depuis la page 146 jusqu'à la page 150, est tiré de communications manuscrites qui m'ont été faites, au mois de mars 1846, par mon ami le professeur Lepsius.

(19) [page 147]. Je place, avec Otfried Muller (*Dorier*, 2ᵉ part., p. 436), l'invasion dorienne dans le Péloponèse 328 ans avant la première Olympiade.

(20) [page 147]. Tacite, *Annales*, l. II, c. 59. Champollion a trouvé dans le papyrus de Sallier, où sont racontées les campagnes de Sésostris, le nom des Javans ou Youni et celui des Luki (peut-être les Ioniens et les Lyciens). Voy. Bunsen, *Ægyptens Stelle*, etc., l. I, p. 60.

(21) [page 149]. Voy. Hérodote, l. II, c. 102 et 103; Diodore de Sicile, l. I, c. 55 et 56. Hérodote (II, 106) cite expressément trois des stèles que Ramsès-Méiamoun établit, pour conserver le souvenir de ses victoires, dans les pays qu'il avait parcourus : « Une dans la Palestine de Syrie et deux dans l'Ionie, sur le chemin d'Éphèse à Phocée et sur celui de Sardes à Smyrne. » Or, on a trouvé en Syrie, sur un rocher situé au bord du Lycus, non loin de Beirouth (Berytus), un bas-relief qui porte plusieurs fois le nom de Ramsès, et un autre plus grossier dans la vallée de Karabel, près de Nymphio, sur la route qui, selon Lepsius, conduisait d'Éphèse à Phocée. Voy. Lepsius, dans les *Annali dell' Instituto archeologico*, t. X, 1838, p. 12, et une lettre du même, écrite de Smyrne au mois de décembre 1845 et insérée dans l'*archæologische Zeitung*, 1846, nº 41, p. 271-280, et Kiepert, *ibid.*, 1843, nº 3, p. 35. Quant à savoir si le conquérant pénétra jusque dans la Perse et l'Inde en deçà du Gange, ce que Heeren hésite à croire (*Manuel de l'histoire ancienne*, traduit par Thurot, 1836, p. 72), « parce qu'à cette époque la partie occidentale de l'Asie ne contenait pas encore d'empire puissant » (on ne place pas en effet la fondation de Ninive au delà de l'an 1230 av. J.-C.), c'est une question que ne peuvent manquer de tran-

cher un jour les archéologues et les linguistes, dont les découvertes se succèdent si rapidement. Strabon (l. XVI, p. 769) cite un monument de Sésostris, situé près du détroit de Deire, aujourd'hui Bab-el-Mandeb. Il est d'ailleurs très-vraisemblable que déjà dans l'*ancien Empire*, plus de 900 ans avant Ramsès-Meiamoun, les rois égyptiens avaient fait de semblables expéditions en Asie. Ce fut sous le second successeur de Ramsès-Meiamoun, sous Sétos II, de la XIXᵉ dynastie, que Moïse sortit de l'Égypte. D'après les recherches de Lepsius, ce fait se passait environ 1300 ans avant notre ère.

(22) [page 150]. D'après Aristote, Strabon et Pline, mais non d'après Herodote. Voy. Letronne, dans la *Revue des deux Mondes*, 1841, t. XXVII, p. 219, et Droysen, *Bildung des hellenist. Staatensystems*, p. 735.

(23) [page 150]. A l'autorité de Rennell, de Heeren et de Sprengel, qui admettent la circumnavigation de la Libye, il faut ajouter celle d'un philologue consommé, Étienne Quatremère; voy. *Mémoires de l'Académie des Inscriptions*, t. XV, 2ᵉ part., 1845, p. 380-388. L'argument le plus solide à l'appui du récit d'Hérodote me paraît être cette observation qu'Hérodote se refuse à croire vraie, pour sa part (l. IV, c. 42), « que les navigateurs, en faisant le tour de la Libye, de l'est à l'ouest, avaient le soleil à leur droite; » dans la Méditerranée, en allant de même de l'est à l'ouest, c'est-à-dire de Tyr à Gadeira, le soleil à midi était toujours à gauche. Il faut admettre du reste que, même avant Neko, on connaissait en Égypte la possibilité de faire sans obstacle le tour de l'Afrique, puisque, dans Hérodote, Neko dit nettement aux Phéniciens « qu'ils devaient revenir en Égypte à travers les colonnes d'Hercule. » Il reste toujours singulier que Strabon, après avoir discuté longuement la tentative de circumnavigation faite sous Cléopâtre par Eudoxe de Cyzique, et mentionné les débris du vaisseau équipé à Gadeira, qui furent trouvés sur les côtes de l'Éthiopie, ne voie dans les entreprises

antérieures que des fables *Bergéennes* (l. II, p. 98 et 100). Cela ne l'empêche pas cependant de reconnaître la possibilité de la circumnavigation et d'affirmer même qu'il ne reste, tant à l'est qu'à l'ouest, qu'une très-petite partie du littoral à côtoyer (l. I, p. 5). Strabon n'était en aucune façon partisan de la singulière hypothèse, mise en avant par Hipparque et Marin de Tyr, d'après laquelle les côtes orientales de l'Afrique se rattachaient à l'extrémité sud-est de l'Asie, de manière que l'océan Indien devenait une mer méditerranée. Voy. Humboldt, *Examen critique*, etc., t. I, p. 139-142, 145, 161 et 229; t. II, p. 370-373. Strabon cite Hérodote, mais sans nommer Neko, dont il confond l'expédition avec celle dans laquelle les vaisseaux de Darius firent le tour de la Perse méridionale et de toute l'Arabie (Hérodote, l. IV, c. 44); si bien que Gossellin a voulu, sans autorisation suffisante, substituer dans le texte le nom de Neko à celui de Darius. Comme pendant à la tête de cheval qui ornait le vaisseau de Gadeira, et qu'Eudoxe montra, dit-on, en Égypte sur une place publique, on peut citer les débris d'un autre vaisseau qui naviguait dans la mer Rouge, et fut poussé par des courants occidentaux sur les côtes de l'île de Crète, suivant le récit d'un historien arabe très-digne de foi, Masoudi dans le *Moroudj-al-dzeheb*. Voy. Quatremère, dans le Mémoire indiqué plus haut, p. 389, et Reinaud, *Relation des voyages dans l'Inde*, 1845, t. I, p. XVI; t. II, p. 46.

(24) [page 150]. Diodore, l. I, c. 67, § 10; Hérodote, l. II, c. 154, 178 et 182. Sur la vraisemblance d'un commerce entre l'Égypte et la Grèce, antérieur à Psammitique, voy. les observations ingénieuses de Louis Ross, *Hellenica*, t. I, 1846, p. V et X : « Les temps qui précèdent immédiatement Psammitique furent, dit-il, pour les deux pays une époque de déchirements intérieurs, qui devaient nécessairement amener un ralentissement et une interruption partielle dans les relations commerciales. »

(25) [page 151]. Bœckh, *metrologische Untersuchungen ueber*

Gewichte, Münzfüsse und Masse des Alterthums in ihrem Zusammenhang, 1838, p. 12 et 273.

(26) [page 152]. Voy. les passages recueillis par Otfried Muller, *Minyer*, p. 115, *Dorier*, 1re part., p. 129, et par J. Franz, *Elementa Epigraphices Græcæ*, 1840, p. 13, 32 et 34.

(27) [page 152]. Lepsius dans sa dissertation, *ueber die Anordnung und Verwandschaft des Semitischen, Indischen, Alt-Persischen, Alt-Ægyptischen und Æthiopischen Alphabets*, 1836, p. 23-28 et 57; Gesenius, *Scripturæ Phœniciæ Monumenta*, 1837, p. 17.

(28) [page 154]. Strabon, l. XVI, p. 757.

(29) [page 154]. Il est plus facile de déterminer la position du *Pays de l'Etain* (la Bretagne et les îles de Scilly) que celle des *côtes de l'Ambre*. Il me paraît au moins très-invraisemblable de dériver le vieux mot grec κασσίτερος, répandu déjà au temps d'Homère, d'un mont *Cassius*, riche en étain et situé dans la partie sud-ouest de l'Espagne, qu'Avienus, très-familier avec cette contrée, place entre Gaddir et l'embouchure d'une petite rivière méridionale, nommée Iberus. Voy. Ukert, *Geographie der Griechen und Rœmer*, 2e part., sect. 1, p. 479. Kassiteros est le vieux mot sanscrit Kastîra. L'étain (en islandais, en danois et en anglais *tin*, en allemand *Zinn*, en suédois *tenn*) s'appelle dans les langues malaise et javanaise *timah*, concordance de son, qui rappelle celle du vieux mot germain *glessum*, nom du succin transparent, avec le mot allemand moderne *Glas* (verre). Les dénominations de marchandises et d'articles de commerce (voy. plus haut, p. 131 et note 3) passent de peuple en peuple jusque dans les familles de langues les plus différentes. C'est par le commerce qui unissait les factoreries des Phéniciens, dans le golfe Persique, avec la côte orientale de l'Inde, que le mot sanscrit *kastîra*, qui désignait un produit si utile de la Péninsule orientale de l'Inde, et se retrouve encore aujourd'hui dans l'un

des anciens idiomes araméens, dans l'arabe, sous la forme *kasdir*, a pu parvenir à la connaissance des Grecs, avant même que l'on eût visité Albion et les Cassitérides britanniques. Voy. Guillaume de Schlegel, *indische Bibliothek*, t. II, p. 393; Benfey, *Indien*, p. 307; Pott, *etymologische Forschungen*, 2e part., p. 414; Lassen, *indische Alterthumskunde*, t. I, p. 239. Un nom devient souvent un monument historique, et la recherche des étymologies, l'analyse philologique, bien que raillée par les ignorants, n'en porte pas moins ses fruits. Les anciens connaissaient aussi l'étain que recueillaient les Artabres et les Callæci dans la partie nord-ouest de l'Ibérie, et qui se trouvait plus à proximité que les Cassitérides (les OEstrymnides d'Avienus), pour les navigateurs qui s'aventuraient hors de la Méditerranée. Voy. Strabon, l. III, p. 147; Pline, l. XXXIV, c. 47. Tandis que j'étais dans la Galice, avant mon départ pour les Canaries, en 1799, on exploitait encore, dans des montagnes de granit, une mine d'étain très-pauvre. Voy. ma *Relation historique*, t. I, p. 51 et 53. La présence, dans cette contrée, de l'étain, l'un des métaux les plus rares sur notre globe, a quelque importance géognostique, à cause de la connexité qui exista originairement entre la Galice, la presqu'île de la Bretagne et le comté de Cornouailles.

(30) [page 154]. Étienne Quatremère, *Mémoires de l'Académie des Inscriptions*, t. XV, 2e part., 1845, p. 363-370.

(31) [page 154]. L'opinion émise, il y a déjà longtemps (voy. *Heinzens neues Kielisches Magazin*, 1787, 2e part., p. 339; Sprengel, *Geschichte der geographischen Entdeckungen*, 1792, p. 51; Voss, *kritische Blætter*, t. II, p. 392-403), que l'ambre qui arrivait par mer, et plus encore par la voie du commerce intérieur, sur les côtes de la Méditerranée, provenait en entier des côtes occidentales de la Chersonèse Cimbrique, rencontre de plus en plus de faveur. Une dissertation d'Ukert, insérée dans la *Zeitschrift für die Alterthumswissenschaft*, 1838, nos 52-55.

p. 425-452, est ce qu'on peut lire à la fois de plus concluant et de plus ingénieux sur ce sujet. Voy. aussi, du même auteur, *Geographie der Griechen und Rœmer*, 1832, 2e part., sect. 2, p. 26-36; 1843, 3e part., sect. 1, p. 86, 175, 182, 320 et 349. Les Massiliens qui, selon Heeren, auraient pénétré après les Phéniciens jusqu'à la mer Baltique, dépassèrent à peine l'embouchure du Weser et de l'Elbe. Pline (l. IV, c. 27) place expressément l'île Glessaria, nommée aussi Austrania, à l'ouest du promontoire des Cimbres, dans l'océan Germanique, et le souvenir de l'expédition de Germanicus indique assez qu'il ne peut être question d'une île de la mer Baltique. Les grands effets du flux et du reflux, qui déposent le succin dans ces *æstuaria*, où, suivant l'expression de Servius (*ad Æneid.*, l. XI, v. 627), mare vicissim crescit ac decrescit, ne peuvent aussi se rapporter qu'au littoral compris entre le Helder et la Chersonèse Cimbrique, et non à la mer Baltique, dans laquelle pouvait être située, d'autre part, l'île Baltia de Timée. Voy. Pline, l. XXXVII, c. 11. Abalus, situé à une journée d'un æstuarium, ne peut donc pas être la Kurische Nehrung. Voy. aussi, sur le voyage de Pythéas vers les côtes occidentales du Jutland, et sur le commerce de l'ambre le long des rivages qui s'étendent depuis Skagen jusqu'aux Pays-Bas, Werlauff, *Bidrag til den nordiske Ravhandels Historie*, Copenhague, 1835. Ce n'est pas Pline, mais Tacite qui le premier a eu connaissance du glessum, recueilli sur les côtes de la mer Baltique dans le pays des Æstyens et des Venèdes, dont le grand philologue Schaffarik (*slawische Alterthümer*, 1re part., p. 151-165) n'ose décider s'ils sont de race slave ou germaine. Ce ne fut que dans une période plus avancée de l'empire romain que des rapports directs et plus fréquents s'établirent avec les côtes du Samland, sur la mer Baltique, et avec les Æstyens, grâce à la route qu'un chevalier romain du temps de Néron avait fait tracer à travers la Pannonie, jusqu'au delà de Carnuntum. Voy. Voigt, *Geschichte Preussens*, t. I, p. 85. Des monnaies, frappées vraisemblablement avant la LXXXVe olymp., et trouvées tout récemment dans le district de la Netze, témoignent des communications qui existaient entre les côtes de la Prusse et les colonies grecques répandues sur la mer Noire. Voy. Levezow, *Mémoires de l'Académie de Berlin*, 1833, p. 181-224. A différentes époques, l'électron déposé sur les côtes ou déterré (Pline, l. XXXVII, c. 11 et 67), la *pierre du soleil* (tel est le nom de l'ambre dans l'ancien mythe de l'Éridanus), a afflué vers le midi par terre et par mer, en partant aussi de contrées fort diverses. L'ambre « que l'on extrayait de la terre, sur deux points de la Scythie, était, en partie du moins, d'une couleur très-foncée. » Aujourd'hui encore on recueille de l'ambre dans l'Oural, près de Kaltschedansk, à peu de distance de Kamensk. Voy. Rose, *Reise nach dem Ural*, t. I, p. 481, et sir Roderick Murchison, *Geology of Russia*, t. I, p. 366. Le bois fossile dans lequel l'ambre est souvent enfermé avait de bonne heure aussi attiré l'attention des anciens. Cette résine, alors si précieuse, fut attribuée tantôt au peuplier noir, selon Scymnus de Chio, v. 396 (p. 367, édit. de Letronne), tantôt à un arbre de la famille des cèdres ou des pins, d'après Mithridate, dans Pline, l. XXXVII, c. 11. Les nouvelles et excellentes recherches du professeur Gœppert, à Breslau, ont montré que la conjecture du naturaliste romain était la plus juste. Voy., sur l'arbre à succin fossile, débris d'un monde végétal qui n'est plus (Pinites succinifer), *Cosmos*, t. I, p. 328, et Berendt, *organische Reste in Bernstein*, 1845, t. 1, sect. 1, 1845, p. 89.

(32) [page 155]. Voy., sur le Chremetès, Aristote, *Meteorologica*, l. I, p. 350, édit. de Bekker, et, sur les points les plus méridionaux dont Hannon fait mention dans son journal de voyage, Humboldt, *Relation historique*, etc., t. I, p. 172, et *Examen critique*, etc., t. I, p. 39, 180 et 288; t. III, p. 135. Comp. Gossellin, *Recherches sur la Géogr. systém. des anciens*, t. I, p. 94 et 98; Ukert, 1re part., sect. 1, p. 61-66.

(33) [page 155]. Strabon, l. XVII, p. 826. La destruction des colonies phéniciennes par les Nigrites semble indiquer une situation très-rapprochée du midi, et cet indice est plus sûr que

celui des crocodiles et des éléphants mentionnés par Hannon; car ces animaux se rencontraient autrefois au nord du Sahara, dans la Maurusie et dans toute la partie occidentale de l'Atlas, ainsi que le prouvent des passages de Strabon, l. XVII, p. 827; d'Élien, *de Natura Animal.*, l. VII, c. 2; de Pline, V, 1, et plusieurs circonstances des guerres entre Rome et Carthage. Voy., sur ce point important de la géographie des animaux, Cuvier, *Ossements fossiles*, 2e édit., t. 1, p. 74, et Quatremère, *Mémoires de l'Acad. des Inscript.*, t. XV, 2e part., p. 391-394.

(34) [page 157]. Hérodote, l. III, c. 106.

(35) [page 158]. J'ai traité en détail, dans un autre ouvrage, (*Examen critique*, etc., t. I, p. 130-139; t. II, p. 158 et 169; t. III, p. 137-140), de ce point souvent contesté, ainsi que des passages de Diodore (l. V, c. 19 et 20) et du Pseudo-Aristote (*Mirab. Auscult.*, c. 85, p. 172, édit. de Bekker). La compilation des *Mirab. Auscult.* paraît être antérieure à la fin de la première guerre punique, puisque l'auteur (c. 105, p. 211) cite la Sardaigne comme étant au pouvoir des Carthaginois. Il est remarquable aussi que l'île aux forêts épaisses, dont il est question dans ce livre, est représentée comme inhabitée. Or, les Gouanches peuplaient tout le groupe des îles Canaries; mais, en réalité, ils n'habitaient pas l'île de Madère, dans laquelle ni Jean Gonzalves et Tristan Vaz, en 1519, ni, avant eux, Robert Masham et Anna Dorset, ne trouvèrent d'habitants, en supposant que leur robinsonade soit historique. Heeren rapporte la description de Diodore à l'île de Madère seule; cependant il croit reconnaître, dans Festus Avienus, si familier avec les écrits carthaginois (v. 164), la trace des nombreux tremblements de terre du pic de Ténériffe. Voy. *de la Politique et du Commerce des peuples de l'antiquité*, t. IV, p. 114. En s'attachant à l'ensemble des rapports géographiques, la description d'Avienus me paraît se rapporter à une contrée située plus au nord, peut être même dans la mer Cronienne (mer Glaciale). Voy. *Examen critique*, etc.,

t. III, p. 138. Ammien Marcellin parle aussi (l. XXII, c. 15) des sources puniques que Juba mit à profit. Sur la question de savoir jusqu'à quel point il est vraisemblable que le nom d'*îles Canaries* (les *îles des Chiens*, suivant Pline, qui ne voyait partout que des étymologies latines) est d'origine sémitique, voy. Credner, *die biblische Vorstellung vom Paradiese*, dans *Ilgen's Zeitschrift für die historische Theologie*, t. VI, 1836, p. 166-186. Le recueil le plus sérieux et le plus complet, au point de vue littéraire, de tout ce qui a été écrit sur les Canaries, depuis les temps les plus anciens jusqu'au moyen âge, est un travail de Joaquim José da Costa de Macedo, intitulé : *Memoria em que se pretende provar que os Arabes não conhecerão as Canarias antes dos Portuguezes*, 1844. Lorsque, à côté de la légende, l'histoire se tait, j'entends l'histoire fondée sur des documents certains et positifs, on en est réduit à un plus ou moins haut degré de vraisemblance; mais tout nier systématiquement, parce que les témoignages ne sont pas assez précis, ne paraît pas être non plus une application heureuse de la critique philologique et historique. Les nombreux renseignements que nous ont fournis les anciens, et les données exactes de la géographie comparée, en particulier la proximité des anciennes et incontestables colonies établies sur les côtes d'Afrique, sont pour moi une raison de croire que le groupe des Canaries était connu des Phéniciens, des Carthaginois, des Grecs, des Romains et peut-être même des Étrusques.

(36) [page 158]. Voy. les calculs dans ma *Relation historique*, t. I, p. 140 et 287. Le pic de Ténériffe est à 2° 49′ du point le plus voisin de la côte d'Afrique. En prenant comme moyenne, pour la réfraction des rayons, 0,08, le sommet du pic peut être vu d'une hauteur de 202 toises, par conséquent des Montañas negras, situées près du cap Bojador. Nous sommes arrivé à ce résultat en supposant le pic élevé de 1904 toises. Tout récemment le capitaine Vidal en a trouvé 1940 par le calcul trigonométrique; MM. Coupvent et Dumoulin en ont trouvé 1900 seule-

ment, à l'aide du baromètre. Voy. d'Urville, *Voyage au Pôle Sud (Hist.)*, t. I, 1842, p. 31 et 32. Mais Lancerotte, avec son volcan de la Corona, haut de 300 toises, et Fortaventura sont beaucoup plus rapprochées des côtes que Ténériffe. La première de ces îles n'en est distante que de 1° 15′, la seconde de 1° 2′.

(37) [page 158]. Ross a rapporté ce fait dans ses *Hellenica*, t. I, p. xi, seulement comme un ouï-dire. Ne serait-ce pas l'effet d'une illusion? En fixant à 1704 toises la hauteur de l'Etna au-dessus du niveau de la mer (latit. 37° 45′, long. 12° 41′ de Paris), à 1236 celle du lieu où est placé l'observateur sur le mont Taygète, près du mont Élie, en évaluant à 65 myriamètres la distance de ces deux points, on arrive à ce résultat que pour apercevoir sur le mont Taygète un rayon lumineux, partant de l'Etna, il faudrait que cette dernière montagne eût une hauteur de 7612 toises, c'est-à-dire 4 fois et demie la hauteur véritable; si, au contraire, selon la remarque de mon ami le professeur Encke, on suppose entre l'Etna et le Taygète une surface réfléchissante, c'est-à-dire le reflet d'un nuage placé à 34 myriamètres de l'Etna et à 31 myriamètres du Taygète, il suffirait que la surface réfléchissante fût à 286 toises au-dessus du niveau de la mer.

(38) [page 159]. Strabon, l. XVI, p. 766. D'après Polybe, on pouvait voir, du mont Hæmus, le Pont-Euxin et la mer Adriatique, ce qui semblait déjà ridicule à Strabon (l. VII, p. 313). Comp. Scymnus de Chio, p. 93, édit. de Letronne.

(39) [page 160]. Sur la synonymie d'Ophir, voy. Humboldt, *Examen critique*, etc., t. II, p. 42. Ptolémée cite, l. VI, c. 7, p. 156, une ville nommée Sapphara comme métropole de l'Arabie, et l. VII, c. 1, p. 168, une contrée aurifère du nom de Supara, dans le golfe de Camboya (Barigazenus sinus, d'après Hesychius). Supara signifie, en hindou, *beau rivage*. Voy. Lassen, *Dissert, de Taprobane*, p. 18, et *indische Alterthumskunde*, t. I,

p. 406; Keil, *ueber die Hiram-Salamonische Schiffahrt nach Ophir und Tarsis*, p. 40-45.

(40) [page 160]. Sur la question de savoir si les vaisseaux de Tarsis étaient ceux qui faisaient le voyage de l'océan, ou si, contrairement à l'avis de Michaelis, ils empruntaient leur nom à la ville phénicienne de Tarse en Cilicie, voy. Keil, *ibid.*, p. 7, 15-22 et 71-84.

(41) [page 160]. Gesenius, *Thesaurus linguæ hebr.*, t. I, p. 141, et dans l'*Encyclop. de Ersch et Gruber*, 4e part., sect. 3, p. 401; Lassen, *indische Alterthumskunde*, t. I, p. 538; Reinaud, *Relation des voyages faits par les Arabes dans l'Inde et en Chine*, t. I, 1845, p. XXVIII. Le savant Quatremère qui dans une dissertation déjà citée (*Mémoires de l'Acad. des Inscript.*, t. XV, 2e part., 1845, p. 349-402) replace, comme l'avait fait Heeren, la terre d'Ophir sur la côte orientale de l'Afrique, explique le mot thukkiim (thukkiyyim) non par *paon* mais par *perroquet* ou *pintade* (p. 375). Sur l'île de Sokotora, comp. Bohlen, *das alte Indien*, 2e part., p. 139, avec Benfey, *Indien*, p. 30-32. La côte de Sofala est décrite par Édrisi (Voy. la traduct. d'Amédée Jaubert, t. I, p. 67), et plus tard, après le voyage de Gama, par les Portugais, comme une contrée riche en or. Voy. Barros, Dec. I, l. X, c. 1, p. 375, et Kulb, *Geschichte der Endeckungsreisen*, 1re part., 1841, p. 236. J'ai fait remarquer ailleurs qu'Édrisi, au milieu du XIIe siècle, parle de l'usage du vif-argent, dans les lavages d'or des nègres, comme d'une méthode d'amalgame, introduite depuis longtemps dans cette contrée. Si l'on songe à la confusion fréquente des lettres *r* et *l*, on retrouve exactement la côte africaine de *Sofala* dans la forme *Sophara*, l'une des dénominations sous lesquelles est désignée la terre d'Ophir, de Salomon et d'Hiram, dans la traduction des Septante. Ptolémée connaît aussi, comme je l'ai dit déjà (note 39), une contrée nommée *Sapphara* en Arabie (Ritter, *Erdkunde von Asien*, t. VIII, sect. 1, 1846, p. 252), et une autre

dans l'Inde, nommée *Supara*. C'est que, par un effet qui se produit encore de nos jours dans les parties de l'Amérique où l'on parle l'anglais et l'espagnol, les côtes situées à l'opposite ou dans le voisinage de l'Inde avaient reçu, comme un reflet de la mère patrie, les dénominations expressives du sanscrit. Ainsi, ce que l'on appelait le commerce d'Ophir, pouvait, selon moi, comprendre autant d'espace qu'en parcouraient les vaisseaux qui faisaient le voyage de Tartessus et touchaient à Cyrène et à Carthage, à Gadeira et à Cerne, ou ceux qui, se rendant aux Cassitérides, longeaient les rivages des Artabres, de la Bretagne et de la Chersonèse Cimbrique, à l'est. Toujours y a-t-il lieu de s'étonner que l'encens, les épices, la soie et les étoffes de coton ne soient pas nommés parmi les marchandises d'Ophir avec l'ivoire, les singes et les paons. Les paons sont exclusivement d'origine indienne; s'ils sont souvent appelés par les Grecs, oiseaux de Perse ou de Médie, cela tient à ce qu'ils se propagèrent insensiblement vers l'ouest. Les Samiens qui voyaient des paons nourris dans les temples de Junon par les prêtres, les croyaient, sans plus de raison, originaires de Samos. On a voulu aussi conclure d'un passage d'Eustathe, sur le culte rendu aux paons en Libye (*Comment. in Iliad.*, t. IV, p. 225, édit. de Leipsick, 1827), que ces oiseaux appartenaient à l'Afrique.

(42) [page 161]. Voy. sur Ophir et le mont Sopora, « que la flotte de Salomon ne put atteindre en moins de trois ans, » Colomb, dans Navarrete, *Viages y Descubrimientos que hiciéron los Españoles*, t. I, p. 103. Ailleurs, le grand navigateur dit, toujours dans l'espérance d'atteindre la terre d'Ophir : « L'or d'Ophir a une vertu souveraine dont on ne saurait donner l'idée. Celui qui en est possesseur peut faire ce qu'il veut dans ce monde; il est en état de faire passer les âmes du purgatoire dans le paradis (llega á que echa las animas al paraiso). » Voy. *Carta del almirante escrita en la Jamaica* 1503, dans Navarrete, t. I, p. 309. Comp. Humboldt, *Examen critique*, t. I, p. 70 et 109; t. II,

p. 38-44, et sur la durée du voyage de Tarschich, Keil, *ueber die Hiram-Salomonische Schiffahrt*, etc., p. 106.

(43) [page 161]. Ctésias de Cnide, *Operum reliquiæ*, édit. de F. Bæhr, 1824, c. 4 et 12, p. 248, 271 et 300. Quant aux indications que le médecin de la cour de Perse puisa aux sources locales, et qui, par ce motif, sont dignes de considération, elles se rapportent aux contrées septentrionales de l'Inde, d'où partait l'or des Daradas, pour se rendre, après beaucoup de détours, à Abhira, à l'embouchure de l'Indus et à la côte de Malabar. Voy. Humboldt, *Asie centrale*, t. I, p. 157, et Lassen, *indische Alterthumskunde*, t. I, p. 5. Le récit merveilleux que fait Ctésias d'une source située dans l'Inde et au fond de laquelle on trouvait du fer et du fer très-malléable, après que l'or liquide s'était écoulé, ne cacherait-il pas en réalité une usine? L'éclat du fer fondu le faisait prendre pour de l'or, et lorsque la couleur jaune avait disparu par l'effet du refroidissement, on retrouvait le fer noir.

(44) [page 162]. Pseudo-Aristote, *Mirab. auscult.*, c. 86 et 111, p. 175 et 225, édit de Bekker.

(45) [page 162]. Otfried Muller, *die Etrusker*, sect. 2, p. 250.

(46) [page 163]. Si autrefois, en Allemagne, on répétait, d'après le Père Angelo Cortenovis, que le tombeau du héros de Clusium, Lars Porsena, orné, suivant le récit de Varron, d'un chapiteau d'airain et de chaînes pendantes également en airain, était un condensateur d'électricité atmosphérique, ou une espèce de paratonnerre, comme Michaelis l'a conjecturé aussi des tiges métalliques placées sur le temple de Salomon, cette idée se répandit dans un temps où l'on attribuait volontiers aux anciens peuples les restes d'une physique primitive révélée, qui n'aurait pas tardé à s'obscurcir. L'indication la plus importante sur le rapport, facile d'ailleurs à découvrir, entre la foudre et les métaux conducteurs, me paraît être encore celle que donne

Ctésias dans ses *Indica* (c. 4, p. 248, édit. de Bæhr) : « Il a eu, dit-il, en sa possession, deux épées de fer, présents du roi Artaxercès Mnémon et de sa mère Parysatis, qui fichées en terre détournaient les nuages, la grêle et les éclairs ; il en a vu l'effet lui-même, en assistant à deux expériences faites devant lui par le roi. » — L'attention religieuse que donnaient les Toscans aux phénomènes météorologiques et à tout ce qui s'écartait du cours ordinaire de la nature, rend très-regrettable la perte de tous les livres *fulguraux*. Sans aucun doute, l'apparition des grandes comètes, la chute des pierres météoriques et les pluies d'étoiles filantes y étaient notées, aussi bien que dans les annales chinoises d'une époque plus reculée, mises à profit par Édouart Biot (*Catalogue des étoiles filantes et des autres météores observés en Chine*, 1846). Creuzer (*Religions de l'antiquité*, t. II, p. 480 et suiv., de la traduct. de M. Guigniaut) a essayé de démontrer comment les conditions naturelles, dans lesquelles se trouvait l'Étrurie, pouvaient agir sur la direction d'esprit particulière à ses habitants. La tradition, d'après laquelle Prométhée aurait dégagé la foudre des nuages, rappelle les prétendus efforts des fulgurateurs pour faire descendre le tonnerre. L'opération se bornait à une espèce de conjuration, et vraisemblablement n'était ni plus ni moins efficace que la tête d'âne dépouillée, à l'aide de laquelle, dans les rites de l'Étrurie, on pouvait se préserver des orages.

(47) [page 163]. Otfried Muller, *Etrusker*, sect. 2, p. 162-178. D'après la théorie augurale des Étrusques, théorie fort compliquée, on distinguait les éclairs qui étaient des avertissements bénins et que Jupiter envoyait seul, par un acte de sa toute-puissance, des châtiments électriques plus violents, que, d'après la constitution de l'Olympe, il ne pouvait infliger qu'après en avoir délibéré avec les douze dieux. Voy. Sénèque, *Quæst. natur.*, l. II, c. 41.

(48) [page 163]. Joh. Lydus, *De Ostentis*, edid. Hase, p. 18, in præfat.

(49) [page 164]. Strabon, l. III, p. 139. Comp. Guillaume de Humboldt, *ueber die Urbewohner Hispaniens*, 1821, p. 123 et 131-136. Récemment M. de Saulcy s'est occupé avec succès de déchiffrer l'alphabet ibérien, comme l'ingénieux interprète de l'écriture cunéiforme, Grotefend, s'est appliqué aux caractères phrygiens, et sir Charles Fellow aux caractères lyciens. Comp. Ross, *Hellenica*, 1846, t. I, p. XVI.

(50) [page 165]. Voy. Hérodote, l. IV, c. 42, et les notes de Schweighaüser, t. III, p. 398, édit. de Londres, 1830. Comp. Humboldt, *Asie centrale*, t. I, p. 54 et 577.

(51) [page 166]. Sur l'étymologie vraisemblable du Caspapyrus d'Hécatée (*Fragmenta*, edid. Klausen, n° 179), et du Caspatyrus d'Hérodote (l. III, c. 102 et IV, 44), voy. Humboldt, *Asie centrale*, t. I, p. 101-104.

(52) [page 166]. Psemetok et Aahmès. Voy. plus haut *Cosmos*, t. II, p. 150.

(53) [page 166]. Droysen, *Geschichte der Bildung des hellenistischen Staatensystems*, 1843, p. 23.

(54) [page 166]. *Cosmos*, t. II, p. 9.

(55) [page 167]. Vœlker, *mythische Geographie der Griechen und Rœmer*, 1832, 1re part., p. 1-10; Klausen, *ueber die Wanderungen der Io und des Herakles*, dans le *Rheinisches Museum* de Niebuhr et Brandis, 1829, p. 293-323.

(56) [page 168]. Dans le mythe d'Abaris (Hérod., l. IV, c. 36), le thaumaturge ne traverse pas les airs sur une flèche, mais il porte une flèche « que Pythagore lui a donnée, pour l'aider à surmonter les obstacles d'un long voyage. » (Jamblique, *de Vita Pythag.*, c. 28, p. 194, édit. de Kiessling). Voy. aussi Creuzer, *Religions de l'Antiquité*, t. II, p. 266 et suiv., de la

traduct. de M. Guigniaut, avec la note correspondante dans les Éclaircissements. — Sur le chantre des Arimaspes, Aristéas de Proconnèse, qui disparaît et reparaît plusieurs fois, voy. Hérodote, l. IV, c. 13-15.

(57) [page 168]. Strabon, l. I, p. 38.

(58) [page 169]. Vraisemblablement la vallée du Don ou du Kouban. Voy. Humboldt, *Asie centrale*, t. II, p. 164. Phérécyde dit expressément (fragm. 37 ex schol. Apollon., l. II, v. 1214) que le Caucase avait brûlé, et que Typhon, pour cette raison, s'était réfugié en Italie; tradition d'où Klausen, dans la dissertation citée plus haut (p. 298), conclut à un rapport allégorique entre Prométhée, l'*allumeur du feu* (πυρκαεύς), et la montagne dont chacune des deux premières syllabes éveille l'idée du feu. Bien que la condition géognostique du Caucase, étudiée récemment avec un grand soin par Abich, et la liaison dont je crois avoir montré ailleurs l'existence entre cette montagne et le Thian-chan volcanique de l'Asie centrale (les monts Célestes), permettent de croire qu'il avait pu se conserver dans les plus anciennes traditions de la race humaine des souvenirs de grands phénomènes volcaniques, il vaut mieux supposer cependant que les Grecs ont été amenés par les hasards de l'étymologie à cette hypothèse du Caucase brûlant. Sur l'origine sanscrite du mot *Graucasus* (montagne resplendissante), voy. les opinions de Bohlen et de Burnouf exposées dans l'*Asie centrale*, t. I, p. 109.

(59) [page 169]. Otfried Muller, *Minyer*, p. 247, 254 et 274. Homère ne connaissait ni le Phase, ni la Colchide, ni les colonnes d'Hercule, mais le Phase est déjà nommé dans Hésiode. Les légendes fabuleuses sur le retour des Argonautes par le Phase, l'océan oriental et la prétendue bifurcation de l'Ister, ou par le double lac Triton, formé à la suite de secousses volcaniques, ont une importance singulière pour la connaissance des premiers aperçus sur la configuration des continents. Voy. *Examen critique*, t. I, p. 179; t. III, p. 135-137;

Otfried Muller, *Minyer*, p. 357. Les rêveries géographiques de Pisandre, de Timagète et d'Apollonius de Rhode se sont d'ailleurs propagées jusque dans la fin du moyen âge, et sont devenues tantôt des causes de confusion et des obstacles rebutants, tantôt un stimulant pour des découvertes nouvelles. Cette réaction de l'antiquité sur les temps postérieurs, durant lesquels on se laissa plutôt guider par des conjectures que par des observations réelles, a été malheureusement trop négligée jusqu'ici dans l'histoire de la géographie. A ce sujet il est bon d'avertir que je ne me propose pas seulement en écrivant les notes du *Cosmos*, d'indiquer, comme moyen d'éclaircir les opinions exprimées dans le texte, les sources bibliographiques tirées des différentes littératures; j'ai profité de ce que des notes permettent une allure plus libre, pour offrir à la réflexion des matériaux aussi abondants que me l'ont permis mon expérience et de longues études littéraires.

(60) [page 170]. Hecatæi *fragmenta*, edid. Klausen, p. 39, 92, 98 et 110. Voy. aussi, dans l'*Asie centrale*, t. II, p. 162-297, mes recherches sur l'histoire de la géographie de la mer Caspienne, depuis Hérodote jusqu'aux Arabes El-Istachri, Edrisi et Ibn-el-Vardi, ainsi que sur la mer d'Aral, la bifurcation de l'Oxus et l'Araxe.

(61) [page 170]. Cramer, *de Studiis quæ Veteres ad aliarum gentium contulerint linguas*, 1844, p. 8 et 17. Les anciens habitants de la Colchide paraissent avoir été identiques avec la race des Lazes (*Lazi, gentes Colchorum*, Pline, l. VI, c. 4; Λαζοί chez les écrivains byzantins). Voy. Vater, *der Argonautenzug aus den Quellen dargestellt*, 1845, sect. 1, p. 24; sect. 2, p. 45, 57 et 103. On entend encore résonner dans le Caucase les noms des Alains (*Alanethi*, pays des Alains), des Ossi et des Asses. D'après les travaux de George Rosen, commencés dans les vallées du Caucase avec une intelligence vraiment philosophique des langues, la langue des Lazes contient des restes de l'ancien

idiome de la Colchide. La famille des langues ibérique et grusienne comprend le laze, le géorgien, le suane et le mingrélien, tous idiomes appartenant à la famille des langues indo-germaniques. La langue des Ossètes est plus rapprochée du gothique que le lithuanien.

(62) [page 470]. Sur la parenté des Scythes (Scolotes ou Saces), des Alains, des Goths, des Massagètes et des peuples nommés Youeti par les écrivains chinois, voy. Klaproth dans son commentaire sur le *Voyage du comte Potocki*, t. I, p. 129, et l'*Asie centrale*, t. I, p. 400. Procope dit même très-nettement (*de bello Gothico*, l. IV, c. 5, t. II, p. 476, édit. de Bonn) que les Goths avaient d'abord été appelés Scythes. J. Grimm a démontré l'identité des Gètes et des Goths dans sa récente dissertation sur Jornandès, 1846, p. 21 ; l'opinion émise en termes affirmatifs par Niebuhr, dans ses recherches sur les Gètes et les Sarmates (*kleine histor. und philolog. Schriften*, 1er recueil 1828, p. 362, 364 et 395), que les Scythes d'Hérodote appartiennent à la famille des peuplades mongoles, a d'autant moins de vraisemblance, que ces peuplades soumises en partie aux Chinois, en partie aux Hakas ou aux Kkirgizes (Χερχίς de Ménandre), habitaient encore, au commencement du XIIIe siècle, fort avant dans les contrées orientales de l'Asie, autour du lac Baïkal. Hérodote distingue d'ailleurs des Scythes les Argippéens à tête chauve (l. IV, c. 23). Les derniers, s'ils ont le nez plat, ont aussi le menton long, ce qui, ainsi que j'ai pu m'en assurer, n'est nullement un signe caractéristique des Kalmouks ou des autres races mongoles, mais distinguerait plutôt les Ousuns et les Tingling aux cheveux blonds, qui semblent n'être pas sans quelque rapport avec les Germains, et auxquels les écrivains chinois donnent en partage « de longues têtes de cheval. »

(63) [page 470]. Sur le séjour des Arimaspes et le commerce de l'or dans la partie nord-ouest de l'Asie, au temps d'Hérodote, voy. *Asie centrale*, t. I, p. 389-407

(64) [page 170]. « Les Hyperboréens sont un *mythe météorologique*. Le vent des montagnes (*B'Oreas*) sort des monts *Rhipéens*. Au delà de ces monts, doit régner un air calme, un climat heureux, comme sur les sommets alpins, dans la partie qui dépasse les nuages. Ce sont là les premiers aperçus d'une physique qui explique la distribution de la chaleur et la différence des climats par les causes locales, par la direction des vents qui dominent, par la proximité du soleil, par l'action d'un principe humide ou salin. La conséquence de ces idées systématiques était une certaine indépendance qu'on supposait entre les climats et la latitude des lieux : aussi le mythe des Hyperboréens, lié par son origine au culte dorien et primitivement boréal d'Apollon, a pu se déplacer du nord vers l'ouest, en suivant Hercule dans ses courses aux sources de l'Ister, à l'île d'Érythia et aux jardins des Hespérides. Les *Rhipes* ou monts *Rhipéens* sont aussi un nom significatif *météorologique*. Ce sont les montagnes de l'*impulsion* ou du *souffle glacé* (ῥιπή), celles d'où se déchaînent les tempêtes boréales. » *Asie centrale*, t. I, p. 392 et 403.

(65) [page 171]. Il existe en Hindoustani, ainsi que l'a déjà remarqué Wilford, deux mots qui peuvent être facilement confondus, et dont l'un, *tschiunta*, désigne une espèce de fourmi grosse et noire, d'où la petite fourmi, la fourmi ordinaire a pris pour nom le diminutif *tschiünti*, *tschinti*, et dont l'autre, *tschitâ*, désigne une panthère tachetée, le petit léopard chasseur (*Felis jubata* Schreb.). L'autre mot, *tschitâ* est le même que le sanscrit *tschitra*, bigarré, tacheté, comme le prouve le nom bengali *tschitâbâgh* et *tschitibâgh*, de *bâgh*, en sanscrit *wyâghra*, tigre (Buschmann). Dans le *Mahabharata* (l. II, v. 1860) on a découvert tout récemment un passage où il est question des *fourmis chercheuses d'or* : « Wilso invenit mentionem fieri etiam in Indicis litteris bestiarum aurum effodientium, quas, quum terram effodiant, eodem nomine (pipilica) atque formicas Indi nuncupant. » Voy. *Journal of the Asiat. Soc.*, 1843, t. VII, p. 143, et comp.

Schwanbeck, édit. des *Indica* de Mégasthène, 1846, p. 73. J'ai été surpris de voir dans les contrées élevées du Mexique, où le basalte abonde, des fourmis porter des parcelles de quartz hyalin, dont j'ai pu me procurer une certaine quantité, en prenant un grand nombre de ces fourmis.

(66) [page 175]. Voy. Strabon, l. III, p. 172; Bœckh, *Pindari fragmenta*, v. 155. — La traversée de Colæus de Samos tombe, d'après Otfried Muller (*Prolegomenen zu einer wissenschaftlichen Mythologie*), dans la XXXIe Olymp. et, d'après les recherches de Letronne (*Essai sur les idées cosmographiques qui se rattachent au nom d'Atlas*, p. 9), Olymp. XXXV, 1, c'est-à-dire l'an 640. Cette époque est indépendante de la fondation de Cyrène, qu'Otfried Muller (*Minyer*, p. 344, et *Prolegomenen*, etc., p. 63) place entre les Olymp. XXXV et XXXVII, parce qu'au temps de Colæus on ne connaissait pas encore le chemin de Théra vers la Libye. Suivant Zumpt, la fondation de Carthage date de l'an 878, celle de Gadès de l'an 1100 avant J.-C.

(67) [page 175]. D'après l'usage des anciens (voy. Strabon, l. II, p. 126), je rattache tout le Pont-Euxin, avec le Palus Méotide, au bassin de la mer Intérieure, ainsi que le permettent d'ailleurs des considérations géognostiques et physiques.

(68) [page 176]. Hérodote, l. IV, c. 152.

(69) [page 176]. Hérodote, l. I, c. 163. Dans ce passage, la découverte de Tartessus est attribuée aux Phocéens; mais l'entreprise commerciale des Phocéens fut, d'après Ukert (*Geographie der Griechen und Rœmer*, 1re part., sect. 1, p. 40), de 70 ans postérieure à Colæus de Samos.

(70) [page 176]. D'après un fragment de Phavorinus, les mots ὠκεανός, et ὠγήν par conséquent, ne sont pas grecs, mais empruntés aux barbares. Voy. Spohn, *de Nicephori Blemmidæ duobus opusculis*, 1818, p. 23. Mon frère croyait qu'ils se rat-

tachent aux racines sanscrites *ogha* et *ogh*. Voy. *Examen critique*, t. I, p. 33 et 182.

(71) [page 177]. Aristote, *de Cœlo*, l. II, c. 14, p. 298, édit. de Bekker; *Meteorol.*, l. II, c. 5, p. 362; comp. *Examen critique*, t. I, p. 125-130. Sénèque (*Natur. Quæst.*, in præfat., § 11) ne craint pas de dire : « Contemnet curiosus spectator domicilii (terræ) angustias. Quantum enim est quod ab ultimis littoribus Hispaniæ usque ad Indos jacet? Paucissimorum dierum spatium, si navem suus ventus implevit. » Voy. *Examen critique*, t. I, p. 158.

(72) [page 177]. Strabon, l. I, p. 65 et II, p. 118; comp. *Examen critique*, t. I, p. 152.

(73) [page 178]. Dans le *diaphragme* de Dicéarque, qui formait une sorte de ligne équatoriale, le soulèvement suit le Taurus, les chaînes du Demavend et de l'Hindou-kho, le Kouenlun qui borne le Tibet au nord et les montagnes des Nuages, couvertes d'une neige perpétuelle, dans les provinces chinoises de Sse-tschouan et de Kouang-si. Voy. mes recherches orographiques sur cette ligne de soulèvement, dans l'*Asie centrale*, t. I, p. 104-114, 118-164; t. II, p. 413 et 438.

(74) [page 178]. Strabon, l. III, p. 173. Comp. *Examen critique*, t. III, p. 98.

(75) [p. 180]. Droysen, *Geschichte Alexanders des Grossen*, p. 544, et *Geschichte der Bildung des hellenistischen Staatensystems*, p. 23-34, 588-592, 748-755.

(76) [page 181]. Aristote, *Politique*, l. VII, c. 7, p. 1327, édit. de Bekker. Voy. aussi l. III, c. 16, et le remarquable passage d'Ératosthène, dans Strabon, l. I, p. 66 II, p. 97.

(77) [page 181]. Stahr, *Aristotelia*, 2e part., p. 114.

(78) [page 181]. Sainte-Croix, *Examen critique des historiens d'Alexandre*, p. 731; Schlegel, *indische Bibliotek*, t. I, p. 150.

(79) [page 184]. Comp. Schwanbeck, *de fide Megasthenis et pretio*, dans l'édition qu'il a donnée de cet historien, p. 59-77. Mégasthène visita souvent Palibothra, séjour du roi de Magadha; il était profondément versé dans la chronologie des Hindous et rapporte « comment, à des époques antérieures, l'univers était revenu trois fois à la liberté, comment trois âges du monde s'étaient accomplis, et comment le quatrième avait commencé de son temps. » Voy. Lassen, *indische Alterthumskunde*, t. I, p. 510. Les idées d'Hésiode sur les quatre âges du monde, qui se rattachent à quatre grandes révolutions des éléments, et embrassent un espace de 18028 années, se retrouvent aussi chez les Mexicains. Voy. Humboldt, *Vues des Cordillères et Monuments des peuples indigènes de l'Amérique*, t. II, p. 119-129. L'étude du *Rigvéda* et du *Mahabharata* a fourni récemment une preuve remarquable de l'exactitude de Mégasthène. Il suffit pour s'en assurer de comparer ce qu'il dit sur l'Outtara-kourou ou le pays des Bienheureux, et sur la longévité de ce peuple, situé à l'extrémité septentrionale de l'Inde (vraisemblablement au nord de Kaschmir, dans les environs des monts Belourtagh), en rattachant ce récit, comme devait le faire naturellement un Grec, au mythe des Hyperboréens qui ne vivaient pas moins de mille ans. Voy. Lassen, *Zeitschrift für die Kunde des Morgenlandes*, t. II, p. 62. Ctésias, trop longtemps dédaigné, rapporte une légende qui s'accorde avec le récit de Mégasthène (*Indica*, c. 8, p. 249 et 285, édit. de Bæhr). Ctésias a mentionné, comme des animaux réellement existant, le Martichoras cité par Aristote (*Hist. de Animal.*, l. II, c. 3, § 10, t. I, p. 51, édit. de Schneider), les griffons moitié aigles et moitié lions, le Kartazonon d'Élien, enfin un âne sauvage dont le front était armé d'une corne. Il ne faut pas l'accuser pour cela de les avoir inventés; ainsi que l'ont remarqué déjà Heeren et Cuvier, il avait vu représentées sur des monuments persans des

formes d'animaux symboliques, et avait pris ces images pour la reproduction de monstres qui existaient au fond de l'Inde. Cependant, comme l'a fait observer M. Guigniaut, avec sa pénétration habituelle, dans les Notes et Éclaircissements qu'il a joints aux *Religions de l'Antiquité* de Creuzer (t. I, 2e part., p. 720), l'identification du Martichoras avec les symboles persépolitains offre de grandes difficultés.

(80) [page 185]. J'ai débrouillé ces relations orographiques dans mon *Asie centrale*, t. II, p. 429-434.

(81) [page 185]. Lassen, *Zeitschrift für die Kunde des Morgenlandes*, t. I, p. 230.

(82) [page 186]. Le pays entre Bamian et Ghori. Voy. l'excellente carte de l'Afghanistan, par Carl Zimmermann, 1842, et comp. Strabon, l. XV, p. 725; Diodore de Sicile, l. XVII, c. 82; Menn, *Meletem. histor.*, 1839, p. 25 et 34; Ritter, *ueber Alexanders Feldzug am Indischen Kaukasus*, dans les *Mémoires de l'Académie de Berlin*, 1829, p. 150; Droysen, *Bildung des hellenist. Staatensystems*, p. 614. J'écris *Paropanisus* avec tous les bons manuscrits de Ptolémée et non *Paropamisus*. J'ai exposé les raisons de cette préférence dans l'*Asie centrale*, t. I, p. 114-118. Voy. aussi Lassen, *zur Geschichte der Griechischen und Indoskythischen Kœnige*, p. 128.

(83) [page 186]. Strabon, l. XV, p. 717.

(84) [page 186]. Arrien, dans ses *Indica* (l. VII, c. 3) désigne sous le nom de *Tala*, le palmier appelé *Borassus flabelliformis* qu'Amarasinha caractérise d'une manière très-expressive, en le nommant *le Roi des herbes*.

(85) [page 186]. Le mot *tabaschir* est dérivé du mot sanscrit *tvak-kschîrâ*, lait d'écorce. Voy. plus haut, p. 476, note 3. Déjà en 1817, dans les additions historiques à l'ouvrage: *de Distributione geographica Plantarum secundum cœli temperiem et altitu-*

dinem montium, p. 215, j'ai fait remarquer qu'outre le tabaschir, extrait du bambou, les compagnons d'Alexandre avaient eu aussi connaissance de la véritable canne à sucre des Hindous. Voy. Strabon, l. XV, p. 693 ; et *Periplus maris Erythræi*, p. 9. Moïse de Chorène, qui vivait au milieu du ve siècle, a le premier décrit en détail la préparation du sucre composé avec la moelle du *Saccharum officinarum*, dans la province de Chorazan. Voy. sa *Géographie*, p. 364 de l'édit. de Whiston, 1736.

(86) [page 186]. Strabon, l. XV, p. 694.

(87) [page 187]. Ritter, *Erdkunde von Asien*, t. IV, sect. 1, 1835, p. 437 ; t. VI, sect. 1, p. 698 ; Lassen, *indische Alterthumskunde*, t. I, p. 317-323. Le passage d'Aristote, *Hist. de Animal.*, l. V, c. 17 (t. I, p. 209, édit. de Schneider), sur le filage d'une grande chenille à corne, se rapporte à l'île de Cos.

(88) [page 187]. De même on trouve λέντιον χρωμάτινον dans le *Periplus maris Erythræi*, p. 5. Comp. Lassen, *indische Alterthumskunde*, t. II, p. 316.

(89) [page 187]. Pline, *Hist. natur.*, l. XVI, c. 59. Sur l'introduction en Égypte par les Lagides de plantes rares originaires d'Asie, voy. aussi Pline, l. XII, c. 31 et 37.

(90) [page 188]. Humboldt, *de Distribut. geogr. Plantarum*, p. 178.

(91) [page 188]. J'ai eu depuis 1827 de fréquentes communications avec Lassen sur l'important passage de Pline (l. XII, c. 12 : « Major alia (arbor) pomo et suavitate præcellentior, quo *sapientes* Indorum vivunt. Folium alas avium imitatur, longitudine trium cubitorum, latitudine duum. Fructum cortice mittit, admirabilem succi dulcedine ut uno quaternos satiet. Arbori nomen *palæ*, pomo *arienæ*. » Voici les conclusions auxquelles ont abouti les recherches de mon savant ami : « Amarasinha met

l'arbre appelé *Musa* (le bananier), à la tête de toutes les plantes nourricières. Il cite, entre beaucoup d'autres noms sanscrits, ceux de *varanabouscha*, de *bhanouphala* (le fruit du soleil) et de *moko*, d'où est venu le nom arabe *mauza*. *Phala* (pala) signifie fruit en général, et c'est par un malentendu qu'on l'a pris pour le nom de la plante. Jamais, en sanscrit, on ne rencontre *varana* comme nom du bananier sans l'addition de *bouscha*. Cette forme peut être cependant une abréviation populaire ; *varana* dans ce cas ferait en grec οὐαρινα, ce qui assurément n'est pas bien loin de *ariena*. » Comp. Lassen, *indische Alterthumskunde*, t. I, p. 262 ; Humboldt, *Essai politique sur la Nouvelle-Espagne*, 1827, t. II, p. 382, et *Relation historique*, etc., t. I, p. 491. Prosper Alpinus et Abd-Allatif ont à peu près deviné l'affinité chimique, qui existe entre le nourrissant Amylum et la substance saccharine, en cherchant à expliquer l'origine du Musa par la canne à sucre et le dattier greffés sur les racines du Colocasia. Voy. Abd-Allatif, *Relation de l'Égypte*, trad. par Silvestre de Sacy, p. 28 et 105.

(92) [page 188]. Voy., sur cette époque, Guillaume de Humboldt, *ueber die Kawi-Sprache und die Verschiedenheit des menschlichen Sprachbaues*, t. I, p. CCL et CCLIV ; Droysen, *Geschichte Alexanders des Grossen*. p. 547, et *hellenistisches Staatensystem*, p. 24.

(93) [page 188]. Dante, *Inferno*, canto IV, v. 131.

(94) [page 189]. Voy. dans la *Biographie universelle*, t. II, 1811, p. 458, les assertions de Cuvier, qu'on regrette de retrouver dans l'édition de 1843, t. II, p. 219, et comp. les *Aristotelia* de Stahr, 1re part., p. 15 et 108.

(95) [page 189]. Cuvier, lorsqu'il écrivait sa Vie d'Aristote, a ajouté foi à ce voyage fait en Égypte avec Alexandre, « voyage d'où le Stagirite aurait rapporté à Athènes tous les matériaux de son *Histoire des Animaux*, au plus tôt dans la seconde année de la CXIIe olymp. » Plus tard, en 1830, le grand naturaliste

abandonna cette opinion, parce qu'il vit, en regardant plus attentivement, « que les descriptions des animaux égyptiens avaient été faites non d'après nature, mais d'après les indications d'Hérodote. » Voy. Cuvier, *Histoire des Sciences naturelles*, publiée par Magdeleine de Saint-Agy, t. I, 1841, p. 130.

(96) [page 189]. A ces preuves qu'on peut appeler intrinsèques, appartiennent l'isolement complet de la mer Caspienne, représentée comme une mer fermée ; la mention de la grande comète qui apparut sous l'archonte Nicomachus, olymp. CIX, 4, d'après Corsini, et ne doit pas être confondue avec celle que Bogouslawski a nommée tout récemment la comète d'Aristote ; cette dernière fut vue sous l'archonte Astéius, olymp. CI, 4, et est peut-être identique avec la comète de 1695 et de 1843. Voy. Aristote, *Meteorol.*, l. I, c. 6, § 10 (t. I, p. 395, édit. de Ideler) ; enfin la mention de l'incendie du temple d'Éphèse et celle d'un arc-en-ciel formé par la lune, que l'on observa deux fois en cinquante ans. Comp. Schneider *ad Aristot. Hist. de Animalibus*, t. I, p. XL, XLII, CIII et CXX ; Ideler, *ad Aristot. Meteorol.*, t. I, p. X ; Humboldt, *Asie centrale*, t. II, p. 168. On peut aussi reconnaître que l'*Histoire des Animaux* est postérieure aux *Meteorologica*, d'après cet indice que, dans les *Meteorologica*, il est fait allusion à cette *Histoire* comme à un sujet qui devait suivre prochainement ; voy. *Meteorol.*, l. I, c. 1, § 3, et l. IV, c. 12, 13.

(97) [page 190]. Les cinq espèces d'animaux cités dans le texte, et parmi eux particulièrement l'Hippelaphos (le cerf-cheval à longue barbe), l'Hippardion, le chameau de la Bactriane, et le buffle sont cités par Cuvier comme autant de preuves que l'Histoire des Animaux fut écrite après la Météorologie. Voy. *Histoire des Sciences naturelles*, t. I, p. 154. Cuvier distingue dans le IVe vol. de ses admirables *Recherches sur les Ossements fossiles*, (1823, p. 40-43 et 502), deux cerfs d'Asie à crinière, qu'il nomme *Cervus Hippelaphus* et *Cervus Aristotelis*. D'abord il avait pris le premier, dont il avait vu à Londres un individu vivant, et dont Diart lui

avait envoyé de Sumatra des peaux et des bois, pour l'Hippelaphos d'Aristote, originaire d'Arachosie. Voy. *Hist. de Animal.*, l. II, c. 2, § 3 et 4, t. 1, p. 43 et 44, édit. de Schneider. Plus tard, une tête de cerf, envoyée de Bengale par Duvaucel, parut à Cuvier, d'après l'ensemble de l'organisme qu'elle supposait, mieux d'accord avec la description d'Aristote, et cet animal, qui habite au Bengale dans la montagne de Sylhet, dans le royaume de Népaul et à l'est de l'Indus, reçut dès lors le nom de Cervus Aristotelis. S'il est naturel de penser qu'Aristote, dans le chapitre où il traite des animaux à crinière en général, a dû citer à côté du cerf-cheval (*Equicervus*) le guépard indien ou le tigre chasseur (*Felis jubata*), il faut, ainsi que le propose Schneider (t. III, p. 66), préférer la leçon πάρδιον à celle de τὸ ἱππάρδιον. Cette dernière dénomination s'appliquerait mieux à la girafe, suivant l'opinion exprimée déjà par Pallas (*Spicileg. zoolog.*, fasc. I, p. 4).—Si Aristote avait vu de ses yeux le guépard et ne s'en fût pas tenu à des ouï-dire, comment n'eût-il pas fait mention des ongles non rétractiles chez un animal du genre chat? Il n'est pas moins surprenant qu'Aristote, toujours si exact, s'il avait eu, en effet, comme l'affirme G. de Schlegel, une ménagerie à Athènes, près de sa demeure, et s'il eût disséqué lui-même l'un des éléphants pris à Arbèle, n'eût pas décrit la petite ouverture placée près des tempes, qui, surtout dans la période du rut, sécrète une matière liquide, exhalant une odeur forte, et à laquelle les poëtes indiens font si souvent allusion. Voy. Schlegel, *Indische Bibliothek*, t. I, p. 163-166. J'insiste sur ce détail, en apparence frivole, parce que l'ouverture dont je viens de parler fut connue pour la première fois par les récits de Mégasthène, auquel cependant personne ne peut attribuer des connaissances anatomiques. Je ne trouve rien dans les différents écrits zoologiques d'Aristote conservés jusqu'à nous, d'où l'on puisse conclure qu'il ait observé des éléphants par lui-même, ni surtout qu'il en ait disséqué. Cependant on ne saurait nier que l'*Histoire des Animaux*, bien que très-vraisemblablement elle ait été achevée avant l'expédition d'Alexandre dans l'Asie-Mineure, ait pu être complétée, ainsi que le prétend Stahr (*Aristotelia*, 2e part., p. 98), jusqu'à la mort de l'auteur (olymp. CXIV, 3), trois ans, par conséquent, après la mort du conquérant; mais on manque de preuves positives sur ce point. Tout ce que nous possédons de la correspondance d'Aristote est apocryphe. Voy. Stahr, 1re part., p. 194-208; 2e part., p. 169-234. Schneider dit aussi avec beaucoup d'assurance (*Histor. de Animal.*, t. I, p. XL) : « Hoc enim tempore certissimum sumere mihi licebit scriptas comitum Alexandri notitias post mortem demum regis fuisse vulgatas. »

(98) [page 190]. J'ai montré ailleurs que, bien que la décomposition du sulfure de mercure par la distillation soit déjà décrite par Dioscoride (*Materia medica*, l. V, 110, p. 667, ed. Saracenus), la première description de la distillation d'un liquide se trouve, à propos de l'eau de mer d'où l'on tirait de l'eau potable, dans le commentaire d'Alexandre d'Aphrodisias sur les *Meteorologica* d'Aristote. Voy. Humbold, *Examen critique*, t. II, p. 308-310; Joannis (Philoponi) *in libr. de General. Animal.*, et Alexandri Aphrodisiæ *in Meteorolog. Comment.*, Venet., 1527, p. 97. Alexandre d'Aphrodisias, le savant commentateur des *Meteorologica* d'Aristote, vivait sous Septime-Sévère et Caracalla; et bien que chez lui les appareils de chimie soient nommés χυμικὰ ὄργανα, un passage de Plutarque (*de Iside et Osiride*, c. 33) prouve que le mot chimie appliqué par les Grecs à l'art des Égyptiens ne vient pas de χέω. Voy. Hœfer, *Histoire de la Chimie*, t. I, p. 91, 195 et 219; t. II, p. 109.

(99) [page 190]. Comp. Sainte-Croix, *Examen des Historiens d'Alexandre*, 1810, p. 207, et Cuvier, *Hist. des Sciences naturelles*, t. I, p. 137, avec Schneider *ad Aristot. Hist. de Animal.*, t. I, p. XLII-XLVI, et Stahr, *Aristotelia*, 1re part., p. 116-118. Si, d'après cela, les prétendus envois de l'Égypte et de l'Asie-Mineure sont invraisemblables, d'autre part les derniers travaux du grand anatomiste Jean Muller prouvent avec quelle merveilleuse délicatesse Aristote disséquait les poissons que lui four-

nissaient les mers de la Grèce. Voy., sur l'adhérence des œufs avec l'utérus chez l'une des deux espèces du genre Mustelus qui vivent dans la mer Méditerranée, laquelle possède à l'état de fétus un placenta amniotique tenant au placenta utérin de la mère, la savante dissertation de Jean Muller et ses recherches sur le γαλεὸς λεῖος d'Aristote, dans les *Mémoires de l'Académie de Berlin*, année 1840, p. 192-197. Et comp. Aristote, *Hist. de Animal.*, l. VI, c. 10, et *de Generat. Animal.*, l. III, c. 3. On peut citer encore, comme preuves du soin extrême qu'Aristote apportait dans ses travaux anatomiques, la distinction qu'il a établie entre les différentes espèces de sèches et la dissection minutieuse de ces animaux, la description des dents chez les escargots et des organes d'autres gastéropodes. Comp. *Hist. de Animal.*, l. IV, c. 1 et 4, avec Lebert, dans *Muller's Archiv. der Physiol.*, 1846, p. 463 et 467. J'ai moi-même, dès 1797, appelé l'attention des naturalistes sur la forme des dents chez les escargots. Voy. *Versuche ueber die gereizte Muskel-und Nervenfaser*, t. I, p. 261.

(100) [page 191]. Valère Maxime, l. VII, c. 2 : « Ut cum rege aut rarissime aut quam jucundissime loqueretur. » Ce mot est d'ailleurs renouvelé d'Ésope, voy. Plutarque, *Vie de Solon* (t. I, p. 381 de la trad. d'Amyot, 1801).

(1) [page 192]. Aristote, *Politica*, l. I, c. 8, et *Ethica ad Eudemum*, l. VII, c. 14.

(2) [page 192]. Strabon, l. XV, p. 690 et 695.

(3) [page 193]. Ainsi s'exprime Théodecte de Phaselis. Voy. *Cosmos*, t. I, p. 424 et 577. Tout ce qui était au nord fut considéré comme plus rapproché de l'occident, tout ce qui était au midi comme plus proche de l'orient. Voy. Vœlker, *ueber Homerische Geographie und Weltkunde*, p. 43 et 87. Le sens vague du mot *Indes*, que l'on appliquait alors arbitrairement à certaines conditions de situation géographique, de couleur et de

productions précieuses, contribua à répandre ces hypothèses météorologiques. C'est ainsi que l'Arabie occidentale, le pays compris entre Ceylan et l'embouchure de l'Indus, l'Éthiopie des Troglodytes, et en Afrique, le pays de la myrrhe et de la canelle au sud du cap d'Aromata, tout cela s'appelait également les Indes. Voy. Humboldt, *Examen critique*, etc., t. II, p. 35.

(4) [page 194]. Lassen, *indische Alterthumskunde*, t. I, p. 369, 372-375, 379 et 389; Ritter, *Erdkunde von Asien*, t. IV, sect. 1, 1835, p. 446.

(5) [page 194]. Il n'est pas possible de déterminer exactement, d'après les degrés de latitude, la propagation géographique des races humaines dans des continents entiers, pas plus que celle des plantes et des animaux. Le fait posé en axiome par Ptolémée (l. I, c. 9) qu'il n'y a pas, au nord du parallèle d'Agisymba, d'éléphants, de rhinocéros ni de nègres, n'est appuyé sur aucun fondement. Voy. *Examen critique*, t. I, p. 39. La doctrine de l'influence générale exercée par le sol et le climat sur les dispositions intellectuelles et sur la moralité des races humaines, resta propre à l'école alexandrine d'Ammonius Saccas, et fut surtout représentée par Longin. (Proclus, *Comment. in Timæum*, p. 50.) Comp. cependant à une époque fort antérieure, Hippocrate, *des Airs, des Eaux et des Lieux*, c. 12, t. II, p. 53, édit. de Littré, Paris, 1840.

(6) [page 194]. Voy. George Curtius, *die Sprachvergleichung in ihrem Verhæltniss zur classischen Philologie*, 1845, p. 5-7, et *Bildung der Tempora und Modi*, 1846, p. 3-9. Voy. aussi un article de Pott sur la famille des langues indo-germaniques, dans l'*Encyclopédie de Ersch et Gruber*, 2e sect., 18e part., p. 1-112. On trouve déjà chez Aristote des recherches sur le langage en général, en tant qu'il touche au fondement de la pensée, dans les passages où il développe le lien qui existe entre les catégories et les relations grammaticales. Voy. un exposé lumineux de

cette comparaison dans A. Trendelenbourg, *histor. Beitræge zur Philosophie*, 1846, 1re part., p. 23-32. Voy. aussi Séguier, *la Philosophie du langage d'après Aristote*, Paris, 1836.

(7) [page 195]. Les écoles des Orchéniens et des Borsipéniens. Voy. Strabon, l. XVI, p. 739. Dans ce passage, à côté des astronomes chaldéens, sont cités distinctement par leurs noms quatre mathématiciens de Chaldée. Cette circonstance a d'autant plus d'importance pour l'histoire, que Ptolémée désigne tous les astronomes sous la dénomination générique de Χαλδαῖοι, comme si les observations s'étaient toujours faites à Babylone collectivement. Voy. Ideler, *Handbuch der Chronologie*, t. I, 1825, p. 198.

(8) [page 195]. Ideler, *ibid.*, t. I, p. 202, 206 et 218. Lorsque, ainsi que le fait Delambre (*Histoire de l'Astronomie ancienne*, t. I, p. 308), on s'appuie pour révoquer en doute les observations astronomiques envoyées de Babylone en Grèce par Callisthène, sur ce que « on ne retrouve dans les écrits d'Aristote aucune trace de ces observations faites par la caste sacerdotale de la Chaldée, » on oublie qu'Aristote (*de Cœlo*, l. II, c. 12), à l'endroit où il parle d'une occultation de Mars par la lune, que lui-même avait observée, ajoute expressément : « Les Égyptiens et les Babyloniens ont fait, il y a de longues années, sur les autres planètes, des observations semblables, dont un grand nombre sont venues à notre connaissance. » Sur l'usage vraisemblable de tables astronomiques chez les Chaldéens, voy. Chasles dans les *Comptes rendus de l'Académie des sciences*, t. XXIII, 1846, p. 852-854.

(9) [page 196]. Sénèque, *Natur. quæst.*, l. VII, c. 17.

(10) [page 196]. Voy. Strabon, l. XVI, p. 739, et l. III, p. 174.

(11) [page 196]. Ces recherches sont de l'année 1824. Voy. M. Guigniaut, dans ses Notes et Éclaircissements sur les *Religions de*

l'Antiquité de Creuzer, t. I, 2ᵉ part., p. 928. Pour les additions plus récentes de Letronne, voy. *Journal des Savants*, 1839, p. 338 et 492, ainsi que l'*Analyse critique des représentations zodiacales en Égypte*, 1846, p. 15 et 34. Comp. Ideler, *ueber den Ursprung des Thierkreises* dans les *Mémoires de l'Acad. des Sciences de Berlin*, année 1838, p. 21.

(12) [page 196]. Ce sont les magnifiques forêts de cèdres Deodwara (Voy. *Cosmos*, t. I, p. 437), situées sur le cours supérieur de l'Hydaspe (Behout), qui traverse le lac de Waller dans la vallée alpestre de Kaschmir, et élevées le plus souvent de 8000 à 11000 pieds au-dessus de la mer, qui ont fourni les matériaux pour la construction de la flotte de Néarque. Voy. Burnes, *Travels*, t. I, p. 59. D'après les observations du compagnon du prince Waldemar de Prusse, le docteur Hoffmeister, enlevé malheureusement à la science sur un champ de bataille, le tronc de ces arbres a souvent jusqu'à 40 pieds de circonférence.

(13) [page 197]. Lassen, *Pentapotamia indica*, p. 25, 29, 57-62 et 77, et *indische Alterthumskunde*, t. I, p. 91. Entre le Sarasvati au nord-ouest de Delhi et la rocailleuse Drischadvati, se trouve, d'après le livre de la loi de Manou, Brahmavarta, c'est-à-dire une contrée consacrée à Brahma par les dieux mêmes. D'autre part, l'Aryavarta (le pays des nobles, des Ariens, embrassait toute la contrée située à l'est de l'Indus, entre l'Himalaya et la chaîne du Vindhya, au sud de laquelle commençait la population primitive non arienne) ; ici le mot *varta* est pris dans un sens plus large. Le Madhya-Desa ou pays du centre, dont j'ai parlé déjà (*Cosmos* t. I, p. 15), n'était qu'une partie de l'Aryavarta. Voy. *Asie centrale*, t. I, p. 204, et Lassen, *indische Altherthumskunde*, t. I, p. 5, 10, et 93. Les anciens États libres de l'Inde, *les pays des peuples sans rois*, maudits par les poetes orthodoxes, étaient situés entre l'Hydraote et l'Hyphase, c'est-à-dire entre le Beas et le Ravi moderne.

(14) [page 197]. Mégasthène, *Indica*, edid. Schwanbeck, 1846, p. 17.

(15) [page 200]. Voy. plus haut *Cosmos*, t. II, p. 145.

(16) [page 201]. Voy. Humboldt, *Asie centrale*, t. I, p. 145 et 151-157; t. II, p. 179.

(17) [page 201]. Pline, l. VI, c. 30.

(18) [page 202]. Droysen, *Geschichte des hellenistichen Staatensystems*, p. 747.

(19) [page 203]. Comp. Lassen, *indische Alterthumskunde*, t. I, p. 107, 153 et 158.

(20) [page 203]. Taprobane est une corruption de Tâmbapannî, forme pali qui se retrouve dans le sanscrit Tâmraparnî; le nom grec est composé à la fois de la forme sanscrite (tâmbra, tapro) et de la forme pali. Voy. Lassen, *indische Alterthumskunde*, t. I, p. 201, et *Dissert. de Taprobane insula* p. 19. Les Lakedives (de *lakke* pour *lakscha*, et *dive* pour *dwîpa*, c'est-à-dire, un groupe d'îles au nombre de cent mille) étaient connues des marins d'Alexandrie, aussi bien que les Maledives (Malayadiba, c'est-à-dire îles de Malabar).

(21) [page 204]. Hippalus ne vécut pas, dit-on, avant le règne de Claude; mais cela est invraisemblable, s'il est constaté que, même sous les premiers Lagides, une grande partie des productions de l'Inde n'étaient achetées que sur les marchés arabes. Il est bon de remarquer que la mousson du sud-ouest était aussi désignée sous le nom d'Hippalus, et qu'une partie de la mer Érythrée ou de l'océan Indien s'appelait également mer d'Hippalus. Voy. Letronne, *Journal des Savants*, 1818, p. 405; Reinaud, *Relation des voyages dans l'Inde*, t. I, p, XXX.

(22) [page 205]. Voy. les recherches de Letronne sur les tra-

vaux du canal qui joint le Nil et la mer Rouge depuis Neko jusqu'au khalife Omar, durant un laps de plus de 1300 ans, dans la *Revue des Deux-Mondes*, t. XXVII, 1841, p. 215-233. Voy. aussi du même auteur, *de la Civilisation égyptienne depuis Psammitichus jusqu'à la conquête d'Alexandre*, 1845, p. 16-19.

(23) [page 206]. Des observations météorologiques sur les causes indirectes du gonflement du Nil amenèrent une partie de ces voyages, parce que Philadelphe, suivant les expressions de Strabon (l. XVII, p. 789), cherchait toujours des distractions nouvelles pour satisfaire sa curiosité et oublier sa faiblesse corporelle.

(24) [page 206]. Deux inscriptions concernant des chasses, dont l'une surtout rappelle les chasses aux éléphants de Ptolémée Philadelphe, ont été découvertes et copiées par Lepsius sur les colosses d'Abousimbel (Ibsamboul). Voy. Strabon, l. XVI, p. 769 et 770; Ælien, *de Natura Animal.*, l. III, c. 34, et XVII, 3; Athénée, l. V, p. 196. Bien que l'ivoire de l'Inde soit cité dans le *Periplus maris Erythræi* comme un article d'exportation de Barygaza, cependant, au rapport de Cosmas, l'Éthiopie envoyait aussi de l'ivoire dans la presqu'île occidentale de l'Inde. De tout temps les éléphants ont tendu à se retirer de plus en plus vers le sud, même dans l'Afrique orientale. D'après le témoignage de Polybe (l. V, c. 84), lorsque des éléphants africains et indiens se trouvaient en présence dans un combat, l'aspect, l'odeur et le bruit des éléphants indiens, plus grands et plus forts, mettaient en déroute les éléphants d'Afrique. Jamais ces derniers ne furent réunis en aussi grand nombre que dans les expéditions d'Asie, où Tchandragoupta en avait rassemblé 9000, le puissant roi des Prasiens 6000, et Akbar 6000 également. Voy. Lassen, *indische Alterthumskunde*, t. I, p. 305-307.

(25) [page 206]. Athénée, l. XIV, p. 654. Comp. Parthey, *das Alexandrinische Museum*, p. 55 et 171.

(26) [page 207]. La bibliothèque du Bruchium était la plus

ancienne ; elle fut détruite lors de l'incendie de la flotte sous Jules César. La bibliothèque de Rhakotis remplissait une partie du Serapéum où elle était réunie avec le Musée ; la collection de livres de Pergame alla grossir la bibliothèque de Rhakotis, grâce à la libéralité d'Antoine.

(27) [page 207]. Vacherot, *Histoire critique de l'École d'Alexandrie*, 1846, t. I, p. v et 103. Que l'Institut d'Alexandrie, ainsi que toutes les corporations savantes, ait eu l'inconvénient, à côté des excellents effets produits par le concours des efforts et la réunion de tous les matériaux, d'exercer sur les esprits une influence trop dominante et trop exclusive, c'est un fait que l'antiquité elle-même a souvent reconnu. Avant que cette ville, jadis si brillante, devînt le théâtre de disputes stériles sur la théologie chrétienne, Adrien conféra à son précepteur Vestinus la double dignité de grand-prêtre d'Alexandrie (comme on dirait ministre des cultes), et de directeur du Musée ou président de l'Académie. Voy. Letronne, *Recherches pour servir à l'histoire de l'Egypte pendant la domination des Grecs et des Romains*, 1823, p. 251.

(28) [page 208]. Fries, *Geschichte der Philosophie*, t. II, p. 5, et *Lehrbuch der Naturlehre*, 1re part., p. 42. Voy. aussi, au sujet de l'influence que Platon a exercée sur les sciences expérimentales par l'application des mathématiques, Brandis, *Geschichte der griechisch-rœmischen Philosophie*, 2e part., sect. 1, p. 276.

(29) [page 209]. Sur les opinions physiques et géognostiques d'Ératosthène, voy. Strabon, l. I, p. 49-56 ; l. II, p. 108.

(30) [page 209]. Strabon, l. XI, p. 519 ; Agathémère, dans les *Geogr. græci minor.* d'Hudson, t. II, p. 4. Sur la justesse des grandes vues orographiques d'Ératosthène, voy. Humboldt, *Asie centrale*, t. I, p. 104-150, 198, 208-227, 413-415, t. II, p. 367 et 414-435 ; *Examen critique*, etc., t. I, p. 152-154. J'ai nommé à dessein la mesure du degré d'Eratosthène la première

mesure hellénique, parce qu'il n'est pas invraisemblable que les Chaldéens aient originairement déterminé la longueur du degré, en prenant pour terme de comparaison des pas de chameau. Voy. Chasles, *Recherches sur l'Astronomie indienne et chaldéenne* dans les *Comptes rendus de l'Acad. des Sciences*, t. XXIII, 1846, p. 851.

(31) [page 210]. La dernière dénomination me paraît la plus juste. Strabon, en effet (l. XVI, p. 739), cite, parmi plusieurs autres personnages considérables, un Séleucus de Séleucie, versé dans la science des astres ; il est probable qu'il s'agit ici de Séleucie sur le Tigre, qui était une ville de commerce florissante. Il est vrai que Strabon, après avoir cité, comme ayant observé exactement le flux et le reflux, un Séleucus de Babylone (l. I, p. 6), mentionne, peut-être par négligence, à propos du même objet, un Séleucus d'Erythres. Voy. l. III, p. 174. Comp. Stobée, *Eclogæ physicæ*, p. 440.

(32) [page 211]. Ideler, *Handbuch der Chronologie*, t. I, p. 212 et 329.

(33) [page 211]. Delambre, *Histoire de l'Astronomie ancienne*, t. I, p. 290.

(34) [page 211]. Bœckh, dans son *Philolaüs*, p. 118, examine la question de savoir si les Pythagoriciens ont pu connaître de bonne heure, par les sources égyptiennes, la précession des équinoxes, sous le nom de mouvement des fixes. Letronne (*Observations sur les représentations zodiacales qui nous restent de l'Antiquité*, 1824, p. 63), et Ideler (*Handbuch der Chronologie*, t. I, p. 192), revendiquent exclusivement cette découverte pour Hipparque.

(35) [page 212]. Ideler, *ueber Eudoxus*, p. 23.

(36) [page 213]. La planète découverte par Le Verrier.

(37) [page 215]. Voy. plus haut *Cosmos*, t. II, p. 128, 134, 137 et 163.

(38) [page 215]. Guillaume de Humboldt, *ueber die Kawi-Sprache*, t. I, p. XXXVII.

(39) [page 217]. La surface de l'empire romain sous Auguste, d'après la circonscription qu'a adoptée Heeren (*Manuel de l'Histoire ancienne*, p. 456–465), a été évaluée par Berghaus à un peu plus de 100000 milles géographiques carrés; c'est environ un quart de plus que la mesure proposée, comme très-incertaine, il est vrai, par Gibbon, *Histoire de la chute de l'Empire romain*, t. I, ch. 1, p. 86 et suiv. dans l'édit. de M. Guizot.

(40) [page 218]. Végèce, *de re militari*, l. III, c. 6. Comp. Fabricius, *Notatio temporum Augusti*, 1727, p. 208, et Egger, *Examen critique des Historiens anciens de la vie et du règne d'Auguste*, Paris, 1844, p. 54 et suiv.

(41) [page 218]. Acte II, v. 371, dans la célèbre prédiction qui a commencé, depuis le fils de Colomb, d'être appliquée à la découverte de l'Amérique.

(42) [page 219]. Cuvier, *Histoire des Sciences naturelles*, t. I, 1841, p. 312-328.

(43) [page 219]. Voy. *Liber Ptholemei de opticis sive aspectibus*, manuscrit précieux de la Bibliothèque nationale de Paris, n° 7310, que j'ai compulsé à l'occasion d'un passage remarquable sur la réfraction de la lumière, découvert dans Sextus Empiricus (*adversus Astrologos*, l. V, p. 351, édid. Fabricius). Les extraits que j'ai donnés de ce manuscrit en 1811, avant Delambre et Venturi, se trouvent dans l'introduction de mon *Recueil d'Observations astronomiques*, t. I, p. LXV-LXX. L'original grec ne nous est pas parvenu. Le manuscrit ne contient qu'une traduction latine de l'*Optique* de Ptolémée, faite sur deux manuscrits arabes. Le traducteur latin se nomme Amiracus Eugenius, Siculus. Comp. Venturi, *Comment. sopra la storia e le teorie dell' Ottica*, Bologna, 1814, p. 227; Delambre, *His-*

toire de l'Astronomie ancienne, 1817, t. I, p. LI, et t. II, p. 410-432.

(44) [page 220]. Letronne prouve par la mort sanglante de la fille de Théon d'Alexandrie, victime du fanatisme chrétien, que l'époque si souvent contestée de la vie de Diophante ne peut pas tomber après l'an 389; voy. le mémoire *sur l'origine grecque des Zodiaques prétendus égyptiens*, 1837, p. 26.

(45) [page 222]. Cette influence bienfaisante d'une langue qui, en se propageant, moralise les peuples et leur inspire des sentiments plus humains, a été bien caractérisée par Pline dans son éloge de l'Italie (l. III, c. 6) : « Omnium terrarum alumna eadem et parens, numine Deum electa, quæ sparsa congregaret imperia ritusque molliret et tot populorum discordes ferasque linguas sermonis commercio contraheret, colloquia et humanitatem homini daret, breviterque una cunctarum gentium in toto orbe patria fieret. »

(46) [page 224]. Klaproth, *Tableaux histor. de l'Asie*, p. 65.

(47) [page 224]. A ces races indo-germaniques, gothiques ou ariennes de l'Asie orientale, remarquables par leurs cheveux blonds et leurs yeux bleus, appartiennent les Ousuns, les Tingling, les Houtis et les Youètes. Les derniers sont désignés par les écrivains chinois comme une race nomade du Tibet, qui déjà, 300 ans avant notre ère, avait pénétré entre le cours supérieur de l'Houangho et le Nanschan couvert de neige. Je rappelle cette origine parce que les Sères sont caractérisés aussi « rutilis comis et cæruleis oculis » (Pline, l. VI, c. 24). Comp. Ukert, *Geographie der Griechen und Rœmer*, 3e part., sect. 2, 1845, p. 275. La connaissance de ces races blondes, qui apparaissent dans les parties de l'Asie les plus reculées vers l'est, et donnèrent le premier branle à la grande migration des peuples, est due aux recherches d'Abel Rémusat et de Klaproth; c'est une des plus brillantes découvertes historiques de notre époque.

(48) [page 225]. Letronne, *Observations critiques et archéologiques sur les représentations zodiacales de l'Antiquité*, 1824, p. 99, et *sur l'origine grecque des Zodiaques prétendus égyptiens*, 1837, p. 27.

(49) [page 225]. Le savant Colebrooke place Warahamihira dans le ve siècle de notre ère, Brahmagoupta à la fin du vi^e^, et laisse la place de Aryabhatta incertaine entre l'an 200 et l'an 400 ap. J.-C. Comp. Holtzmann, *ueber den griechischen Ursprung des indischen Thierkreises*, 1841, p. 23.

(50) [page 226]. Sur les raisons qui, conformément au témoignage de Strabon lui-même, prouvent que son grand ouvrage de géographie fut commencé très-tard, voy. la traduction allemande de Groskurd, 1re part., 1831, p. XVII.

(51) [page 227]. Strabon, l. I, p. 14 ; II, p. 118 ; XVI, p. 781 ; XVII, p. 798 et 815.

(52) [page 227]. Comp. les deux passages de Strabon, l. I, p. 65 et II, p. 118, et voy. Humboldt, *Examen critique*, etc., t. I, p. 152-154. Dans la dernière édition de Strabon, donnée en 1844 par G. Kramer, on lit (1re part., p. 100) : Le *cercle d'Athènes*, au lieu du *cercle de Thinæ;* Thinæ, dit l'éditeur, ayant été nommée pour la première fois par le Pseudo-Arrien dans le *Periplus maris Erythræi*. Dodwell place ce périble sous les empereurs Marc Aurèle et Lucius Verus, tandis que, suivant Letronne, il ne date que du règne de Septime Sévère et de Caracalla. Bien que tous les manuscrits de Strabon portent *Thinæ* dans cinq endroits différents, il paroît résulter de quatre passages du livre II (p. 79, 82, 86 et 87), particulièrement du second où Ératosthène est nommé, que l'on doit lire le *cercle parallèle d'Athènes et de Rhodes*. La coutume des anciens géographes de reculer la péninsule de l'Attique trop loin vers le sud fit confondre ces deux latitudes. On aurait lieu de s'étonner, si la leçon Θινῶν κύκλος était en effet la véritable, qu'on eût dé-

terminé un cercle parallèle distinct, *le Diaphragme de Dicéarque*, d'après un lieu aussi peu connu du pays des Sines (Tsîn). Cependant Cosmas Indicopleustès rattache aussi la ville de Tzinitza (Thinæ) à la chaîne de montagnes qui partage en deux parties la Perse et les pays Romaniques, ainsi que toute la terre habitée, et il ajoute ces mots dignes de remarque : « d'après la croyance des philosophes indiens et des Brahmanes. » Voy. Cosmas dans Montfaucon, *Collectio nova Patrum*, t. II, p. 137, et Humboldt, *Asie centrale*, t. I, p. XXIII, 120-129 et 194-203 ; t. II, p. 413. Le Pseudo-Arrien, Agathémère, d'après les savantes recherches du professeur J. Franz, et Cosmas, attribuent d'une manière précise à la métropole des Sines une latitude fort septentrionale et qui tombe à peu près dans le parallèle de Rhodes et d'Athènes, tandis que Ptolémée, trompé par les faux rapports des navigateurs, ne connaît qu'une ville de Thinæ, située à trois degrés au sud de l'équateur. Je suppose que Thinæ n'était qu'une dénomination générale sous laquelle on désignait un entrepôt, un port du pays des Tsin, et qu'on a pu citer par conséquent des Thinæ ou Tzinitza au nord et au sud de l'équateur.

(53) [page 228]. Strabon, l. I, p. 49-60 ; II, p. 95 et 97 ; VI, p. 277 ; XVII, p. 830. Sur le soulèvement des îles et de la terre ferme, voy. particulièrement l. I, p. 51, 54 et 59. Déjà le vieux philosophe Éléate, Xénophane, frappé de l'abondance des productions marines que l'on rencontrait loin des côtes, à l'état fossile, enseignait que le sol de la terre, sec aujourd'hui, avait été soulevé du fond des mers. Voy. Origène, *Philosophumena*, c. 4. Appulée, au temps des Antonins, recueillait des pétrifications sur les montagnes de la Gétulie et les attribuait au déluge de Deucalion, qu'il croyait, d'après cet indice, avoir été aussi général que le fut pour les Hébreux le déluge de Noé, et pour les Aztèques du Mexique celui de Coxcox. Le fait affirmé par Beckmann et par Cuvier (*Geschichte der Erfindungen*, t. II, p. 370, et *Histoire des Sciences naturelles*, t. I,

p. 354), qu'Appulée aurait possédé une collection d'objets naturels, a été contredit par le professeur Franz, à la suite de recherches très-approfondies.

(54) [page 229]. Strabon, l. XVII, p. 840.

(55) [page 230]. Ritter, *Erdkunde von Asien*, t. IV, sect. 1, 1835, p. 560.

(56) [page 230]. J'ai réuni les exemples les plus frappants de fausses directions attribuées aux chaînes de montagnes par les Grecs et les Romains, dans l'introduction de l'*Asie centrale*, t. I, p. XXXVII-XL. Les recherches spéciales les plus satisfaisantes sur l'incertitude des bases numériques adoptées par Ptolémée, pour les déterminations de lieux, se trouvent dans une dissertation d'Ukert, insérée au *rheinisches Museum für Philologie*, 1838, p. 314-324.

(57) [page 231]. Voy. des exemples des mots zend et sanscrits, que nous a conservés la Géographie de Ptolémée, dans Lassen, *Dissertatio de Taprobane insula*, p. 6, 9 et 17; Burnouf, *Commentaire sur le Yaçna*, t. I, p. XCIII-CXX et CLXXXI-CLXXXV; Humboldt, *Examen critique*, etc., t. I, p. 45-49. Quelquefois, mais rarement, Ptolémée donne le nom sanscrit avec la traduction, comme par exemple, pour l'île de Java ou île de l'Orge, Ἰαβαδίου ὃ σημαίνει κριθῆς νῆσος (l. VII, c. 2). Comp. Guillaume de Humboldt, *ueber die Kawi-Sprache*, t. I, p. 60-63. Aujourd'hui encore, si l'on en croit Buschmann, l'orge paumelle, *hordeum distichon*, se nomme dans les principales langues indiennes telles que l'Hindoustani, le Bengali et le Nepal, dans les langues de Mahrah, de Guzerate et dans celle des Cingalais, enfin en persan et en malais, *yava*, *dschav* ou *dschau*, et *yaa* dans l'Orissa. Voy., dans les traductions indiennes de la Bible, *Evang. selon saint Jean*, c. VI, v. 9 et 13, et Ainslie, *Materia medica of Hindoostan*, Madras, 1813, p. 217.

(58) [page 231]. Humboldt, *Examen critique*, t. II, p. 147-188.

(59) [page 232]. Strabon, l. XI, p. 506.

(60) [page 232]. Menander, *de Legationibus Barbarorum ad Romanos et Romanorum ad gentes*, e recens. Bekkeri et Niebuhrii, 1829, p. 300, 619, 623 et 628.

(61) [page 232]. Plutarque, *de facie in orbe Lunæ*, p. 921, Comp. *Examen critique*, etc., t. I, p. 145 et 191. J'ai eu l'occasion de retrouver moi-même en Perse, chez des hommes fort instruits, l'hypothèse d'Agésianax, d'après laquelle les taches de la lune, qui représentaient à Plutarque des espèces de montagnes *lumineuses*, probablement des montagnes volcaniques, ne seraient qu'un reflet produit par les continents et les mers du globe que nous habitons. « Ce qu'on nous montre, disaient-ils, à l'aide du télescope, sur la surface de la lune, n'est que l'image réfléchie de notre propre pays. »

(62) [page 233]. Ptolémée, l. IV, c. 9, VII, 3 et 5. Comp. Letronne, *Journal des Savants*, 1831, p. 476-480 et 545-555 ; Humboldt, *Examen critique*, etc, t. I, p. 144, 161 et 320 ; t. II, p. 370-373.

(63) [page 233]. Delambre, *Histoire de l'Astronomie ancienne*, t. I, p. LIV ; t. II, p. 551. Théon ne cite jamais l'Optique de Ptolémée, bien qu'il ait vécu deux siècles après lui.

(64) [page 234]. Il est souvent difficile, dans la physique des anciens, de décider si un résultat obtenu est la suite d'une expérience faite à dessein ou d'une observation fortuite. A l'endroit où Aristote traite de la pesanteur de l'air (*de Cœlo*, l. IV, c. 4), bien qu'Ideler paraisse supposer qu'il est question d'autre chose (*Meteorologia veterum Græcorum et Romanorum*, p. 23), il est dit expressément : « Une outre gonflée est plus pesante qu'une outre vide. » En admettant que l'expérience ait réellement eu lieu, il faut supposer qu'elle a été faite avec de l'air condensé. Comp. B. Jullien, *de Physica Aristotelis*, Paris, 1836, p. 13 et 43.

(65) [page 234]. Aristote, *de Anima*, l. II, c. 7; Biese, *die Philosophie des Aristoteles*, t. II, p. 147.

(66) [page 234]. Joannis (Philoponi) grammatici *in libr. de generat.* et Alexandri Aphrodis. *in Meteorol. comment.* Venet. 1527, p. 97. Comp. *Examen critique*, etc., t. II, p. 306-312.

(67) [page 235]. Metellus Numidicus fit égorger 142 éléphants au milieu du Cirque. Dans les jeux que donna Pompée parurent 600 lions et 406 panthères. Auguste avait sacrifié 3500 bêtes pour les fêtes populaires; Pline le jeune parle, dans une de ses lettres (l. VI, ep. 34), d'un époux sensible qui se plaint de ce qu'il n'a pu donner un combat de gladiateurs à Vérone, pour célébrer les funérailles de sa femme, « parce que les vents contraires ont retenu dans le port les panthères qu'il avait achetées en Afrique. »

(68) [page 236]. Voy. plus haut, note 53, p. 522. Cependant Appulée a décrit le premier avec exactitude, comme le rappelle Cuvier (*Histoire des Sciences naturelles*, t. I, p. 287), les espèces d'os en forme de crocs qui garnissent le second et le troisième estomac des Aplysies ou Orties de mer.

(69) [page 240]. « Est enim animorum ingeniorumque naturale quoddam quasi pabulum consideratio contemplatioque naturæ. Erigimur, elatiores fieri videmur, humana despicimus cogitantesque supera atque cœlestia, hæc nostra ut exigua et minima contemnimus. » (Cicéron, *Academica*, l. II, c. 41.)

(70) [page 240]. Voy. Pline, l. XXXVII, c. 77 (t. V, p. 320, édit. de Sillig). Toutes les éditions antérieures finissaient avec les mots : « Hispaniam quacumque ambitur mari. » La fin de l'ouvrage a été découverte, en 1831, dans un manuscrit de Bamberg, par Louis de Jan, professeur à Schweinfurt.

(71) [page 241]. Claudien, *in secundum consulatum Stilichonis*, v. 150-155.

(72) [p. 242]. *Cosmos*, t. I, p. 430 et 579; t. II, p. 26. Comp. Guillaume de Humboldt, *ueber die Kawi-Sprache*, t. I, p. XXXVIII.

(73) [page 248]. Si Charles Martel, ainsi qu'on l'a souvent répété, a garanti, par la victoire de Tours, le centre de l'Europe contre l'invasion de l'islamisme, on ne saurait dire, avec la même raison, que la retraite des Mongols, après la bataille livrée près de Liegnitz, dans la plaine de Wahlstatt, ait empêché le bouddhisme de pénétrer jusqu'à l'Elbe et au Rhin. Ce combat, dans lequel le duc Henri le Pieux mourut en héros, fut livré le 9 avril 1241, quatre ans après que le Kaptschak et la Russie avaient été asservis par les hordes asiatiques, sous Batou, petit-fils de Dschinguischan. Mais la première introduction du Bouddhisme parmi les Mongols tombe dans l'année 1247, lorsque le prince mongol Godan, se sentant malade à Leang-Tscheou, ville reculée fort loin vers l'orient, dans la province chinoise de Schensi, fit appeler un grand-prêtre tibétain, Sakya Pandita, pour le guérir et le convertir. (Note empruntée à un fragment manuscrit de Klaproth sur la propagation du Bouddhisme dans l'est et le nord de l'Asie.) Il faut remarquer aussi que les Mongols ne se sont jamais occupés de gagner à leur croyance les peuples qu'ils avaient soumis.

(74) [page 248]. *Cosmos*, t. I, p. 340 et 553.

(75) [page 250]. De là le contraste entre les mesures tyranniques de Motewekkil, le dixième khalife de la famille des Abbassides, contre les Juifs et les Chrétiens (Jos. de Hammer, *ueber die Landerverwaltung unter dem Khalifate*, 1835, p. 27, 85 et 147), et la tolérance dont firent preuve les maîtres plus sages de l'Espagne (Ant. Conde, *Hist. de la dominacion de los Arabes en España*, t. I, 1820, p. 67). Il est bon de rappeler aussi qu'Omar, après la prise de Jérusalem, ne troubla pas les vaincus dans la pratique de leur religion, et fit avec le patriarche

un accord favorable aux Chrétiens. Voy. *Fundgruben des Orients*, t. V, p. 68.

(76) [page 251]. « Suivant la légende, un vigoureux rejeton de la race hébraïque s'était retiré sous le nom de Yokthan (Qachthan) dans l'Arabie méridionale, longtemps avant Abraham, et y avait fondé des empires florissants. » (Ewald, *Geschichte des Volkes Israel*, t. I, p. 337 et 450.)

(77) [page 254]. L'arbre qui fournit aux Arabes, depuis les temps les plus reculés, le célèbre encens d'Hadramaut, et qui manque complétement dans l'île de Socotora, n'a pas encore été classé ni découvert par aucun botaniste, pas même par l'infatigable Ehrenberg. On trouve dans les Indes orientales, principalement dans le district de Bundelkhund, un produit analogue qui forme un article de commerce important entre Bombay et la Chine. Cet encens indien est extrait, suivant Colebrooke (*Asiatic Researches*, t. IX, p. 377), d'une plante que Roxburgh a fait connaître, nommée Boswellia thurifera, de la famille des Burséracées de Kunth. On pouvait mettre en doute, à cause des très-anciennes relations de commerce entre les côtes de l'Arabie méridionale et celles de l'Inde occidentale (Gildemeister, *Scriptorum Arabum loci de rebus Indicis*, p. 35), si le λίβανος de Théophraste, le *thus* des Romains, appartenait originairement à la péninsule arabique. Aujourd'hui on sait, grâce à l'importante remarque de Lassen (*Indische Alterthumskunde*, t. I, p. 286), que l'encens est nommé, dans l'*Amara-Koscha* même, *yâwana*, javanais, c'est-à-dire arabe, et que, par conséquent, cette production était exportée de l'Arabie dans l'Inde. « Turuschka' pindaka' silhô yâwanô, » est-il dit dans l'*Amara-Koscha*, et les trois premiers mots sont les dénominations diverses de l'encens. Voy. *Amarakocha*, publié par Loiseleur Deslongchamps, 1re part., 1839, p. 156. Dioscoride distingue aussi l'encens de l'Arabie de celui de l'Inde. Charles Ritter, dans sa monographie des différentes espèces d'encens (*Erdkunde von Asien*,

t. VIII, sect. 1, 1846, p. 356-372), remarque avec beaucoup de raison que la même plante (Boswellia thurifera) pouvait bien, à cause de la similitude du climat, s'étendre de l'Inde à l'Arabie, à travers la Perse méridionale. L'encens américain, connu dans la pharmacologie sous le nom de *Olibanum americanum*, vient de l'*Icica guyanensis* d'Aublet et de l'*Icica tacamahaca*, que Bonpland et moi nous avons trouvées abondamment dans les Llanos de Calabozo, dans l'Amérique du sud. L'Icica est, ainsi que le Boswellia, de la famille des Burséracées. L'encens commun que l'on brûle dans les églises est produit par le *Pinus abies* de Linné. —La plante qui donne la myrrhe, et que Bruce croyait avoir vue (Ainslie, *Materia medica of Hindoostan*, Madras, 1813, p. 29), a été découverte, par Ehrenberg, près d'El-Gisan en Arabie, et décrite par Nees d'Esenbeck, sous le nom de Balsamodendron myrrha, d'après des espèces qu'Ehrenberg avait recueillies. Pendant longtemps, on a pris fréquemment le Balsamodendron Kotaf de Kunth, l'une des Amyris de Forskal, pour l'arbre de la véritable myrrhe.

(78) [page 251]. Wellsted, *Travels in Arabia*, 1838, t. I, p. 272-289.

(79) [page 252]. Jomard, *Études géogr. et hist. sur l'Arabie*, 1839, p. 14 et 32.

(80) [page 252]. *Cosmos*, t. II, p. 160.

(81) [page 252]. Isaïe, c. 60, v. 6.

(82) [page 254]. Ewald, *Geschichte des Volkes Israel*, t. I, p. 300-450; Bunsen, *Ægyptens Stelle*, etc., t. III, p. 10 et 32. Des récits rappelant la présence des Perses et des Mèdes dans le nord de l'Afrique sont un témoignage à l'appui d'antiques migrations vers l'ouest. Ces légendes ont été rattachées au mythe complexe d'Hercule et du Melkarth phénicien. Voy., dans le *Bellum Jugurthinum* de Salluste, le ch. 18, tiré des écrits carthaginois de

Hiempsal, et comp. Pline, l. V, c. 8. Strabon nomme les Maurusiens (les habitants de la Mauritanie) des *Indiens* amenés par Hercule.

(83) [page 255]. Diodore de Sicile, l. II, c. 2 et 3.

(84) [page 255]. Ctesiæ Cnidii *Operum reliquiæ*, edid. Bæhr, *Fragmenta assyriaca*, p. 421, et Charles Muller dans l'édition de Ctésias publiée à la suite de celle d'Hérodote par Dindorf, Paris, 1844, p. 13-15.

(85) [page 255]. Gibbon, *Histoire de la chute de l'Empire romain*, ch. 50, t. X, p. 11.

(86) [page 256]. Humboldt, *Asie centrale*, t. II, p. 128.

(87) [page 257]. Jourdain, *Recherches critiques sur les traductions d'Aristote*, 1843, p. 81 et 86.

(88) [page 260]. Sur les connaissances que les Arabes ont empruntées à la pharmacologie des Hindous, voy. les importantes recherches de Wilson, *Oriental Magazine of Calcutta*, février et mars 1823, et Royle, *Essay on the antiquity of Hindoo Medicine*, 1837, p. 56-59, 64-66, 73 et 92. Comp. un catalogue d'écrits pharmaceutiques, traduit de l'indien en arabe, dans Ainslie, *Materia medica*, etc., 1813, p. 289.

(89) [page 261]. Gibbon, t. X, p. 262; Heeren, *Geschichte des Studiums der classischen Litteratur*, t. I, 1797, p. 44 et 72; Abd-Allatif, *Relations de l'Égypte* traduites par de Sacy, p. 240; Parthey, *das Alexandrinische Museum*, 1838, p. 106.

(90) [page 263]. Henri Ritter, *Geschichte der christlichen Philosophie*, 3e part., 1844, p. 669-676.

(91) [page 264]. Voy. trois écrits récents de Reinaud, qui prouvent combien, outre les sources chinoises, il y a à puiser encore dans celles de l'Arabie et de la Perse : 1° *Fragments arabes et persans inédits relatifs à l'Inde, antérieurement au*

xiᵉ siècle de l'ère chrétienne, 1845, p. xx-xxxiii ; 2° *Relation des voyages faits par les Arabes et les Persans dans l'Inde et à la Chine, dans le ixᵉ siècle de notre ère*, 1845, t. I, p. xlvi ; 3° *Mémoire géographique et historique sur l'Inde, d'après les écrivains Arabes, Persans et Chinois, antérieurement au milieu du xiᵉ siècle de l'ère chrétienne*, 1846, p. 6. Le second écrit du savant orientaliste n'est qu'une refonte de l'ouvrage intitulé : *Anciennes relations des Indes et de la Chine de deux voyageurs mahométans*, et publié très-incomplétement par l'abbé Renaudot en 1718. Le manuscrit arabe contient seulement une relation de voyage écrite par un marchand nommé Soleiman, qui s'embarqua dans le golfe Persique, l'an 851. On a joint à cette relation ce que Abou-Zeyd-Hassan, de Syraf en Farsistan, avait appris de commerçants instruits, sans être jamais allé lui-même dans l'Inde ou dans la Chine.

(92) [page 264]. Reinaud et Favé, *du Feu grégeois*, 1845. p. 200.

(93) [page 264]. Ukert, *ueber Marinus Tyrius und Ptolemæus, die Geographen*, dans le *Rheinisches Museum*, 1839, p. 329-332 ; Gildemeister, *de rebus Indicis*, 1ʳᵉ part., 1838, p. 120 ; Humboldt, *Asie centrale*, t. II, p. 191.

(94) [page 264]. La *Géographie orientale*, attribuée à Ebn-Haukal et publiée à Londres en 1800, par sir William Ouseley, est en réalité celle d'Abou-Ishak el-Istachri et postérieure d'un demi-siècle à Ebn-Haukal, ainsi que l'a démontré Frælin (Ibn-Fozlan, p. ix, xxii et 256-263). Les cartes qui accompagnent le livre *des Climats*, de l'an 920, et dont la bibliothèque de Gotha possède un beau manuscrit, m'ont été fort utiles pour mes travaux sur la mer Caspienne et le lac d'Aral. Voy. *Asie centrale*, t. II, p. 192-196. Il existe depuis peu une édition et une traduction allemandes d'Istachri sous les titres de *Liber climatum*, ad similitudinem codicis Gothani delineandum cur. J. H. Moeller, Gotha, 1839, et *das Buch der Länder*, traduit de l'arabe par A. D. Mordtmann, Hamb., 1845.

(95) [page 265]. Comp. Joaquin José da Costa de Macedo, *Memoria em que se pretende provar que os Arabes não conhecerão as Canarias antes dos Portuguezes*, Lisboa, 1844, p. 86-99, 205-227, avec Humboldt, *Examen critique*, t. II, p. 137-141.

(96) [page 265]. Léopold de Ledebur, *ueber die in den Baltischen Ländern gefundenen Zeugnisse eines Handelsverkehrs mit dem Orient zur Zeit der Arabischen Weltherrschaft*, 1840, p. 8 et 75.

(97) [page 265]. Les déterminations de longitude qu'Aboul-Hassan, de Maroc, astronome du XIIIe siècle, a faites dans son ouvrage sur les instruments astronomiques des Arabes, sont toutes calculées sur le premier méridien d'Arin. C'est Sédillot fils qui a appelé l'attention des géographes sur ce méridien. J'ai dû aussi, pour ma part, en faire l'objet de recherches approfondies, parce que Colomb se guidant, comme toujours, sur l'*Imago Mundi* du cardinal d'Ailly, mentionne, dans ses conjectures hypothétiques sur la configuration inégale des deux hémisphères de l'est et de l'ouest, une « Isla de Arin, centro de el hemispherio del qual habla Tolomeo y quès debaxo la linea equinoxial entre el Sino Arabico y aquel de Persia. » Comp. J.-J. Sédillot, *Traité des Instruments astronomiques des Arabes*, publié par L.-Am. Sédillot., t. I, 1834, p. 312-318; t. II, 1835, préface, avec Humboldt, *Examen critique*, etc., t. II, p. 64, et *Asie centrale*, t. III, p. 593-596, où se trouvent réunies les indications que j'ai recueillies dans la *Mappa Mundi* de Pierre d'Ailly (1410), dans les *Tables Alphonsines* (1483) et dans l'*Itinerarium Portugallensium* de Madrignano (1508). Il est singulier qu'Edrisi ne semble rien savoir de Khobbet Arin (Cancadora, proprement Kankder). Sédillot fils (*Sur les systèmes géographiques des Grecs et des Arabes*, 1842, p. 20-25) place le méridien d'Arin dans le groupe des Açores, tandis que le savant commentateur d'Aboulfeda, Reinaud, dans l'écrit intitulé *Mémoire sur l'Inde antérieurement au XIe siècle de l'ère chré-

tienne, d'après les écrivains Arabes et Persans, p. 20-24, suppose : « que Arin a été formé par la confusion des mots *azyn, Ozein* et *Odjein*, antique centre de civilisation situé dans le Malva, l'Ὀζήνη de Ptolémée et le même que Udjijayani, selon l'opinion de Burnouf; que cette Ozène était placée dans le méridien de Lanka, et que plus tard Arin fut prise pour une île située sur la côte de Zanguebar, peut-être l'Ἐσσινον de Ptolémée. » Voy. aussi Am. Sédillot, *Mémoire sur les Instruments astronomiques des Arabes*, 1841, p. 75.

(98) [page 265]. Le khalif Al-Mamoun fit acheter en grand nombre, à Constantinople, en Arménie, en Syrie et en Égypte, de précieux manuscrits qui par ses ordres furent immédiatement traduits en arabe, tandis que pendant longtemps les traductions arabes avaient été faites sur des traductions syriaques. Voy. Jourdain, *Recherches sur les traductions d'Aristote*, 1843, p. 84, 86 et 209. Grâce aux efforts d'Al-Mamoun, beaucoup d'ouvrages furent sauvés, qui eussent été perdus sans les Arabes. Les traductions arméniennes ont rendu le même service, ainsi que l'a fait voir Neumann. Malheureusement un passage de l'historien Genzi, de Bagdad, que le célèbre géographe Léon l'Africain nous a conservé dans un écrit intitulé : *de Viris inter Arabes illustribus*, fait supposer qu'à Bagdad même on brûla un grand nombre d'originaux grecs que l'on regardait comme inutiles. Mais ce passage, susceptible de diverses interprétations, ainsi que l'a montré Bernhardy (*Grundriss der griechischen Litteratur*, 1re part., p. 489), contrairement à l'opinion de Heeren (*Geschichte der classichen Litteratur*, t. 1, p. 135), ne se rapporte probablement pas aux manuscrits importants qui étaient déjà traduits. — Les traductions arabes d'Aristote ont souvent servi aux traductions latines, par exemple pour les huit livres de la *Physique* et de l'*Histoire des Animaux*; mais cependant la plus grande et la meilleure partie des traductions latines a été faite immédiatement sur le grec. Voy. Jourdain, *Recherches sur les traductions d'Aristote*, p. 212-217. On re-

connaît cette double source dans la lettre mémorable par laquelle l'empereur Frédéric II de Hohenstaufen envoya, avec recommandation, des traductions d'Aristote à ses universités, particulièrement à celle de Bologne. Cette lettre renferme l'expression de sentiments élevés; elle prouve que ce n'était pas seulement par goût pour l'histoire naturelle que Frédéric II attachait du prix aux ouvrages philosophiques, aux « compilationes varias quæ ab Aristotele aliisque philosophis sub græcis arabicisque vocabulis antiquitus editæ sunt. » Nous avons, dit-il encore, toujours eu la science en vue, depuis notre première jeunesse, bien que les soins de l'empire nous en aient détourné. Nous employons notre temps avec une application à la fois sévère et enjouée à la lecture d'excellents ouvrages, afin que notre âme puisse se rasséréner et se fortifier par des acquisitions sans lesquelles la vie de l'homme ne connaît ni règle ni liberté (ut animæ clarius vigeat instrumentum in acquisitione scientiæ sine qua mortalium vita non regitur liberaliter). « Libros ipsos tanquam præmium amici Cæsaris gratulantes accipite, et ipsos antiquis philosophorum operibus, qui vocis vestræ ministerio reviviscunt, aggregantes in auditorio vestro... » (Comp. Jourdain, *des traductions d'Aristote*, etc., p. 152-165, et l'excellent ouvrage de Friedrich de Raumer, *Geschichte der Hohenstaufen*, t. III, 1841, p. 413). Les Arabes se présentent comme les intermédiaires entre la science ancienne et la moderne. Sans eux et le goût qu'ils avaient pour traduire, les siècles suivants eussent été privés d'une grande partie des découvertes que la Grèce avait faites ou s'était appropriées. A ce point de vue, les relations dont nous venons de parler ici n'ont pas seulement, comme on le croirait au premier abord, un intérêt de philologie comparée; elles importent aussi à l'histoire générale du monde.

(99) [page 265]. Sur la traduction de l'*Histoire des Animaux* d'Aristote, par Michel Scot, et sur un semblable travail d'Avicenne (Manuscrit de la Bibliothèque nationale de Paris, n° 6493).

Voy. Jourdain, *des Traductions d'Aristote*, p. 129-132, et Schneider, *Adnotat. ad Aristot. de Anim. Hist.*, l. IX, c. 15.

(100) [p. 266]. Sur Ibn-Baithar, voy. Sprengel, *Geschichte der Arzneykunde*, 2e part., 1823, p. 468; et Royle, *On the Antiquity of Hindoo medicine*, p. 28. Il existe, depuis 1840, une traduction allemande d'Ibn-Baithar sous ce titre : *Grosse Zusammenstellung ueber die Kräfte der bekannten einfachen Heil- und Nahrungsmittel*, trad. de l'arabe, par J. de Sontheimer.

(1) [page 266]. Royle, *ibid.*, p. 35-65. Sousrouta, fils de Visvamitra, est donné, selon Wilson, pour un contemporain de Rama. Nous avons de son ouvrage une édition sanscrite : The *Sus'ruta, or system of Medicine, taught by Dhanwantari, and composed by his disciple Sus'ruta.* Ed. by Sri Madhusúdana Gupta, t. I et II, Calcutta, 1835-1836, et une traduction latine : *Sus'rutas Ayurvédas, id est Medicinæ systema a venerabili D'hanvantare demonstratum, a Susruta discipulo compositum*, nunc pr. ex sanskrita in latinum sermonem vertit Franc. Hessler. Erlangæ, 1844-1847, 2 vol.

(2) [page 257]. Avicenna dit : « Le *Deiudar* (deodar) de la famille de l'abhel (Juniperus), est le même que le sapin de l'Inde qui produit une résine particulière *syr deiudar* (térébenthine liquide). »

(3) [page 267]. Des juifs espagnols de Cordoue portèrent la science d'Avicenna à Montpellier, et eurent une grande part dans la fondation de cette célèbre école de médecine, qui, formée sur le modèle des écoles arabes, remonte jusqu'au XIIe siècle. Voy. Cuvier, *Histoire des Sciences naturelles*, t. I, p. 387.

(4) [page 267]. Sur les jardins que fit planter, dans son palais de Rissafah, Abdourrahman Ibn-Mouwijeh, voy. *History of the Mohammedan Dynasties in Spain*, extracted from Ahmed Ibn

Mohammed Al-Makkari by Pascual de Gayangos, t. I, 1840, p. 209-211. « En su Huerta plantó el Rey Abdurrhaman una palma que era entonces (750) unica, y de ella procediéron todas las que hay en España. La vista del arbol acrecentaba mas que templaba su melancolia. » Voy. Antonio Conde, *Hist. de la Dominacion de los Arabes en España*, t. I, p. 169.

(5) [page 268]. La préparation de l'acide nitrique et de l'eau régale, par Djabar (proprement Abou-Moussah Dschafar), est antérieure d'au moins 500 ans à Albert le Grand et à Raymond Lulle, et de 700 ans au moine d'Erfurdt, Basilius Valentinus. Cependant, on a longtemps attribué à ces trois personnages la découverte de ces deux dissolvants, qui fait époque dans l'histoire de la chimie.

(6) [page 268]. Sur la méthode indiquée par Razes pour la fermentation de l'amylum et du sucre, et pour la distillation de l'alcool, voy. Hoefer, *Hist. de la Chimie*, t. I, p. 325. Alexandre d'Aphrodisias, quoiqu'il ne décrive en détail que la distillation de l'eau de mer (Joannis Philoponi Grammatici, *in libr. de Generatione et Interitu Comment.* Venet., 1527, p. 97), ajoute cependant, à ce propos, que le vin peut aussi être distillé, affirmation d'autant plus remarquable, qu'Aristote exprime l'opinion erronée que l'évaporation naturelle du vin, comme celle de l'eau de mer, donne de l'eau douce (*Meteorologica*, l. II, c. 3, p. 358, édit. de Bekker).

(7) [page 268]. La chimie des Hindous, comprenant l'alchimie, s'appelle *rasâyana*, de *rasa*, qui veut dire suc, liquide, et désigne aussi le mercure, et de *âyana*, marche. Elle forme, selon Wilson, la septième partie de l'*Ayur-Veda, science de la vie* ou *art de prolonger la vie*. Voy. Royle, *Hindoo medicine*, p. 39-48. Les Indiens connaissent depuis les plus anciens temps (Royle, p. 131) l'application de l'eau régale à l'impression sur calicot et sur coton, art familier aux Égyptiens, et qu'on trouve décrit fort clairement dans Pline, l. XXXV, c. 42. Le mot

chimie, dans le sens de *décomposition*, veut dire à la lettre *art égyptien, art de la terre noire;* car Plutarque déjà savait (*de Iside et Osiride*, c. 33) que les Égyptiens appelaient leur pays Χημία, à cause de la noirceur du sol. L'inscription de Rosette porte *chmi*. Le mot *chimie*, signifiant l'*art de décomposer*, se trouve pour la première fois, à ma connaissance, dans le décret de Dioclétien contre les anciens écrits des Égyptiens, qui traitaient de la *chimie* de l'or et de l'argent (περὶ χημίας ἀργύρου καὶ χρυσοῦ). Comp. *Examen critique*, etc., t. II, p. 314.

(8) [page 269]. Reinaud et Favé, *du Feu grégeois, des Feux de guerre, et des Origines de la poudre à canon*, dans leur *Histoire de l'Artillerie*, t. I, 1845, p. 89-97, 201 et 211; Piobert, *Traité d'Artillerie*, 1836, p. 25; Beckmann, *Technologie*, p. 342.

(9) [page 270]. Voy. Laplace, *Précis de l'Hist. de l'Astronomie*, 1821, p. 60, et Am. Sédillot, *Mémoire sur les Instrum. astron. des Arabes*, 1841, p. 44. Thomas Young (*Lecture on Natural Philosophy and the Mechanical Arts*, 1807, t. I, p. 191) ne doute pas non plus qu'à la fin du xe siècle Ebn Jounis n'ait appliqué le pendule à la détermination du temps; mais c'est à Sanctorius (1612, par conséquent 44 ans avant Huygens) qu'il fait honneur d'avoir le premier rattaché le pendule au jeu d'un rouage. Quant à la merveilleuse horloge qui faisait partie des présents envoyés de Perse, en 807, deux siècles avant Ebn Jounis, à l'empereur Charlemagne, par Haroun-al-Raschid, ou plutôt par Abdallah, Éginhard dit positivement qu'elle était mue par l'eau (Horologium ex aurichalco arte mechanica mirifice compositum, in quo duodecim horarum cursus ad clepsydram vertebatur). Voy. Einhardi *Annales*, dans Pertz, *Monum. Germaniæ histor.*, t. I, 1826, p. 194; H. Mutius, *de German. origine, gestis*, etc. *Chronicon*, l. VIII, p. 57, dans Pistorius, *Germanic. Script.*, etc., t. II, Francof. 1584, et Bouquet, *Recueil des Historiens des Gaules*, t. V, p. 333 et 354. Les heures y étaient indiquées par la chute

sonore de petites boules et par le passage de cavaliers à travers autant de portes distinctes qui s'ouvraient à leur approche. La manière de faire agir l'eau dans ces horloges était peut-être fort différente chez les Chaldéens, « qui pesaient l'heure, » c'est-à-dire qui la déterminaient par le poids d'un liquide en mouvement, et dans les clepsydres des Grecs et des Hindous, car l'horloge hydraulique de Ctésibius, contemporain de Ptolémée Évergète II, qui donnait, une année durant, l'heure civile d'Alexandrie, n'est jamais citée sous le nom général de clepsydre, Voy. Ideler, *Handbuch der Chronologie*, 1825, t. I, p. 231. D'après la description de Vitruve (l. IX, c. 4), c'était une véritable horloge astronomique, un *horologium ex aqua*, une *machina hydraulica* très-complexe, fonctionnant par des roues dentées (versatilis tympani denticuli æquales alius alium impellentes). Il n'est donc pas invraisemblable que les Arabes, qui connaissaient les perfectionnements introduits sous l'empire romain dans la construction des machines, aient réussi à établir une horloge à rouages « tympana quæ nonnulli rotas appellant, Græci autem περίτροχα » (Vitruve, l. X, c. 4). Cependant Leibnitz, (*Annales Imperii occidentis Brunsvicenses*, edid. Pertz, t. I, 1843, p. 247) exprime l'étonnement que lui cause l'horloge d'Haroun-Al-Raschid. Voy. Abd-Allatif, *Relations de l'Egypte*, trad. par de Sacy, p. 578. — Une œuvre encore plus remarquable est celle que le sultan d'Égypte envoya, en 1232, à l'empereur Frédéric II. C'était un grand pavillon, où le soleil et la lune, mis en mouvement par d'habiles mécanismes, paraissaient et disparaissaient en marquant avec exactitude et régularité les heures du jour et de la nuit. On lit, dans les *Annales Godefridi monachi S. Pantaleonis apud Coloniam Agrippinam* : « tentorium, in quo imagines Solis et Lunæ artificialiter motæ cursum suum certis et debitis spatiis peragrant et horas diei et noctis infallibiliter indicant » (Freheri *Rerum germanic. Script.*, t. I, Argentor., 1717, p. 398). Le moine Godefried ou l'auteur, quel qu'il soit, qui a rédigé les faits de l'année 1232 dans cette chronique, écrite à l'usage du cloître de Saint-Pantaléon, à Cologne, peut-être par plus d'un auteur, vivait au temps même de Frédéric II. Voy. Bœhmer, *Fontes rerum germanic.*, t. II, 1845, p. XXXIV-XXXVII. L'empereur laissa ce chef-d'œuvre, évalué à 20000 marcs, dans le trésor de Venouse avec d'autres objets précieux. Voy. Fréd. de Raumer, *Geschichte der Hohenstaufen*, t. III, p. 430. Que tout le pavillon de cette horloge se mût comme la voûte du ciel, c'est ce qui me paraît très-invraisemblable, quoiqu'on l'ait souvent affirmé. La *Chronica Monasterii Hirsaugiensis*, publiée par Trithème, reproduit presque textuellement le passage des *Annales* de Godefried, sans nous rien apprendre de plus sur le mécanisme de l'instrument (Joh. Trithemii *Opera historica*, 2e part., Francfort, 1601, p. 180). Reinaud dit que le mouvement s'accomplissait « par des ressorts cachés » (*Extraits des Historiens Arabes relatifs aux guerres des Croisades*, 1829, p. 435).

[Il peut n'être pas sans intérêt de mentionner ici un texte que n'a pas cité M. de Humboldt, soit que ce détail lui ait échappé, soit qu'il ait été mis en garde contre la vérité de la description par le caractère sophistique de l'auteur. Dans le VIe siècle, plus de 200 ans, par conséquent, avant qu'Abdallah envoyât à Charlemagne l'horloge d'eau dont parle Éginhard, Choricius de Gaza avait décrit longuement une horloge qui était une des merveilles de sa ville natale. Des aigles d'airain étaient placés sur une même ligne, en nombre égal à celui des heures; chacun d'eux portait dans ses serres une couronne, prêt à la déposer sur la tête de l'Hercule qui répondait à sa station, au moment où le dieu se présenterait. Le soleil lui-même donnait le signal; revêtu des insignes royaux et portant dans la main gauche un globe céleste, il étendait la main droite vers les portes, quand le moment était venu, et aussitôt Hercule paraissait, pour recevoir la récompense de l'un de ses douze travaux. Malgré la subtilité et l'affectation qui semblent naturelles à Choricius, il est difficile de croire qu'il invente ce qu'il dépeint. De pareils frais d'imagination seraient encore plus inexplicables que le mécanisme décrit par le sophiste. Malheureusement rien dans le texte n'indique quelle force mettait en jeu tous ces ressorts. Voy. Choricii Gazæi *Orationes, declamationes, fragmenta*, edid. J.-F. Boissonade, Paris, 1846, p. 148-155. L'horloge décrite par Choricius n'est même pas la plus ancienne dont il soit fait mention; on en trouve une autre indiquée dans le traité *de Providentia Dei*, du juif Philon, qui vivait à Alexandrie au Ier siècle de notre ère. Je cite la traduction latine publiée pour la première fois, en 1821, par Aucher, d'après une version arménienne, le texte grec ayant péri : « Ecce ex materia ærea elegans artis peritus artificiosam machinam sollerti ingenio perficiens, instrumentum tempora discriminans dabat civitati, ut temporum quantitatem per mensuras divisionis distributam præstaret iis, qui vellent assequi plenam notitiam ejus rei. Si quidem circulis artificiosus gyrus duodecim horarum diem suggerebat per regulatas distantias. » C. G.]

(10) [page 271]. Sur les tables indiennes qu'Alphazari et Alkoresmi ont traduites en arabe, voy. Chasles, *Recherches sur l'Astronomie indienne*, dans les *Comptes rendus des séances de l'Académie des Sciences*, t. XXIII, 1846, p. 846-850. La substitution des sinus aux arcs, qu'Albategnius est censé avoir trouvée au commencement du Xe siècle, appartient primitivement aux Hindous. On trouve déjà des tables de sinus dans le *Sourya-Siddhanta*.

(11) [page 272]. Reinaud, *Fragments arabes relatifs à l'Inde*, p. XII-XVII, 96-126, et surtout 135-160. Le vrai nom d'Albyrouni était Aboul-Ryhan. Il était natif de Byroun, dans la vallée de l'Indus, et ami d'Avicenna, avec lequel il vécut dans l'Académie arabe qui s'était formée à Charezm. Son séjour dans l'Inde et l'histoire qu'il a écrite de cette contrée, le *Tarikhi-Hind*, dont Reinaud a fait connaître les plus remarquables fragments, tombent dans les années 1030-1032.

(12) [page 272]. Voy. Sédillot, *Matériaux pour servir à l'Histoire comparée des Sciences mathématiques chez les Grecs*

et les Orientaux, t. I, p. 50-89, et dans les *Comptes rendus de l'Académie des Sciences*, t. II, 1836, p. 202; t. XVII, 1843, p. 163-173; t. XX, 1845, p. 1308. Contrairement à cette opinion, M. Biot affirme que la belle découverte de Tycho n'appartient pas du tout à Aboul-Wéfa, et qu'Aboul-Wéfa ne connaissait pas la *variation*, mais seulement la deuxième partie de l'*évection*. Voy. *Journal des Savants*, 1843, p. 513-532, 609-626, 719-737; 1845, p. 146-166, et *Comptes rendus de l'Acad.*, t. XX, 1845, p. 1319-1323.

(13) [page 272]. Laplace, *Exposition du Système du Monde*, note 5, p. 407.

(14) [page 274]. Sur l'observatoire de Meragha, voy. Delambre, *Histoire de l'Astron. du Moyen Age*, p. 198-203, et Am. Sédillot, *Mémoire sur les Instrum. arabes*, 1841, p. 201-206, où est décrit le gnomon à ouverture circulaire. Sur le caractère particulier du catalogue d'étoiles d'Ouloug Beig, voy. J. Sédillot, *Traité des Instrum. astron. des Arabes*, 1834, p. 4.

(15) [page 274]. Colebrooke, *Algebra with Arithmetic and Mensuration*, from the sanscrit of Brahmegupta and Bhascara, London, 1817; Chasles, *Aperçu historique sur l'Origine et le Développement des Méthodes en Géométrie*, 1837, p. 416-502; Nesselmann, *Versuch einer kritischen Geschichte der Algebra*, t. I, p. 30-61, 273-276, 302-306.

(16) [page 274]. *Algebra of Mohammed ben Musa*, edited and translated by F. Rosen, 1831, p. VIII, 72 et 196-199. Les connaissances mathématiques des Hindous se répandirent aussi en Chine vers l'an 720; mais, à cette époque, beaucoup d'Arabes s'étaient déjà établis à Canton et dans d'autres villes chinoises. Voy. Reinaud, *Relation des Voyages faits par les Arabes dans l'Inde et à la Chine*, t. I, p. CIX; t. II, p. 36.

(17) [page 275]. Chasles, *Histoire de l'Algèbre*, dans les *Comptes rendus de l'Académie*, t. XIII, 1841, p. 497-524, 601-626. Voy. aussi Libri, *Ibid.*, p. 559-563.

(18) [page 275]. Chasles, *Aperçu historique des méthodes en Géométrie*, 1837, p. 464-472, et dans les *Comptes rendus de l'Académie*, t. VIII, 1839, p. 78; t. IX, 1839, p. 449; t. XVI, 1843, p. 156-173 et 218-240 ; t. XVII, 1843, p. 143-154.

(19) [page 276]. Humboldt, *ueber die bei verschiedenen Völkern üblichen Systeme von Zahlzeichen und über den Ursprung des Stellenwerthes in den indischen Zahlen*, dans Crelle's *Journal für die reine und angewandte Mathematik*, t. IV, 1829, p. 205-231. Voy. aussi *Examen critique*, etc., t. IV, p. 275. « La simple énumération des diverses méthodes qu'ont employées des peuples auxquels était inconnue l'arithmétique indienne dite de position, pour exprimer les multiples des groupes fondamentaux, explique, selon moi, la formation successive du système indien. Si l'on exprime le nombre 3568 en l'écrivant, soit verticalement, soit horizontalement à l'aide d'indices qui correspondent aux différentes divisions de l'*Abacus*, ainsi qu'il suit, $\overset{3}{M}\,\overset{5}{C}\,\overset{6}{X}\,\overset{8}{I}$, on reconnaît aussitôt que les signes de groupe M, C., etc., peuvent être omis sans inconvénient. Or, nos chiffres indiens ne sont pas autre chose que ces indices; ils sont les multiplicateurs des différents groupes. L'idée de ces indices se retrouve encore dans le *Suanpan* (machine à compter d'invention asiatique et fort ancienne, que les Mongols ont importée en Russie), où des séries de cordons rapprochés l'un de l'autre représentent les mille, les centaines, les dizaines et les unités. Dans le nombre cité plus haut par exemple, ces cordons offriraient : le premier 3 boules, le second 5, le troisième 6 et le quatrième 8. Dans le *Suanpan* il n'y a aucun signe écrit des groupes, si ce n'est les cordons eux-mêmes, qui sont comme des colonnes vides remplies par les unités (3, 5, 6 et 8) par lesquelles sont figurés les multiplicateurs ou indices. Par ces deux voies, celle de l'arithmétique figurative (signes écrits) ou celle de l'arithmétique palpable, on arrive à ce qu'on appelle position, valeur relative,

et la numération se trouve réduite à neuf chiffres. Quand un cordon est vide, la place reste en blanc dans l'écriture ; quand un groupe manque, c'est-à-dire un terme de la progression, on remplit le vide par un procédé graphique, par l'hiéroglyphe du vide (*sûnya*, *sifron*, *tsûphra*). Dans la Méthode d'Eutocius, je trouve, pour les groupes des myriades, la première trace du système grec des *exposants* ou plutôt des *indices*, système qui a eu tant d'importance chez les Orientaux. Mα, Mβ, Mγ désignent 10000, 20000, 30000. Ce qui n'est ici appliqué qu'aux myriades est employé pour tous les multiples des groupes chez les Chinois et chez les Japonais, qui n'ont reçu la civilisation chinoise que 200 ans avant notre ère. Dans le *Gobar* (écriture sur le sable) qui a été découvert par feu mon ami et maître Sylvestre de Sacy, dans un manuscrit de l'ancienne bibliothèque de Saint-Germain-des-Prés, les signes des groupes sont des points, c'est-à-dire des zéros ; car pour les Indiens, les Thibétains et les Persans, les zéros et les points sont identiques. Dans le *Gobar* on écrit 3· pour 30, 4·· pour 400, 6··· pour 6000. L'usage des chiffres indiens et de leur valeur relative doit être postérieur à la séparation de la race hindoue et de la race arienne ; car le peuple zend, qui remonte en ligne directe aux Ariens, se servait du système fort incommode des chiffres pehlwis. Une preuve nouvelle à l'appui du perfectionnement successif de la méthode indienne nous est fournie par les chiffres des Tamouls. Dans l'écriture de ce peuple, 9 signes d'unité et divers signes pour les groupes particuliers de 10, 100, 1000, expriment tous les nombres à l'aide de multiplicateurs placés à leur gauche. On peut citer encore les singuliers ἀριθμοὶ ἰνδικοί que l'on trouve dans une scholie du moine Néophytos, découverte à la bibliothèque de Paris par le professeur Brandis, qui me l'a obligeamment communiquée, en m'autorisant à la publier. Les neuf chiffres de Neophytos sont, à l'exception du quatrième, tout à fait semblables aux chiffres persans actuels ; mais les unités que représentent ces chiffres peuvent devenir des dizaines, des centaines et des mille, à la condition que l'on écrive au-dessus un, deux ou drois zéros, on aura ainsi $\overset{0}{2}$ pour 20, $2\overset{0}{4}$ pour 24 et en juxtaposant les zéros : $\overset{00}{5}$ pour 500, $\overset{00}{3}6$ pour 306. Supposons maintenant au lieu de zéros de simples points, et nous avons le *Gobar* des Arabes. De même que, selon la remarque souvent faite par mon frère, G. de Humboldt, le sanscrit est très-vaguement désigné par les mots ***langue indienne***, ***ancienne langue indienne*** (car dans la péninsule de l'Inde, il existe plusieurs langues fort anciennes et fort étrangères au sanscrit), de même, l'expression ***chiffres indiens, anciens chiffres indiens***, est d'une généralité extrêmement vague. La même incertitude règne dans les idées sur la ***configuration des signes numériques*** et sur l'***esprit des méthodes***, qu'on exprime tantôt par la simple ***juxtaposition***, tantôt par les ***coefficients*** et les ***indices***, tantôt par ***la valeur de position proprement dite***. L'existence même du ***zéro*** n'est pas encore dans les chiffres indiens une condition nécessaire pour le système de la valeur relative : c'est ce qu'on a vu par la citation faite plus haut de Néophytos. Les Indiens parlant le tamoul ont des signes de nombre différents, en apparence, par leur forme, de l'alphabet tamoul, et parmi lesquels les chiffres 2 et 8 offrent avec les signes dévanagaris du 2 et du 5 une légère ressemblance (voy. Robert Anderson, ***Rudiments of Tamul Grammar***, 1821, p. 135); cependant une comparaison exacte prouve que les chiffres tamouls sont dérivés de l'écriture alphabétique de cette langue. Les chiffres cingalais sont, d'après Carey, plus différents encore des chiffres dévanagaris. Or, dans les signes cingalais, comme dans les signes tamouls, on ne trouve ni valeur relative, ni zéro, mais seulement des hiéroglyphes pour les groupes de dizaines, de centaines, de mille. Les Cingalais procèdent, comme les Romains, par juxtaposition, les Tamouls par coefficient. Le vrai signe de zéro, pour désigner une quantité qui manque, est employé par Ptolémée, tant dans son ***Almageste*** que dans sa ***Géographie***, pour les degrés et les minutes qui manquent dans l'échelle descendante. Ce signe est, par conséquent, en occident, beaucoup plus ancien que l'invasion des Arabes. Voy. le mémoire cité plus haut, dans le Journal mathématique de Crelle, p. 215, 219, 223 et 227. On pourra consulter aussi avec intérêt un Mémoire de M. A.-J.-H. Vincent, sur l'*Origine de nos chiffres et sur l'Abacus des Pythagoriciens*, dans le *Journal de mathématiques*, publié par M. Liouville, t. IV, juin 1839, p. 261, et du même auteur une notice intitulée : *des Notations scientifiques à l'École d'Alexandrie*, dans la *Revue archéologique*, 15 janvier 1846.

(20) [page 277]. G. de Humboldt, *ueber die Kawi-Sprache*, t. I, p. CCLXII. Voy. aussi le portrait des Arabes si habilement tracé par Herder dans ses *Idées sur la philosophie de l'hist. de l'Humanité*, l. XIX, c. 4 et 5, p. 391-423 de la trad. franç.

(21) [page 280]. Comp. Humboldt, *Examen critique*, etc., t. I, p. VIII et XIX.

(22) [page 283]. Des parties de l'Amérique avaient déjà été vues, mais sans que l'on y atterrât, 14 ans avant Leif Erikson, dans l'expédition que Bjarne Herjulfsson entreprit vers le sud, en partant du Groenland (986). Ce navigateur vit une première fois la terre dans l'île Nantoucket, un degré au sud de Boston, puis à Neu-Schottland, et enfin à Neufundland (Terre-Neuve) qui s'appela plus tard Litla Hellouland, mais jamais Vinland. Le golfe qui sépare Neufundland de l'embouchure du grand fleuve Saint-Laurent, était nommé, chez les colons normands du Groenland et de l'Islande, *Golfe du Markland*. Voy. C. Chr. Rafn : *Antiquitates Americanæ*, 1845, p. 4, 421, 423 et 463.

(23) [page 283]. Gunnbjœrn se perdit en 876 ou 877 sur les écueils qui portent encore aujourd'hui son nom et qu'a récemment découverts pour la seconde fois le capitaine Graah. C'est Gunnbjœrn qui le premier vit la côte orientale du Groenland, mais sans y prendre terre. Voy. Rafn, *Antiquit. Americ.*, p. 11, 93 et 304.

(24) [page 283]. *Cosmos*, t. II, p. 135.

(25) [page 284]. Ces températures moyennes de la côte orientale d'Amérique sous les parallèles de 42° 25′ et 41° 15′ répondent, en Europe, aux latitudes de Berlin et de Paris, c'est-à-dire à des contrées qui sont de 8° à 10° plus rapprochées du nord. En outre, sur la côte occidentale de l'Amérique septentrionale, l'abaissement de la température moyenne, du sud au nord, est tellement rapide que, sur l'espace de 2° 41′ qui sépare Boston et Philadelphie, la différence d'*un* degré répond à un abaissement de *deux* degrés du thermomètre centigrade, dans la température moyenne de l'année, tandis que dans le système des lignes isothermes, en Europe, la même distance répond à peine, ainsi que je l'ai observé moi-même, à un abaissement de température moyenne d'*un demi-degré*. Voy. *Asie centrale*, t. III, p. 227.

(26) [page 284]. Voy. *Carmen Faeroicum* in quo Vinlandiæ mentio fit. (Rafn, *Antiquit. Americ.*, p. 320 et 332.)

(27) [page 285]. On plaçait la pierre runique au plus haut point de l'île Kingiktorsoak « le samedi avant le jour du triomphe, » c'est-à-dire avant le 24 avril, grande fête du paganisme scandinave, qui, lors de l'introduction du christianisme, fut changée en une fête chrétienne (Rafn, *Antiquit. Americ.*, p. 347-355). Sur les doutes que Brynjulfsen, Mohnike et Klaproth ont exprimés au sujet des chiffres runiques, voy. *Examen critique*, etc., t. II, p. 97-101. Cependant Brynjulfsen et Graah, d'après d'autres indices, reconnaissent comme appartenant certainement aux XIe et XIIe siècles le précieux monument de *Woman's Islands*, et cette date est aussi celle des inscriptions runiques découvertes à Igalikko et à Egegeit, par 60° 51′ et 60° 0′ de latitude, et des ruines trouvées à Upernavick par 72° 50′.

(28) [page 285]. Rafn, *Antiquit. Americ.*, p. 20, 274 et 415-418 (Wilhelmi, *ueber Island, Hvitramannaland, Grœnland und Vinland*, p. 117-121). En 1194, suivant une très-ancienne saga, des navigateurs cherchèrent l'extrémité nord de la côte orientale du Groenland, désignée sous le nom de *Svalbard*, dans un

pays qui correspond au Coresby Land, près du point où mon ami le capitaine Sabine a fait ses observations sur le pendule, et où je possède, par 73° 16′, un cap fort peu abordable. Voy. Rafn, *Antiquit. Americ.*, p. 303, et mon *Aperçu de l'ancienne Géographie des régions arctiques de l'Amérique*, 1847, p. 6.

(29) [page 286]. Wilhelmi, *ueber Island*, etc., p. 226; Rafn, *Antiquit. Americ.*, p. 264 et 453. Les colonies de la côte occidentale du Groenland, qui jouirent d'une grande prospérité jusqu'au milieu du XIVe siècle, furent successivement ruinées par l'influence funeste du monopole commercial, par les invasions des Esquimaux (Skrælingues), par la peste noire qui, selon Hecker, dépeupla le nord surtout de 1347 à 1351; enfin par l'attaque d'une flotte ennemie, venue, on ne sait d'où, dans cette contrée. Aujourd'hui on ne croit plus aux fables météorologiques d'un changement subit de climat, ni de la formation d'un môle de glace qui aurait complétement séparé de leur métropole les colonies fondées dans le Groenland. Comme ces colonies ne se trouvent que dans la partie tempérée de la côte occidentale du Groenland, il était difficile qu'un évêque de Skalholt pût voir, en 1540, sur la côte orientale, au delà du mur de glace, « des bergers qui faisaient paître leurs troupeaux. » L'accumulation des glaces sur la côte orientale de l'Islande qui fait face au Groenland, est causée par la constitution du terrain; par le voisinage d'une chaîne de montagnes couronnée de glaciers et parallèle à la côte; enfin par le courant auquel obéissent les eaux de la mer dans ces parages. Cet état de choses n'appartient pas seulement à la fin du XIVe siècle ou au commencement du XVe; il a été soumis, comme l'a très-bien fait voir sir John Barrow, à beaucoup de changements accidentels, surtout dans les années 1815-1817. Voy. Barrow, *Voyages of discovery within the Arctic Regions*, 1846, p. 2-6. — Le pape Nicolas V a nommé encore en 1448 un évêque du Groenland.

(30) [page 286]. Les sources principales sont les récits historiques de Erik le Rouge, Thorfinn Karlsefne et Snorre Thor-

brandsson, récits dont une partie fut écrite probablement par des descendants de colons natifs du Vinland, dans le Groënland même et dès le XIIe siècle. Voy. Rafn, *Antiquit. Americ.*, p. VII, XIV et XVI. Les tables généalogiques de ces familles ont été tenues avec un si grand soin, que l'on a pu conduire depuis 1007 jusqu'à 1811 celle de Thorfinn Karlsefne, dont le fils Snorre Thorbrandsson était né en Amérique.

(31) [page 287]. *Hvitramannaland*, la terre des hommes blancs. Comp. les documents originaux dans Rafn, *Antiquit. Americ.*, p. 203-206, 211, 446-451, et Wilhelmi, *ueber Island, Hvitramannaland*, etc., p. 75-81.

(32) [page 288]. Letronne, *Recherches géogr. et crit. sur le livre* DE MENSURA ORBIS TERRÆ, composé en Irlande par Dicuil, 1814, p. 129-146. Comp. *Examen critique*, etc., t. II, p. 87-91.

(33) [page 289]. J'ai réuni dans un appendice, au neuvième livre de mon voyage (*Relation historique*, t. III, 1825, p. 159), tous les contes imaginés depuis Raleigh sur l'usage prétendu de la langue celtique chez les indigènes de la Virginie. J'ai raconté comment on croyait avoir entendu sur la côte la formule de salutation gaëlique, *hao, hui, iach;* comme quoi le chapelain Owen parvint à se sauver, en 1669, des mains des Tuscaroras, qui voulaient le *scalper*, en leur parlant dans sa langue maternelle, le gaëlique. Ces Tuscaroras de la Caroline du nord sont, au contraire, comme l'ont nettement prouvé des recherches philologiques sur les langues américaines, une race iroquoise. Voy. Albert Gallatin, *On Indian tribes*, dans l'*Archæologia Americana*, t. II, 1836, p. 23 et 57. Catlin, un des meilleurs observateurs qui aient vécu parmi les peuplades indigènes de l'Amérique, a donné une collection considérable de mots tuscaroras. Toutefois il incline à regarder la nation des Tuscaroras, à cause de son teint blanchâtre et du grand nombre d'individus à yeux bleus qui s'y rencontrent, comme un mélange d'anciens Gallois et d'indigènes américains. Voy. son ouvrage intitulé : *Letters and Notes*

on the manners, customs and condition of the North-American Indians, 1841, t. I, p. 207; t. II, p. 259 et 262-265. Une autre collection de mots tuscaroras se trouve dans les manuscrits philologiques de mon frère, à la bibliothèque royale de Berlin. J'écrivais dans ma relation historique (t. III, p. 160) : « Comme la structure des idiomes américains, paraît singulièrement bizarre aux différents peuples qui parlent les langues modernes de l'Europe occidentale et se laissent facilement tromper par de fortuites analogies de quelques sons, les théologiens ont cru généralement y voir de l'hébreu, les colons espagnols du basque, les colons anglais ou français du gallois, de l'Irlandais ou du bas-breton. — J'ai rencontré un jour sur les côtes du Pérou un officier de la marine espagnole et un baleinier anglais, dont l'un prétendait avoir entendu parler basque à Tahiti et l'autre gale-irlandais aux îles Sandwich. » Quoique jusqu'à présent on n'ait prouvé l'existence d'aucune corrélation entre ces langues, je ne veux pourtant pas nier que les Basques et les peuples d'origine celtique qui habitaient le pays de Galles et l'Irlande, et se livrèrent de bonne heure à la pêche sur les côtes les plus lointaines, aient été dans la partie septentrionale de l'océan Atlantique les perpétuels rivaux des Scandinaves, et que les Irlandais aient prévenu les Scandinaves dans les îles Færoer et dans l'Islande. Il est très à souhaiter que de nos jours, où s'exerce une critique sévère sans être pour cela dédaigneuse, les anciennes recherches de Powel et de Richard Hackluyt (*Voyages and Navigations*, t. III, p. 4) puissent être reprises sur le sol même de l'Angleterre et de l'Irlande. Est-il vrai que le voyage aventureux de Madoc fut célébré, quinze ans avant la découverte de Colomb, dans le poëme du barde gallois Meredith? Je ne partage pas l'esprit exclusif qui a trop souvent jeté dans l'oubli les traditions populaires; j'ai, au contraire, l'intime conviction qu'avec un peu plus d'application et de persévérance on parviendra un jour, par la découverte de faits restés jusqu'ici entièrement inconnus, à résoudre une foule de problèmes historiques qui se rapportent :

aux voyages maritimes accomplis dès les premiers siècles du moyen âge ; à la singulière ressemblance qu'offrent les traditions religieuses, les divisions du temps et les œuvres de l'art dans l'Amérique et dans l'Asie orientale ; aux migrations des peuplades mexicaines ; enfin aux centres primitifs de civilisation qui brillèrent à Aztlan, à Quivira et dans la Louisiane supérieure, ainsi que sur les plateaux de Cundinamarca et du Pérou. Voy. *Examen critique*, etc., t. II, p. 142-149.

(34) [page 291]. Tandis que d'un côté on citait cette circonstance du manque de gelée, en février 1477, comme une preuve que l'île *Thyle* de Colomb ne pouvait pas être l'Islande, Finn Magnusen a trouvé, d'après d'anciens documents, qu'en 1477, l'hiver en Islande fut si doux que le nord de l'île n'avait pas de neige au mois de mars, et que les ports du midi étaient libres de glace en février. Comp. *Examen critique*, etc., t. II, p. 105; t. V, p. 213. Il est très-remarquable que Colomb, dans le même *Tratado de las cinco zonas habitables*, parle d'une île méridionale appelée *Frislanda*, nom qui joue un grand rôle dans le voyage, généralement tenu pour fabuleux, des frères Zeni (1388-1404), mais qui manque sur les cartes d'Andrea Bianco (1436) comme sur celle de Fra Mauro (1457-1470). Comp. *Examen critique*, etc., t. II, p. 114-126. Colomb ne peut avoir connu les relations des frères Zeni, puisqu'elles restèrent ignorées des Vénitiens eux-mêmes jusqu'à l'année 1558, où Marcolini les publia, 52 ans après la mort du grand amiral. Alors comment celui-ci a-t-il connu l'île Frislanda?

(35) [page 292]. Voy. les preuves que j'ai recueillies dans des documents certains, pour Colomb, *Examen critique*, etc., t. IV, p. 233, 250 et 261, et pour Vespucci, *ibid.*, t. V, p. 182-185. Colomb était tellement rempli de l'idée que Cuba faisait partie du continent asiatique et n'était autre que le Khatay méridional (la province de Mango), qu'il fit jurer, le 12 juin 1494, à tout l'équipage de son escadrille, composé environ de quatre-vingts matelots, « qu'ils étaient convaincus de la possibilité d'aller par

terre de Cuba en Espagne (que esta tierra de Cuba fuese la tierra firme al comienzo de las Indias y fin á quien en estas partes quisiere venir de España por tierra); » ajoutant que « quiconque, après avoir fait ce serment, oserait un jour affirmer le contraire, recevrait cent coups de fouet, et aurait la langue arrachée, en expiation de son parjure. » Voy. *Informacion del escribano publico Fernando Perez de Luna*, dans le recueil de Navarrete : *Viages y descubrimientos de los Españoles*, t. II, p. 143-149. Lorsque Colomb, dans sa première expédition, se rapproche de Cuba, il se croit vis-à-vis des villes commerciales de la Chine, Zaitoun et Quinsay : « Y es cierto, dice el Almirante, questa es la tierra firme y que estoy, dice él, ante Zayto y Guinsay. » « Il veut remettre les lettres des monarques catholiques au grand khan des Mogols à Khatay, et après avoir ainsi rempli sa mission, retourner de suite en Espagne, mais par mer. Plus tard il fait descendre à terre un juif baptisé, Louis de Torres, parce que cet homme savait l'hébreu, le chaldéen et l'arabe, » toutes langues usitées dans les comptoirs de l'Asie. Voy. le journal de Colomb, dans Navarrete, *Viages y descubrim.*, t. I, p. 37, 44 et 46. En 1533, l'astronome Schoner affirme encore que tout le soi-disant Nouveau-Monde n'est qu'une partie de l'Asie, *superioris Indiæ*, et que la ville de Mexico (Temistitan), prise par Cortès, n'est pas autre chose que Quinsay, ville commerciale de la Chine, tant célébrée par Marco-Polo. Voy. Joannis Schoneri Carlostadii *Opusculum geographicum*, Norimbergæ, 1533, 2e part., c. 1-20.

(36) [page 293]. Joao de Barros e Diogo de Couto, *da Asia*, dec. I, l. III, c. 11 (parte I, Lisboa, 1778, p. 250).

(37) [page 295]. Jourdain, *Recherches critiques sur les traductions d'Aristote*, 1843, p. 212-216 et 377-380 ; Letronne, *des Opinions cosmographiques des Pères de l'Église, rapprochées des doctrines philosophiques de la Grèce*, dans la *Revue des Deux Mondes*, 1834, t. I, p. 632.

(38) [page 296]. Frédéric de Raumer, *ueber die Philosophie*

des dreizehnten Jarhhunderts, dans son *historiches Taschenbuch*, 1840, p. 408. Sur le penchant des esprits pour le platonisme, au moyen âge, et sur la lutte des écoles, voy. H. Ritter, *Geschichte der christlichen Philosophie*, 2ᵉ part., p. 159; 3ᵉ part., p. 131-160 et 381-417.

(39) [page 297]. Cousin, *Cours d'histoire de la Philosophie*, t. I, 1829, p. 360 et 389-436; *Fragments de Philosophie Cartésienne*, p. 8-12 et 403. Voy. aussi le récent et spirituel écrit de Christian Bartholmèss, *Jordano Bruno*, 1847, t. I, p. 308; t. II, p. 409-416.

(40) [page 298]. Jourdain, *Recherches sur les traductions d'Aristote*, p. 236; Michel Sachs, *die religiöse Poesie der Juden in Spanien*, 1845, p. 180-200.

(41) [page 299]. C'est à l'empereur Frédéric II que revient la plus grande part dans les progrès de la zoologie. On lui doit d'importantes observations personnelles sur la structure intérieure des oiseaux. Voy. Schneider, dans la préface du recueil intitulé : *Reliqua librorum Friderici II imperatoris de arte venandi cum avibus*, t. I, 1788. Cuvier appelle aussi cet empereur « le premier zoologue du moyen âge scolastique qui ait travaillé par lui-même. » — Pour apprécier les saines idées d'Albert le Grand sur la distribution de la chaleur à la surface du globe selon les latitudes et les saisons, voy. son livre intitulé : *Liber cosmographicus de natura Locorum*, Argent., 1515, p. 13 b et 23 a, et comparez l'*Examen critique*, t. I, p. 54-58. Malheureusement, à côté d'observations personnelles à l'auteur, on trouve souvent le manque de critique qui caractérise toute son époque. Il croit savoir que « le seigle sur un bon terrain, se change en froment; que d'une forêt de hêtres déboisée il naît, par la pourriture, une forêt de bouleaux; que des branches de chêne plantées en terre produisent des ceps de vigne. » Comparez aussi Ernest Meyer, *ueber die Botanik des dreizehnten Jahrhunderts*, dans le recueil intitulé *Linnæa*, t. X, 1836, p. 719.

(42) [page 300]. Tant de passages de l'*Opus majus* témoignent du respect de Roger Bacon pour l'antiquité grecque, qu'on ne peut attribuer qu'aux mauvaises traductions faites sur l'arabe, ainsi que l'a déjà remarqué Jourdain (*des Traduct. d'Aristote*, p. 320), le désir exprimé par lui, dans une lettre au pape Clément IV, « de brûler les livres d'Aristote, pour empêcher la propagation des erreurs parmi les étudiants. »

(43) [page 300]. « Scientia experimentalis a vulgo studentium penitus ignorata; duo tamen sunt modi cognoscendi, scilicet per argumentum et experientiam (la méthode théorique et la méthode expérimentale). Sine experientia nihil sufficienter sciri potest. Argumentum concludit, sed non certificat, neque removet dubitationem, ut quiescat animus in intuitu veritatis, nisi eam inveniat via experientiæ » (*Opus majus*, pars VI, c. I). J'ai rassemblé tous les passages qui se rapportent aux connaissances de Roger Bacon en physique et à ses projets d'inventions, dans mon *Examen critique*, t. II, p. 295-299. Voy. aussi Whewell, *the Philosophie of the inductive Sciences*, t. II, p. 323-337, et les articles de M. Cousin sur le manuscrit de l'*Opus tertium*, récemment découvert par lui à la bibliothèque de Douai, dans le *Journal des Savants*, mars 1848 et n^{os} suiv.

(44) [pag. 300]. Voy. *Cosmos*, t. II, p. 233. Je trouve l'*Optique* de Ptolémée citée dans l'*Opus majus*, p. 79, 288 et 404 (édit. de Jebb, London, 1733); mais on a nié avec raison que la connaissance, puisée dans Alhazen, de la vertu grossissante des segments de sphère ait véritablement engagé Roger Bacon à construire des lunettes ou binocles (voy. Wilde, *Geschichte der Optik*, t. I, p. 92-96); cette invention doit s'être produite en 1299 ou appartenir au Florentin Salvino degli Armati, qui fut enterré en 1317 dans l'église de St-Marie-Majeure, à Florence.

(45) [page 302]. Voy. Humboldt, *Examen critique*, t. I, p. 61, 64-70, 96-108; t. II, p. 349 : « Il existe aussi de Pierre d'Ailly, que don Fernando Colomb nomme toujours Pedro de Helico, cinq mémoires *de Concordantia Astronomiæ cum Theologia*.

Ils rappellent certains essais très-modernes de *Géologie hébraïsante*, publiés 400 ans après le cardinal. »

(46) [page 302]. Comp. la lettre de Colomb dans Navarrete, *Viages y descubrimientos*, t. I, p. 244, avec l'*Imago mundi* du cardinal d'Ailly, c. 8, et l'*Opus majus* de Roger Bacon, p. 183.

(47) [page 304]. Heeren, *Geschichte der classischen Litteratur*, t. I, p. 284-290.

(48) [page 304]. Klaproth, *Mémoires relatifs à l'Asie*, t. III, p. 113.

(49) [page 305]. L'édition florentine de 1488. Le premier livre grec imprimé fut la grammaire de Constantin Lascaris, en 1476.

(50) [page 305]. Villemain, *Mélanges historiques et littéraires*, t. II, p. 135.

(51) [page 305]. Ces indications sont le résultat des recherches de Louis Wachler, bibliothécaire à Breslau, et sont consignées dans sa *Geschichte der Litteratur*, 1833, 1re part., p. 12-23. L'impression sans caractères mobiles ne remonte pas non plus en Chine au delà du xe siècle de notre ère. Les quatre premiers livres de Confucius furent imprimés, suivant Klaproth, dans la province Szütschouen, entre 890 et 925, et dès l'an 1310 les occidentaux avaient pu lire dans l'histoire des souverains de Khatai, écrite en Persan par Raschid-eddin, les détails techniques relatifs à la manipulation de l'imprimerie chinoise. D'après les derniers résultats dus aux importantes recherches de Stanislas Julien, en Chine même, un forgeron avait fait usage, entre les années 1041 et 1048, près de 400 ans par conséquent avant Guttenberg, de types mobiles en argile cuite. Cette invention, qui demeura à la vérité sans application, était l'œuvre de Pi-sching.

(52) [page 306]. Voy. les preuves de ces faits dans l'*Examen critique*, t. II, p. 316-320. Josafat Barbaro en 1436, et Ghislin

de Bousbeck en 1555, trouvèrent encore, entre Tana (Asow), Caffa et l'Erdil (le Volga), des Alains et des peuples de race gothique qui parlaient allemand. Voy. Ramusio, *delle Navigationi et Viaggi*, t. II, p. 92 b et 98 a. Roger Bacon désigne toujours Rubruquis par ces mots : « Frater Willielmus quem dominus rex Franciæ misit ad Tartaros. »

(53) [page 306]. Le grand et magnifique ouvrage de Marco Polo (*il Milione di Messer Marco Polo*), tel que nous le possédons dans l'édition correcte du comte Baldelli, est appelé à tort un Voyage. C'est surtout un ouvrage descriptif, on pourrait presque dire un ouvrage de statistique dans lequel il est difficile de distinguer ce que le voyageur a vu de ses yeux, de ce qu'il a appris par d'autres ou d'après les descriptions topographiques que possède en si grand nombre la littérature chinoise, et qui pouvaient lui être rendus intelligibles par des interprètes persans. La ressemblance singulière que l'on surprend entre la relation de voyage de Hiouan-thsang, le pèlerin bouddhiste du VIIe siècle, et ce que Marco Polo avait appris, en 1277, du plateau de Pamir, avait de bonne heure attiré mon attention. Jacquet, prématurément enlevé à l'étude des langues asiatiques, et qui, ainsi que Klaproth et moi, s'était longtemps occupé du voyageur vénitien, m'écrivait, peu avant de mourir : « Je suis frappé comme vous de la forme de rédaction littéraire du *Milione*. Le fond appartient sans doute à l'observation directe et personnelle du voyageur, mais il a probablement employé des documents qui lui ont été communiqués soit officiellement, soit en particulier. Bien des choses paraissent avoir été empruntées à des livres chinois et mongols, bien que ces influences sur la composition du *Milione* soient difficiles à reconnaître dans les traductions successives sur lesquelles Polo aura fondé ses extraits. » Marco Polo mettait autant de soin à confondre ses propres observations avec les renseignements officiels qu'il pouvait recevoir en grand nombre, comme gouverneur de la ville d'Yangui, qu'en ont mis depuis les voyageurs à s'occuper de leur propre personne. Voy.

Asie centrale, t. II, p. 395. La méthode de compilation suivie par le célèbre voyageur fait aussi comprendre comment, prisonnier à Gênes en 1295, il put encore dicter son livre à son compagnon de captivité, messer Rustigielo de Pise, et semble toujours avoir ses documents sous la main. Voy. Marsden, *Travels of Marco Polo*, p. XXXIII.

(54) [page 307]. Purchas, *Pilgrimes*, 3e part., c. 28 et 56, p. 23 et 34.

(55) [page 307]. Navarrete, *Viages y descubrimientos*, etc., t. I, p. 261 ; Washington Irving, *History of the life and voyages of Christopher Colombus*, 1828, t. IV, p. 297.

(56) [page 308]. Humboldt, *Examen critique*, t. I, p. 63 et 215; t. II, p. 350 ; Marsden, *Travels of Marco Polo*, p. LVII, LXX et LXXV. Du vivant de Colomb, parurent imprimées, la première traduction allemande de Marco Polo, à Nuremberg (*das puch des edeln Ritters uñ landtfarers Marcho Polo*, 1477) ; la première traduction latine (1490), et les premières traductions italienne et portugaise (1496 et 1502).

(57) [page 309]. Barros (dec. I, l. III, c. 4, p. 190) dit expressément : « Bartholomeu Diaz, e os de sua companhia por causa dos perigos e tormentas que em o dobrar delle passáram lhe puzeram nome Tormentoso. » Le mérite d'avoir doublé, le premier, le cap des Tempêtes n'appartient pas, par conséquent, à Vasco de Gama, comme on le lui attribue généralement. Diaz était à la pointe extrême de l'Afrique au mois de mai 1487, à peu près au temps où Pedro de Covilham et Alonso de Payva partaient de Barcelone pour leur expédition. Dès le mois de décembre de la même année, Diaz rapportait lui-même en Portugal la nouvelle de son importante découverte.

(58) [page 309]. Le planisphère de Sanuto, qui se nomme lui-même Marinus Sanuto dictus Torxellus de Venecijs, fait partie de l'ouvrage : *Secreta fidelium Crucis.* « Marinus prêcha adroitement une croisade dans l'intérêt du commerce, voulant

détruire la prospérité de l'Égypte et diriger toutes les marchandises de l'Inde par Bagdad, Bassora et Tauris (Tebriz) à Kaffa, Tana (Azow) et aux côtes asiatiques de la Méditerranée. Contemporain et compatriote de Polo, dont il n'a pas connu le *Milione*, Sanuto s'élève à de grandes vues de politique commerciale. C'est le Raynal du moyen âge, moins l'incrédulité d'un abbé philosophe du XVIIIe siècle. » (*Examen critique*, etc., t. I, p. 234 et 333-348.) Le cap de Bonne-Espérance est nommé Capo di Diab sur la carte de Fra Mauro, qui fut dressée entre 1457 et 1459. Voy. le savant écrit du cardinal Zurla : *il Mappamondo di Fra Mauro Camaldolese*, 1806, § 54.

(59) [page 340]. *Avron* ou *avr* (*aur*) est un mot rarement employé à la place du mot *schemâl*, pour désigner le nord. Le mot arabe *zohron* ou *zohr*, dont Klaproth veut à tort faire dériver l'espagnol *sur* et le portugais *sul*, qui forme probablement, avec le mot *sud*, un même mot de pure origine germanique, ne sert pas proprement à la désignation des contrées ; il n'exprime autre chose que le moment du jour où le soleil est en plein midi. Le sud s'appelle *dschenûb*. Sur la connaissance qu'eurent de bonne heure les Chinois de la direction de l'aiguille aimantée vers le sud, voy. les importantes recherches de Klaproth dans sa lettre à M. A. de Humboldt, *sur l'Invention de la Boussole*, 1834, p. 41, 45, 50, 66, 79 et 90, et l'écrit d'Azuni de Nice, publié dès 1805 : *Dissertation sur l'Origine de la Boussole*, p. 35 et 65-68. Navarrete, dans son *Discurso historico sobre los Progresos del Arte de Navegar en España*, 1802, p. 28, signale un passage remarquable dans les *Leyes de las Partidas* (l. II, tit. IX, ley 28), qui datent du milieu du XIIIe siècle. « L'aiguille qui guide le navigateur au milieu de l'obscurité de la nuit et lui montre, dans le beau et dans le mauvais temps, de quel côté il doit diriger sa course, est l'intermédiaire (medianera) entre l'aimant (la piedra) et l'étoile polaire... » Voy. *Las siete Partidas del Sabio Rey don Alonso el IX* (Alphonse X, d'après les calculs ordinaires) Madrid, 1829, t. I, p. 473.

(60) [page 311]. Christian Bartholmèss, *Jordano Bruno*, 1847, t. II, p. 181-187.

(61) [page 311]. « Tenian los marcantes instrumento, carta, compas y aguja. » (Salazar, *Discurso sobre los progresos de la Hydrografia en España*, 1809, p. 7.)

(62) [page 312]. *Cosmos*, t. II, p. 203.

(63) [page 312]. Sur Nicolas de Cusa (Nicolas de Cuss, proprement de Cues sur la Moselle), voy., plus haut, *Cosmos*, t. II, p. 127, et Clemens, *ueber Giordano Bruno und Nicolaus de Cusa*, p. 97, où se trouve cité un passage important, trouvé il n'y a pas plus de trois ans, et écrit de la main de Nicolas de Cuss, sur un triple mouvement de la terre. Voy. aussi Chasles, *Aperçu sur l'Origine des Méthodes en Géométrie*, 1827, p. 529.

(64) [page 312]. Navarrete, *Disertacion histórica sobre la parte que tuviéron los Españoles en las guerras de Ultramar ó de las Cruzadas*, 1816, p. 100, et *Examen critique*, etc., t. I, p. 274-277. On rapporte au maître de Regiomontanus, George de Peuerbach, une amélioration importante, introduite dans les moyens d'observation par l'usage du fil à plomb; mais il y avait longtemps que cette espèce de niveau était en usage chez les Arabes, ainsi que l'atteste la description des instruments astronomiques, composée, au XIIIe siècle, par Aboul-Hassan-Ali. Voy. Sédillot, *Traité des Instruments astronomiques des Arabes*, 1835, p. 379; 1841, p. 205.

(65) [page 313]. Dans tous les écrits sur l'art de la navigation, que j'ai consultés, j'ai vu reproduite cette erreur, que le loch n'avait pu être appliqué à la mesure de la vitesse avant la fin du XVIe siècle ou le commencement du XVIIe. Dans l'*Encyclopedia britannica*, 7e édit., 1842, t. XIII, p. 416, on lit encore : « The author of the device for measuring the ship's way is

not known and no mention of it occurs till the year 1607 in an East India voyage published by Purchas. » Dans tous les dictionnaires qui ont précédé ou suivi (voy. Gehler, t. VI, 1831, p. 450), cette date est indiquée aussi comme la limite la plus reculée. Seul Navarrete, dans la *Disertacion sobre los progresos del Arte de Navegar*, 1802, fait remonter jusqu'à l'an 1577 l'usage du loch sur les vaisseaux anglais. Voy. Duflot de Mofras, *Notice biographique sur Mendoza et Navarrete*, 1845, p. 64. Plus tard, Navarrete dit dans un autre ouvrage (*Viages y descubrimientos*, t. IV, 1837, p. 97) : Au temps de Magellan, on ne mesurait pas la vitesse d'un vaisseau autrement qu'à vue d'œil (á ojo), jusqu'à ce que le loch (corredera) eût été inventé au XVIe siècle. » Le fait de mesurer la distance parcourue en jetant la ligne de loch, bien que ce moyen soit encore imparfait, absolument parlant, a eu cependant de telles conséquences pour amener à connaître la rapidité et la direction des courants océaniques, que j'ai dû en faire l'objet de recherches approfondies. Je communique ici les résultats contenus dans le VIe volume, encore inédit, de l'*Examen critique de l'histoire de la Géographie et des progrès de l'Astronomie nautique aux* XVe *et* XVIe *siècles*. Les Romains, du temps de la République, avaient sur leurs vaisseaux des instruments pour mesurer la route parcourue, consistant en roues hautes de quatre pieds et garnies d'ailes, que l'on adaptait au flanc extérieur du bâtiment, absolument comme sur un vaisseau à vapeur et comme dans les mécaniques que Blasco de Garay avait présentées, en 1543, à l'empereur Charles V, pour mettre en mouvement les chariots. Voy. Arago, *Annuaire du Bureau des longitudes*, 1829, p. 152. L'ancien hodomètre des Romains (ratio a majoribus tradita, qua in rheda sedentes vel mari navigantes scire possumus quot millia numero itineris fecerimus), a été décrit en détail par Vitruve (l. X, c. 14), dans lequel il faudrait, il est vrai, renoncer à voir un contemporain d'Auguste, si l'on cède aux raisons assez convaincantes qu'ont fait valoir tout récemment Schultz et Osann. Le nombre des tours accomplis par les roues extérieures qui plongent dans la mer et celui des milles parcourus en un jour étaient indiquées par trois roues dentelées, s'engrenant l'une dans l'autre, et par la chute de petites pierres rondes qui s'échappaient d'une boîte (loculamentum) n'ayant qu'une seule ouverture. Ces hodomètres qui, selon les expressions de Vitruve, étaient à la fois un objet d'utilité et d'agrément, furent-ils fort en usage dans la Méditerranée, c'est ce que Vitruve ne dit pas. Dans la biographie de l'empereur Pertinax, par Julius Capitolinus (Voy. *Historiæ Augustæ scriptores*, c. 8, t. I, p. 554, édit. de Leyde, 1671), il est fait mention d'une vente faite à la suite de la succession de l'empereur Commode, dans laquelle fut comprise une voiture de voyage munie d'un semblable appareil. Les roues donnaient en même temps la mesure du chemin parcouru et le nombre d'heures qu'avait duré le voyage. Héron d'Alexandrie, disciple de Ctésibius, a décrit dans son ouvrage sur la dioptrique, qui n'a pas encore été publié en grec, un hodomètre beaucoup plus perfectionné, également applicable sur la terre et sur l'eau. Voy. Venturi, *Comment. sopra la Storia dell' Ottica*, Bologna, 1814, t. I, p. 134-139. On ne trouve rien dans la littérature du moyen âge qui ait rapport au sujet que nous traitons, jusqu'à l'époque où apparaissent un grand nombre d'ouvrages techniques sur la navigation, composés ou imprimés à peu de distance les uns des autres. De ce nombre sont : *Trattato di Navigazione*, probablement antérieur à l'an 1500, par Antonio Pigafetta ; un autre de 1535 par Francisco Falero (frère de l'astronome Ruy Falero, qui accompagna, dit-on, Magellan dans son voyage de circumnavigation, et laissa un *Regimiento para observar la longitud en la mar*) ; l'*Arte de navegar* (1545), par Pedro de Medina, de Séville ; *Breve Compendio de la Esfera y de la Arte de navegar* (1551), par Martin Cortez, de Bujalaroz ; enfin *Regimiento de Navegacion y Hydrografia* (1606), par André Garcia de Cespedes. Dans tous ces ouvrages, dont plusieurs sont aujourd'hui fort rares, comme aussi dans la *Suma de Geografia*, publiée en 1519 par Martin Fernandez de Enciso, on reconnaît que l'espace franchi par les vaisseaux espagnols et portugais n'était pas mesuré directement, mais apprécié à vue d'œil, d'après quelques principes numériques. On lit dans Medina (l. III, c. 11 et 12) : « Pour connaître la vitesse d'un vaisseau d'après l'espace qu'il parcourt, le pilote doit marquer d'heure en heure sur son livre, en se servant d'un sablier (ampolleta), quelle distance a franchie le bâtiment. Pour cela il doit savoir que la plus grande distance qu'un vaisseau puisse parcourir en une heure est de quatre milles, que, si le vent est faible, il n'en peut franchir que trois et quelquefois deux seulement. » Cespedes (*Regimiento*, etc., p. 99 et 156) appelle, ainsi que Medina, ce procédé « echar punto por fantasia. » Il est nécessaire, comme le remarque Enciso, que cette *fantasia* repose sur une connaissance exacte de la force du vaisseau; mais en général quiconque a été longtemps sur mer a remarqué, tout en s'en étonnant, combien, pourvu que la mer ne soit pas trop agitée, la simple évaluation se rapproche du résultat que l'on obtient en jetant le loch. Quelques pilotes espagnols appellent cette ancienne méthode d'appréciation, dont on ne peut nier l'incertitude, mais qui ne merite pas cependant d'être traitée si légèrement, la « corredera de los Holandeses, corredera de los Perezosos. » Dans le journal de bord de Christophe Colomb, il est souvent question de dissentiments avec Alonso Pinzon sur la distance parcourue depuis le départ de Palos. Les sabliers dont on faisait usage s'écoulaient en une demi-heure, de sorte que l'espace d'un jour et d'une nuit était divisé en 48 ampolletas. On lit dans le journal de Colomb, si rempli d'observations importantes, à la date du 22 janvier 1493 : « Andaba 8 millas por hora hasta pasadas 5 ampolletas y 3 antes que comenzase la guardia, que era 8 ampolletas. » Voy. Navarrete, t. I, p. 143. Le loch (corredera) n'est jamais nommé. Doit-on admettre que Colomb l'a cependant connu, qu'il s'en est servi, et a négligé de le nommer, comme une chose trop vulgaire, de même que Marco Polo n'a pas fait mention du thé ni de la muraille de la Chine? Une telle supposition me paraît très-invraisemblable, ne fût-ce que pour cette seule raison, que dans les projets présentés, en 1495, par le pilote don Jayme Ferrer, pour arriver à déterminer la ligne de démarcation papale, il s'agit de mesurer la distance parcourue, à partir d'un point donné, et qu'il est fait uniquement appel au jugement (juicio) de vingt marins consommés (que apunten en su carta de 6 en 6 horas el camino que la noa fará segun su juicio). Si le loch eût été en usage, Ferrer n'eût pas manqué de dire combien de fois il fallait le jeter. Je trouve mentionnée la première application du loch, dans un passage du journal de voyage tenu par Pigafetta pendant la circumnavigation de Magellan, qui est resté longtemps enseveli, avec d'autres manuscrits, dans la bibliothèque Ambroisienne de Milan. On y lit, à la date de janvier 1521, quand Magellan était déjà entré dans la mer du Sud : « Secondo la misura che facevamo del viaggio colla catena a poppa, noi percorrevamo da 60 in 70 leghe al giorno. » Voy. Amoretti, *Primo Viaggio intorno al Globo terracqueo, ossia Navigazione fatta dal Cavaliere Antonio Pigafetta sulla squadra del Cap. Magaglianes*, 1800, p. 46. Que pouvait être cette chaîne attachée à l'arrière du vaisseau, dont Pigafetta dit s'être servi pendant tout le voyage, pour mesurer la route, si ce n'est un appareil semblable à notre loch ? Il n'est pas question, il est vrai, de la chaîne du loch roulée et divisée en nœuds, ni de la table ou du navire du loch, non plus que du sablier du loch marquant les demi-minutes ; mais ce silence n'a rien d'étonnant, si l'on admet qu'il s'agisse d'un objet connu depuis longtemps. Dans la partie du *Trattato di Navigazione* de Pigafetta, citée par Amoretti, il n'est pas fait de nouveau mention de la « catena della poppa » ; il est vrai que cet extrait ne dépasse pas dix pages.

(66) [page 313]. Barros, *da Asia*, dec. I, l. IV, p. 320.

(67) [page 315]. *Examen critique*, etc., t. I, p. 3-6 et 290.

(68) [page 316]. Voy. *Opus Epistolarum* Petri Martyris Anglerii Mediolanensis, 1670, ep. CXXX et CLII : « Præ lætitia pro-

sitiisse te, vixque e lacrymis præ gaudio temperasse, quando literas adspexisti meas, quibus de Antipodum Orbe, latenti hactenus, te certiorem feci, mi suavissime Pomponi, insinuasti. Ex tuis ipse literis colligo, quid senseris. Sensisti autem, tantique rem fecisti, quanti virum summa doctrina insignitum decuit. Quis namque cibus sublimibus præstari potest ingeniis isto suavior? quod condimentum gratius? A me facio conjecturam. Beari sentio spiritus meos, quando accitos alloquor prudentes aliquos ex his qui ab ea redeunt provincia (Hispaniola insula). » L'expression *Christophorus quidam Colonus* rappelle, je ne dirai pas le *nescio quis Plutarchus* d'Aulu-Gelle (*Noctes atticæ*, l. XI, c. 16) que l'on a trop souvent cité et sans raison, mais le *quodam Cornelio scribente*, dans la lettre que le roi Théodoric écrivit en réponse au prince des Æstyens, en lui indiquant, d'après le 45ᵉ chapitre de la *Germanie* de Tacite, la véritable origine du succin.

(69) [page 317]. *Opus Epistolarum*, ep. CCCCXXXVII et DLXII. L'illuminé Jér. Cardan, qui, malgré les écarts de son imagination, n'en fut pas moins un mathématicien pénétrant, a appelé aussi l'attention, dans ses *Problemata physica*, sur les progrès que la connaissance de la terre doit aux faits dont un seul homme a procuré l'observation. On lit dans Cardan, t. II, 1663, p. 630 et 659 : « At nunc quibus te laudibus efferam, Christophore Columbi, non familiæ tantum, non Genuensis urbis, non Italiæ provinciæ, non Europæ partis orbis solum, sed humani generis decus! » En comparant les Problèmes de Cardan avec ceux qui dérivent de l'école posthume d'Aristote, je me suis assuré que si la faiblesse et la confusion des démonstrations physiques est la même de part et d'autre, les questions de Cardan offrent cette particularité caractéristique pour l'époque à laquelle il vécut, que toutes ont trait à la météorologie comparée. Je citerai les considérations : sur le climat des îles, à propos de la température élevée de l'Angleterre mise en opposition avec l'hiver de Milan; sur le rapport de la grêle et des explosions électriques; sur

les eaux et la direction des courants pélagiques; sur le maximum de chaleur et de froid atmosphériques qui se produit à la suite de chacun des deux solstices; sur la hauteur de la région des neiges dans les tropiques; sur la température dépendante de la chaleur rayonnante qui émane du soleil et de tous les astres à la fois; sur l'intensité plus grande de la lumière australe, etc. Le froid, dit Cardanus, n'est que l'absence de la chaleur. La lumière et la chaleur ne diffèrent que par le nom, et sont en elles-mêmes inséparables. Voy. Cardani *Opera*, t. I, *de vita propria*, p. 40; t. II, *Problemata*, p. 624, 630-632, 653 et 713; t. III, *de Subtilitate*, p. 417.

(70) [page 347]. Voy. *Examen critique*, etc., t. I, p. 240-249. D'après l'*Historia general de las Indias*, restée à l'état de manuscrit (l. I, c. 12), « la carta de marear que maestro Paulo Fisico (Toscanelli) envió á Colon » était dans les mains de Bartholomé de las Casas, quand il écrivit son ouvrage. Le journal de bord de Colomb, dont nous possédons un extrait dans Navarrete (t. I, p. 13), n'est pas complétement d'accord avec le récit du manuscrit de las Casas, qu'a bien voulu me communiquer M. Ternaux-Compans. Il est dit dans le journal de Colomb : « Iba hablando el Almirante (martes 25 de setiembre 1492), con Martin Alonso Pinzon, capitan de la otra carabela Pinta, sobre una carta que le habia enviado tres dias hacia á la carabela, donde segun parece *tenia pintadas el Almirante* ciertas islas por aquella mar... » On lit, au contraire, dans le manuscrit de las Casas, l. I, c. 12 : « La carta de marear que embió (Toscanelli al Almirante), yo que esta historia escrivo la tengo en mi poder. Creo que todo su viage sobre esta carta fundó; » et l. I, c. 38 : « Asi fué que el martes 25 de setiembre llegase Martin Alonso Pinzon con su caravela Pinta á hablar con Christobal Colon sobre una carta de marear que Christobal Colon le avia embiado... *Esta carta es la que le embió Paulo Fisico el Florentin, la qual yo tengo en mi poder* con otras cosas del Almirante y escrituras de su misma mano que

traxéron á mi poder. En ella le pintó muchas islas... » Faut-il admettre que l'amiral avait marqué sur la carte de Toscanelli les îles qu'il s'attendait à rencontrer, ou les mots « tenia pintadas » veulent-ils seulement dire que l'amiral avait une carte sur laquelle ces îles étaient peintes?

(71) [page 319]. Navarrete, *Documentos*, n° 69, dans le t. III des *Viages y descubrim.*, p. 565-571 ; *Examen critique*, t. I, p. 234-249 et 252; t. III, p. 158-165 et 224. Voy. aussi sur le point contesté, où l'on aborda pour la première fois dans les Indes occidentales, t. III, p. 186-222. La carte du monde de Juan de la Cosa, antérieure de six ans à la mort de Colomb, que Walckenaer et moi avons trouvée et reconnue en 1832, et qui est devenue depuis si célèbre, a jeté un grand jour sur ces questions controversées.

(72) [page 320]. Sur le talent avec lequel Colomb décrit la nature et qui s'élève souvent jusqu'à la poésie, voy. *Cosmos*, t. II, p. 61-64.

(73) [page 321]. Voy. les résultats de mes recherches dans la *Relation historique du Voyage aux Régions équinoxiales*, t. II, p. 702, et *Examen critique*, etc., t. I, p. 309.

(74) [page 321]. Biddle, *Memoir of Sebastian Cabot*, 1831, p. 52-61 ; *Examen critique*, t. IV, p. 231.

(75) [page 321]. On lit dans un passage peu remarqué du journal de Colomb, en date du 1er novembre 1492 : « J'ai en face de moi et tout près Zayto y Guinsay del Gran Can (Zaitoun et Quinsay de Marco Polo, II, 77). » Colomb, en écrivant ces mots, était à Cuba. Voy. Navarrete, *Viages y descubrimientos*, t. I, p. 46, et *Cosmos*, t. II, note 35, p. 549. La courbure dirigée vers le sud que Colomb, à son second voyage, remarqua sur la côte occidentale de l'île de Cuba, eut une importance décisive pour la découverte de l'Amérique méridionale, du delta de l'Oré-

noque et du cap Paria, ainsi que je l'ai montré ailleurs. Voy. *Examen critique*, t. IV, p. 246-250. « Putat Colonus, dit Aughiera (*Epist.* CLXVIII, édit. d'Amsterd., 1670, p. 96), regiones has (Pariæ) esse Cubæ contiguas et adhærentes : ita quod utræque sint Indiæ Gangetidis continens ipsum.... »

(76) [page 322]. Voy. l'important manuscrit d'André Bernaldez, « cura de la villa de los Palacios » dans l'*Historia de los Reyes Catholicos*, c. 123. Cette histoire comprend les années 1488-1513. Bernaldez avait reçu Colomb dans sa maison, lorsque ce grand navigateur revint de son second voyage. Je dois à l'obligeance de M. Ternaux-Compans, qui a jeté beaucoup de lumière sur l'histoire de la *Conquista*, d'avoir pu consulter librement à Paris, en 1838, ce manuscrit, que mon célèbre ami, l'historien don Juan Bautista Muñoz, a eu en sa possession. Comp. Fern. Colon, [*Vida del Almirante*, c. 50.

(77) [page 322]. *Examen critique*, etc., t. III, p. 244-248.

(78) [page 323]. Le cap Horn fut découvert au mois de février 1526 par Francisco de Hoces, dans l'expédition du commandeur Garcia de Loaysa, qui suivit celle de Magellan et avait pour destination les Moluques. Tandis que Loaysa faisait voile à travers le détroit de Magellan, Hoces s'était séparé de la flottille avec la caravelle San Lesmes et avait été poussé jusqu'à 55° de latitude méridionale. « Dijéron los del buque que les parecia que era alli acabamiento de tierra. » Navarrete, *Viages y descubrimientos*, t. V, p. 28 et 404-488. Fleurieu affirme que Hoces a vu seulement le Cabo del buen Successo à l'ouest de l'île des États. Les notions sur la forme de ces côtes étaient déjà redevenues si incertaines vers la fin du XVIe siècle, qu'aux yeux de l'auteur de l'*Araucana*, le détroit de Magellan avait été formé par un tremblement de terre et par le soulèvement du lit de la mer (voy. canto I, oct. 9), tandis qu'Acosta (*Historia natural y moral de las Indias*, l. III, c. 10) prenait la Terre-de-

Feu pour le commencement de la grande contrée qu'il croyait s'étendre vers le pôle Sud. Comp. *Cosmos*, t. II, p. 68.

(79) [page 323]. Sur la question de savoir si l'*hypothèse des isthmes*, d'après laquelle le promontoire Prasum, situé sur la côte orientale de l'Afrique, se rattachait à la péninsule de Thinæ, doit être attribuée à Marin de Tyr, à Hipparque ou à Séleucus de Babylone, ou bien si elle n'appartient pas plutôt à Aristote (*de Cælo*, l. II, c. 14), voy. une discussion détaillée dans l'*Examen critique*, t. I, p. 144, 161 et 329; t. II, p. 370-372.

(80) [page 325]. Paolo Toscanelli était si distingué comme astronome, que le maître de Behaim, Regiomontanus, lui dédia, en 1463, son ouvrage *de Quadratura Circuli*, dirigé contre le cardinal Nicolas de Cusa. Il construisit le grand gnomon de l'église Santa Maria Novella à Florence, et mourut en 1482, à l'âge de quatre-vingt-cinq ans, sans avoir eu la joie de voir la découverte du cap de Bonne-Espérance par Diaz, ni celle de la partie tropicale du nouveau continent par Colomb.

(81) [page 326]. Comme l'ancien continent compte environ 130 degrés de longitude, depuis l'extrémité occidentale de la péninsule ibérique jusqu'aux côtes de la Chine, il en restait à peu près à Colomb 230 à parcourir, en supposant qu'il voulût aller jusqu'au Cathai (la Chine), et moins s'il se proposait seulement d'aborder à Zipangi (le Japon). Cet intervalle de 230 degrés est calculé d'après la position du cap Saint-Vincent (long. 11° 20′ ouest de Paris) et celle du rivage de la Chine, à la hauteur du port de Quinsay, si célèbre autrefois et souvent nommé par Colomb et Toscanelli (latit. 30° 28′, long. 117° 47′ est de Paris). Les autres noms de Quinsay, dans la province de Tschekiang, sont Kanfou, Hangtscheoufou et Kingszou. Le grand commerce de l'Asie orientale était partagé, au XIIIe siècle, entre Quinsay et Zaitoun (Pinghai ou Tseouthoung) qui, situé à l'opposite de l'île Formose (Toungfan), était sous 25° 5′ de latitude nord. Voy.

Klaproth, *Tableaux historiques de l'Asie*, p. 227. Zipangi (Niphon) est moins éloigné du cap Saint-Vincent que Quinsay de 22 degrés de longitude; la distance est par conséquent de 209° environ, au lieu de 230° 53'. Il est remarquable que, grâce à des compensations accidentelles, les données les plus anciennes, celles d'Ératosthène et de Strabon (l. I, p. 64) se rapprochent, à 10° près, du résultat que nous avons indiqué plus haut, c'est-à-dire de 129° pour l'étendue méridienne de ce que les anciens appelaient οἰκουμένη. Strabon dit expressément, en parlant de l'existence possible de deux grands continents habitables dans l'hémisphère du nord, que la terre habitée forme, sous le parallèle de Thinæ (ou d'Athènes, voy. *Cosmos*, t. II, p. 227), plus du tiers de toute la circonférence terrestre. Marin de Tyr, trompé par la durée de la traversée de Myos Hormos vers les Indes, comme aussi par les idées fausses que l'on se faisait sur la mer Caspienne, dont on croyait le grand axe dirigé de l'ouest à l'est, et sur la longueur du chemin qui conduisait par terre chez les Sères, ne donnait pas à l'ancien continent moins de 225°, au lieu de 129. Les côtes de la Chine se trouvaient ainsi reculées jusqu'aux îles Sandwich. Colomb préfère naturellement ce résultat à celui de Ptolémée, d'après lequel Quinsay ne serait tombé que dans la partie orientale de l'archipel des Carolines. Ptolémée, en effet, dans l'*Almageste* (l. II, c. 1), place les côtes des Sines à 180°, et dans sa *Géographie* (l. I, c. 12), à 177° $\frac{1}{4}$. Comme Colomb évaluait à 120° la traversée de l'Ibérie au pays des Sines, et Toscanelli à 52° seulement, tous deux pouvaient, en prélevant 40° environ pour la longueur de la Méditerranée, appeler « brevissimo camino » une entreprise qui semblait si hasardeuse. Martin Behaim place aussi sur sa *Pomme du Monde*, sur ce globe célèbre qu'il acheva en 1492, et qui est conservé encore aujourd'hui dans la maison de Behaim à Nurenberg, les côtes de la Chine, ou, comme il dit, le trône du roi de Mango, de Cambalou et de Cathay, à 100° seulement à l'ouest des Açores, ou plutôt, comme Behaim était établi depuis quatre ans à Fayal, et prenait sans doute cette ville pour point de départ, à 119° 40′ à l'ouest du cap Saint-Vincent. Colomb fit vraisemblablement connaissance de Martin Behaim à Lisbonne, où ils se trouvèrent ensemble de 1480 à 1484. Voy. *Examen critique*, etc., t. II, p. 357-369. Les nombres fort inexacts que l'on rencontre partout au sujet de la découverte de l'Amérique, et sur l'extension présumée de l'Asie orientale, m'ont engagé à comparer exactement les opinions du moyen âge avec celles de l'antiquité classique.

(82) [page 326]. La partie la plus orientale de l'océan Pacifique fut traversée pour la première fois par des hommes blancs montés sur un canot, lorsque Alonso Martin de Don Benito qui, le 25 septembre 1513, avait embrassé l'horizon de la mer, avec Vasco Nuñez de Balboa, des hauteurs de la Quarequa, descendit quelques jours après dans l'isthme ou golfe de San Miguel, avant que Balboa accomplît l'étrange cérémonie de la prise de possession. Sept mois auparavant, en janvier 1513, il faisait savoir à sa cour qu'il entendait la voix des indigènes de la mer du Sud, et que cette mer était d'une navigation très-facile : « Mar muy mansa y que nunca anda brava como la mar de nuestra banda (de las Antillas). Ce fut Magellan qui, ainsi que le raconte Pigafetta, donna le premier le nom d'Oceano Pacifico à la Mar del Sur de Balboa. Déjà avant l'expédition de Magellan (10 août 1519) le gouvernement espagnol, qui ne manquait ni de prudence ni d'activité, avait fait transmettre, en novembre 1514, des ordres secrets à Pedrarias Davila, gouverneur de la province de Castilla del Oro, située à l'extrémité nord-ouest de l'Amérique du Sud, et au grand navigateur Juan Diaz de Solis. Le premier devait faire construire quatre caravelles dans le golfe de San Miguel, pour aller faire des découvertes dans la mer du Sud, nouvellement découverte elle-même ; le second devait trouver, en partant de la côte orientale de l'Amérique, une ouverture (abertura de la tierra) afin de gagner par derrière (á espaldas) le nouveau pays, c'est-à-dire d'atteindre les rivages de la Castilla

del Oro. L'expédition de Solis, qui dura depuis le mois d'octobre 1515 jusqu'au mois d'août 1516, pénétra fort avant vers le sud, et amena la découverte du Rio de la Plata, qui fut longtemps nommé Rio de Solis. Comp. sur cette première découverte, peu connue, de l'océan Pacifique, Petrus Martyr, ep. DXL, p. 296, avec les documents des années 1513-1515 dans Navarrete, t. III, p. 134 et 357. Voy. aussi *Examen critique*, t. I, p. 320 et 350.

(83) [page 326]. Sur la situation géographique des deux îles Malheureuses (San Pablo, lat. 16° $\frac{1}{4}$ sud, long. 135° $\frac{3}{4}$ ouest de Paris, et isla de Tiburones, lat. 10° $\frac{3}{4}$ sud, long. 145°), voy. *Examen critique*, t. I, p. 286, et Navarrete, t. IV, p. LIX, 52, 218 et 267. La grande époque des découvertes dans l'espace fournit matière à de nombreux emblèmes héraldiques, tels que celui de Sébastien de Elcano, que nous avons cité dans le texte, et qui représentait le globe du monde avec cette légende : Primus circumdedisti me. Les armoiries données à Colomb dès le mois de mai 1493, pour l'illustrer aux yeux de la postérité (para sublimarlo), se composaient de la première carte de l'Amérique et d'une rangée d'îles dans un golfe. Voy. Oviedo, *Hist. general de las Indias*, édit. de 1547, l. II, c. 7, p. 10 a; Navarrete, t. II, p. 37; *Examen critique*, t. IV, p. 236. Charles-Quint donna en armoiries à Diego de Ordaz, pour avoir gravi le volcan d'Orizaba, l'image de ce pic, et à l'historien Oviedo qui avait passé trente-quatre ans sans interruption (1513-1547) dans l'Amérique tropicale, les quatre belles étoiles de la Croix du Sud. Voy. Oviedo, l. II, c. 11, p. 16 b.

(84) [page 327]. Voy. Humboldt, *Essai politique sur le royaume de la Nouvelle Espagne*, t. II, 1827, p. 259, et Prescott, *History of the Conquest of Mexico*, New-York, 1843, t. III, p. 271 et 336.

(85) [page 329]. Gaetano découvrit une des îles Sandwich

en 1542. Sur les voyages de don Jorge de Menezes et de Alvaro de Saavedra aux îles des Papous (1526 et 1528), voy. Barros, *da Asia*, dec. IV, l. I, c. 16, et Navarrete, t. V, p. 125. L'hydrographie de Jean Rotz (1542), conservée dans le Musée britannique, et étudiée par le savant Dalrymple, contient, ainsi que la collection de cartes de Jean Balard de Dieppe (1552), signalée pour la première fois par M. Coquebert-Monbret, les contours de la Nouvelle-Hollande.

(86) [page 329]. Après la mort de Mendaña, sa femme doña Isabela Baretos, également distinguée par son courage et les facultés de son esprit, prit le commandement de l'expédition, qui se prolongea jusqu'en 1596. Voy. Humboldt, *Essai politique sur la Nouvelle-Espagne*, t. IV, p. 111.—Quiros opéra en grand sur ses vaisseaux la dessalaison de l'eau de mer, et cet exemple fut suivi plusieurs fois. Voy. Navarrete, t. I, p. LIII. Le procédé était déjà connu, ainsi que je l'ai prouvé ailleurs par le témoignage d'Alexandre d'Aphrodisias, au IIIe siècle de notre ère, bien qu'il n'ait pas été mis en usage sur les vaisseaux.

(87) [page 330]. Voy. l'excellent ouvrage du professeur Meinicke, *das Festland Australien*, 1837, 1re part., p. 2-10.

(88) [page 334]. Ce roi-poëte mourut tandis que régnait au Mexique Axayacatl (1464-1477). Le savant historien Fernando de Alva Ixtlilxochitl, dont j'ai vu en 1802, dans le palais du vice-roi de Mexico, la chronique manuscrite des Chichimèques, si heureusement mise à profit par Prescott (*Conquest of Mexico*, t. I, p. 61, 173 et 206; t. III, p. 112), était un descendant de Nezahoualcoyotl. Le nom aztèque de Fernando de Alva signifie *visage de vanille*. M. Ternaux-Compans a fait imprimer à Paris en 1840 une traduction française de son manuscrit. — La mention des longs poils d'éléphants recueillis par Cadamosto est consignée dans Ramusio, t. I, p. 109, et dans Grynæus, c. 43, p. 33.

(89) [page 334]. Clavigero, *Storia antica del Messico*, Cesena, 1780, t. II, p. 153. On ne peut douter, d'après les témoignages unanimes de Fernand Cortès dans ses rapports à Charles V, de Bernal Diaz, de Gomara, d'Oviedo et de Hernandez, que, à l'époque où fut conquis l'empire de Montézuma, il n'y avait dans aucune partie de l'Europe des ménageries et des jardins botaniques comparables à ceux de Houaxtepec, de Chapoltepec, de Iztapalapan et de Tezcouco. Voy. Prescott, *Conquest of Mexico*, t. I, p. 178; t. II, p. 66 et 117-121, t. III, p. 42. — Sur les ossements fossiles trouvés, il y a plusieurs siècles, dans les Champs des Géants, voy. Garcilaso, l. IX, c. 9; Acosta, l. IV, c. 30, et Hernandez, t. I, c. 32, p. 105, édit. de 1556.

(90) [page 337]. Voy. les observations de Christophe Colomb sur le passage de la polaire par le méridien, dans ma *Relation historique*, etc., t. I, p. 506, et *Examen critique*, t. III, p. 17-20, 44-51 et 56-61. Voy. aussi Navarrete, dans le Journal de voyage de Colomb (16-30 septembre 1492), p. 9, 15 et 254.

(91) [page 337]. Sur les singulières différences qui existent entre la « bula de concesion á los reyes Catholicos de las Indias descubiertas y que se descubrieren » du 3 mai 1493, et la « bula de Alexandro VI sobre la particion del Oceano » du 4 mai 1493, éclaircie dans la « bula de extension » du 25 septembre 1493, voy. *Examen critique*, t. III, p. 52-54. Très-différente de cette ligne de démarcation est la ligne de séparation fixée dans la « capitulacion de la particion del mar Oceano entre los reyes catholicos y Don Juan, Rey de Portugal, » du 7 juin 1494, à 270 leguas (de $17\frac{1}{2}$ au degré équatorial) à l'ouest des îles du cap Vert. Comp. Navarrete, *Viages y descubrimientos*, t. II, p. 28-35, 116-143 et 404; t. IV, p. 55 et 252. Cette dernière répartition, qui amena la vente des Moluques au Portugal, pour la somme de 350000 ducats d'or, n'avait aucun rapport avec les hypothèses magnétiques ou météorologiques. Les lignes de démarcation papales méritaient d'être mentionnées exactement parce

que, ainsi que je l'ai dit dans le texte, elles ont eu une grande influence sur les efforts tentés pour perfectionner l'astronomie nautique et les méthodes de longitude. Il est aussi à remarquer que la *Capitulacion*, du 7 juin 1494, fournit le premier exemple de la détermination précise d'un méridien à l'aide de tours érigées ou de signes gravés sur des rochers. Il est ordonné : « Que se haga alcuna señal ó torre, » partout où le méridien allant d'un pôle à l'autre, traverse une île ou un continent dans les deux hémisphères de l'ouest et de l'est. Sur les continents, la ligne devait être marquée par une rangée de tours ou de signes placés de distance en distance, ce qui, à vrai dire, n'eût pas été une petite entreprise.

(92) [page 339]. Il me paraît très-digne de remarque que le premier écrivain classique qui ait traité du magnétisme, William Gilbert, chez lequel on ne peut pas supposer la moindre connaissance de la littérature chinoise, regarde cependant la boussole comme une invention des Chinois, apportée en Europe par Marco Polo : « Illa quidem pyxide nihil unquam humanis excogitatum artibus humano generi profuisse magis constat. Scientia nauticæ pyxidulæ traducta videtur in Italiam per Paulum Venetum, qui circa annum MCCLX apud Chinas artem pyxidis didicit » (Guillelmi Gilberti Colcestrensis *de Magnete Physiologia nova*, Lond., 1600, p. 4). On ne peut cependant ajouter aucune foi à la prétendue importation de la boussole par Marco Polo, dont les voyages sont compris entre les années 1271 et 1295, qui par conséquent revenait en Italie alors que Guyot de Provins, dans son poëme de la *Boussole*, avait parlé déjà de cet instrument comme d'une chose connue depuis longtemps, ainsi que Jacques de Vitry et Dante. Avant le départ de Marco Polo, dès le milieu du XIIIe siècle, les Catalans et les Basques se servaient de la boussole marine. Voy. Raymond Lulle, dans son traité *de Contemplatione*, écrit en 1272.

(93) [page 340]. Ce témoignage sur les derniers moments de

Sébastien Cabot est consigné dans un écrit de Biddle, composé avec beaucoup de critique, sous le titre de *Memoir of Seb. Cabot*, p. 222 : « On ne sait exactement, dit Biddle, ni l'année où mourut ce grand navigateur, ni le lieu de sa sépulture; et cependant la Grande-Bretagne lui doit presque un continent tout entier; sans lui peut-être, de même que sans sir Walter Raleigh, la langue anglaise n'eût pas été parlée par des millions d'Américains. » — Sur les matériaux d'après lesquels fut établie la carte des variations de Alonso de Santa Cruz, et sur la boussole de variation dont la disposition permettait déjà de mesurer la hauteur du soleil, voy. Navarrete, *Noticia biografica del cosmografo Alonso de Santa Cruz*, p. 3-8. La première boussole de variation fut établie par un homme fort industrieux, Felipe Guillen, pharmacien à Séville. On avait une telle ardeur de connaître d'une manière précise la direction des courbes de déclinaison magnétique que, en 1585, Juan Jayme fit, avec Francisco Gali, la traversée de Manille à Acapulco, sans autre but que d'éprouver, dans la mer du Sud, l'instrument qu'il venait d'inventer pour cet usage. Voy. *Essai politique sur la Nouvelle-Espagne*, t. IV, p. 110.

(94) [page 341]. Acosta, *Hist. natural de las Indias*, l. I, c. 17. Ce sont ces quatre lignes sans déclinaison qui, à l'occasion des débats soulevés entre Henry Bond et Beckborrow, ont conduit Halley à la théorie des quatre pôles magnétiques.

(95) [page 341]. Gilbert, *de Magnete Physiologia nova*, l. V, c. 8, p. 200.

(96) [page 342]. Dans la zone glaciale et dans la zone tempérée, cette courbure des bandes isothermes est, il est vrai, un fait général entre les côtes occidentales de l'Europe et les côtes orientales de l'Amérique du nord ; mais, sous les tropiques, les bandes isothermes courent presque parallèlement à l'équateur. Colomb, dans les conclusions précipitées auxquelles il fut conduit, n'eut pas égard à la différence du climat sur terre et sur

mer, à la distinction des côtes orientales et des côtes occidentales, non plus qu'à l'influence de la latitude et des vents qui soufflent sur l'Afrique. Voy. les remarquables considérations sur les climats qui se trouvent réunies dans la *Vida del Almirante*, c. 66. La conjecture précoce de Colomb sur la flexion des bandes isothermes dans l'océan Atlantique était vraie, si l'on se borne à la zone froide et à la zone tempérée, c'est-à-dire en mettant à part les régions tropicales.

(97) [page 342]. Colomb avait déjà observé ce fait. Voy. *Vida del Almirante*, c. 55; *Examen critique*, t. IV, p. 253, et *Cosmos*, t. I, p. 363.

(98) [page 342]. L'amiral, dit Fernando Colomb (*Vida del Almirante*, c. 58), attribuait à l'étendue et à l'épaisseur des forêts, qui couvraient la croupe des montagnes, l'abondance des pluies rafraîchissantes auquelles il fut exposé aussi longtemps qu'il côtoya la Jamaïque. Il remarque à cette occasion, dans son journal de voyage, « qu'autrefois les pluies n'étaient pas moins abondantes à Madère, dans les Canaries et dans les Açores; mais que depuis que l'on a fait couper les arbres qui répandaient de l'ombre, les pluies sont devenues beaucoup plus rares dans ces contrées. » On n'a fait presque aucune attention à cet avertissement pendant trois siècles et demi.

(99) [page 343]. *Cosmos*, t. I, p. 395; *Examen critique*, etc., t. IV, p. 294; *Asie centrale*, t. III, p. 235. L'inscription d'Adulis, antérieure de près de 1500 ans à Anghiera, parle des neiges de l'Abyssinie dans lesquelles on enfonce jusqu'aux genoux. Voy. Bœckh et J. Franz, *Corpus Inscriptionum græcarum*, t. III, n° 5127.

(100) [page 344]. Léonard de Vinci dit très-bien au sujet de cette méthode : Questo è il methodo da osservarsi nella ricerca de' fenomeni della natura. Voy. Venturi, *Essai sur les ouvrages physico-mathématiques de Léonard de Vinci*, 1797, p. 31;

Amoretti, *Memorie storiche sù la vita di Leonardo da Vinci*, Milano, 1804, p. 143 (dans son édition du *Trattato della Pittura*, t. XXXIII, des Classici Italiani); Whewell, *Philos. of the inductive Sciences*, 1840, t. II, p. 368-370; Brewster, *Life of Newton*, p. 332. Les travaux physiques de Léonard de Vinci datent pour la plupart de 1498.

(4) [page 345]. On voit dans les plus anciennes relations des Espagnols combien l'attention des marins fut éveillée de bonne heure sur les phénomènes naturels. Diego de Lepe, par exemple, ainsi que nous l'apprend un témoignage rendu dans le procès du fiscal contre les héritiers de Colomb, reconnut, en 1499, au moyen d'un vase à soupape, qui ne s'ouvrait qu'au fond de la mer, qu'à une distance considérable de l'embouchure de l'Orénoque, l'eau de mer est recouverte d'une couche d'eau douce, épaisse de six brasses. Voy. Navarrete, *Viages y descubrimientos*, t. III, p. 549. Colomb puisa au sud de l'île de Cuba de l'eau blanche comme du lait « blanche comme si l'on y eût répandu de la farine », afin d'en rapporter en Espagne dans des bouteilles (*Vida del Almirante*, p. 56). J'ai été dans les mêmes lieux pour faire des déterminations de longitude, et je me suis étonné que le vieil amiral ait pu, avec son expérience, regarder comme un phénomène nouveau la couleur blanche de l'eau de mer si souvent troublée dans les bas-fonds. — Pour ce qui est du gulf-stream ou courant d'eau chaude, qui doit être regardé comme un phénomène considérable dans le tableau du monde, on avait eu souvent, même avant la découverte de l'Amérique, l'occasion d'en observer les différents effets dans les Canaries et dans les Açores, en voyant la mer rejeter sur les côtes des bambous, des troncs de pins et des cadavres d'hommes qui, par leur physionomie et leurs traits, différaient entièrement des Européens, et en voyant aborder des canots remplis d'étrangers qui se trouvaient entraînés malgré eux « et ne pouvaient jamais sombrer. » Mais on attribuait alors ces effets à la violence des ouragans qui

soufflaient de l'ouest, sans remarquer que le mouvement des eaux était indépendant de la direction des vents, et sans reconnaître la flexion du courant pélagique vers l'est et le nord-est, c'est-à-dire l'impulsion qui porte chaque année les fruits des Antilles sur les côtes de l'Irlande et de la Norwége. Voy. *Vida del Almirante*, c. 8; Herrera, dec. I, l. I, c. 2; l. IX, c. 12; le Mémoire de sir Humphrey Gilbert, sur la possibilité d'un passage au Cathay par le nord-ouest, dans Hakluyt, *Navigations and Voyages*, t. III, p. 11, et *Examen critique*, etc., t. II, p. 247-257, t. III, p. 99-108.

(2) [page 347]. *Examen critique*, t. III, p. 26 et 66-99; *Cosmos*, t. I, p. 362-366.

(3) [page 347]. Alonso de Ercilla a imité la pensée de Garcilaso dans ce passage de l'*Araucana* : « Climas passè, mudè constelaciones. » Voy. *Cosmos*, t. II, p. 463, note 96.

(4) [page 348]. Petri Martyris *Oceanica*, dec. I, l. IX, p. 96; *Examen critique*, t. IV, p. 221 et 317.

(5) [page 349]. Acosta, *Hist. natural de las Indias*, l. I, c. 2; Rigaud, *Account of Harriot's astron. papers*, 1833, p. 37.

(6) [page 350]. Pigafetta, *Primo Viaggio intorno al Globo terracqueo*, pubbl. da C. Amoretti, 1800, p. 46; Ramusio, t. I, p. 345 c; Petri Martyris *Oceanica*, dec. III, l. I, p. 217. D'après les événements que mentionne Anghiera (dec. II, l. X, p. 204, et dec. III, l. X, p. 232), le passage des *Oceanica* où il traite des nuées de Magellan, doit avoir été écrit entre 1514 et 1516. Andrea Corsali (voy. *Ramusio*, t. I, p. 177) décrit aussi, dans une lettre à Giuliano de' Medici, le mouvement de translation circulaire « de due nugolette di ragionevol grandezza. » L'étoile placée entre la nubecula major et la nubecula minor, dont Corsali a donné le dessin, me paraît être 6 de l'Hydre. Voy. *Examen critique*, t. V, p. 234-238. — Sur Petrus Theodori de

·Emden et Houtmann, l'élève du mathématicien Plancius, voy. aussi un essai historique de Olbers, dans le *Schumacher's Jahrbuch*, 1840, p. 249.

(7) [page 351]. Comp. les recherches de Delambre et de Encke avec celles d'Ideler, *Ursprung der Sternnamen*, p. XLIX, 263 et 277. Voy. aussi *Examen critique*, etc., t. IV, p. 319-324, t. V, p. 17-19, 30 et 230-234.

(8) [page 352]. Pline, l. II, c. 71; Ideler, *Sternnamen*, p. 260 et 295.

(9) [page 353]. J'ai essayé de résoudre ailleurs les doutes qu'ont exprimés de nos jours au sujet des « quattro stelle » de célèbres commentateurs du Dante. Pour bien embrasser tous les termes de la question, il faut comparer les vers « Io mi volsi, etc. » (*Purgat.* canto I, v. 22-24) avec les passages suivants : *Purgat.*, I, 37; VIII, 85-93; XXIX, 121; XXX, 97; XXXI, 106, et *Inferno*, XXVI, 117 et 127. L'astronome Milanais de Cesaris voyait dans les trois *facelle*, « di che 'l polo di quà tutto quanto arde, » et qui se couchent quand se lèvent les quatre étoiles de la Croix, Canopus, Achernar et Fomalhaut. J'ai tenté, dis-je, d'éclaircir le problème par les considérations suivantes : « Le mysticisme philosophique et religieux qui pénètre et vivifie l'immense composition du Dante, assigne à tous les objets, à côté de leur existence réelle ou matérielle, une existence idéale. C'est comme deux mondes dont l'un est le reflet de l'autre. Le groupe des quatre étoiles représente, dans l'ordre moral, les *vertus cardinales*, la Prudence, la Justice, la Force et la Tempérance; elles méritent pour cela le nom de saintes lumière, *luci sante*. Les trois étoiles « qui éclairent le pôle » représentent les *vertus théologales*, la Foi, l'Espérance et la Charité. Les premiers de ces êtres nous révèlent eux-mêmes leur double nature; ils chantent : « Ici nous sommes des nymphes, dans le ciel nous sommes des étoiles, *noi sem qui ninfe, e nel ciel semo stelle.* » Dans la *Terre de la vérité*, le paradis terrestre, sept nymphes se trou-

vent réunies » In cerchio le facevan di se claustro le sette Ninfe. » C'est la réunion des vertus cardinales et théologales. Sous ces formes mystiques, les objets réels du firmament, éloignés les uns des autres d'après les lois éternelles de la *Mécanique céleste*, sont à peine reconnaissables. Le monde idéal est une libre création de l'âme, le produit de l'inspiration poétique. » *Examen critique*, t. IV, p. 324-332.

(10) [page 353]. Acosta, l. I, c. 5. Comp. ma *Relation historique*, etc., t. I, p. 209. Comme les étoiles α et γ de la Croix du Sud ont un mouvement d'ascension direct à peu près uniforme, la Croix paraît verticale, quand elle passe par le méridien; mais les naturels oublient trop souvent que cette horloge céleste avance chaque jour de 3′ 56″. — Je dois tous les calculs relatifs à l'apparition des étoiles australes dans les latitudes du nord aux communications obligeantes du docteur Galle, qui, le premier, a reconnu dans le ciel la planète Leverrier. « L'incertitude des calculs, dit le docteur Galle, d'après lesquels α de la Croix du Sud commença à devenir invisible vers l'an 2900 avant notre ère à 52° 25′ de latitude nord, peut porter sur plus de 100 ans, et il ne serait pas possible, quelque exactitude que l'on apportât dans les opérations, de se mettre complétement à l'abri de cette erreur, parce que le mouvement propre aux fixes n'est pas uniforme pour de si longs espaces de temps. Le mouvement de α de la Croix s'élève à un tiers de seconde par an, surtout dans le sens de l'ascension directe. Il est probable que l'incertitude produite par cette cause d'erreur ne dépasse pas la limite que j'ai indiquée plus haut. »

(11) [page 356]. Barros, *da Asia*, 1778, déc. I, l. IV, c. 2, p. 282.

(12) [page 356]. Voy. *Noticia biografica de Fernando de Magallanes*, dans Navarrete, *Viages y descubrimientos*, etc., t. IV, p. XXXII.

(13) [page 357]. Barros, *da Asia*, dec. III, 2e part., 1777, p. 650 et 658-662.

(14) [page 358]. La reine écrit à Colomb : « Nosotros mismos, *y no otro alguno*, habemos visto algo del libro que nos dejásteis (un journal de voyage dans lequel le méfiant navigateur avait supprimé toutes les indications numériques de latitude et de distance) : quanto mas en esto platicamos y vemos conocemos *cuan gran cosa ha seido este negocio vuestro y que habeis sabido en ello mas que nunca se pensó que pudiera saber ninguno de los nacidos. Nos parece que seria bien* que llevásedes con vos *un buen Estrologo*, y nos pareseiá que seria bueno para ésto *Fray Antonio de Marchena*, porque es buen Estrologo y siempre nos pareció que *que se conformaba con vuestro parecer.* » Sur ce Marchena, qui n'est autre que Fray Juan Perez, le gardien du cloître de la Rabida, où Colomb, en 1484, fut réduit à implorer des moines du pain et de l'eau pour son enfant, voy. Navarrete, t. II, p. 110 ; t. III, p. 597 et 603 ; Muñoz ; *Hist. del Nuevo Mundo*, l. IV, § 24. — Colomb, dans une lettre écrite de la Jamaïque, le 7 juillet 1503, aux Christianissimos Monarcas, nomme les Éphémérides astronomiques une « vision profetica. » Voy. Navarrete, t. I, p. 306. — L'astronome portugais, Ruy Falero, natif de Cubilla, prit une part considérable aux préparatifs de la circumnavigation de Magellan, avec lequel il avait été nommé, par Charles V, « caballero de la Orden de Santiago » (1519) ; il avait composé pour Magellan un traité spécial sur les déterminations de longitude, dont le grand historien Barros possédait quelques chapitres manuscrits, le même probablement qui fut imprimé, en 1535, à Séville, chez Jean Cromberger. Voy. *Examen critique*, t. I, p. 276 et 302 ; t. IV, p. 315. Navarrete (*Obra póstuma sobre la Hist. de la Náutica y de las ciencias matemáticas*, 1846, p. 147) n'a pu trouver ce livre même en Espagne. Sur les quatre méthodes, servant à déterminer les longitudes, que Falero devait aux inspirations de son démon familier, voy. Herrera, dec. II, l. II, c. 19, et Navarrete, t. V,

p. LXXVII. Plus tard, Alonso de Santa Cruz, le même qui tenta, comme le fit en 1525 l'apothicaire de Séville, Felipe Guillen, de déterminer les longitudes par la variation de l'aiguille aimantée, fit des propositions inexécutables pour arriver à ce résultat par *la transposition du temps*. Ses chronomètres étaient des sabliers et des clepsydres, des rouages mus par des poids suspendus, et même des mèches trempées dans de l'huile qui se consumaient exactement dans le même laps de temps ! Pigafetta (*Transunto del trattato di Navigaz.*, p. 219) recommande les hauteurs de la lune au méridien. Amerigo Vespucci dit, avec beaucoup de naïveté et de vérité, au sujet de ces méthodes lunaires pour la détermination des longitudes : « L'avantage qu'elles offrent vient du corso più leggier de la luna. » Voy. Canovai, *Viaggi*, p. 57.

(15) [page 360]. La race américaine, qui s'étend partout la même depuis 65° de latitude nord jusqu'à 55° de latitude sud, passa directement de la vie de chasseur à la vie agricole, sans traverser la vie pastorale. Cela est d'autant plus remarquable, que les bisons, qui errent par troupeaux innombrables et peuvent être réduits à l'état domestique, donnent une grande quantité de lait. On a fait peu d'attention à cette particularité mentionnée par Gomara dans son *Hist. gen. de las Indias*, c. 214, que, au nord-ouest de Mexico, par 40° de latitude, il y avait encore au XVIe siècle une population dont la plus grande richesse consistait en troupeaux de bisons domestiques (bueyes con una giba). Ces animaux fournissaient aux naturels des vêtements, des aliments et une boisson qui était sans doute du sang; car c'est un trait qui paraît avoir été commun, avant l'arrivée des Européens, à tous les habitants du Nouveau Monde, ainsi qu'à ceux de la Chine et de la Cochinchine, d'avoir eu de l'antipathie pour le lait, ou du moins de n'en avoir fait aucun usage. Voy. Prescott, *Conquest of Mexico*, t. III, p. 416. Il est vrai aussi que, dans toute la partie montagneuse de Quito, du Pérou et du Chili, il y eut de tout temps des troupeaux de lamas apprivoisés; mais cette richesse appartenait à des

populations établies sur le sol et vivant de la culture. On n'a trouvé dans les Cordillères de l'Amérique méridionale aucune trace de la vie pastorale. Que pouvaient donc être les cerfs apprivoisés que l'on entretenait près la Punta de S. Helena, et dont je trouve la mention dans Herrera, dec. II, l. X, c. 6? Il y est dit : Ces cerfs, à ce qu'il paraît, fournissaient du lait et du fromage (ciervos que dan leche y queso y se crian en casa)! A quelle source a été puisé ce renseignement? Il ne peut pas provenir d'une confusion avec les lamas sans cornes et sans bois de la froide région des montagnes, dont Garcilaso affirme, dans ses *Commentarii reales* (1re part., l. V, c. 2, p. 133), que dans le Pérou, et particulièrement sur le plateau de Collao, on les attelait à la charrue. Comp. Pedro de Cieça de Leon, *Chronica del Peru*, Séville, 1553, c. 110, p. 264. Cette application des animaux au labourage paraît n'avoir été qu'une exception très-rare, un usage purement local; car, en général, un des traits de la race américaine est l'absence d'animaux domestiques, absence qui influe profondément sur la vie de la famille.

(16) [page 361]. Voy. dans une lettre en date du mois de juin 1518 (Neander, *de Vicelio*, p. 7) des témoignages remarquables de l'espérance que Luther plaça sur la génération nouvelle, sur la jeunesse de l'Allemagne, pour le soutenir dans l'exécution de son œuvre d'affranchissement.

(17) [page 362]. J'ai raconté ailleurs comment l'époque à laquelle Vespucci fut nommé grand pilote de la flotte royale contredit déjà suffisamment la calomnie inventée par l'astronome Schoner de Nurenberg, à savoir que les mots « terra di Amerigo » auraient été insérés frauduleusement par Vespucci sur les cartes hydrographiques qu'il fut chargé de corriger. La haute estime que la cour d'Espagne professait pour les connaissances de Vespucci en hydrographie et en astronomie ressort manifestement des instructions qui lui furent données (real titulo con extensas facultades), lorsqu'il fut nommé « piloto

mayor, » le 22 mars 1508. Voy. Navarrete, t. III, p. 297-302. Il fut mis à la tête d'un véritable « deposito hydrografico » et chargé d'exécuter pour la « casa de contratacion » de Séville, point central de toutes les entreprises maritimes, un tableau général des côtes et un registre des positions géographiques (Padron general), dans lequel il devait ajouter chaque année les découvertes nouvelles. Mais, dès l'année 1507, le nom de *Americi terra* est appliqué au nouveau continent par un homme dont l'existence était certainement restée ignorée de Vespucci, par le géographe Waldseemüller (Martinus Hylacomylus), de Fribourg en Brisgau, qui avait établi une imprimerie à Saint-Dié, au pied des Vosges, et qui publia une petite description du monde intitulée : *Cosmographiæ Introductio, insuper quatuor Americi Vespucii Navigationes* (impr. in oppido S. Deodati, 1507). La plus étroite amitié liait Ringmann, professeur de cosmographie à Bâle, plus connu sous le nom de Philésius, Hylacomylus et le père Grégoire Reisch, éditeur de la *Margarita philosophica*. Dans cette encyclopédie, se trouve un traité d'Hylacomylus sur l'architecture et la perspective, de 1509. (Voy. *Examen critique*, t. IV, p. 112.) Laurentius Phrisius, qui vivait à Metz, ami d'Hylacomylus et ainsi que lui protégé de René duc de Lorraine, qui entretenait une correspondance avec Vespucci, parle d'Hylacomylus, dans l'édition de Ptolémée qu'il publia en 1522 à Strasbourg, comme n'existant plus. La carte du nouveau continent tracée par Hylacomylus et jointe à cette édition, fait entrer pour la première fois dans les éditions de Ptolémée le nom d'*America*. J'ai découvert cependant que, déjà deux ans auparavant, il avait paru une carte du monde de Petrus Apianus, qui fut insérée d'abord dans une édition de Solin publiée par Camers, et une seconde fois dans l'édition de Mela, donnée par Vadianus, et qui représente, comme on le voit dans des cartes chinoises plus modernes, l'isthme de Panama coupé. Voy. *Examen critique*, etc., t. IV, p. 99-124 ; t. V, p. 168-176. C'est tout à fait à tort que l'on a regardé la carte de 1527 qui, après avoir fait partie de la bibliothèque d'Ebner, à Nuremberg, est aujourd'hui réunie à la collection de Weimar, et celle de Diego Ribero, de 1529, gravée par Gussefeld, comme les plus anciennes cartes du nouveau continent (*Ibid.*, t. II, p. 184; t. III, p. 191). Dans l'expédition de Alonso de Hojeda, un an après le troisième voyage de Colomb (1497), Vespucci avait visité les côtes de l'Amérique méridionale avec Juan de la Cosa, dont j'ai le premier signalé la carte, dessinée en 1500 au Puerto de Santa Maria, six années entières avant la mort du grand amiral génois. Vespucci n'avait aucune raison de supposer un voyage fait en 1497, puisque, de même que Colomb, il resta convaincu jusqu'à sa mort qu'ils n'avaient touché que des parties de l'Asie orientale. (Voy. la lettre de Colomb au pape Alexandre VI, du mois de février 1502, et une autre à la reine Isabelle, du mois de juillet 1503, dans Navarrete, t. I, p. 304; t. II, p. 280, ainsi qu'une lettre de Vespucci à Pier Francesco de' Medici, dans Bandini, *Vita e Lettere di Amerigo Vespucci*, p. 66 et 83.) Pedro de Ledesma, pilote de Colomb pendant son troisième voyage, dit encore en 1513, dans le procès contre les héritiers de l'amiral, que l'on regarde la côte de Paria comme une partie de l'Asie, Voy. Navarrete, t. III, p. 539. Les périphrases souvent employées de *mondo nuovo*, *alter orbis*, *Colonus novi orbis repertor* ne sont pas en opposition avec cette croyance; on veut seulement désigner par là des contrées inconnues, et ces expressions sont employées dans le même sens par Strabon, Mela, Tertullien, Isidore de Séville et Cadamosto. Voy. *Examen critique*, t. I, p. 118; t. V, p. 182-184. Plus de vingt ans après la mort de Vespucci, qui arriva en 1512, et jusqu'aux calomnies de Schoner dans l'*Opusculum geographicum* de 1533, et à celles de Servet dans l'édition de Ptolémée publiée à Lyon en 1535, on ne rencontre aucune réclamation contre le navigateur florentin. Colomb, un an avant de mourir, le désigne comme un homme « du caractère le plus intègre (mucho hombre de bien), digne de toute confiance, qui a toujours été prêt à l'obliger. » Voy. Carta à mi muy caro fijo D. Diego, dans Navarrete, t. I, p. 351. Fernando Colon, qui écrivit la vie de son père, vers 1535, à Séville, quatre ans avant de mourir, et qui assistait, en 1524, avec Juan Vespucci, neveu d'Amerigo, à la Junto astronomique de Badajoz et aux négociations ouvertes sur les Moluques; Martyr de Anghiera, l'ami personnel de l'amiral Oviedo, dont la correspondance s'étend jusqu'en 1525, qui cherche au contraire tout ce qui peut diminuer la gloire de Colomb; Ramusio et Guicciardini, tous témoignent la même bienveillance pour Amerigo. Si Amerigo eût à dessein falsifié les dates de ses voyages, il les eût du moins fait concorder et n'eût pas placé la fin du premier cinq mois après le commencement du second. Les confusions de chiffres qui se sont glissées dans les nombreuses traductions de ses voyages ne doivent pas lui être imputées, puisqu'il ne publia lui-même aucune de ces relations. De semblables erreurs sont d'ailleurs très-habituelles dans les ouvrages imprimés au XVIe siècle. Oviedo avait, en qualité de page de la reine, assisté à l'audience où Ferdinand et Isabelle firent à l'amiral un accueil si brillant dans la ville de Barcelone (1493), après son premier voyage de découverte. Trois fois il a écrit que l'audience avait eu lieu en 1496, et même que l'Amérique avait été découverte en 1491. Gomara dit la même chose, non pas en chiffres, mais en toutes lettres, et place la découverte de la *Tierra firme* d'Amérique en 1497, précisément dans l'année dont l'indication erronée a porté malheur à la mémoire de Vespucci. Voy. *Examen critique*, t, V, p. 196-202. D'ailleurs le procès soutenu par le fiscal, de 1508 à 1527, contre les héritiers de Colomb, afin de leur enlever les priviléges et les droits qui avaient été concédés à l'amiral dès l'an 1492, met à l'abri de tout reproche la conduite du navigateur florentin, qui jamais ne prétendit attacher son nom au nouveau continent, mais qui, par la jactance à laquelle il se laissa aller dans les rapports qu'il adressa au gonfalonier Piero Soderini, à Pier Francesco de' Medici et au duc René II de Lorraine, attira malheureusement sur lui, plus qu'il ne le méritait, l'attention de la postérité. Amerigo entra au service de l'État, *comme piloto mayor, l'année* même où commença le procès; il vécut encore quatre ans à Séville pendant l'instruction de ce procès dans lequel il s'agissait de savoir quelles étaient les parties du Nouveau Continent auxquelles Colomb avait touché le premier. Les bruits les plus misérables trouvèrent accès et devinrent une arme entre les mains du fiscal. On chercha des témoins à Santo Domingo et dans tous les ports espagnols, à Moguer, à Palos et à Séville, presque sous les yeux d'Amerigo Vespucci et de son neveu. Le *Mundus novus*, imprimé par Jean Otmar à Augsbourg, en 1504, le Recueil des Voyages de Vicence (*Mondo Novo et paesi novamente retrovati da Alberico Vespusio Fiorentino*, 1507), attribué ordinairement à Fracanzio di Montalboddo, mais en réalité d'Alessandro Zorzi, et les *Quatuor Navigationes* de Martin Waldseemuller (Hylacomylus) avaient déjà paru; depuis 1520, il y avait des mappemondes sur lesquelles était inscrit le nom d'*America*, mis en avant, en 1507, par Hylacomylus, et approuvé par Joachim Vadianus dans une lettre écrite de Vienne à Rudolph Agricola, en 1512, et cependant cet homme, auquel des ouvrages répandus en Allemagne, en France et en Italie attribuaient un atterrage à Paria en 1497, n'est pas cité à comparaître par le fiscal dans le procès commencé dès l'année 1508 et qui se prolonge pendant dix-neuf ans, ni même nommé, soit comme précurseur, soit comme contradicteur de Colomb. Pourquoi, après la mort d'Amerigo Vespucci, arrivée à Séville, le 22 février 1512, n'appela-t-on pas son neveu, Jean Vespucci, comme on appela Martin Alonso et Vicente Yañes Pinzon, Juan de la Cosa et Alonso de Hojeda, pour témoigner que déjà avant Colomb, c'est-à-dire avant le 1er août 1498, Amerigo avait touché aux côtes de Paria, qui avaient une si grande importance, non pas comme « terre ferme de l'Asie, » mais à cause de la pêche des perles qui se faisait près de là et était d'un revenu considérable. Il est impossible de comprendre qu'on eût négligé ainsi le témoignage le plus important, si Amerigo Vespucci se fût vanté d'avoir fait, en 1497, un voyage de découverte, et si l'on eût attaché quelque valeur aux dates erronées et aux fautes d'impression des *Quatuor Navigationes*. Je sais pertinemment que le grand ouvrage encore inédit d'un ami de Colomb, Fray Barthelomé de Las Casas (*Historia general de las Indias*), se compose de parties distinctes, écrites à des époques très-diverses ; il fut commencé en 1527, quinze ans après la mort d'Amerigo, et achevé en 1559, sept ans avant que l'auteur mourût dans sa quatre-vingt-douzième année. Un blâme amer y est mêlé d'une manière bizarre à l'éloge. On voit se fortifier la haine et le soupçon, à mesure que grandit la renommée du navigateur florentin. On lit dans la partie du livre qui fut composée la première, dans le prologue : « Amerigo raconte ce qu'il a fait dans deux voyages vers les Indes ; cependant il paraît avoir omis plusieurs détails importants soit à dessein (á sabiendas), soit par négligence. De là est venu que quelques personnes lui ont attribué ce qui appartient à d'autres et ne devait pas leur être enlevé. » Le jugement porté dans le 140e chapitre du Ier livre n'est pas moins mesuré : « Je dois faire mention ici du tort qu'Amerigo semble avoir fait à l'amiral, lui ou peut-être ceux qui ont fait imprimer les *Quatuor Navigationes* (ó los que imprimiéron). On attribue à lui seul, sans nommer personne autre, la découverte de la terre ferme ; il paraîtrait qu'il a inscrit le nom d'*Amérique* sur des cartes et aurait ainsi manqué gravement envers l'amiral. Comme Amérigo était un habile parleur et écrivait avec élégance (era latino y eloquente), il s'est donné, dans sa lettre au roi René de Lorraine, pour le chef de l'expédition d'Hojeda. Il n'était cependant que l'un des pilotes, malgré son expérience des choses maritimes et ses connaissances en Cosmographie (hombre entendido en las cosas de la mar y docto en cosmografia)... Il s'est répandu dans le monde qu'il avait le premier abordé à la terre ferme. Si lui-même a propagé ce bruit à dessein, c'est grande méchanceté de sa part, et s'il n'est pas coupable, il a du moins l'air de l'être (clara pareze la falsedad : y si fué de industria hecha, maldad grande fué ; y ya que no lo fuese, al menos parezelo)... Amerigo dit être parti dans l'an 7 (1497) ; cette date paraît tenir à une méprise et non à un calcul perfide, puisqu'il prétend être resté dix-huit mois absent. Les écrivains étrangers nomment le nouveau continent *America*; c'est *Columba* qu'il faudrait dire. » Ce passage montre assez que jusque-là Bartholomé de Las Casas n'accusait pas Amerigo d'avoir mis lui-même en circulation le nom d'*America*; il dit : « an tomado los escriptores extrangeros de nombrar la nuestra Tierra firme America, como si Americo solo y no otro con él y antes que todos la oviera descubierto. » C'est dans le liv. I, ch. 164-169, et liv. II, ch. 2, qu'éclate violemment sa haine; il n'attribue plus les choses à une méprise dans la supputation des années ou à la prédilection des étrangers pour Amerigo : tout tient à un mensonge prémédité dont Amerigo lui-même s'est rendu coupable (de industria lo hizo... persistió en el engaño... de falsedad esta claramente convencido). Bartholomé de Las Casas prend encore Amerigo à partie dans deux autres passages, et s'efforce de lui démontrer que, dans les relations de ses deux premiers voyages, il a confondu la suite des événements, qu'il a rapporté au premier voyage plusieurs faits qui appartiennent au second, et réciproquement. L'accusateur ne paraît pas avoir senti, et cela est assez remarquable, qu'il diminuait lui-même le poids de ses accusations, en mentionnant l'opinion opposée et l'indifférence de l'homme qui avait le plus d'intérêt à attaquer Amerigo Vespucci, s'il l'avait cru coupable d'hostilité et de mauvaise foi envers son père. « Je ne puis m'empêcher de m'étonner, dit Las Casas (ch. 164), que Fernand Colomb, qui était un homme de beaucoup de pénétration, et qui eut entre les mains, comme je le sais à n'en pas douter, les relations d'Amerigo, n'ait pas reconnu leur infidélité et son injustice envers l'amiral. » — Ayant eu de nouveau, il y a quelques mois, l'occasion de consulter le rare manuscrit de Bartholomé de Las Casas, j'ai voulu intercaler dans cette longue note, sur un sujet si incomplétement traité jusqu'ici, ce que je n'avais pu mettre à profit dans mon *Examen critique* (t. V, p. 178-217). La conviction que j'exprimais alors (p. 217 et 224) n'a pas été ébranlée : « Quand la dénomination d'un grand continent, généralement adoptée et consacrée par l'usage de plusieurs siècles, se présente comme un monument de l'injustice des hommes, il est naturel d'attribuer d'abord la cause de cette injustice à celui qui semblait le plus intéressé à la commettre. L'étude des documents a prouvé qu'aucun fait certain n'appuie cette supposition, et que le nom d'*Amérique* a pris naissance dans un pays éloigné, en France et en Allemagne, par un concours d'incidents qui paraissent écarter jusqu'au soupçon d'une influence de la part de Vespuce : c'est là que s'arrête la critique historique. Le champ sans bornes des causes *inconnues* ou des combinaisons morales *possibles* n'est pas du domaine de l'histoire positive. Un homme qui, pendant une longue carrière, a joui de l'estime des plus illustres de ses contemporains, s'est élevé, par ses connaissances en astronomie nautique, distinguées pour le temps où il vivait, à un emploi honorable. Ce concours de circonstances fortuites lui a donné une célébrité dont le poids, pendant trois siècles, a pesé sur sa mémoire, en fournissant des motifs pour avilir son caractère. Une telle position est bien rare dans l'histoire des infortunes humaines : c'est l'exemple d'une flétrissure morale croissant avec l'illustration du nom. Il valait la peine de scruter ce qui, dans ce mélange de succès et d'adversités, appartient au navigateur même, aux hasards de la rédaction précipitée de ses écrits ou à de maladroits et dangereux amis. » Copernic lui-même a contribué à cette dangereuse renommée; il attribue aussi la découverte du Nouveau Continent à Vespucci. Après une discussion sur le *centrum gravitatis* et le *centrum magnitudinis*, il ajoute : « Magis id erit clarum, si addentur insulæ ætate nostra sub Hispaniarum Lusitaniæque principibus repertæ et presertim America ab inventore denominata navium præfecto, quem, ob incompertam ejus adhuc magnitudinem, alterum orbem terrarum putant. » (Nicolai Copernici *de Revolutionibus orbium cœlestium libri sex*, 1543. p. 2 a.)

(18) [p. 362]. Voy. *Exam. crit.*, t. III, p. 154-158 et 225-227.

(19) [page 365]. Comp. *Cosmos*, t. I, p. 87.

(20) [page 365]. « Les lunettes que Galilée construisit, celles qui lui servirent à découvrir les satellites de Jupiter, les phases de Vénus et à observer les taches du soleil, grossirent successivement *quatre, sept* et *trente-deux* fois les dimensions linéaires des astres. Ce dernier nombre, l'illustre astronome de Florence ne le dépassa pas. » (Arago, *Annuaire du Bur. des long.*, 1842, p. 268.)

(21) [page 367]. Westphal, dans la biographie de Copernic, dédiée au grand astronome de Kœnigsberg, Bessel, nomme, comme Gassendi, l'évêque d'Ermeland Lucas Watzelrodt de Allen. D'après les communications que m'a faites tout récemment le savant historien Voigt, directeur des archives à Kœnigsberg, la famille de la mère de Copernic est nommée dans les actes Weiselrodt, Weisselrot, Weisebrodt, et le plus souvent Waisselrode. Sa mère était sans aucun doute d'origine allemande, et la famille des Wesselrode, distincte dans le principe de la famille des Allen qui florissait à Thorn depuis le commencement du xve siècle, a vraisemblablement pris le nom de Allen par suite d'une adoption ou d'autres relations de parenté. Sniadecki et Czynski (*Kopernik et ses travaux*, 1847, p. 26) nomment la mère de Copernic Barbara Wasselrode ; elle épousa, disent-ils, à Thorn, en 1464, un homme dont la famille était originaire de Bohême. Westphal et Czynski appellent l'astronome, que Gassendi désigne comme un Prussien, né à Thorn (Tornæus Borussus), *Kœpernik*; Krzyzanowski écrit *Kopirnig*. Dans une lettre écrite de Heilsberg le 21 novembre 1580 par l'évêque d'Ermeland Martin Cromer, on lit : « Cum Jo. (Nicolaus) Copernicus vivens ornamento fuerit atque etiam nunc post fata sit, non solum huic ecclesiæ, verum etiam toti Prussiæ patriæ suæ, iniquum esse puto, cum post obitum carere honore sepulchri sive monumenti. »

(22) [page 367]. On lit dans la Vie de Nicolas Copernic par Gassendi, annexée à sa biographie de Tycho (*Tychonis Brahei*

vita, 1655, Hagæ-Comitum, p. 320) : « eodem die et horis non multis priusquam animam efflaret. » Schubert, dans son *Astronomie*, Iʳᵉ part., p. 115, et Robert Small, dans le savant ouvrage intitulé *Account of the astron. discoveries of Kepler*, 1804, p. 92, affirment seuls que Copernic mourut quelques jours après la publication de son ouvrage ; c'est aussi l'opinion du directeur des archives de Kœnigsberg, Voigt, parce que dans une lettre écrite au duc de Prusse, après la mort de Copernic, par un chanoine d'Ermeland, George Donner, il est dit : « que le digne et honorable docteur Nicolaus Koppernick a laissé échapper son ouvrage quelques jours avant de quitter cette terre, comme le cygne chante avant de mourir. » D'après la tradition commune (voy. Westphal, *Nicolaus Kopernicus*, 1822, p. 73 et 82), le livre avait été commencé en 1507, et il était tellement avancé en 1530, que l'auteur se contenta d'y apporter plus tard quelques rares améliorations. Le cardinal Schonberg presse la publication, dans une lettre écrite de Rome en novembre 1536 ; il veut en faire prendre une copie par Théodore de Reden et se la faire adresser. Copernic dit lui-même, dans sa dédicace au pape Paul III, que l'entier achèvement de l'ouvrage a rempli un espace de quatre fois neuf années (quartum novennium). Si l'on songe combien il fallait de temps pour imprimer un écrit de 400 pages, il est vraisemblable que la dédicace ne fut pas écrite dans l'année de sa mort, arrivée en 1543 ; d'où l'on peut conclure, en défalquant de cette date trente-six années, que Copernic se mit à l'œuvre non pas après, mais avant l'an 1507. — Voigt doute que l'aqueduc qui existe à Frauenburg et que la voix publique attribue à Copernic, ait été réellement exécuté d'après ses plans ; il a reconnu qu'en 1571 seulement intervint un contrat entre le Chapitre et maître Valentin Zendel, de Breslau, pour conduire l'eau des fossés de Frauenburg dans les bâtiments occupés par les chanoines. Or il n'est question nulle part d'un aqueduc antérieur à celui qui existe encore aujourd'hui, et qui fut construit, comme on vient de le voir, vingt-huit ans après la mort de Copernic.

(23) [page 368]. Delambre, *Hist. de l'Astron. mod.*, t. I, p. 140.

(24) [page 368]. Neque enim necesse est, eas hypotheses esse veras, imo ne verisimiles quidem; sed sufficit hoc unum, si calculum observationibus congruentem exhibeant, dit Osiander dans son introduction. D'autre part, on lit dans Gassendi, *Vita Copernici*, p. 319 : « L'évêque de Culm, Tidemann Gise, natif de Dantzick, qui pendant plusieurs années insista auprès de Copernic pour hâter la publication de son ouvrage, obtint enfin le manuscrit, avec la commission de le faire imprimer tout à fait comme il l'entendrait. Il en chargea d'abord Rhæticus, professeur à Wittenberg, qui avait quitté son maître peu de temps auparavant, après un long séjour à Frauenburg. Rhæticus supposa que la publication se ferait à Nurenberg dans des conditions plus favorables, et confia à son tour le soin de l'impression au professeur Schoner et à Andreas Osiander, qui habitaient cette ville. » Des éloges donnés à l'ouvrage de Copernic vers la fin de l'introduction, on eût pu déjà conclure, même sans le témoignage expressif de Gassendi, que cette introduction est d'une main étrangère. Dans le titre de la première édition (Nurenberg, 1543), Osiander se sert des expressions suivantes, soigneusement évitées dans tout ce qu'a écrit Copernic : «Motus stellarum novis insuper ac admirabilibus hypothesibus ornati, » et il ajoute cette exhortation un peu cavalière : « Igitur, studiose lector, eme, lege, fruere. » Dans la deuxième édition (Bâle, 1566), que j'ai scrupuleusement comparée avec la première, il n'est plus question sur le titre des *admirables hypothèses;* mais la *Præfatiuncula de hypothesibus hujus operis*, termes sous lesquels Gassendi désigne l'introduction qu'Osiander joignit au livre, a été conservée. Il résulte d'ailleurs clairement de la dédicace à Paul III, intitulée par Osiander *Præfatio authoris*, que cet éditeur, sans se nommer, a voulu cependant indiquer que la *Præfatiuncula* était d'une main étrangère. La première édition n'a que 196 pages; la seconde en a 213, à cause de la *narratio prima*, longue lettre adressée à Schoner par l'astronome George Joachim

Rhæticus, qui donna pour la première fois au monde savant une connaissance exacte du système de Copernic, lettre imprimée à Bâle, par les soins du mathématicien Gassarus, dès l'année 1541. Rhæticus avait résigné sa chaire de Wittenberg, en 1539, pour venir à Frauenburg jouir des leçons de Copernic. Voy. Gassendi, p. 310-319. *Gassendi explique les restrictions* auxquelles fut conduit Osiander par ses scrupules timides : « Andreas porro Osiander fuit, qui non modo operarum inspector fuit, sed præfatiunculam quoque ad lectorem (tacito licet nomine) de Hypothesibus operis adhibuit. Ejus in ea consilium fuit, ut, tametsi Copernicus Motum Terræ habuisset, non solum pro Hypothesi, sed pro vero etiam placito ; ipse tamen ad rem, ob illos qui hinc offenderentur, leniendam, excusatum eum faceret, quasi talem Motum non pro dogmate, sed pro Hypothesi mera assumpsisset. »

(25) [page 371]. Quis enim in hoc pulcherrimo templo lampadem hanc in alio vel meliori loco poneret, quam unde totum *simul possit illuminare? Si quidem non inepte quidam lucernam* mundi, alii mentem, alii rectorem vocant. Trismegistus visibilem Deum, Sophoclis Electra intuentem omnia. Ita profecto tanquam in solio regali sol residens circumagentem gubernat astrorum familiam : Tellus quoque minime fraudatur lunari ministerio, sed ut Aristoteles de animalibus ait, maximam Luna cum terra cognationem habet. Concipit interea a Sole terra et impregnatur annuo partu. Invenimus igitur sub hac ordinatione admirandam mundi symmetriam ac certum harmoniæ nexum motus et magnitudinis orbium, qualis alio modo reperiri non potest (Nicol. Copernicus, *de Revolutionibus orbium cælestium*, l. I, c. 10, p. 9 b.). Dans ce passage, qui n'est ni sans grâce ni sans élévation poétique, on reconnaît, comme chez tous les astronomes du XVIe siècle, les traces d'un long commerce avec l'antiquité classique, Copernic avait en vue les passages suivants : Cicéron, *Somnium Scipionis*, c. 4 ; Pline, l. II, c. 3, et Mercure Trismégiste, l. V (p. 195 et 201, édit. de Cracovie, 1586). L'allusion

à l'Électre de Sophocle est obscure, car ce n'est pas dans cette pièce que le soleil est appelé « omnia intuens, » mais bien dans l'*Iliade* et dans l'*Odyssée*, ainsi que dans les *Choéphores* d'Eschyle (v. 980), que Copernic n'a pas pu prendre pour l'*Électre*. D'après une conjecture de Bœckh, l'allusion vient d'un défaut de mémoire; Copernic se sera rappelé d'une manière vague le vers 869 de l'*Œdipe à Colone* de Sophocle. Il est assez singulier que tout récemment, dans un livre d'ailleurs instructif (Czynski, *Kopernik et ses travaux*, 1847, p. 102), l'*Électre* du tragique grec ait été confondue avec les *courants électriques*. L'auteur a traduit, comme il suit, le passage de Copernic cité plus haut : « Si on prend le soleil pour le flambeau de l'univers, pour son âme, pour son guide ; si Trismégiste le nomme un Dieu, si Sophocle le croit une puissance électrique qui anime et contemple l'ensemble de la création..... etc. »

(26) [page 371]. « Pluribus ergo existentibus centris, de centro quoque mundi non temere quis dubitabit, an videlicet fuerit istud gravitatis terrenæ, an aliud. Equidem existimo *gravitatem* non aliud esse quam appetentiam quamdam naturalem partibus inditam a divina providentia opificis universorum, ut in unitatem integritatemque suam sese conferant in formam globi coeuntes. Quam affectionem credibile est etiam Soli, Lunæ ceterisque errantium fulgoribus inesse, ut ejus efficacia in ea qua se repræsentant rotunditate permaneant, quæ nihilominus multis modis suos efficiunt circuitus. Si igitur et terra faciat alios, utpote secundum centrum (mundi), necesse erit eos esse qui similiter extrinsecus in multis apparent, in quibus invenimus annuum circuitum. — Ipse denique Sol medium mundi putabitur possidere, quæ omnia ratio ordinis, quo illa sibi invicem succedunt, et mundi totius harmonia nos docet, si modo rem ipsam ambobus (ut aiunt) oculis inspiciamus. » (Copernicus, *de Revolut. orbium cœlest.*, l. I, c. 9, p. 7 b.)

(27) [page 371]. Plutarque, *de Facie in orbe Lunæ*, p. 923 c.

Comp. Ideler, *Meteorologia veterum Græcorum et Romanorum*, 1832, p. 6. Anaxagore n'est pas nommé dans le passage de Plutarque ; mais on ne peut douter qu'il n'ait appliqué cette même théorie de la chute des corps par la cessation du mouvement gyratoire à tous les aérolithes, en lisant Diogène Laërce, l. II, c. 12, et les nombreuses citations que j'ai rassemblées dans le *Cosmos*, t. I, p. 150, 464, 479 et 476. Voy. aussi Aristote, *De cœlo*, l. II, c. 1, p. 224, et un remarquable passage des scholies de Simplicius (p. 491, édit. de Brandis), où il est question « de l'équilibre des corps célestes quand le mouvement de rotation l'emporte sur la pesanteur ou sur l'attraction qui les sollicite à tomber. » A ces idées, qui d'ailleurs appartiennent en partie à Empédocle et à Démocrite, aussi bien qu'à Anaxagore, se rattache l'exemple cité par Simplicius dans le passage indiqué plus haut : « que l'eau d'une fiole soumise à un mouvement de rotation ne peut être renversée, tant que la rotation est plus rapide que le mouvement de l'eau de haut en bas, τῆς ἐπὶ τὸ κάτω τοῦ ὕδατος φορᾶς. »

(28) [page 372]. *Cosmos*, t. I, p. 136 et 476. Comp. Letronne, *des Opinions cosmographiques des Pères de l'Église*, dans la *Revue des Deux Mondes*, 1834, t. I, p. 621.

(29) [page 372]. Les passages d'où l'on peut tirer quelque conséquence pour tout ce qui se rapporte, dans l'antiquité, à l'attraction, à la pesanteur et à la chute des corps, ont été recueillis avec beaucoup de soin et de sagacité par Th. H. Martin, *Études sur le Timée de Platon*, 1841, t. II, p. 272-280 et 341.

(30) [page 372]. Jean Philopon, *de Creatione Mundi*, l. I, c. 12.

(31) [page 372]. Plus tard il abandonna l'opinion vraie. Voy. Brewster, *Martyrs of Science*, 1846, p. 211. Quant à ce fait qu'il y a dans le soleil, centre du système planétaire, une force qui gouverne les mouvements des planètes, et que cette force diminue, soit directement à mesure que l'éloignement augmente,

soit comme le carré des distances, il est déjà exprimé par Kepler dans l'*Harmonices Mundi*, achevée en 1618.

(33) [page 373]. *Cosmos*, t. I, p. 34 et 61.

(33) [page 373]. *Cosmos*, t. II, p. 126 et 210. Les passages épars qui dans l'ouvrage de Copernic ont trait aux systèmes du monde antérieurs à Hipparque, sont, en dehors de la dédicace : l. I, c. 5 et 10; l. V, c. 1 et 3 (p. 3 b, 7 b, 8 b, 133 b, 141 179 et 181 b, édit. princ.). Partout Copernic montre de la prédilection en faveur des Pythagoriciens et une connaissance précise de leurs doctrines, ou, pour m'exprimer avec plus de circonspection, des idées attribuées aux plus anciens d'entre eux. Il connait, par exemple, ainsi que le prouve le début de la dédicace, la lettre de Lysis à Hipparque, qui témoigne du goût que l'ancienne école italique avait pour le mystère, et du soin qu'elle mettait à cacher ses opinions à tous ceux qui n'étaient pas ses amis, comme ce fut aussi dans le principe le projet de Copernic. L'âge de Lysis est assez incertain; tantôt il est cité comme un disciple immédiat de Pythagore, tantôt, et cela est plus vraisemblable, comme un maître d'Épaminondas. Voy. Bœckh, *Philolaos*, p. 8-15. La lettre de Lysis à Hipparque, ancien pythagoricien, qui avait divulgué les secrets de l'association, a été, comme beaucoup d'écrits du même genre, faite après coup par un faussaire. Copernic en a sans doute pris connaissance dans la collection d'Alde Manuce, *Epistolæ diversorum Philosophorum*, Romæ, 1494, ou dans une traduction latine du cardinal Bessarion (Venise 1516). Le décret célèbre de la « Congregazione dell' Indice » du 5 mars 1616, qui lance l'interdit contre le livre de Copernic, *de Revolutionibus*, désigne le nouveau système par les termes suivants : « Falsa illa doctrina Pythagorica Divinæ Scripturæ omnino adversans. » Le passage important sur Aristarque de Samos, dont j'ai parlé dans le texte, fait partie de l'*Arenarius* (p. 449 de l'édition d'Archimède, publiée à Paris, en 1615, par David Rivaltus). L'édition princeps du même

auteur a paru à Bâle en 1544, chez J. Hervagius. Il est dit très-expressément dans l'*Arenarius* que « Aristarque a contredit les philosophes qui se représentent la terre comme immobile au milieu du monde; c'est le soleil qui marque le point central; il est immobile comme les autres étoiles, tandis que la terre tourne autour de lui. » Aristarque est nommé deux fois dans l'ouvrage de Copernic (p. 69 b et 79); sans rien qui ait trait à son système. Ideler se demande si Copernic a connu le traité de Nicolas de Cusa, *de docta Ignorantia*. Voy. le *Museum der Alterthumswissenschaft* publié par Wolf et Buttmann, t. II, 1808, p. 452. La première édition du *de docta Ignorantia* est, à la vérité, de 1514, et ces mots: « jam nobis manifestum est terram in veritate moveri, » eussent dû, dans la bouche d'un cardinal platonicien, faire quelque impression sur le chanoine de Frauenburg. Voy. Whewell, *Philosophy of the inductive Sciences*, t. II, p. 343. Mais un fragment de la main de Cusa, trouvé tout récemment, en 1843, par Clemens, dans la bibliothèque de l'hôpital à Cues, prouve clairement, ainsi que le 28e chapitre du *de Venatione sapientiæ*, que Cusa se représentait la terre, non pas tournant autour du soleil, mais tournant avec lui, quoique plus lentement, autour du pôle du monde incessamment variable. Voy. Clemens, *Giordano Bruno und Nicol. von Cusa*, 1847, p. 97-100.

(34) [page 374]. Voy. une discussion approfondie sur ce sujet dans Th. H. Martin, *Études sur le Timée*, t. II, p. 111 (*Cosmographie des Égyptiens*), et p. 129-133 (*Antécédents du système de Copernic*). L'opinion de ce savant philologue, que le véritable système de Pythagore différait de celui de Philolaüs et représentait la terre comme immobile au milieu du monde, ne me paraît pas tout à fait convaincante (voy. t. II, p. 103 et 107). Je sens le besoin de m'expliquer plus nettement sur la singulière affirmation de Gassendi au sujet de la prétendue ressemblance entre le système d'Apollonius de Perge et celui de Tycho-Brahé, dont j'ai dit déjà quelque chose dans le texte. Gassendi s'exprime ainsi dans ses biographies: « Magnam imprimis rationem habuit Coper-

nicus duarum opinionum affinium, quarum unam Martiano Capellæ, alteram Apollonio Pergæo attribuit. — Apollonius Solem delegit, circa quem, ut centrum, non modo Mercurius et Venus, verum etiam Mars, Jupiter, Saturnus suas obirent periodos, dum Sol interim uti et Luna, circa terram, ut circa centrum, quod foret Affixarum mundique centrum, moverentur; quæ deinceps quoque Tychonis propemodum fuit. Rationem autem magnam harum opinionum Copernicus habuit, quod utraque eximie Mercurii ac Veneris circuitiones repræsentaret, eximieque causam retrogradationum, directionum, stationum in iis apparentium exprimeret et posterior (Pergæi) quoque in tribus Planetis superioribus præstaret. » Mon ami l'astronome Galle, auprès duquel j'ai voulu m'éclairer, ne trouve rien, non plus que moi, qui justifie cette affirmation si précise de Gassendi. « Les passages, m'écrit-il, que vous m'avez signalés dans l'*Almageste* au début du XIIe livre et dans l'ouvrage de Copernic, l. V, c. 3, p. 141 a, c. 35, p. 179 a et b; c. 36, p. 181 b, n'ont d'autre but que d'expliquer les stations et les rétrogradations des planètes, d'où l'on peut conclure qu'Apollonius admettait le mouvement des planètes autour du soleil. Pour ce qui est de savoir à quelle source ont été puisées les conjectures de Copernic sur Apollonius, c'est ce qu'on ne peut déterminer. Aussi la supposition d'un système d'Apollonius de Perge analogue à celui de Tycho paraît-elle ne reposer que sur une autorité de fraîche date, bien qu'à vrai dire je ne trouve pas plus chez Copernic qu'ailleurs, ni une exposition claire de ce système, ni même des citations faites d'après des textes plus anciens. Si le XIIe livre de l'*Almageste* est la source unique d'après laquelle on a attribué à Apollonius toutes les vues de Tycho, il est vraisemblable que Gassendi est allé trop loin dans ses conjectures, et qu'il en a agi, en cette occasion, comme avec les phases de Mercure et de Vénus dont Copernic a parlé (l. I, c. 10, p. 7 b, et 8 a), sans les mettre exactement en rapport avec son système. De même il est possible qu'Apollonius ait traité mathématiquement des rétrogradations des planètes, dans la supposition d'un mouvement décrit par elles autour du soleil, sans y avoir joint rien de général ni de déterminé sur la vérité de cette supposition. Au reste, la différence entre le système d'Apollonius, tel que le décrit Gassendi, et celui de Tycho consisterait en ce seul point que celui de Tycho explique encore les *inégalités* dans les mouvements. La remarque de Robert Small que l'idée qui sert de base à la doctrine de Tycho ne fut pas étrangère à Copernic, mais qu'elle lui servit de transition pour arriver à son propre système, me paraît fondée. »

(35) [page 375]. Schubert, *Astronomie*, Ire part., p. 124. Whewell a donné dans sa *Philosophy of the inductive Sciences*, t. II, p. 282, un tableau complet et très-bien ordonné de tous les aspects sous lesquels les astronomes ont considéré la structure du monde depuis les premiers temps de l'humanité jusqu'au système de la gravitation de Newton.

(36) [page 35]. Platon se montre, dans le *Phèdre*, disciple de Philolaüs; dans le *Timée*, au contraire, il est converti au système de l'immobilité de la terre au centre du monde, système que l'on a désigné plus tard par les noms d'Hipparque et de Ptolémée. Voy. Bœckh, *de Platonico systemate cœlestium globorum et de vera indole astronomiæ Philolaicæ*, p. XXVI-XXXII; *Philolaos*, p. 104-108, et comp. Fries, *Gesch. der Philosophie*, t. I, p. 325-347, avec H. Martin, *Études sur le Timée*, t. II, p. 64-92. L'espèce de songe astronomique sous lequel est voilée la structure du monde, à la fin de la *République*, rappelle le système des sphères entrelacées des planètes et le concert des tons considérés, ces voix des sirènes qui suivent chacune des sphères dans leur mouvement. Voy., sur la découverte du véritable système du monde, le bel ouvrage d'Apelt, *Epochen der Gesch. der Menschheit*, t. I, 1845, p. 205-305 et 379-445.

(37) [page 375]. Kepler, *Harmonices Mundi libri quinque*, 1619, p. 189. « Le 8 mars 1618, Kepler en vint, après beaucoup de tentatives inutiles, à l'idée de comparer les carrés des temps pendant lesquels les planètes accomplissent leur révolution avec

les cubes des distances moyennes; mais il se trompa dans ses calculs et rejeta cette idée. Le 15 mai 1618 il revint à la charge, et son calcul se trouva juste : la *troisième loi de Kepler* était trouvée. » Cette découverte et celles qui s'y rattachent tombent précisément dans l'époque déplorable où ce grand homme, exposé dès sa tendre enfance aux plus rudes atteintes du sort, travailla pendant six années à sauver de la torture et du bûcher sa mère septuagénaire, que l'on accusait d'empoisonnement et de sortilége. Les soupçons étaient fortifiés par ces circonstances que la malheureuse femme avait pour accusateur son propre fils, le potier Christophe Kepler, et qu'elle avait été élevée chez une tante qui avait été brûlée à Weil comme sorcière. Voy. sur ce sujet un écrit du baron de Breitschwert peu connu hors de l'Allemagne, quoique fort intéressant, et composé d'après des manuscrits récemment découverts : *Johann Keppler's Leben und Wirken*, 1831, p. 12, 97-147 et 196. D'après cet ouvrage, Kepler, qui signe toujours *Keppler* quand il écrit en allemand, n'était pas né, comme on le croit vulgairement, le 21 décembre 1571, dans la ville impériale de Weil, mais dans un village du Wurtemberg, à Magstatt, le 27 décembre 1571. Pour Copernic, on ne sait s'il naquit le 19 janvier 1472 ou le 19 février 1473, comme le veut Mœstlin, ou enfin, selon Czynski, le 12 février de la même année. La date de la naissance de Colomb a flotté longtemps dans un intervalle de 19 ans; Ramusio la place en 1430; Bernaldes, qui fut l'ami de Colomb, en 1436; enfin, le célèbre historien Muñoz, en 1446.

(38([page 376]. Plutarque, *de placitis Philosoph.*, l. II, c. 14; Aristote, *Meteorol.*, l. XI, c. 8; *de Cœlo*, l. II, c. 8. Sur la théorie des sphères en général et en particulier sur les sphères réagissantes d'Aristote, voy. la leçon d'Ideler sur Eudoxus, 1828, p. 49-60, et l'analyse qu'en a donnée Letronne dans le *Journal des Savants*, décembre 1840, février et septembre 1841.

(39) [page 378]. Grâce à des vues plus justes sur le mouvement des corps et sur l'absence de tout rapport entre la di-

rection une fois donnée à l'axe de la terre d'une part, et de l'autre la rotation et la révolution du globe, le système de Copernic fut dégagé aussi de l'hypothèse d'un mouvement de déclinaison ou du prétendu troisième mouvement de la terre. Voy. *de Revolut. orbium cœlest.*, l. I, c. 11. Le parallélisme de l'axe se conserve dans la révolution annuelle autour du soleil, d'après la loi de l'inertie, sans qu'il soit besoin d'un épicycle pour le rétablir.

(40) [page 379]. Delambre, *Hist. de l'Astronomie ancienne*, t. II, p. 381.

(41) [page 379]. Voy. le jugement de sir David Brewster dans les *Martyrs of Science*, 1846, p. 179-182, et comp. Wilde, *Geschichte der Optik*, 1838, 1re part., p. 182-210. Si la loi de la réfraction des rayons appartient à un professeur de Leyde, Willebrord Snellius, qui la laissa enfouie dans ses papiers, c'est Descartes qui eut l'honneur de la répandre sous une forme trigonométrique. Voy. Brewster, dans le *North-British Review*, t. VII, p. 207; Wilde, *Gesch. der Optik*, 1re part., p. 227.

(42) [page 380]. Voy. deux excellentes dissertations sur l'invention du télescope, par le professeur Moll, d'Utrecht, dans le *Journal of the Royal Institution*, 1831, t. I, p. 319, et par Wilde, *Geschichte der Optik*, 1838, 1re part., p. 138-172. L'ouvrage de Moll, écrit en hollandais, a pour titre : *Geschiedkundig Onderzoek naar de eerste Uitfinders der Vernkykers, uit de Aaleekeningen van wyle den Hoogl. van Swindenzamengesteld door G. Moll* (Amsterdam, 1831). Olbers a inséré un extrait de cet intéressant mémoire dans le *Schumacher's Jahrbuch*, 1843, p. 56-65. Les instruments d'optique livrés par Jansen au prince Moritz de Nassau et au grand-duc Albert (ce dernier fit cadeau du sien à Cornélius Drebbel) étaient, ainsi qu'il résulte de la lettre de l'envoyé Boreel qui, dans son enfance, avait fréquenté la maison du fabricant de lunettes Jansen, et vit plus tard les instruments dans sa boutique, des microscopes longs de

dix-huit pouces, à l'aide desquels les petits objets se trouvaient grossis d'une manière surprenante, quand on les regardait de haut en bas. La confusion du microscope et du télescope jette de l'obscurité sur l'invention de ces deux instruments. La lettre de Boreel, que nous venons de citer, rend invraisemblable, malgré l'autorité de Tiraboschi, que la première invention du microscope composé appartienne à Galilée. Voy. sur cette difficile histoire des inventions en optique, Vincenzio Antinori, dans les *Saggi di Naturali Esperienze fatte nell' Accademia del Cimento*, 1841, p. 22-26. Huygens, dont la naissance tombe à peine vingt-cinq ans après l'époque généralement assignée à la découverte du télescope, n'ose déjà pas se prononcer sur le nom du premier inventeur. (Voy. *Opera reliqua*, 1728, t. II, p. 125.) D'après les recherches faites dans les archives par Swinden et Moll, Lippershey n'était pas seul à posséder, le 2 octobre 1608, des télescopes construits par lui-même. L'envoyé français, le président Jeannin, écrivait, le 28 décembre, à Sully, « qu'il était en pourparler avec le fabricant de lunettes de Middlebourg au sujet d'un télescope, destiné au roi Henri IV. » Simon Marius (Mayer de Gunzenhausen), qui eut aussi sa part dans la découverte des satellites de Jupiter, raconte même que, à Francfort-sur-le-Mein, dans l'automne de l'année 1608, un Belge a offert un télescope à son ami Fuchs de Bimbach, conseiller privé du margrave d'Anspach. On fabriquait des télescopes à Londres au mois de février 1610, un an par conséquent après que Galilée avait achevé le sien. Voy. Rigaud, *On Harriot's papers*, 1833, p. 23, 26 et 46. Ces instruments se nommèrent d'abord *cylindres*. Porta, l'inventeur de la *camera obscura*, a parlé comme l'avaient fait avant lui Fracastor, le contemporain de Colomb, Copernic et Cardan, de la possibilité de grossir et de rapprocher les objets à l'aide de verres convexes et concaves placés les uns sur les autres : « Duo specilla ocularia alterum alteri superposita; » mais la découverte du télescope ne peut pas leur être attribuée. Voy. Tiraboschi, *Storia della Letter. ital.*, t. XI, p. 467; Wilde, *Geschichte der*

Optik, 1re part., p. 121. Les besicles étaient connues à Harlem dès le commencement du XIVe siècle, et une inscription sépulcrale dans l'église de Maria Maggiore, à Florence, désigne comme l'inventeur de ces instruments (inventore degli occhiali) Salvino degli Armati, mort en 1317. On a même des renseignements qui paraissent certains sur l'emploi de besicles par des vieillards, dans les années 1305 et 1299. Les passages de Roger Bacon ont trait à la force amplifiante de segments taillés dans des globes de verre. Voy. Wilde, *Gesch. der Optik*, 1re part., p. 93-96, et *Cosmos*, t. II, p. 552, note 44.

(43) [page 381]. Il paraît que, d'après la description faite par Fuchs de Bimbach des effets d'un télescope hollandais, le médecin et mathématicien Simon Marius, dont il a été parlé plus haut, parvint aussi à en construire un lui-même. — Au sujet de la première observation dans laquelle Galilée reconnut les montagnes de la lune, voy. Nelli, *Vita di Galilei*, t. I, p. 200-200; Galilei, *Opere*, 1744, t. II, p. 60, 403, et *Lettera al Padre Cristoforo Grienberger, in materia delle Montuosità della Luna*, p. 409-424. Galilée observa quelques paysages de forme circulaire et entourés de toutes parts de montagnes semblables aux paysages de la Bohême : « Eundem facit aspectum Lunæ locus quidam, ac feceret in terris regio consimilis Boemiæ, si montibus altissimis, inque peripheriam perfecti circuli dispositis occluderetur undique » (t. II, p. 8). Les montagnes furent mesurées d'après la méthode trigonométrique. Galilée mesura la distance des sommets au bord lumineux, dans le moment où ces sommets étaient frappés pour la première fois par les rayons solaires, comme fit plus tard Hévélius. Je ne découvre aucune observation sur la longueur des ombres projetées par les montagnes. Galilée trouva que la hauteur des montagnes de la lune est environ de « quattro miglia, » et que beaucoup étaient plus hautes que les montagnes de la terre. Cette comparaison est remarquable, en ce que Riccioli avait répandu à cette époque des idées fort exagérées sur l'élévation de nos cimes monta-

gneuses et que l'une de celles qui furent le plus renommées de bonne heure, le pic de Ténériffe, fut mesuré pour la première fois avec quelque exactitude par Feuillée en 1724. Galilée croyait aussi à l'existence de plusieurs mers et d'une atmosphère de la lune. Cette opinion, au reste, fut celle de tous les observateurs, jusqu'à la fin du XVIIIe siècle.

(44) [page 382]. Je trouve de nouveau l'occasion de citer ici le principe posé par Arago : « Il n'y a qu'une manière rationnelle et juste d'écrire l'histoire des sciences, c'est de s'appuyer exclusivement sur des publications ayant date certaine ; hors de là tout est confusion et obscurité. » Le retard singulier apporté à la publication du *Calendrier franconien* ou de la *Pratica* (1612), et à celle du « *Mundus jovialis, anno 1609 detectus ope perspicilli Belgici,* » qui ne parut qu'en février 1614, pouvait assurément faire naître le soupçon que Marius avait puisé au *Nuncius siderius* de Galilée, dont la dédicace est du mois de mars 1610, ou avait mis à profit du moins des communications épistolaires. Galilée, qui n'avait pas oublié le procès intenté au sujet du cercle proportionnel contre Balthasar Capra, l'un des élèves de Marius, appelle ce dernier : « usurpatore del Sistema del Giovè. » Galilée objecte même à l'astronome protestant de Gunzenhausen que son observation antérieure repose sur une confusion de calendrier : « Taco il Mario di far cauto il lettore, come essendo egli separato della Chiesa nostra, ne avendo acettato l'emendatione gregoriana, il giorno 7 di gennaio del 1610 di noi cattolici (c'est le jour où Galilée découvrit les satellites), è l'istesso, che il dì 28 di decembre del 1609 di loro eretici, e questa è tutta la precedenza delle sue finte osservationi. » Voy. Venturi, *Memorie e Lettere di Galileo Galilei*, 1818, 1re part., p. 279, et Delambre, *Hist. de l'Astron. moderne*, t. I, p. 690. Galilée, d'après une lettre qu'il écrivit en 1614 à l'Accademia dei Lincei, avait le désir peu philosophique de porter sa plainte contre Marius devant le marchese di Brandeburgo. En général cependant Galilée témoigna toujours

de la bienveillance pour les astronomes allemands. Il écrit, au mois de mars 1611 : « Gli ingegni singolari, che in gran numero fioriscono nell' Alemagna, mi hanno lungo tempo tenuto in desiderio di vederla » (*Opere*, t. II, p. 43). J'ai toujours été surpris que Kepler, qui, dans un Dialogue avec Marius, est cité plaisamment comme le parrain des dénominations mythologiques d'Io et de Callisto, ne fasse aucune mention de son compatriote Marius, ni dans son commentaire publié à Prague en avril 1610, sur le « *Nuncius sidereus nuper ad mortales a Galilæo missus*, » ni dans les lettres qu'il écrivit à Galilée et à l'empereur Rodolphe, pendant l'automne de la même année; mais que partout il parle de la glorieuse découverte faite par Galilée des *Sidera Medicea*. A l'occasion des découvertes que lui-même fit sur ces satellites du 4 au 9 septembre 1610, il fit paraître à Francfort, en 1611, un petit écrit intitulé : *Kepleri narratio de observatis a se quatuor Jovis satellitibus erronibus quos Galilæus Mathematicus Florentinus jure inventionis Medicea sidera nuncupavit*. Une lettre de Prague, écrite à Galilée le 25 octobre 1610, se termine par ces mots : « Neminem habes quem metuas æmulum. » Voy. Venturi, *Memorie e Lettere*, etc., 1re part., p. 100, 117, 139, 144 et 149. Trompé par un examen trop peu attentif des manuscrits précieux conservés à Petworth, dans la terre de lord Egremont, le baron de Zach a affirmé que le célèbre astronome Thomas Harriot, qui voyagea dans la Virginie, avait découvert les satellites de Jupiter en même temps que Galilée et peut-être même avant lui. Une étude plus attentive, faite par Rigaud, des manuscrits de Harriot, a démontré que cet astronome a commencé ses observations non pas le 16 janvier, mais le 17 octobre 1610, neuf mois après Galilée et Marius. Voy. Zach, *Corresp. astronom.*, t. VII, p. 105; Rigaud, *Account of Harriot's astron. papers*, Oxford, 1833, p. 37; Brewster, *Martyrs of Science*, 1843, p. 32. Il y a deux ans seulement qu'on a eu connaissance des premières observations originales faites par Galilée et son disciple Renieri sur les satellites de Jupiter.

(45) [page 383]. Il aurait dû dire soixante-treize ans, car l'interdiction lancée contre le système de Copernic par la congrégation de l'Index est du 5 mars 1616.

(46) [page 383]. Le comte de Breitschwert, *Kepler's Leben*, p. 36.

(47) [page 383]. Sir John Herschel, *Traité d'Astronomie*, § 465, p. 332 de la traduction de M. Cournot, 2e édit., 1836.

(48) [page 384]. Galilei, *Opere*, t. II (*Longitudine per via de' Pianeti Medicei*) p. 435-506; Nelli, *Vita di Galilei*, t. II, p. 656-688; Venturi, *Memorie e Lettere di G. Galilei*, 1re part., p. 177. Dès l'an 1612, deux ans à peine après la découverte des satellites de Jupiter, Galilée se vantait, un peu prématurément peut-être, d'avoir déterminé les tables de ces satellites à une minute près. Une longue correspondance diplomatique fut engagée, en 1616 avec les envoyés espagnols, en 1636 avec ceux de la Hollande. Les télescopes grossissaient, dit-on, les objets jusqu'à quarante et cinquante fois. Afin de trouver plus facilement les satellites, malgré les oscillations des vaisseaux, et de les retenir plus sûrement, à ce qu'il croyait du moins, dans le champ de la lunette, Galilée inventa, en 1617, le télescope binoculaire que l'on attribue ordinairement au capucin Schyrleus de Rheita, très-versé dans l'optique, et qui visait à construire des télescopes capables de grossir jusqu'à quatre mille fois les objets. Voy. Nelli, *Vita*, t. II, p. 663. Galilée fit des expériences avec son *binoculo* qu'il nomme aussi *celatone* ou *testiera*, dans le port de Livourne, par un vent violent qui imprimait de fortes secousses au vaisseau. Il fit travailler aussi dans l'arsenal de Pise à un vaste appareil à l'aide duquel l'observateur, assis sur une espèce de barque qui flottait librement dans une autre barque remplie d'eau et d'huile, était mis à l'abri de tous les mouvements brusques. Voy. *Lettera al Picchena de' 22 Marzo* 1617 dans Nelli, t. I, p. 281, et Galilei,

Opere, t. II, p. 473, *Lettera a Lorenzo Realio del 5 giugno* 1637. Le passage dans lequel Galilée fait ressortir les avantages qu'il attribue à sa méthode d'observations maritimes sur la méthode des distances lunaires de Morin est d'une lecture fort curieuse. Voy. *Opere*, t. II, p. 454.

(49) [page 385]. Voy. Arago, *Annuaire du Bureau des longitudes*, 1842, p. 460-476, dans le mémoire intitulé : *Découvertes des taches Solaires et de la rotation du Soleil*. Brewster (*Martyrs of science*, p. 36 et 39) place la première observation de Galilée dans le mois d'octobre ou de novembre 1610. Comp. Nelli, *Vita di Galilei*, t. I, p. 324-384; Galilei, *Opere*, t. I, p. LIX; t. II, p. 85-200; t. IV, p. 53. Sur les observations de Harriot, voy. Rigaud, p. 32 et 38. On a reproché au jésuite Scheiner, qui fut appelé de Gratz à Rome, d'avoir fait insinuer au pape Urbain VIII, par un autre jésuite, Grassi, afin de se venger de ses débats avec Galilée sur la découverte des taches du soleil, que sa Sainteté figurait dans les célèbres *Dialoghi delle Scienze Nuove*, sous le personnage du sot et ignorant Simplicio. Voy. Nelli, t. II, p. 515.

(50) [page 387]. Delambre, *Histoire de l'Astronomie moderne*, t. I, p. 690.

(51) [page 387]. La même opinion est exprimée dans la lettre de Galilée au prince Cesi du 25 mai 1612. Voy. Venturi, *Memorie e Lettere*, etc., 1re part., p. 172.

(52) [page 387]. Voy. les ingénieuses observations d'Arago sur ce sujet dans l'*Annuaire du Bureau des longitudes*, 1842, p. 481-488. Sir John Herschel fait mention, dans son *Traité d'Astronomie* (§ 334, p. 250 de la trad. française), de l'expérience faite avec de la chaux vive en ignition dans la lampe de Drummond, projetée sur le disque du soleil.

(53) [page 388]. J. Clemens, *Giordano Bruno und Nicol. von Cusa*, 1847, p. 101. — Sur les phases de Vénus, voy. Galilei, *Opere*, t. II, p. 53, et Nelli, *Vita di Galilei*, t. I, p. 213-215.

(54) [page 389]. Voy. *Cosmos*, t. I, p. 174 et 486.

(55) [page 390]. Laplace dit, au sujet de la théorie de Kepler sur le jaugeage des tonneaux (*Stereometria doliorum* 1615), théorie qui, « de même que le calcul des sables d'Archimède, développe les idées les plus élevées à l'occasion d'un objet peu important en lui-même » : « Kepler présente dans cet ouvrage des vues sur l'infini qui ont influé sur la révolution que la géométrie a éprouvée à la fin du XVIIe siècle ; et Fermat, que l'on doit regarder comme le véritable inventeur du calcul différentiel, a fondé sur elles sa belle méthode *de maximis et minimis* » (*Précis de l'Histoire de l'astronomie*, 1821, p. 95). Pour la pénétration dont Kepler a fait preuve dans les cinq livres de son *Harmonices Mundi*, voy. Chasles, *Aperçu histor. des Méthodes en Géométrie*, 1837, p. 482-487.

(56) [page 390]. Sir David Brewster dit très-bien dans l'ouvrage intitulé : *Account of Kepler's Method of investigating Truth*, « The influence of imagination as an instrument of research has been much overlooked by those who have ventured to give laws to philosophy. This faculty is of greatest value in physical inquiries. If we use it as a guide and confide in its indications, it will infallibly deceive us; but if we employ it as an auxiliary, it will afford us the most invaluable aid. » (*Martyrs of Science*, p. 215.)

(57) [page 391]. Arago, *Annuaire* de 1842, p. 434 (*de la Transformation des Nébuleuses et de la matière diffuse en étoiles*). Comp. *Cosmos*, p. 160 et 171.

(58) [page 391]. Voy. les idées de sir John Herschel sur la

situation de notre système planétaire, dans le *Cosmos*, t. I, p. 169 et 485, et comp. Struve, *Études d'astronomie stellaire*, 1847, p. 4.

(59) [page 392]. On lit dans Apelt, *Epochen der Geschichte der Menschheit*, t. I, 1845, p. 223 : « La remarquable loi des distances planétaires qui porte ordinairement le nom de Bode (ou de Titius) est une découverte de Kepler qui, le premier, après plusieurs années d'expérience, la déduisit des observations de Tycho-Brahé. Voy. *Harmonices mundi libri quinque*, c. 3; Cournot, dans ses additions au *Traité d'Astronomie* de sir John Herschel, 1836, § 434, p, 328, et Fries, *Vorlesungen ueber die Sternkunde*, 1813, p. 325. Les passages de Platon, de Pline, de Censorinus et d'Achille Tatius dans ses prolégomènes sur Aratus ont été recueillis avec soin par Fries, *Geschichte der Philosophie*, t. I, 1837, p. 146-150 ; par Th. H. Martin, *Études sur le Timée de Platon*, t. II, p. 38, et Brandis, *Geschichte der griechisch-rœmischen Philosophie*, 2ᵉ part., sect. 1ʳᵉ, 1844, p. 364.

(60) [page 392]. Delambre, *Histoire de l'Astronomie moderne*, t. I, p. 360.

(61) [page 393]. Arago, *Annuaire* de 1842, p. 560-564; *Cosmos*, t. I, p. 103.

(62) [page 393]. Voy. *Cosmos*, t. I, p. 153-160 et 482.

(63) [page 395]. *Annuaire* de 1842, p. 312-353 (*Étoiles changeantes ou périodiques*). On reconnut encore comme changeantes, dans le XVIIᵉ siècle, outre Mira Ceti (Holwarda 1638), α de l'Hydre (Montanari 1672), β de Persée ou d'Algol, et χ du Cygne (Kirch 1686). — Sur ce que Galilée nomme nébuleuses, voy. ses *Opere*, t. II, p. 15, et Nelli, *Vita di Galilei*, t. II, p. 208. Huygens désigne manifestement dans son *Systema Saturninum* la nébuleuse qui existe à l'Épée d'Orion, lorsqu'il parle en général des nébuleuses : « Cui

certe simile aliud nusquam apud reliquas fixas potui animadvertere. Nam ceteræ nebulosæ olim existimatæ atque ipsa via lactea, perspicillis inspectæ, nullas nebulas habere comperiuntur, neque aliud esse quam plurium stellarum congeries et frequentia. » Il résulte de ce passage que la nébuleuse d'Andromède, décrite pour la première fois par Marius, n'avait pas été observée attentivement par Huygens, non plus que par Galilée.

(64) [page 397]. Sur la loi, découverte par Brewster, du rapport qui existe entre l'angle de polarisation et l'indice de réfraction, voy. *Philosophical Transactions of the Royal Society for the year* 1815, p. 125–159.

(65) [page 397]. Voy. *Cosmos*, t. I, p. 41 et 444.

(66) [page 398]. Voy. Brewster, dans Berghaus et Johnson, *Physical Atlas*, 1847, 7e part., p. 5 (*Polarization of the Atmosphere*).

(67) [page 398]. Sur Grimaldi et sur la tentative de Hooke pour expliquer la polarisation des bulles de savon par l'interférence des rayons lumineux, voy. Arago, dans l'*Annuaire* de 1831, p. 164; Brewster, *The life of Sir Isaac Newton*, p. 53.

(68) [page 399]. Brewster, *Life of Newton*, p. 17. On a adopté l'année 1665 pour la découverte de la « method of fluxions » qui, d'après la déclaration officielle faite le 24 avril 1712 par le comité de la Société royale de Londres, est « one and the same with the differential method, excepting the name and mode of notation. » Sur toutes les phases de la lutte que Newton soutint ouvertement contre Leibnitz au sujet de la priorité de cette découverte, et à laquelle on ne peut sans étonnement voir mêlés des soupçons contre la loyauté de l'inventeur de la gravitation, voy. Brewster, p. 189-218. De la Chambre, dans son *Traité de la Lumière* (Paris, 1657), et Isaac Vossius qui plus tard fut chanoine à Windsor, dans un remarquable écrit intitulé : *de Lucis natura*

et proprietate (Amsterdam, 1662), dont je dois à M. Arago d'avoir pu prendre connaissance à Paris, il y a deux ans, affirment déjà que la lumière blanche contient toutes les couleurs. On peut voir le sentiment de Brandes sur cet ouvrage d'Is. Vossius dans la nouvelle édition du *Physikalisches Wœrterbuch* de Gehler, t. IV, 1827, p. 43, et une analyse détaillée du même écrit dans Wilde, *Geschichte der Optik*, 1re part., 1838, p. 223, 228 et 317. Is. Vossius regarde cependant comme étant la base de toutes les couleurs le soufre qui, selon lui, se trouve mêlé à tous les corps (c. 25, p. 60). — On lit dans Vossius, *Responsum ad objecta Joh. de Bruyn, professoris Trajectini et Petri Petiti*, 1663, p. 69 : « Nec lumen ullum est absque calore, nec calor ullus absque lumine. Lux, sonus, anima (!), odor, vis magnetica, quamvis incorporea, sunt tamen aliquid. » Voy. *de Lucis natura*, c. 13, p. 29.

(69) [page 399]. *Cosmos*, t. I, p. 499 et 501 ; t. II, p. 530, note 92.

(70) [page 399]. On s'explique d'autant moins l'injustice que montra envers Gilbert Bacon de Verulam, dont les idées larges et méthodiques étaient accompagnées malheureusement de connaissances fort médiocres, même pour son temps, en mathématiques et en physique : « Bacon showed his inferior aptitude for physical research in rejecting the Copernican doctrine, which William Gilbert adopted. » (Whewell, *Philos. of the inductive Sciences*, t. II, p. 378.)

(71) [page 400]. *Cosmos*, t. I, p. 210 et 509, note 61 et 62.

(72) [page 401]. Les premières observations de ce genre furent faites en 1590 sur la tour de l'église Saint-Augustin à Mantoue. Grimaldi et Gassendi connaissaient déjà des exemples analogues, tous placés sous des latitudes où l'inclinaison de l'aiguille aimantée est très considérable. — Pour les premières mesures de l'intensité magnétique par l'oscillation d'une aiguille, voy. Hum-

boldt, *Relation historique*; t. 1, p. 260-264, et *Cosmos*, t. 1, p. 505-508; note 59.

(73) [page 403]. *Cosmos*, t. I, p. 510-513, note 66.

(74) [page 404]. *Cosmos*, t. 1, p. 205.

(75) [page 405]. Sur les plus anciens thermomètres, voy. Nelli, *Vita e commercio letterario di Galilei* (Lausanne, 1793), t. I, p. 68-94; *Opere di Galilei* (Padoue, 1744), t. I, p. LV; Libri, *Histoire des Sciences mathém. en Italie*, t. IV, 1841, p. 185-197. Au sujet des premières observations comparées sur la température, on peut consulter les lettres de Gianfrancesco Sagredo et de Benedotto Castelli (1613, 1615 et 1633) dans Venturi, *Memorie e Lettere inedite di Galilei*, 1re part., 1818, p. 20.

(76) [page 405]. Vincenzio Antinori, dans les *Saggi di Naturali Esperienze fatte nell' Accademia del Cimento*, 1841, p. 30-44.

(77) [page 406]. Sur la détermination de l'échelle du thermomètre de l'Accademia del Cimento et sur les observations météorologiques continuées pendant seize ans par un disciple de Galilée, le P. Raineri, voy. Libri, dans les *Annales de Chimie et de Physique*, t. XLV, 1830, p. 354, et un travail analogue, composé postérieurement par Schouw, *Tableau du climat et de la végétation de l'Italie*, 1839, p. 99-106.

(78) [page 407]. Antinori, dans les *Saggi dell' Accadem. del Cimento*, 1841, p. 114, et dans l'appendice placé à la fin du volume, p. LXXVI.

(79) [page 407]. Antinori, *Saggi*, etc., p. 29.

(80) [page 408]. Ren. Cartesii *Epistolæ*, Amstel., 1682, 3e part., ep. 67.

(81) [page 408]. *Bacon's Works by Shaw*, 1733, t. III, p. 441. Comp. *Cosmos*, t. I, p. 375 et 563, note 88.

(82) [page 408]. *Hooke's Posthumous works*, p. 364. Comp. ma *Relation historique*, t. I, p. 199. Hooke admit malheureusement, comme Galilée, une différence de vitesse entre la rotation de la terre et celle de l'atmosphère. Voy. *Posthum. works*, p. 88 et 363.

(83) [page 409]. Bien que dans l'explication que donne Galilée des vents alisés, il soit question des parties de l'atmosphère qui résistent au mouvement du globe, ses idées sur ce point ne doivent pas être confondues, comme cela est arrivé récemment, avec celles de Hooke et de Hadley. — Galilée fait dire à Salviati, dans son IVe Dialogue (*Opere*, t. IV, p. 311) : « Dicevamo pur' ora che l'aria, come corpo tenue, et fluido, e non saldamente congiunto alla terra, pareva che non avesse necessità d'obbedire al suo moto, se non in quanto l'asprezza della superficie terrestre ne rapisce, e seco porta una parte a se contigua, che di non molto intervallo sopravanza le maggiori altezze delle montagne; la qual porzion d'aria tanto meno dovrà esser renitente alla conversion terrestre, quanto che alla è ripiena di vapori, fumi, ed esalazioni, materie tutte participanti delle qualità terrene : e per conseguenza atte nate per lor natura (?) a i medesimi movimenti. Ma dove mancassero le cause del moto, cioè dove la superficie del globo avesse grandi spazii piani, e meno vi fusse della mistione de i vapori terreni, quivi cesserebbe in parte la causa, per la quale l'aria ambiente dovesse totalmente obbedire al rapimento della conversion terrestre; si che in tali luoghi, mentre che la terra si volge verso Oriente, si dovrebbe sentir continuamente un vento, che ci ferisse, spirando da Levante verso Ponente; e tale spiramento dovrebbe farsi più sensibile, dove la vertigine del globo fusse più veloce : il che sarebbe ne i luoghi più remoti da i Poli, e vicini al cerchio massimo della diurna conversione. L'esperienza applaude molto a questo filosofico discorso, poichè ne gli ampi mari sottoposti alla

Zona torrida, dove anco l'evaporazioni terrestri mancano (?), si sente una perpetua aura muovere da Oriente.... »

(84) [page 409]. Brewster, dans l'*Edinburgh Journal of Science*, t. II. 1825, p. 145. Sturm a décrit le thermomètre différentiel dans un petit livre intitulé *Collegium experimentale curiosum*, Nurenberg, 1676, p. 49. On peut voir tous les détails nécessaires sur la loi de rotation des vents, que Dove, le premier, a étendue aux deux zones, et dont il a recherché les rapports avec les causes générales de tous les courants aériens, dans la dissertation de Muncke, *Gehler's Physikal. Wörterbuch* (dernière édit.), t. X, p. 2003-2019 et 2030-2035.

(85) [page 410]. Antinori, p. 45, et dans les *Saggi* mêmes, p. 17-19.

(86) [page 410]. Venturi, *Essai sur les ouvrages physico-mathématiques de Léonard de Vinci*, 1797, p. 28.

(87) [page 410]. *Bibliothèque universelle de Genève*, t. XXVII, 1824, p. 120.

(88) [page 411]. Gilbert, *de Magnete*, l. II, c. 2-4, p. 46-71. En donnant l'explication de la nomenclature dont il fait usage, Gilbert dit déjà : « *Electrica* quæ attrahit eadem ratione ut electrum; versorium non magneticum ex quovis metallo, inserviens electricis experimentis. » Dans le texte même on lit (p. 52) : « Magnetice, ut ita dicam, vel electrice attrahere (vim illam electricam nobis placet appellare.....); effluvia electrica, attractiones electricæ. » Gilbert n'emploie pas l'expression abstraite *electricitas*, non plus que le mot barbare *magnetismus*, qui ne se rencontre qu'au XVIIIe siècle. Sur l'étymologie du mot ἤλεκτρον, dérivé de ἕλξις et ἕλκειν, ainsi que l'indique déjà Platon dans le *Timée* (p. 80 c), en passant vraisemblablement par une forme plus dure ἕλκτρον, voy. Buttmann, *Mythologus*, t. II, 1829, p. 357. Parmi les principes posés par Gilbert, et qui ne sont pas toujours exprimés avec une égale clarté, je choisis les suivants : « Cum duo sint corporum genera, quæ manifestis sensibus nos-

tris motionibus corpora allicere videntur, Electrica et Magnetica; Electrica naturalibus ab humore effluviis; Magnetica formalibus efficientiis, seu potius primariis vigoribus, incitationes faciunt. — Facile est hominibus ingenio acutis absque experimentis et usu rerum labi et errare. Substantiæ proprietates aut familiaritates, sunt generales nimis, nec tamen veræ designatæ causæ, atque, ut ita dicam, verba quædam sonant, re ipsa nihil in specie ostendunt. Neque ita succini credita attractio, a singulari aliqua proprietate substantiæ aut familiaritate assurgit : cum in pluribus aliis corporibus eumdem effectum majori industria invenimus et omnia etiam corpora cujusmodicumque proprietatis, ab omnibus illis alliciuntur. » (*de Magnete*, p. 50, 51, 60 et 65). Les travaux les plus précieux de Gilbert paraissent tomber entre les années 1590 et 1600. Whewell lui assigne avec raison une place considérable dans ce qu'il appelle les « practical Reformers » des sciences positives. Gilbert était médecin de la reine Élisabeth et de Jacques Ier; il mourut en 1603. Après sa mort parut un second ouvrage : *de Mundo nostro Sublunari Philosophia nova*.

(89) [page 412]. Brewster, *Life of Newton*, p. 307.

(90) [page 416]. Rey ne parle, à vrai dire, que du contact de l'air avec les oxydes; il n'a point reconnu que les oxydes eux-mêmes (ce que l'on appelait alors la chaux métallique) ne sont autre chose qu'une combinaison de métal et d'air. L'air, d'après lui, rend la chaux métallique plus lourde, de même que le sable devient plus lourd lorsqu'il est imbibé d'eau; la chaux métallique, dans ce cas, se sature d'air : « L'air espaissi, dit Rey, s'attache à la chaux; ainsi le poids augmente du commencement jusqu'à la fin; mais quand tout en est affublé, elle n'en sçaurait prendre d'avantage; ne continuez plus vostre calcination soubs cet espoir, vous perdriez vostre peine. » On voit que l'ouvrage de Rey est le premier pas vers l'explication véritable d'un phénomène, dont l'intelligence a amené plus tard une

réforme complète de la chimie. Voy. Kopp, *Geschichte der Chemie*, 3e part., p. 131-133. Comp. dans le même ouvrage 1re part., p. 116-127; 3e part., p. 119-138 et 175-195.

(91) [page 418]. Les dernières plaintes de Priestley sur les plagiats prétendus de Lavoisier sont consignées dans son petit écrit : *The doctrine of Phlogiston established*, 1800, p. 43.

(92) [page 419]. John Herschel, *Discourse on the study of Natural Philosophy*, p. 116.

(93) [page 419]. Humboldt, *Essai géognostique sur le gisement des roches dans les deux hémisphères*, 1823, p. 38.

(94) [page 420], Steno, *de Solido intra Solidum naturaliter contento*, 1669, p. 2, 17, 28, 63 et 69 (fig. 20-22).

(95) [page 420]. Venturi, *Essai sur les ouvrages physico-mathématiques de Léonard de Vinci*, 1797, § 5, n° 124.

(96) [page 421]. Agostino Scilla, *la vana Speculasione disingannata dal senso*, Nap. 1670, tab. XII, fig. 1. Comp. un Mémoire de Jean Muller, lu à l'Académie royale des Sciences de Berlin, dans les mois d'avril et de juin 1847, sous ce titre : *Bericht ueber die von Herrn Koch in Alabama gesammelten fossilen Knochenreste seines Hydrarchus* (le Basilosaurus de Harlan 1835, le Zeuglodon d'Owen 1839, le Squalodon de Grateloup 1840, le Dorudon de Gibbes 1845). Les restes précieux de cet animal antédiluvien, recueillis dans l'état d'Alabama non loin de Clarksville (comté de Washington), sont devenus, grâce à la munificence du roi de Prusse, la propriété du musée zoologique de Berlin. En dehors de l'Alabama et de la Caroline du Sud, on a trouvé en Europe des débris de l'Hydrarchus, à Leognan près de Bordeaux, dans les environs de Linz sur le Danube, et, en 1670, à Malte.

(97) [page 421]. Martin Lister, dans les *Philos. Transact.*, t. VI, 1671, p. 2283.

(98) [page 422]. Voy. une exposition lumineuse des premiers progrès de la science paléontologique, dans Whewell, *History of the inductive Sciences*, 1837, t. III, p. 507-545.

(99) [page 423]. *Leibnizens Geschichtliche Aufsätze und Gedichte*, publiés par Pertz, 1847 (t. IV des *Ouvrages historiques*). Sur la première ébauche de la *Protogæa*, et sur les modifications nécessaires que reçut cet ouvrage, voy. Tellkampf, *Jahresbericht Bürgerschule zu Hannover*, 1847, p. 1-32.

(100) [page 425]. *Cosmos*, t. I, p. 187.

(1) [page 425]. Delambre, *Histoire de l'Astronomie moderne*, t. II, p. 601.

(2) [page 425]. *Cosmos*, t. I, p. 186. Delambre a le premier éclairci, dans son *Hist. de l'Astron. mod.*, t. I, p. LII, et t. II, p. 558, la lutte de priorité à laquelle donna lieu la découverte de l'aplatissement terrestre, à l'occasion d'un mémoire lu en 1669 par Huygens à l'Académie des Sciences de Paris. Le retour de Richer en Europe n'est assurément pas postérieur à l'année 1673, mais son ouvrage ne fut imprimé qu'en 1679 ; cependant comme Huygens quitta Paris en 1682, il écrivit l'*Additamentum* à son mémoire, lu en 1669, et imprimé beaucoup plus tard, ayant sous les yeux les résultats des observations de Richer sur le pendule, et le grand ouvrage de Newton : *Philosophiæ Naturalis Principia mathematica*.

(3) [page 426]. Bessel, dans le *Jahrbuch* de Schumacher pour 1843, p. 32.

(4) [page 428]. Guillaume de Humboldt, *gesammelte Werke*, t. I, p. 11.

(5) [page 431]. Schleiden, *Grundzüge der wissenschaftlichen Botanik*, 1re part., 1845, p. 152; 2e part., p. 76; Kunth, *Lehrbuch der Botanik*, 1re part., 1847, p. 91-100 et 505.

TABLEAU ANALYTIQUE

DES MATIÈRES

CONTENUES DANS LES TOMES I ET II

DU COSMOS

TOME I

PRÉFACE DE L'AUTEUR, p. I-VIII.

INTRODUCTION.

I. CONSIDÉRATIONS SUR LES DIFFÉRENTS DEGRÉS DE JOUISSANCE QU'OFFRENT L'ASPECT DE LA NATURE ET L'ÉTUDE DE SES LOIS. — L'ensemble des phénomènes est le but le plus élevé des observations de la nature. — La nature considérée rationnellement est l'unité dans la diversité. — Degrés différents dans la jouissance de la nature. — Influence du *grand air* ou de l'*air libre*, indépendamment du caractère propre à la contrée. — Effets produits par la configuration individuelle du sol et l'aspect des végétaux. Souvenir des Cordillères et du volcan de Ténériffe. Attrait particulier aux contrées montagneuses de l'équateur, où il est donné à l'homme de contempler en même temps tous les astres du ciel et toutes les formes végétales, p. 1-14. — Sentiment qui nous porte à rechercher les causes des phénomènes physiques. — Vues erronées sur l'essence des forces de la nature, dues à l'insuffisance des observations et au peu de rigueur de l'induction. — Préjugés physiques légués par chaque siècle au siècle suivant. — Crainte que la nature ne perde quelque chose de son charme mystérieux aux yeux de ceux qui pénètrent dans le mécanisme de ses forces. Supériorité des vues générales qui donnent à la science un caractère plus élevé et plus imposant. Distinction du général et du particulier. Exemples empruntés à l'astronomie, aux récentes découvertes en optique, à la physique de la terre et à la géographie des plantes. La description physique du monde est une étude accessible à tous ; p. 15-40. — Abus de la science populaire, et distinction entre une description du monde et une encyclopédie des sciences naturelles. Influence de cette étude sur la richesse nationale et le bien-être des peuples ; elle a cependant pour but, avant tout, d'agrandir et de féconder l'intelligence. Mode d'exposition approprié à la description du monde; alliance intime entre la pensée et le langage, p. 40-48.

II. Limites et méthode d'exposition de la description physique du monde. – Questions comprises dans la science du Cosmos, ou dans la description physique du monde, p. 49-58.—La partie sidérale du Cosmos, moins complexe que la partie terrestre; l'impossibilité de percevoir l'hétérogénéité des corps célestes simplifie le mécanisme des cieux.—Signification primitive du mot Cosmos (*ornement* et *ordre du monde*). On ne peut séparer, pour comprendre la nature, l'état actuel des choses de leurs phases successives. *Histoire du monde* et *description du monde*, p. 58-70.—Efforts pour réduire l'infinie variété des phénomènes à l'unité d'un principe et à l'évidence des vérités rationnelles.—De tout temps l'observation exacte des faits a été précédée par la philosophie de la nature, c'est-à-dire par un effort naturel mais quelquefois mal dirigé de la raison.—Deux formes d'abstractions dominent l'ensemble de nos connaissances : des rapports de quantité relatifs aux idées de nombre ou de grandeur, et des rapports de qualité qui embrassent les propriétés spécifiques de la matière. — Moyen de soumettre les phénomènes au calcul. Constructions mécaniques de la matière : atomes et molécules; hypothèses des matières impondérables et des forces vitales propres à chaque organisme.— Les résultats de l'observation et de l'expérimentation, fécondées par l'analogie et l'induction, conduisent à la découverte des *lois empiriques*. Simplification et généralisation progressive de ces lois. — Nécessité d'ordonner les matériaux d'après des combinaisons rationnelles. Le monde des idées n'est pas un monde de fantômes; la philosophie ne peut vouloir détruire les richesses accumulées, depuis un grand nombre de siècles, par tant d'observations laborieuses, p. 70-78.

TABLEAU DE LA NATURE.

Introduction. Un tableau de la nature embrasse l'universalité des choses dans les deux sphères du ciel et de la terre. — Mise en œuvre qui convient à un pareil sujet. — Ordre à suivre dans l'exposition. — Liaison des phénomènes entre eux. — La *détermination numérique des valeurs moyennes* est le résultat final que l'on doit se proposer, pour tous les changements produits dans l'espace. — Les espaces célestes, jouant un plus grand rôle dans la création, sont le point de départ naturel d'une description du monde, où l'on ne doit pas prendre pour guide l'intérêt humain ni des convenances de proximité. Répartition de la matière dans l'espace. Tantôt elle est condensée en globes de grandeur et de densité très-diverses, animés d'un double mouvement de rotation et de translation; tantôt elle est disséminée sous forme de nébulosités phosphorescentes. Enchaînement des divers phénomènes de la nature, p. 79-88.

I. PARTIE CÉLESTE DU COSMOS.

sphère solaire actuelle, p. 153-160. — Déplacement de tout le système solaire, p. 160-163. — Universalité des lois de la gravitation en dehors même de notre système. — Voie lactée composée d'étoiles et rupture vraisemblable de cette voie. Voie lactée composée de nébuleuses, coupant la première à angle droit. — Période des étoiles doubles à deux couleurs. — Tapis d'étoiles; ouvertures dans le ciel ou régions dépourvues d'étoiles. — Événements accomplis dans les espaces célestes; apparition d'étoiles nouvelles. — Propagation de la lumière; simultanéité purement apparente des phénomènes célestes, p. 173-175.

II. PARTIE TERRESTRE DU COSMOS.

1. — Forme de la terre, densité, température et tension électro-magnétique du globe. Recherches sur l'aplatissement et la courbure de la terre faites à l'aide des mesures de degré, des oscillations du pendule et des inégalités lunaires. — Densité moyenne de la terre. — Écorce du globe; à quelle profondeur nous est-elle connue? p. 175-193. — Propagation de la chaleur dans le globe terrestre; accroissement continu de la température depuis la surface jusqu'au centre, p. 193-200. — *Magnétisme, électricité dynamique, variations périodiques* du magnétisme terrestre. Perturbation dans la marche de l'aiguille aimantée. Orages magnétiques. La force magnétique manifestée à la surface de notre planète par trois classes de phénomènes : lignes d'égale force (isodynamiques), d'égale inclinaison (isocliniques), d'égale déclinaison (isogoniques). — Situation des pôles magnétiques; ils peuvent être considérés comme des *pôles de froid*. — *Mobilité* dans les phénomènes du magnétisme terrestre. — Vaste réseau d'observatoires magnétiques établis depuis 1828, p. 200-214. — Production de la lumière aux pôles magnétiques; phénomènes lumineux dus à l'activité électro-magnétique de notre planète. Hauteur des aurores boréales. L'orage magnétique est-il toujours accompagné de bruit? — Autres exemples de lumière terrestre, p. 214-226.

2. — Activité vitale de notre planète considérée comme la source principale des phénomènes géognostiques. Liaison entre le soulèvement des continents ou des chaînes de montagnes et l'éruption des gaz et des vapeurs, des boues chaudes, des roches ignées ou des laves en fusion qui se transforment en roches cristallisées. — La volcanicité considérée dans sa plus grande généralité est la *réaction que l'intérieur d'une planète exerce contre ses couches extérieures.* Circonscription et agrandissement successif des cercles de commotion. — Les secousses volcaniques sont-elles en rapport avec les variations du magnétisme terrestre et les phénomènes atmosphériques? Bruits qui accompagnent les tremblements de terre Tonnerre souterrain, sans ébranlement sensible. — Influence de la structure des roches sur la propagation des ondes d'ébranlement. — Soulèvements, éruptions d'eau, de vapeurs ardentes, de boue, de

mofettes, de fumée et de flammes pendant les *tremblements de terre*, p. 226-244.

3. — Examen plus attentif des matières produites par l'activité intérieure de notre planète, qui s'échappent du sein de la terre par les fissures et les cratères d'éruption. — Les volcans considérés comme des espèces de sources intermittentes. Température des eaux thermales, leur constance et leurs variations, p. 244-252. — Salses ou volcans de boue. De même que les volcans donnent naissance aux roches volcaniques, les sources thermales produisent, par voie de dépôt, des couches de travertin. Production continue de quartz ou roches sédimentaires, p. 252-254.

4. — Diversité des soulèvements volcaniques. Dômes arrondis de trachyte. — Volcans proprement dits s'élevant au centre d'un cratère de soulèvement ou entre les débris dont ce cratère était originairement formé. — Communication permanente de l'intérieur du globe avec l'atmosphère. Rapports entre la hauteur des volcans et la fréquence des éruptions. Hauteur du cône de cendres. Particularités des volcans qui s'élèvent au-dessus de la limite des neiges. — Colonnes de fumée et de cendre. Orage volcanique pendant la durée de l'éruption. Composition minéralogique des laves, p. 254-272. — Distribution des volcans sur la surface de la terre ; volcans centraux et chaînes volcaniques; volcans situés dans des îles ou sur des côtes. Distance des volcans aux rivages de la mer. Épuisement de la force volcanique, p. 272-281.

5. — Rapport de la vulcanicité avec la nature des roches ; formation de roches nouvelles et modification des roches préexistantes par les forces volcaniques. L'étude des volcans conduit ainsi par une double voie à la partie minéralogique de la géognosie (structure et succession des couches terrestres) et à la formation des archipels et des continents soulevés au-dessus du niveau de la mer (disposition géographique et contour des différentes parties de la terre). — Classification des roches, d'après les phénomènes de formation et de modification qui se produisent encore sous nos yeux : *roches endogènes* ou *d'éruption* (granit, syénite, porphyre, grunstein, hypersthenfels, euphotide, mélaphyre, basalte et phonolithe) ; *roches de sédiment* (schiste argileux, lits de charbon de terre, calcaires, travertin, bancs d'infusoires) ; *roches transformées* ou *métamorphiques*, contenant, avec des débris de roches d'éruption ou de sédiment, des débris de gneiss, de micashiste et d'autres masses métamorphiques plus anciennes; *conglomérats* et *grès* (roches détritiques), p. 281-294. — Phénomènes de contact éclaircis par la formation artificielle des minéraux. Effets de la pression et du refroidissement plus ou moins rapide. Formation du calcaire granulaire ou marbre saccharoïde, transformation du schiste en jaspe rubané par la silification; la marne calcaire changée par le granit en micaschiste; conversion du calcaire en dolomie, formation des grenats dans le schiste argileux en contact avec le basalte ou

la dolérite. — Filons poussés de bas en haut. Phénomènes de la cimentation dans la formation des conglomérats. Conglomérats produits par le frottement, p. 295-310. — *Age relatif des roches ou chronologie du globe.* Couches fossilifères. — Age relatif des différents organismes. — Gradation physiologique des espèces suivant la superposition des terrains. — Horizon géologique d'après lequel on peut arriver à des conclusions certaines sur l'identité ou l'ancienneté relative des formations, sur la répétition de certaines couches, sur leur parallélisme ou leur suppression complète. — Type de couches sédimentaires considérées dans leurs traits les plus généraux et les plus simples; couches siluriennes et dévoniennes, nommées autrefois terrains de transition. Trias inférieur (calcaire de montagne), terrain houiller, nouveau grès rouge inférieur et calcaire magnésien; trias supérieur (grès bigarré, calcaire coquillier et keuper); calcaire jurassique (lias et oolithe); grès massif (craie inférieure et supérieure, ainsi que les dernières couches qui commencent au calcaire de montagne); formation tertiaire comprenant trois subdivisions caractérisées par le calcaire grossier, le charbon brun et les graviers subapennins. — Faunes et flores des temps primitifs; leurs rapports avec les espèces actuellement vivantes. Ossements gigantesques des mammifères de l'ancien monde dans les terrains de transport. — Règne végétal des anciens temps. Terrains dans lesquels certains groupes de plantes atteignent leur maximum de développement (les cicadées dans le keuper et dans le lias, les conifères dans les grès bigarrés). Lignites ou couches de charbon brun. — Gisement et blocs erratiques. Doutes sur l'origine de ces masses, p. 310-331.

6. — La détermination des *époques géologiques* amène à étudier la répartition des *masses solides et liquides* et la configuration de la surface terrestre. Rapport d'étendue entre l'élément liquide et l'élément solide. La hauteur des continents due à l'éruption du porphyre quartzeux. — Configuration particulière de chaque grande masse dans le sens *horizontal* (forme articulée des continents), et dans le sens *vertical* (hypsométrie des chaînes de montagnes). — Influence de l'étendue relative de la mer et de la terre ferme sur la température, la direction des vents, l'abondance ou la rareté des productions organiques et l'ensemble de tous les phénomènes météorologiques. — Direction des grands axes dans l'ancien et dans le nouveau continent. Articulation des côtes. Forme pyramidale des extrémités méridionales. Vallée de l'océan Atlantique. Formes analogues en différentes contrées, p. 331-343. — Chaînes de montagnes discontinues. Systèmes de chaînes de montagnes et moyen d'évaluer leur âge relatif. Tentative pour déterminer le centre de gravité des contrées élevées aujourd'hui au-dessus du niveau de la mer. Progrès lent que fait encore de nos jours le soulèvement des masses continentales; compensation apportée sur certains points à ce progrès par des abaissements considérables. Alternatives périodiques d'activité et de repos révélées par tous les phé-

nomènes géognostiques. Il est vraisemblable que des rides nouvelles se produiront encore à la surface de la terre, p. 343-354.

7.— Enveloppe liquide et enveloppe gazeuse de notre planète, contrastes et analogies de ces deux enveloppes (la mer et l'atmosphère) par rapport à l'élasticité et au mode d'agrégation de leurs molécules, aux courants, et à la propagation de la chaleur. *Profondeur* de la mer et de l'océan aérien dont les plateaux et les chaînes de montagnes sont les bas-fonds.—Température de la mer à la surface et dans les couches inférieures, sous différentes latitudes. Tendance de la mer à conserver la chaleur de sa surface dans les couches les *plus* voisines de l'air *en raison* de la mobilité de ses molécules et des variations de densité. Maximum de densité de l'eau salée. Zones où les eaux atteignent le maximum de chaleur et de salure. Influence thermique des courants polaires inférieurs et des contre-courants qui *existent* dans les détroits, p. 354-357.— Niveau général des mers, et perturbations permanentes causées dans cet équilibre par des influences locales; perturbations périodiques, telles que le flux et le reflux.— Courants pélagiques, courant équatorial ou courant de rotation. Courant d'eaux chaudes dans l'océan Atlantique (Gulfstream); courant d'eaux froides dans la partie orientale de l'océan Pacifique.—Température des bas-fonds. Vie et mouvement universellement répandus dans l'océan; influence des forêts sous-marines, formées par les longues herbes qui croissent sur les bas fonds, ou par des bancs flottants de fucus, p. 357-367.

8.— Enveloppe gazeuse de notre planète (océan aérien).— Composition chimique de l'atmosphère, diaphanéité, polarisation, pression, température, humidité et tension électrique.— Rapports de l'oxygène et de l'azote; acide carbonique; gaz hydrogène; vapeurs ammoniacales; miasmes.— Variations régulières ou horaires de la pression atmosphérique, hauteur moyenne du baromètre à la surface de la mer, dans les différentes zones du globe. Courbes isobarométriques.—Roses barométriques des vents. Loi de rotation des vents et importance de cette loi pour la connaissance d'un grand nombre de phénomènes météorologiques. Brises de terre et de mer; vents alisés et moussons, p. 367-376.—Distribution de la chaleur atmosphérique dans ses rapports avec la disposition relative des masses transparentes ou opaques, de la terre ferme et des eaux de la mer, et avec la configuration hypsométrique des continents.— Flexion des lignes isothermes parallèlement ou perpendiculairement à l'équateur. Sommet convexe et concave des lignes isothermes.— Chaleur moyenne des années, des saisons, des mois, des jours. Énumération des causes qui modifient la direction des lignes isothermes.—Lignes isochimènes et isothères (c'est-à-dire d'égales températures d'hiver et d'été).—Causes qui tendent à élever la température et causes qui tendent à l'abaisser. Rayonnement émanant du sol; —la forme des nuages annonce ce qui se passe dans les hautes régions de l'atmosphère et dessine sur le ciel d'une chaude journée d'été l'image projetée du sol d'où rayonne le calorique. Contraste entre le climat des îles ou celui des côtes, dont jouissent les continents richement articulés, découpés par des golfes et divisés en presqu'îles, et le climat intérieur des grandes masses de terre. Côtes orientales et occidentales. Différence entre l'hémisphère du nord et celui du midi. — Échelle thermique des différents genres de culture depuis la vanille, le cacao, le pisang, jusqu'au citronnier, à l'olivier et à la vigne dont le vin est potable. La maturité des fruits expliquée en grande partie par la différence entre la lumière diffuse et la lumière directe, entre un ciel serein et un ciel couvert de nuages. — Tableau général des causes qui procurent à la majeure partie de l'Europe un climat plus doux qu'à la presqu'île occidentale de l'Asie, p. 376-392. — A quelle fraction de la chaleur thermométrique moyenne de l'année ou de l'été répond une variation de 1° en latitude? Rapport entre la moyenne température d'une station, sur une montagne, et la distance au pôle d'un point situé au niveau de la mer. — Diminution de la chaleur à mesure que la hauteur augmente. Limite des neiges éternelles et oscillation de cette limite. Causes de perturbation dans la régularité de ce phénomène; chaînes septentrionale et méridionale de l'Himalaya, p. 392-398. — Vapeurs atmosphériques variables suivant les heures, les saisons, les degrés de latitude et l'élévation des eaux. Extrême sécheresse observée dans l'Asie septentrionale entre les bassins de l'Irtysch et de l'Obi. — Rosée produite par le rayonnement. Quantité de pluie annuelle, p. 398-411. — Électricité de l'atmosphère et perturbation dans l'équilibre des forces électriques. Distribution géographique des orages. Prévision des changements atmosphériques; les perturbations climatologiques les plus importantes ne doivent pas être rapportées à une cause locale existant au lieu même de l'observation; elles sont l'effet d'un événement qui, dans des régions lointaines, a troublé l'équilibre des courants aériens, p. 401-408.

9. — La description physique de la terre ne se borne pas à la vie élémentaire et inorganique du globe; elle embrasse la sphère de la vie organique et les phases innombrables de son développement. — Vie animale et végétale. Activité vitale de la nature dans la mer et sur la terre; vie microscopique dans les glaces des contrées polaires et dans les profondeurs de l'océan, sous les tropiques. Agrandissement de l'horizon de la vie dû aux découvertes d'Ehrenberg. — Évaluation de la masse des animaux et de celle des végétaux, p. 408-414. — Géographie des plantes et des animaux. Migration des plantes en germe, à l'aide d'organes qui les rendent propres à voyager dans l'atmosphère. Cercle de migration, eu égard aux rapports climatologiques. Plantes et animaux vivant en société ou dans l'isolement. Le caractère des flores ou des faunes dépend moins de la supériorité numérique de certaines espèces, sous des latitudes déterminées, que de la coexistence d'un grand nombre de familles et de la quantité relative de leurs espèces, p. 408-422. — La race humaine considérée dans

ses nuances physiques et dans la distribution géographique de ses types contemporains. Races et variétés. Unité de la race humaine. — Les langues, créations intellectuelles de l'humanité et parties intégrantes de l'histoire naturelle de l'esprit, portent une empreinte nationale; mais par suite d'événements divers, on retrouve chez des peuples d'origine très-différente des idiomes appartenant à la même famille, p. 422-432.

TOME II

I

REFLET DU MONDE EXTÉRIEUR DANS L'IMAGINATION DE L'HOMME.

I. MOYENS PROPRES A RÉPANDRE L'ÉTUDE DE LA NATURE. — Dans le premier volume on a exposé, sous la forme d'un tableau de la nature, les principaux résultats de l'observation scientifique; on se propose de considérer ici le reflet de ce spectacle dans le sentiment et dans l'imagination de l'homme. — *Du sentiment de la nature chez les Grecs et chez les Romains*; ils ont rarement exprimé ce sentiment, sans y être pour cela étrangers. La poésie descriptive ne pouvait être qu'un accessoire dans les grandes formes de l'ode et de l'épopée. L'art, chez les Grecs, se meut toujours dans le cercle de l'humanité. — Hymnes au printemps; Homère, Hésiode; les tragiques; poésie bucolique; Nonnus, Anthologie. Caractère propre au paysage grec, p. 1-15. — Poëtes latins : Lucrèce, Virgile, Ovide, Lucain, Lucilius junior. Époque postérieure, dans laquelle la poésie n'est plus qu'un ornement d'emprunt pour la pensée, la *Moselle* d'Ausone. Prosateurs latins : Cicéron, Tacite, Pline. Descriptions de villas romaines, p. 15-26. — Changement amené dans la nature et dans l'expression des sentiments par le christianisme et la vie du désert. *Octavius* de Minucius Félix, passages des Pères de l'Église. Saint Basile dans les solitudes de l'Arménie, Grégoire de Nysse, Chrysostôme; disposition générale à la mélancolie, p. 26-32 — Contraste produit par la diversité des races dans la couleur poétique des descriptions chez les Grecs, les races italiennes, les Germains du nord, les peuples sémitiques, les Persans et les Hindous. La poésie si riche de ces races orientales montre que chez les Germains du nord, le sentiment de la nature n'a pas pour cause unique la privation des jouissances de la nature, pendant la durée d'un long hiver. — Poésie chevaleresque des Minnesinger. Épopée Ésopique des Allemands, d'après Jacob et Guillaume Grimm. Poésies celtiques et erses, p. 32-41. — Peuples de l'Asie orientale et occidentale (Hindous et Persans); le *Ramayana*, et le *Mahabahrata*, *Sacountala* et le *Nuage Messager* de Kalidasa. Littérature persane; cette littérature ne remonte pas au delà des Sassanides, p. 41-47

— Épopée et poésies finoises recueillies de la bouche des Karéliens, p. 47-48. — Nations araméennes; poésie de la nature chez les Hébreux; reflet du monothéisme, p. 47-54.—Ancienne littérature des Arabes. Description de la vie des Bedouins au désert, dans Antar; Amrou'l-Kaïs, p. 48-55.—Renaissance des lettres en Italie. Dante Alighieri, Pétrarque, Bojardo et Vittoria-Colonna. — Dialogue de l'Etna de Bembo et description pittoresque de la vie végétale dans le nouveau monde (*Historiæ Venetæ*). Christophe Colomb, p. 54-64.—Les *Lusiades* de Camoëns, p. 61-68.—Poésie espagnole : l'*Araucana* de don Alonso de Ercilla ; fray Luis de Léon et Calderon, d'après Louis Tieck. — Shakspeare, Milton, Thomson, p. 68-71. — Prosateurs français : — Rousseau, Buffon, Bernardin de Saint-Pierre et Châteaubriand, p. 68-76. Regard en arrière sur les voyageurs du moyen âge, Jean Mandeville, Hans Schiltberger et Bernard de Breitenbach. Contraste avec les voyageurs modernes. George Forster, compagnon de Cook, p. 79-81. — Objet légitime de la poésie descriptive. Attrait répandu sur toutes les contrées de la terre, depuis l'équateur jusqu'aux zones glaciales, p. 81-84.

II. De la peinture de paysage considérée comme un moyen de propager l'étude de la nature. — Dans l'antiquité classique, la peinture de paysage ne pouvait pas être, non plus que la poésie descriptive, une branche de l'art distincte. Philostrate l'Ancien. Scénographie ; Ludius. — Traces de la peinture de paysage chez les Hindous, à l'époque brillante de Vikramaditya. — Herculanum et Pompéï. — Peinture chrétienne depuis Constantin le Grand jusqu'aux commencements du moyen âge. Miniatures des manuscrits, p. 85-89. —Place donnée au paysage dans les tableaux historiques des frères Van Eyck. Le XVIIe siècle considéré comme l'époque la plus brillante de la peinture de paysage (Claude Lorrain, Ruysdael, Gaspard et Nicolas Poussin, Everdingen, Hobbema et Cuyp). — Effort pour reproduire avec vérité les formes végétales ; on s'attache à imiter la végétation tropicale. François Post, compagnon du prince Maurice de Nassau ; Eckhout. Besoin d'individualiser la nature. — L'affranchissement des colonies espagnoles et portugaises en Amérique, le progrès de la culture dans les Indes, la Nouvelle-Hollande, les îles Sandwich et l'Afrique méridionale, doivent donner un jour une impulsion nouvelle et un caractère plus grandiose, non-seulement à la météorologie et à la description de la nature en général, mais aussi à la peinture de paysage et à l'expression graphique de la physionomie de la nature ; — utilité des panoramas circulaires de Parker. — Le sentiment de l'unité du Cosmos doit acquérir d'autant plus de force qu'on multipliera davantage les moyens de reproduire, sous des images saisissantes, les phénomènes de la nature, p. 89-107.

III. Culture des plantes exotiques. — Impression produite par la physionomie des végétaux, autant que des plantations artificielles peuvent donner une idée de cette physionomie. — Jardins pittoresques. — Premiers parcs plantés dans les contrées centrales et méridionales de l'Asie; arbres et bosquets consacrés aux dieux, p. 108-114. —Des jardins chez les peuples de l'Asie orientale. Jardins chinois sous la dynastie des Han. Poëme des Jardins, composé par Seo-makouang, à la fin du XIe siècle. Prescriptions de Lieou-tscheou. Poëme descriptif de l'empereur Kien-Long. —Influence des monastères boudhistes sur la propagation des plus belles formes végétales, p. 114-118.

II

ESSAI HISTORIQUE SUR LE DÉVELOPPEMENT PROGRESSIF DE L'IDÉE DE L'UNIVERS.

Introduction. — Différence entre la connaissance générale de la nature et l'histoire des sciences naturelles. L'histoire de la description du monde est l'histoire de l'idée de l'unité appliquée aux phénomènes et aux forces simultanées de l'univers. — Méthode d'exposition appropriée à l'histoire du Cosmos : 1° effort de la raison pour découvrir les lois de la nature ; 2° événements qui ont subitement élargi le champ de l'observation ; 3° découverte d'instruments nouveaux propres à faciliter la perception sensible.—Impulsion donnée par le progrès des langues ; rayonnement de la civilisation. Ce qu'il faut croire d'une physique primitive et de cette sagesse naturelle des peuples sauvages que la civilisation aurait obscurcie, p. 121-139.

PHASES PRINCIPALES A SIGNALER DANS L'HISTOIRE DE LA CONTEMPLATION PHYSIQUE DU MONDE.

I. Le bassin de la Méditerranée considéré comme point de départ des efforts faits pour agrandir l'idée du Cosmos.—Configuration et divisions de ce bassin. Importance du golfe Arabique. Croisement des deux grandes lignes de soulèvement (du nord-est au sud-ouest et du sud-sud-est au nord-nord-ouest). Influence de ce dernier système de crevasses sur le commerce du monde.—Antique civilisation des peuples répandus sur les côtes de la Méditerranée.—Vallée du Nil ; ancien et nouvel empire des Égyptiens.—Les Phéniciens, préparés par la nature au rôle d'intermédiaires, répandent l'écriture et l'usage des monnaies, ainsi que les poids et mesures d'origine babylonienne. Numération, arithmétique, navigation nocturne. Colonies établies sur la côte occidentale de l'Afrique, p. 146-158.—Expédition de Salomon et d'Hiram vers les pays aurifères d'Ophir et de Supara, p. 1. ·161. —Tyrrhéniens et Étrusques (Rasènes) ; dispositions particulières de la race étrusque à entrer en commerce avec la nature; fulgurateurs et aquiléges, p. 161-163. —Autres peuples situés sur les bords de la Méditerranée, et dont la culture remonte à une haute antiquité. Traces de civilisation à l'est, chez les Phrygiens et les Lyciens; à l'ouest, chez les Turdules et les Turdétans. — Commencements de la puissance hellénique; l'Asie Mineure considérée comme la grande route militaire des émigrations de l'orient à l'occident. L'archipel de la mer Égée, lien entre le monde grec et les contrées lointaines de l'orient. Vastes landes dans lesquelles se confondent les limites de l'Europe et de l'Asie, au delà du 48e degré de latitude. Hérodote et Phérécyde de Syros regardent le nord de l'Asie, qui forme la Scythie, comme une dépendance de la Sarmatie d'Europe. — Caractères des races ionienne et dorienne transportées dans les colonies où se sont établis ces peuples. — Tentatives pour pénétrer à l'est vers le Pont et la Colchide; première notion de la côte occidentale de la mer Caspienne, confondue jusque-là avec l'océan qui entoure le monde à l'est. Commerce d'échange avec les Argypéens, les Issédons et les Arimaspes à travers la chaîne des Scythes Scolotes. Mythe météorologique des hyperboréens. — Ouverture de la porte de Gadeira. Navigation de Colæus de Samos. Aspiration incessante vers l'inconnu et l'infini. Connaissance exacte du flux périodique de la mer, p. 161-178.

II. Expédition des Macédoniens sous Alexandre le Grand et influence de l'empire de Bactriane. — Riche moisson de vues nouvelles sur la nature; rien de semblable ne s'était produit à aucune autre époque, si l'on excepte la découverte de l'Amérique tropicale. — Aristote facilite la mise en œuvre de ces matériaux par la direction qu'il imprime aux recherches de la philosophie spéculative, et la précision qu'il donne au langage. — Caractère scientifique de l'expédition macédonienne. Callisthène d'Olynthe, disciple d'Aristote et ami de Théophraste. — Accroissements considérables apportés à la science des corps célestes par les relations établies avec Babylone et la connaissance des observations dues à la caste sacerdotale de la Chaldée, p. 178-198.

III. Agrandissement de l'idée du monde sous les Ptolémées. — Unité politique de l'Égypte sous la domination des Grecs. Avantages résultant pour cette contrée de sa situation géographique. — *Infériorité, sous ce double rapport*, de l'empire des Séleucides, formé par l'agrégation de nationalités différentes. Les fleuves et les routes des caravanes, unique débouché ouvert au commerce dans ce pays. — Connaissance des moussons. Rétablissement du canal qui joint le Nil à la mer Rouge. — Instituts scientifiques placés sous la protection des Lagides. Musée d'Alexandrie. Bibliothèque du Bruchium et de Rhakotis. Direction des études; à côté de l'application qui recueille les matériaux se manifeste une heureuse tendance à généraliser les aperçus. — Ératosthène de Cyrène. Première mesure du degré faite par un Grec, entre Syène et Alexandrie, d'après les données incomplètes des bématistes. Progrès simultanés de la science dans les mathématiques pures, la mécanique et l'astronomie. Aristyle et Timocharès. Idées d'Aristarque de Samos et de Séleucus de Babylone ou d'Érythres sur la structure du monde. Hipparque, créateur de l'astronomie scientifique et le plus grand astronome observateur de toute l'antiquité. Euclide, Apollonius de Perge et Archimède, p. 199-213.

IV. Influence de la domination romaine. — Services rendus à la science du Cosmos par un vaste assemblage d'États. Si, d'une part, la variété du sol et des productions organiques, qui frappent les regards dans les expéditions lointaines, dut donner une impulsion nouvelle à l'étude de la nature; d'un autre côté, l'esprit de la nationalité romaine étouffa l'activité particulière à chaque peuple, et en même temps disparurent la publicité et le principe de l'individualité, les deux plus fermes soutiens des États libres. — Dioscoride de Cilicie et Galien de Pergame seuls observateurs de la nature dans cette période. Claude Ptolémée, fondateur de l'optique expérimentale. — Avantages matériels de l'extension donnée au commerce par terre avec le centre de l'*Asie*, et de la navigation de Myos Hormos vers l'*Inde*. — Sous Vespasien et Domitien, une armée chinoise s'avance jusqu'aux côtes orientales de la mer Caspienne. Migrations des peuples dirigées en orient de l'est à l'ouest, et dans le nouveau continent du nord au sud. Les migrations des peuples asiatiques commencent avec l'irruption d'une race turque, des Hioungnou, qui se jettent sur les Youeti, et les Ousuns, près de la muraille de la Chine, un siècle et demi avant notre ère. — Ambassade envoyée à l'empereur Claude par le Rajah de Ceylan. Ambassadeur romain député par Marc-Aurèle à la cour de Chine. Les grands mathématiciens hindous Warahamihira, Brahmagoupta et peut-être même Aryabhatta sont postérieurs à cette époque; mais les découvertes faites antérieurement dans l'Inde, à la suite de recherches isolées, avaient pu pénétrer en partie dans l'occident, avant Diophante, grâce à l'extension du commerce sous les Lagides et les Césars. — On peut juger de ces relations commerciales par les grands ouvrages géographiques de Strabon et de Ptolémée. Importance historique de la nomenclature de Ptolémée reconnue dans les temps modernes. — Essai d'une description de la nature par Pline. Caractère de cette encyclopédie de l'art et de la nature. — Unité de la race humaine proclamée par le christianisme, p. 214-243.

V. Invasion des Arabes. — Influence d'un élément étranger mêlé au développement de la civilisation européenne. — Les Arabes, race sémitique douée d'une vive imagination, dissipent la barbarie en conservant l'ancienne civilisation et en ouvrant des voies nouvelles à l'étude de la nature. — Configuration de la presqu'île Arabique; productions de l'Hadharamaut, de l'Yémen et de l'Oman; chaînes de montagnes de Djebel, d'Akhbar et d'Asyr. Gerrha, ancien entrepôt des marchandises indiennes, placé vis-à-vis des établissements phéniciens d'Arados et de Tylos. — Relations actives entre l'Arabie, particulièrement dans la partie septentrionale, et d'autres contrées civilisées. — Première culture des Arabes; ils commencent à s'immiscer dans le commerce du monde; expéditions à l'ouest et à l'est. Les Hycsos; le prince des Himyarites, Arieus, allié de Ninus. — Caractère particulier de la vie nomade chez les Arabes, p. 244-256. — Influence des Nestoriens, des Syriens et de l'école médico-pharmaceutique d'Edesse. — Les Arabes fondateurs des sciences physiques et chimiques. Pharmacologie. — Instituts scientifiques, à l'époque brillante d'Al-Mansour, d'Haroun-al-Raschid, de Mamoun et de Motasem. Emprunts faits par les Arabes à l'Inde et à l'Égypte. Jardin botanique fondé auprès de Cordoue sous le kalife Abdourrhaman, p. 256-267. — Observations astronomiques et perfectionnement apporté aux instruments. Application du pendule à la mesure du temps par Ebn Jounis. Travaux d'Alhazen sur la réfraction. Tables planétaires des Hindous. Perturbation dans la longitude de la lune, reconnue par Aboul-Wefa. Congrès astronomique à Tolède. Observatoires de Meragha. Mesure du degré dans la plaine qui s'étend entre Tadmor et Rakka. — Les Arabes redevables à la fois de leur science algébrique aux Hindous et aux Grecs. Mohamed Ben-Musa, de Chowarezm. Diophante traduit pour la première fois en arabe, au commencement du xe siècle, par Aboul-Wefa Bousjani. — Les chiffres indiens et le système de *position* parviennent à la connaissance des Arabes par les mêmes voies que l'algèbre. Les Arabes transportent ces inventions dans l'Afrique septentrionale. Vraisemblance de l'opinion d'après laquelle les chrétiens de l'occident auraient connu avant les Arabes les neuf chiffres et leur valeur relative, sous le nom de système de l'*Abacus*. — Que fût-il résulté pour la civilisation, si la domination des Arabes se fût indéfiniment prolongée, p. 267-278?

VI. Époque des grandes découvertes dans l'Océan. — Causes qui ont préparé ces découvertes. — Nécessité de distinguer la première découverte des zones septentrionales et tempérées de l'Amérique, par Leif, fils d'Erik le Rouge, et la seconde découverte de l'Amérique tropicale à la fin du xve siècle. Les îles Færœr et l'Islande, découvertes accidentellement par Naddod, sont les stations et les points de départ des expéditions vers la Scandinavie américaine. On visite les côtes orientales du Groënland dans le pays de Scoresby, celles de la baie de Baffin jusqu'à 72° 55', l'entrée du détroit de Lancastre et du détroit de Barrow. — Découvertes, antérieures peut-être, des Ires. Les pays des Hommes-Blancs entre la Virginie et la Floride. L'Islande, avant la colonisation de Naddod et d'Ingolf, a-t-elle été peuplée par des Ires (les hommes de l'ouest de la Grande Irlande américaine) ou par des missionnaires irlandais (papar, les clerici de Dicuil) que les Normands avaient chassés des îles Færœr. — Les anciennes légendes de l'Europe septentrionale, menacées d'être étouffées sur le sol où elles ont pris naissance, sont transportées en Islande. Traces des relations commerciales entre le Groënland et la Nouvelle-Écosse jusqu'en 1347. Le Groënland perd en 1261 sa constitution libre, et, comme propriété de la couronne de Norwége, se voit interdire toute communication avec les étrangers, même avec les Islandais. Ainsi s'explique comment

Colomb, dans un voyage en Islande (février 1477), ne recueillit aucun renseignement sur un nouveau continent situé à l'ouest. Continuation des relations commerciales entre le port de Bergen et le Groënland jusqu'en 1484, p. 279-291. — Conséquences bien différentes de la seconde découverte de l'Amérique par Christophe Colomb. Ce navigateur cependant n'eut d'autre pensée que de chercher un chemin plus court vers l'Asie orientale, et crut jusqu'à la mort, ainsi qu'Amerigo Vespucci, avoir abordé aux côtes orientales de ce continent. — Nécessité, pour comprendre l'influence exercée aux xve et xvie siècles sur le progrès des idées par les découvertes maritimes, de jeter un regard sur le temps qui sépare l'époque de Colomb de celle où florissaient les Arabes. — Causes qui ont contribué à marquer l'ère de Colomb d'un caractère particulier : apparition d'un petit nombre de libres penseurs (Albert le Grand, Roger Bacon, Duns Scott, Guillaume d'Occam); retour aux monuments de la littérature grecque; invention de l'imprimerie; moines envoyés en ambassade auprès des princes mongols; voyages accomplis dans des vues commerciales vers l'Asie orientale et les Indes méridionales (Marco Polo, Mandeville, Nicolo de' Conti); progrès de l'art nautique; usage de la boussole ou des propriétés de l'aimant emprunté aux Chinois par l'intermédiaire des Arabes, p. 291-311. — Voyages entrepris de bonne heure par les Catalans vers les côtes occidentales de l'Afrique tropicale; découverte des Açores; mappemonde de Picigano de l'année 1367. Rapports de Colomb avec Toscanelli et Martin-Alonzo Pinzon. Carte, récemment signalée, de Juan de la Cosa. — Mer du Sud, p. 311-334. — Découverte de la ligne magnétique sans déclinaison dans l'océan Atlantique. Observations sur la flexion des bandes isothermes à 100 milles vers l'ouest des Açores. Ligne de démarcation fixée par le pape Alexandre VI, le 4 mai 1493; division naturelle changée en une division politique. — Connaissance de la distribution de la chaleur; la limite des neiges éternelles est reconnue comme une fonction de la latitude géographique. Mouvement des eaux dans la vallée de l'océan Atlantique. Prairies océaniques de varechs, p. 334-347. — Agrandissement de l'horizon du monde; constellations du ciel austral; connaissance plus contemplative que scientifique des espaces célestes. — Efforts nouveaux pour perfectionner les méthodes pratiques propres à déterminer la longitude, en vue de fixer la ligne de démarcation papale. — La découverte et la première colonisation de l'Amérique, ainsi que le voyage aux Indes orientales par le cap de Bonne-Espérance, concourent avec l'épanouissement de l'art et la réforme religieuse qui commence l'affranchissement de l'esprit humain et prépare les grandes révolutions politiques. La hardiesse de Colomb est le premier anneau dans la chaîne sans fin de ces mystérieux événements. C'est le hasard, ce n'est pas la fraude qui a enlevé le nom de Colomb au continent découvert par lui, et y a substitué celui d'Amerigo. Influence du nouveau monde sur les institutions politiques, sur les idées et les tendances des peuples de l'ancien continent, p. 347-362.

VII. ÉPOQUES DES GRANDES DÉCOUVERTES DANS LES ESPACES CÉLESTES PAR L'APPLICATION DU TÉLESCOPE. — Aperçus sur la structure du monde qui ont préparé ces découvertes. — Observations faites par Nicolas Copernic à Cracovie concurremment avec l'astronome Brudzewski, dès le temps où Colomb *découvrait l'Amérique*. Le XVIIe siècle rattaché au XVIe par Peurbach et Regiomontanus. Le système de Copernic présenté par lui non comme une hypothèse, mais comme une vérité inébranlable, p. 363-378. — Kepler et ses lois expérimentales sur le cours des planètes, p. 378-380 et 388-392. — Invention du télescope; Hans Lippershey, Jacob Adriaansz (Metius), Zacharias Jansen. *Premiers résultats de la vue par le télescope* : montagnes de la lune; amas d'étoiles; voie lactée; les quatre satellites de Jupiter, prétendue triplicité de Saturne; croissant de Vénus; taches du soleil et durée de sa rotation. — Importance du *petit monde* de Jupiter (mundus Jovialis). Les lunes de Jupiter donnent l'occasion de reconnaître la vitesse de la lumière, et par suite d'expliquer l'ellipse d'aberration des étoiles fixes, d'où ressort la démonstration matérielle du mouvement de translation de la terre. — Aux découvertes de Galilée, de Simon Marius et de Fabricius succèdent celles des satellites de Saturne par Huygens et Cassini; de la lumière zodiacale, considérée comme un anneau nébuleux tournant isolément autour du soleil, par Childrey; de la lumière changeante des fixes, par David Fabricius, Jean Bayer et Holwarda. Nébuleuse sans étoiles d'Andromède, p. 380-396. — Les observations physiques sur les phénomènes de la lumière, de la chaleur et du magnétisme concourent aussi, avec les grandes découvertes de Galilée et de Kepler, de Newton et de Leibnitz, à jeter un éclat plus vif sur le XVIIe siècle. Double réfraction et polarisation; traces de la connaissance des interférences chez Grimaldi et chez Hooke. William Gilbert distingue le magnétisme de l'électricité. Connaissance du déplacement périodique des lignes sans déclinaison. Conjecture de Halley que la lumière polaire est un effet magnétique. Thermoscope de Galilée, et application de cet instrument à une série d'observations journalières, dans des stations de hauteur différente. Recherches sur la chaleur rayonnante. Tube de Toricelli et mesures de hauteur d'après l'élévation du mercure. Connaissance des courants aériens et de l'influence qu'exerce sur eux la rotation de la terre. Loi de rotation des vents soupçonnée par Bacon. Heureuse mais courte influence de l'Academia del Cimento sur la connaissance expérimentale et mathématique de la nature. — Tentatives pour mesurer l'humidité atmosphérique; hygromètre condensateur. — Phénomènes électriques; électricité terrestre; Otto de Guéricke voit la première lueur dans une détonation électrique provoquée par lui-même. — Commencements de la chimie pneumatique; accroissement de poids observé dans l'oxydation des métaux; Jer. Cardan et Jean Rey, Hooke et Mayow. Hypothèses de particules salpêtriques (spiritus nitro-aëreus) existant dans l'air et nécessaires au phénomène de la combustion et à la respiration des animaux. — Influence exercée par les progrès de la physique et de la chimie sur le développement de la géographie (Nicolas Stenson, Scilla, Lister); soulèvement du lit et des rivages de la mer. La fluidité première et la solidification de notre planète reflétées dans la forme mathématique de la terre. Mesures de degrés et expériences sur le pendule, par des latitudes différentes. Aplatissement polaire. La forme de la terre, reconnue théoriquement par Newton, amène la découverte de la force dont les lois de Kepler sont une conséquence nécessaire. La découverte de la gravitation, développée par Newton dans le livre des *Principes*, coïncide presque avec l'essor donné aux recherches mathématiques par le calcul infinitésimal, p. 396-427.

VIII. Diversité et enchaînement des efforts scientifiques tentés de nos jours. — Coup d'œil rétrospectif sur la suite des périodes parcourues. — La compréhension de la science moderne rend difficile de distinguer et de limiter chaque science en particulier. — L'intelligence accomplit désormais de grandes œuvres, en vertu de sa propre force et sans excitation extérieure. L'histoire des sciences physiques se confond peu à peu avec l'histoire du Cosmos, p. 428-435.

FIN.

PARIS. — IMPRIMERIE DE J. CLAYE, RUE SAINT-BENOIT, 7.

www.ingramcontent.com/pod-product-compliance
Ingram Content Group UK Ltd.
Pitfield, Milton Keynes, MK11 3LW, UK
UKHW021054270726
13967UKWH00012B/936